NF

赤の女王　性とヒトの進化

マット・リドレー
長谷川眞理子訳

HAYAKAWA NONFICTION

早川書房

7447

THE RED QUEEN

Sex and the Evolution of Human Nature

by

Matt Ridley

Translated by
Mariko Hasegawa
Published 2014 in Japan by
HAYAKAWA PUBLISHING, INC.
This book is published in Japan by
arrangement with
FELICITY BRYAN LTD.
through TUTTLE-MORI AGENCY, INC., TOKYO.

目次

赤の女王　性とヒトの進化

はじめに

私がまだ現役の動物学者だったころ、友人たちは時折、こんな言い方をしたものだ。「よくもまあ、たった一種類の鳥だけを三年間も研究していられるものだね。キジみたいなごくふつうの鳥に、そんなに学ぶべきものがあるのかい?」

そんなとき私は、いらだちと自負をこめて、こう答えることにしていた。「人間だって、哺乳類の一種にすぎないんだ。それなのに、二〇〇〇年もかけて人間の本性を探求して、しかもいまだにこの問題を究めつくしてはいないじゃないか」

かなり特殊ではあるが、我々人間も、生物の一種にすぎない。この人間という種を解明するためには、我々の本性がいかに進化してきたかを理解しなければならない。

以上のような理由から、本書の最初の三章では進化を取り上げ、人間の本性を探求するのはそれ以降となる。進化的な基礎が重要だからである。これらの章は遺伝子に興味のない人にはちょっと退屈かもしれない。しかし、どうか飛ばさないでほしい。私は子どものころ、ちゃんと食事をしてからでないとチョコレートケーキを食べさせてもらえなかった。今でも、チョコレートケーキを食べると良心が痛む（もっとも、そんなことは無視して食べてしまうのだが……）。もし、読者の何人かが後半部分に食欲をそそられ、食事をぬいてケーキに飛びつくことになっても、その心情は理解できる。

本書には独創的な見解がいろいろと詰め込まれているが、私自身のオリジナルはきわめて少ない。科学記者というものは、知的剽窃（ひょうせつ）者なのである。発見はしたものの、それを書き表す時間がないという人々の代弁をしているにすぎない。各章を私よりもずっとみごとに書き上げる人間はたくさんいるであろう。私の慰めは、しかし全章を書くことができる人間は、ほとんどいないということである。私の役割は、それぞれの研究をつぎ合わせて、一枚のキルトを仕上げることなのだ。

情報を提供してくださったすべての方に深い感謝を捧げたい。本書を調査中、六〇人余りの人々にインタビューを行ったが、親切に、忍耐強く、この世界につきない好奇心をもって接してくださる方ばかりだった。たくさんの友人ができた。何度もインタビューに応じ、考えを示してくださった次の方々には特にお礼を申し上げたい。

ローラ・ベツィグ、ナポレオン・シャグノン、レダ・コスミデス、ヘレナ・クローニン、ビル・ハミルトン、ローレンス・ハースト、ボビー・ロウ、アンドリュー・ポミアンコウスキー、ドン・サイモンズ、ジョン・トゥービー。

対面または電話によるインタビューを受け入れてくださったのは次の方々だ。お礼を申し上げたい。

リチャード・アレクサンダー、マイケル・ベイリー、アレキサンドラ・バソロ、グレアム・ベル、ポール・ブルーム、モニーク・ボーガホフ・マルダー、ドン・ブラウン、ジム・ブル、オースティン・バート、デイヴィッド・バス、ティム・クラットン＝ブロック、ブルース・エリス、ジョン・エンドラー、バート・グレッドヒル、デイヴィッド・ゴールドスタイン、アラン・グラフェン、ティム・ギルフォード、デイヴィッド・ヘイグ、ディーン・ハマー、クリステン・ホークス、エリザベス・ヒル、キム・ヒル、サラ・ハーディ、ウィリアム・アイアンズ、ウィリアム・ジェイムズ、チャールズ・ケクラー、マーク・カークパトリック、ヨッヘン・クム、カーティス・ライヴリー、アソール・マクラクラン、ジョン・メイナード＝スミス、マシュー・メセルソン、ジェフリー・ミラー、アンデルス・モラー、ジェレミー・ネイサンズ、マグヌス・ノルボー、エリノア・オストロム、サラ・オットー、ケネス・オイ、マージー・プロフェット、トム・レイ、ポール・ロマー、マイケル・ライアン、デヴ・シン、ロバート・スマッツ、ランディ・ソーンヒル、ロバート・トリヴァース、リー・ヴァン・ヴェイレン、フレッド・ウイタム、ジョージ・ウィリアムズ、マーゴ・ウィルソン、リチャード・ランガム、マーリーン・ズック。

手紙をやりとりしたり、自著や論文を送っていただいた方々もある。クリストファー・バドコック、ロバート・フォーリー、スティーヴン・フランク、ヴァレリー・グラント、長谷川寿一、ダグ・ジョーンズ、エグバート・リイ、ダニエル・ペルース、フェリシア・プラトー、エドワード・テナー。

さりげなく考えを伺ったり、内々にお教えを受けた場合もある。多くの会話を交わすうちに助言を与え、私自身の考えを明確にしてくださったのは次の方々だ。アラン・アンダーソン、ロビン・ベイカー、ホレス・バーロウ、ジャック・ベックストロム、ローザ・ベディントン、マーク・ベリス、ロジャー・ビンガム、マーク・ボイス、ジョン・ブラウニング、スティーヴン・バジアンスキー、エドワード・カー、ジェフリー・カー、ジェレミー・チャーファス、アリス・クラーク、ニコ・コルチェスター、チャールズ・クローフォード、フランシス・クリック、マーチン・デイリー、カート・ダーウィン、マリアン・ドーキンス、リチャード・ドーキンス、アンドリュー・ドブソン、エマ・ダンカン、マーク・フリン、アーチー・フレイザー、ピーター・ガーソン、スティーヴン・ゴーリン、チャールズ・ゴッドフリー、アンソニー・ゴッドリーブ、ジョン・ハートゥング、ジョエル・ハイネン、ナイジェラ・ヒルガース、ピーター・ハドソン、アーニャ・ハールバート、マイケル・キンズリー、リチャード・ラドル、リチャード・マカリック、パトリック・マッキム、セス・マスターズ、グレアム・ミチソン、オリヴァー・モートン、ランドルフ・ネス、ポール・ニューバーグ、ポール・ニュートン、リンダ・パートリッジ、マリオン・ペトリ、スティーヴ・ピンカー、マイク・ポリオンダキス、ジーン・レガルスキー、ピーター・リチャーソン、マーク・リドレー（彼とまちがわれ大いに恩恵を蒙っている）、アラン・ロジャース、ヴィンセント・ザリッチ、ペリー・セジノウスキー、ミランダ・シーモア、レイチェル・スモーカー、ビヴァリー・ストラスマン、ジェレミー・テイラー、ナンシー・ソーンヒル、デイヴィッド・ウィルソン、エドワード・ウィルソン、エイドリアン・ウールドリッジ、ボブ・ライト。

各章の草稿を読み、批評を述べてくださった方々もいる。時間を長々と費やさせる結果になったが、彼らの助言はいずれもきわめて貴重なものであった。ローラ・ベツィグ、マーク・ボイス、ヘレナ・クローニン、リチャード・ドーキンス、ローレンス・ハースト、ジェフリー・ミラー、アンドリュー・ポミアンコウスキー。とりわけビル・ハミルトンにはお世話になった。本書の執筆を始めたころ、何度も彼を訪ねては創造意欲を新たにしたものである。

エージェントのフェリシティ・ブライアンとピーター・ギンズバーグはつねに私を元気づけ、いつも前向きに対応してくれた。ペンギン・マクミラン社の編集者、ラビ・ミルチャンダニー、ジュディス・フランダーズ、ビル・ローゼンのみなさん、そして特にカリー

・チェースは見識にあふれ、何事もてきぱきと気持ちよく処理してくれた。

妻のアーニャ・ハールバートは本書の全篇を読んでくれた。彼女の助言と支えは私にとってはかりしれず貴重なものであった。

最後に、赤リスにもお礼を言おう。執筆中、窓辺に来てはカリカリ音をたてた。いずれの性に属するのかは、いまだ知らない。

第1章　人間の本性

一番奇妙に思えたのは、ふたりのまわりの木やなんかが、もとの場所から少しも移りかわらないことなのです。いくら急いで走っても、なにひとつ通り越すことができないのです。「まわりの物も、みんなわたしたちについて動いているのかしら?」かわいそうに、当惑してしまったアリスがこんなことを考えていると、その心が女王には読みとれたとみえて、「もっと速く! おしゃべりなんかいけませんよ!」なんてさけぶのでした。

——ルイス・キャロル『鏡の国のアリス』(生野幸吉訳)

人体を切開するとき、外科医はそこから何が現れるかを知っている。例えば、胃の手術をしようというのなら、どの患者の場合にも、同じ位置にメスを入れるはずである。人間はだれでも胃袋をもっているが、それらはおおかた同じ形をしており、同じ場所についている。もちろん個人差はある。不健康な胃袋もあれば、小さな胃袋もあり、またちょっと奇形の胃袋もある。しかし、こうした差異も胃袋一般の類似性と比べれば、実にさいなものだ。獣医や肉屋であれば、もっと多様で違った胃袋が数あることを外科医に語るだろう。大きくて、いくつにも分かれた牛の胃袋、ちっぽけなネズミの胃袋、どこか人間に似た豚の胃袋……。つまり動物とは異なった、典型的な人間の胃袋、というものが存在するのである。

同様に、典型的な「人間の本性（ヒューマン・ネイチャー）」なるものが存在するのではないか？　こう仮定することから、本書は始まる。そして、これを究明していくことが、本書の意図である。

外科医の例と同じく、精神科医もまた診察台に横たわる患者に対し、さまざまな基礎的判断をあらかじめもつはずだ。愛する、羨む、信じる、考える、話す、恐れる、笑う、期待する、欲求する、夢見る、思い出す、歌う、言い争う、嘘をつく……。これらの言葉が何を意味するか、当然患者たちが知っているものと仮定するだろう。人間の心情や性質に関するこのような仮定は、たとえ、その人物が発見されたばかりの大陸から来た場合でも、適用することができる。ニューギニアのいくつかの部族は、一九三〇年代に接触がもたれるまで外界から隔てられ、その存在すら知られていなかった。けれど彼らもまた我々文明人と同様、ほほえんだり、顔をしかめたりして、明確にみずからの意思を表明したのである。

同じ祖先から分かれ、幾千年もの歳月を隔てたそののちになお、である。ヒヒの「笑い」は威嚇だが、人間の「ほほえみ」は歓びの象徴である。これは、人間の特性であり、全世界を通じて共通なのだ。

これらのことは、しかし、カルチャーギャップを否定するものではない。羊の眼球でスープを作る人々がいれば、首を横に振ることで同意を表明する民族もある。ヨーロッパ人の個人主義、ユダヤ人の割礼儀式、昼寝の習慣、さまざまな宗教、さまざまな言語……、果ては、ロシア人とアメリカ人のウエーターが給仕中にほほえむ頻度の違いに至るまで、普遍性に匹敵するだけの、無数の特異性もまた存在するわけである。実際、文化人類学という、文化の相違を研究する学問が一つの学問領域をなしているほどだ。だが、人類はみな基本的に同じであるとは、だれもが容易に認めるだろう。それは、人間であることの特殊性をだれもが身につけているということだ。

本書は「人間の本性」という特性を探究していくものであり、「人間の本性がいかにして進化してきたかを理解することなくして、人間の本性の把握はありえない」という論旨にそって進められる。同時に、人間の本性の進化を問うことは、人間の性の進化を問うことでもある。なぜなら、人類の進化のテーマは、つねに性的なものであり続けたからである。

なぜ、性なのか？　なぜ、この生殖に関わる享楽なのか？　過剰にむき出しにされ、いざこざの元凶ともいうべき「性」のほかにも、人間固有の特色は存在するのではないか？

確かにそのとおりである。しかしながら、人間の究極の目的は繁殖であり、その他のすべては、この目的のための手段にすぎない。人類は祖先から数多くの性質を受け継いできた。生き残る、食べる、思考する、話す……、挙げればきりがない。しかし、我々が引き継いだのは、何よりも繁殖するという性向である。生殖能力を備えた祖先たちだけが、子孫にみずからの特性を伝えてきたのであり、当然のことながら、我々は不妊者たちの子孫ではない。したがって個々の生殖チャンスをうまく増大させる要素こそが、ほかの何にも優先されて継承されてきたのである。確信をもってこう断言しよう。我々の特性は、すべて人類の繁殖成功度に貢献するために念入りに選ばれてきたのだ、と。

これは、途方もなく傲慢な主張のように思われる。自由意思を否定し、貞節の道をいく人々を無視する言動のように聞こえる。人間は再生産だけに専念するようプログラムされたロボットでしかなく、モーツァルトもシェークスピアも、セックスのことしか考えていなかったということですまされてしまいそうだ。私が言いたいのは、進化なくしては人間の本性の発展は考えられなかったのであり、競争的繁殖なくしては進化もまたありえなかったということである。

産み出す者は生き残り、産まざる者は死に絶える。生あるものを石ころと区別するのは、まさしく繁殖能力だ。ここで、生命に関するこうした観点が、自由意思や貞節と矛盾するものではないということに触れておきたい。人間は、イニシアチブをとり、個々の才能を発揮する能力に応じて繁栄すると私は考えている。しかし、自由意思は、お遊びで与えられたものではない。我々の祖先が進化によってイニシアチブをとる能力を身につけたのには、それなりの理由がある。自由意思とイニシアチブは、手段として与えられたのである。それは、野望を満たすための手段であり、仲間と競いあうための手段であり、緊急事態に対処するための手段であり、最終的には、子どもをより多く産み、よりよく育てるという点において、他者より優位に立つための手段であった。つまり、自由意思そのものは、究極的に繁殖に貢献するという範囲においてのみ、有益なのである。

別の視点から検証してみよう。ここに、一人の女学生がいるとする。彼女は才媛だが試験となると悲惨な成績をとってしまう。というのは、試験のことを考えただけで、神経過敏になり、実力を発揮できないからだ。彼女の学力は学期末に行われるたった一度の試験だけで測られるなら無にも等しい。同様に、ある動物が、逆境を生きぬく能力にたけ、効果的な代謝機能を備え、あらゆる疾病に抵抗力をもち、ライバルよりも迅速に状況を把握し、熟年まで生き延びるとしても、ただ生殖能力に欠けるというだけでその優秀な遺伝子は後世に伝えられないのである。すべては継承可能だが、不妊だけは別である。したがって、人間の本性がいかに進化してきたかを理解しようとするなら、我々の問いかけの核心は、「繁殖」ということになる。繁殖成功度こそが、自然淘汰に押しつぶされることなくヒトの遺伝子が次代へと受け継がれてゆく唯一の試験なのだから。

そこで、人間の精神および本性を特徴づける要素のなかで、繁殖との関連を素通りして理解されうる事柄は、きわめて少ないということから論じていこうと思う。

まずは、「性」そのものの考察から始めよう。繁殖は性の同義語ではない。無性生殖という生殖形態も多々あるからである。しかし、性による繁殖だけが個々の生殖能力を改善していくものであり、さもなければ、性そのものが存続できなくなるだろう。本書をしめくくるのは「知性」の考察となる。知性こそはあらゆる人間の特色のなかで最も人間的なものである。なぜ人間は、かくも賢くなったのか？　性的な競争を考慮せずしてそれを解明することもまた、はなはだ困難である。

蛇がイヴに語った秘密は何だったのか？

ある種の果実は食べてもかまわないということか？　なんのことはない。それは婉曲表現だったのだ。果実とは、すなわち「性交」を意味し、トマス・アクィナスからミルトンに至るまで、だれもがそれを知っていた。なぜ、彼らはそれを知っていたのか？　創世記のどこをとっても、次の等式をほのめかすわずかな暗示すら見当たらないのに。

禁断の果実、イコール罪、イコールセックス。

我々もまた、これを真実だと知っている。なぜなら、人間にとってかくも重大な事柄はただ一つしかないからである。そう、セックスである。

氏か育ちか

我々の現在の形態は、我々の過去の賜物である。これが、チャールズ・ダーウィンの基本見解だ。ダーウィンの登場によって、神による種の創造という概念を離れて、種の形態を論じることが初めて可能となった。生あるものは知らず知らずのうちに、それぞれの祖先の選択的繁殖により、ある特定の生活様式に適するように「デザイン」されている。人間の祖先は、アフリカに生息していた類人猿だといわれているが、肉が好きな雑食の類人猿の胃袋が環境の要求に応じて慎重に自然淘汰され、人間の胃袋に至ったのなら、人間の本性もまた、社会性をもち、二足歩行する類人猿の特性から進化してきたのではないだろうか。

こうした書き出しは、すでに、二つのタイプの人々を憤慨させているだろう。一つは、世界は神によって七日間で創造されたものであり、人間の本性は神の英知の発意にほかならず、淘汰などとはもってのほかだと考える人々。これらの人々には、「お達者で」と言うほかはない。我々の見解は彼らとはあまりにもかけ離れていて、議論の余地はほとんどないからである。

また、もう一方の人々は、こう抗弁するだろう。人間の本性は進化の産物ではなく、「文化」と呼ばれるものによってまったく新しく発明されたのだと。こちらは脈あり、である。我々の見解と彼らの見解とのあいだには、矛盾するところはない。確かに、人間の本性は文化の所産だが、文化もまた人間の本性の所産であり、両者は進化の所産なのである。

私は「すべては遺伝子にあり」と論じているわけではない。誤解なきように。次のような考え方に、果敢に挑戦しようとしているのだ。それは、「心理的なものはすべて遺伝子による」という考えに敢然と挑戦しようというのだが、一方、「人間に普遍的に見られるものは、いっさい遺伝子の影響を受けていない」と仮定することにも同じく敢然と挑戦しようとしている。しかしながら、我々の「文化」が、今あるとおりでなければならない理由はない。人間の文化はもっとはるかに多様で、驚くべきものでありえたのではないだろうか？　チンパンジーは最も人間に近いといわれているが、彼らの社会は乱交である。メスはできるかぎり多くの交尾相手を求め、オスは自分が交尾したことのない見知らぬメスの子どもを殺してしまうのである。人間社会には、こんなものに少しでも似たものはどこにもない。なぜなのか？　それは、人間の本性が、チンパンジーの本性とは違うからである。

ならば人間の本性に関する研究は、歴史学、社会学、心理学、人類学、政治学といった分野に深い意味をもつことになる。これらの学問は、それぞれの視点から、人間の行動を理解しようとするものであり、もし、人間行動の根底をなす普遍的特質が、進化の産物であるとしたなら、人間を進化へと駆り立てたその要因は何であったのかを理解することが、決定的に重要となるはずだ。にもかかわらず、これは私もようやく気づいたことなのだが、ほとんどすべての社会科学は、一八五九年という年がまるで存在しなかったかのように論を展開している。一八五九年、すなわち『種の起源』の出版された年。文化を人間の自由意思と発明の所産とする以上、そうせずにはいられまい。社会は人間心理の所産ではなく、人間心理が社会の所産というわけだ。

この見解は、十分理にかなっているように聞こえるし、もし真実であるなら、社会変革の信奉者たちにとっては、すばらしいことだろう。しかしこれは真実ではないのだ。もちろん、人間性を次から次へと無限に作りかえていくのは勝手だが、実際そうはなっていない。我々は、単調に、同じ行動パターンを固守している。我々がもっと大胆であったなら、もっと違った社会が成立しただろう。愛のない社会、野心のない社会、性欲のない社会、結婚のない社会、芸術のない社会、文法のない社会、音楽のない社会、笑いのない社会……。そして、これらの代わりに、思いもよらぬ斬新な言葉がリストに並ぶことになるだろう。そういう社会では、女どうしが男たちよりも頻繁に殺しあうかもしれないし、二〇歳の人間より老人のほうが美しいとみなされるかもしれない。金で権力が買われることもなく、見ず知らずの他人より友人が大事にされることもなく、親が自分自身の子どもを愛することもなく……。

「人間の本性は変えられない」と叫び、例えば民族紛争は人間の本性なのだから、人種差別の追放を法的に試みてもむだだと主張する人々がいる。もとより彼らに同調するつもりはない。人種差別を規制する法律は、実際、有効なのだ。みずからの行為がどういう帰結をもたらすかを計算できるというのが、人間の本性のなかでも際立った一面だからである。ここで言っておきたいのは、厳格な法を定めて、たとえ一千年人種差別を規制したところで、我々人類が、ある日突然、人種問題は解決されたと宣言できるようになるとは思えないということである。民族的偏見が過去の遺物となり、この法律が廃止される日は、そう簡単には訪れまい。過酷な全体主義を二世代にわたり経験した今日でも、ロシア人は彼らの祖父たちと同じ人間ではないか？　では、なぜ社会科学はこうした事例を無視するのか？　なぜ人間の本性を社会の所産とみなすのか？

かつては、生物学者たちも同じ誤ちを犯したものだった。進化というのは、個人が生涯にわたって獲得した形質の変化を蓄積することによって生じる、と信じられていたのだ。このような獲得形質の遺伝論を体系化したのは、ジャン・バティスト・ラマルクであるが、ダーウィンも時折この考えを使った。古典的な例で、鍛冶屋の息子の話がある。ラマルクによれば、鍛冶屋の息子は生まれながらにして、父親の後天的に発達した筋肉を受け継ぐことになるわけだ。もちろん、ラマルキズムは今日には通用しない。体というのは、設計図に則して作られる類のものではなく、例えばケーキ作りのレシピからできあがるようなものだからである。ケーキの形が変化したからといって、その情報をレシピに持ち込むことは不可能なのである。[*1]ラマルキズムに最初に異議を唱えたのは、ドイツのダーウィニスト、アウグスト・ヴァイスマンであった。ヴァイスマンが自論を発表し始めたのは、一八八〇年代のことである。[*2]彼が注目したのは、ほとんどの有性生殖する生物に特有の現象であった。卵子と精子という生殖細胞は、誕生の瞬間からずっと、体の他の部分からは隔離されている、という事実である。彼は次のように記述している。「遺伝というものは、生殖質という胚内の有効な物質のごく一部が、卵細胞が個体へと発生しても変化せずに残り続けるという事実によって生じるものと思われる。そして、この生殖質をもとにして新しい個体の生殖細胞は形成されるのである。つまり、世代から世代へと伝えられていくのは、この生殖質なのである」[*3]

別の言い方をすれば、我々は母親の子どもではなく、彼女の卵巣の子どもだということである。母親の生涯に何が起ころうと、それは我々の本性とは無縁なのだ(もちろん発育には影響を与える。極端な例は、産婦が麻薬やアルコールの中毒であれば、胎児にダメージを与えるということが挙げられる。しかし、それは遺伝的ダメージではない)。我々はけがれなき子として誕生するのだ。当時、ヴァイスマンの主張はばかにされ、彼の生存中に認められることはなかった。しかし、遺伝子およびこれを形成しているDNAが発見され、DNAのメッセージが記入されている暗号が解読されて、ヴァイスマンの推測を裏づけることになった。確かに、生殖質は体から隔離されている。

これらの事実の意味するところが全面的に理解されたのは、ようやく一九七〇年代に入ってからのことである。オックスフォード大学のリチャード・ドーキンスが、これまでの概念を一新させる、次のような考え方を世に問うた。体は成長はしていくが、自己を複製するわけではない。自己を複製しているのは遺伝子であり、この事実から必然的に次のことが導かれる。体とは、遺伝子の進化的乗り物にすぎない。つまり、体が進化するための媒体として遺伝子が存在するわけではなく、むしろ、遺伝子が進化するために、体を媒体としているということだ。遺伝子が自分の要求にそって体をうまく動かしていくことができれば、その遺伝子の存続は約束されるのである（食べて、生きて、セックスをし、子どもを育て……といった具合に）。そして、そのように機能しない体は滅びる。遺伝子の生存と永続に適した体のみが生き残るのだ。

ドーキンスが喧伝したこの見方は、以後、生物学の主流となり、その結果、生物学という分野はまったく流れを変えた。ダーウィン以降もなお、本質的には記述科学であり続けていた生物学は、機能の研究へ向かったのである。

両者の違いは決定的だ。エンジニアが車のエンジンを説明するのに、「タイヤを回転させる」という機能を持ち出さずにはいられないように、生理学者も、食物を消化するという機能を引き合いに出さずに、胃を語ることはできないにちがいない。ところが一九七〇年以前は、動物行動の研究者の大部分と、人間行動の研究者のすべては、機能などということは考えずに、見たまま、発見したままの事柄を記述するだけで満足していたものである。遺伝子中心の見方は、これを永久に変えてしまったのだ。

一九八〇年までには、動物の求愛行動の細部は、遺伝子どうしの選択的競争という観点から説明されないかぎり、意味のないものとなった。そして一九九〇年までには、人間だけを例外と考えるのはますます不合理に見えてきた。もし人間が、進化という至上命令を無視する能力を発達させたのなら、それは遺伝子にとってそのほうが有利だったからなのである。我々が浅はかにも、達成したと信じ込んでいる「進化からの解放」そのものも、遺伝子の複製に好都合だからこそ、導き出されたものにちがいない。

私の頭蓋骨のなかには脳みそがある。それは、今から三〇〇万年から一〇万年前のあいだに、アフリカのサバンナに適応するようにデザインされたものである。そして、およそ一〇万年前、私の祖先たちがヨーロッパへ移り住んだとき（私は白系ヨーロッパ人である）、彼らはすばやく、一定の生理学的な特徴を進化させた。北方地域の太陽の少ない気候下を生きぬかなければならなかったからだ。くる病を予防するために皮膚は青白くなり、男たちはひげを生やし、凍傷に強い循環系をもつようになった。しかし、その他はほとんど何も変わっていない。頭蓋骨の大きさも、体のプロポーションも、歯の形態も、一〇万年前とほぼ同じだし、この点では現在の南アフリカに住むサン族との違いもない。頭蓋骨内の灰白質がそれ以上に変化したと信じる根拠はほとんどない。一〇万年というのは、たったの三〇〇〇世代にすぎず、これは進化の歴史のなかでは一瞬のことだ。人間にとっての一〇万年は、バクテリアにとっての一日半にすぎない。

そもそもヨーロッパ人の生活は、ごく最近までアフリカ人の生活と本質的には同じだった。双方ともに、獲物を狩り、植物を採集し、社会集団に生きていた。子どもたちは一〇代の後半まで両親の世話になって暮らした。ともに、石、骨、木、繊維を用いて道具を使い、複雑な言語で知恵を伝えた。農耕だの金属だの文字だのといった発明品が進化の歴史に登場したのは、たかだか三〇〇世代前のことだ。これらはあまりにも最近すぎて、私たちの心にたいした影響は与えていない。

というわけで、すべての人間に共通の普遍的な本性というものが存在するのである。ホモエレクトスの子孫たちが、もし今でも一〇〇万年前と同じように中国に生きていたなら、そして、彼らが我々と同じくらい知能が高かったならば、彼らは実際に、我々とは少し違うが、それでも人間性を身につけていたといえるにちがいない。彼らは結婚という永続的なペアボンドをもっていないかもしれない。ロマンチックな恋愛観などはもち合わせず、父親が子育てを手伝うこともないかもしれない。我々は、こうした習慣の違いについて、彼らと興味深い議論をかわせたであろう。*4 しかし、そんな人間は存在しないのだ。我々はみな、一つの親密な家族なのである。一〇万年前までアフリカに住んでいたホモサピエンスという種族が、我々人類の先祖なのであり、我々はみな、この動物の本性を分かちもっているのだ。

人間の本性が、地球のいたるところで同一であるように、それは過去の人間の本性とも同じである。シェークスピアの戯曲は、動機も、境遇も、感情も、人格も、今なお違和感なく親しめる。フォルスタフの誇張癖、イアーゴの狡猾、レオンティーズの嫉妬、ロザリンドの強さ、マルヴォリオの当惑……。

これらは四〇〇年間変わっていない。シェークスピアが書き残した人間像は、今日の我々にも通じるのだ。違うのは語彙だけである（語彙は育ちの問題であり、本性とは関係ない）。『アントニーとクレオパトラ』を観劇するとき、我々は二〇〇〇年前の歴史を、四〇〇年前の解釈で見ているのである。しかし、そこに表現されている愛は、今日の愛となんら変わりはしない。なぜアントニーが美しいクレオパトラの虜になったかは、わざわざ説明されなくとも理解できる。時空を超えて、我々の根源的な本性は普遍であり、きわめて人間的なのだ。

社会における個人

人間はみな同じだと論じ、本書はこうした人間に共通の本性を究明するものである、という意向を示してきたのだが、ここで私は、これとは正反対と思われることを述べなければならない。しかし、私が矛盾しているわけではないのだ。

人類というのは、個人の集まりであり、個人個人は、それぞれに少しずつ違っている。個々人を、まったく同一のチェスの駒のようにしか扱わない社会は、たちまち困難に陥るだろう。個人はふつう、自分の利益よりも集団の利益のために行動すると考えている人は、経済学者であれ社会学者であれ、すぐに困ったことになるはずだ。これは「持てる者から持たざる者へ」対「早い者勝ち」[*5]の対決である。

社会というのは、競いあう個人によって構成されている。それは、市場が競いあう商人によって構成されているのと同様である。経済および社会理論は、それぞれの個人に焦点を合わせるべきなのだ。遺伝子だけが自己を複製するのであり、遺伝子を運んでいるのは社会ではなく、個体なのである。そして、個体の繁殖の行く末を最も痛烈に脅(おびや)かすのも、他の個体なのだ。

同じ人間は二人といないということが、人類の特徴のなかでも、特筆すべきものの一つである。息子は父親の忠実な鋳直しではないし、母親を正確に模写した娘もいない。一卵性双生児という稀な例を除けば、兄弟も姉妹も、それぞれにどこか違っている。愚か者が天才の親でありうるように、天才から愚か者が生まれることもある。同じ指紋が二つと存在しないのと同様に、顔立ちは一人一人の人間に固有のものである。このような個別性は、他のどんな動物よりも、人間において顕著である。シカやスズメは、独立独行でありながら、他のシカやスズメと同じことをする。これは人間の男女には決して当てはまらないし、幾千年ものあいだ、人間はそうあり続けてきた。熔接工であれ、主婦であれ、劇作家であれ、娼婦であれ、人間はそれぞれにスペシャリストなのだ。行動においても、すべての人間は、外見においてと同様に唯一無二なのである。

なぜそうなるのか？　一人一人の人間が唯一無二なら、普遍的で人間に特有な本性を、どこに求めるべきなのか？　このパラドクスへの解答は、セックスというプロセスのなかにある。セックスするということは、二人の人間がお互いの遺伝子を半分ずつ混ぜ合わせ、残り半分を捨て去るということである。だから、子どもたちは両親に似ているにせよ、完璧な生き写しではなくなる。

セックスによるこうした遺伝子の混合は、同時に、種の共同財産として遺伝子を貯えるということでもある。すべての遺伝子は、最終的には種の共同財産に組み込まれるわけである。性は個々の人間の相違を生み出しながらも、それらの相違が、種全体の最適平均からかけ離れたものにならないよう、保持しているのだ。

ちょっと計算をしてみればすぐにわかる。人間には必ず両親、四人の祖父母、八人の曾祖父母、そのまた上に一六人の曾曾祖父母がいる。ほんの三〇世代さかのぼった、おおよそ一〇六六年ごろには、同じ世代の直系尊属が一〇億人以上いる計算になる（二の三〇乗）。当時の全世界の人口は一〇億人に満たないので、多くが二重にも三重にもつながる先祖ということだ。私と同じく、あなたがイギリス人だとすると、一〇六六年当時生きていた数百万人のイングランド人、すなわちハロルド王、征服王ウィリアム、はたまたその辺にいるはしため、最も卑しい奴隷を含む、ほぼ全員（行いの正しい修道僧や尼僧は除くが）が、あなたの直系の先祖ということになる。つまり新たに移民として入ってきた人々の子孫は別として、今いるイギリス人全員が、幾重にもつながる遠いいとこにあたる。たかだか三〇世代前には同じ一群に属していた人たちの子孫が現代イギリス人である。人間の（およびその他のあらゆる有性の）種に一定の統一性が見られることにはなんの不思議もない。性が執拗に絶え間なく遺伝子の共有を要求するからである。

さらに時代をさかのぼれば、民族の相違は消滅し、人類は、単一の人種にいきつくことになる。三〇〇〇世代を少しさかのぼれば、我々の祖先はみなアフリカに住む数百万人の狩猟採集民族だったのだ。彼らは、生理学的、心理学的には現代人とまったく変わらない。*6だから、各民族の平均的個人のあいだの遺伝子に大差はないという結果が生じるのである。相違が顕著に認められるのは、皮膚の色、相貌、体格を決定する遺伝子くらいのものだ。にもかかわらず、個人と個人とのあいだには、彼らが同一民族であれ他民族であれ、大きな違いが存在する。ある見積もりによると、二人の人間の遺伝子を比較した場合、民族の相違に起因する違いはわずかに七パーセントであるのに対し、八五パーセントまでが単なる個体変異に起因するのである（残りの八パーセントは部族または国家による違いである)。ある二人の科学者の言葉を借りれば、「これが意味するところは、ペルーの農夫とその隣人、またはスイスの村人とその隣人のあいだの遺伝子の平均的相違は、スイス人の平均遺伝子型とペルー人の平均遺伝子型の相違の一二倍にも及んでいるということだ」[*7]

トランプのゲームを例に説明するといちばんわかりやすいだろう。一組のトランプのなかには、エースがあり、キングがあり、2や3がある。ラッキープレーヤーはすばらしい手を分配されるわけだが、彼のカードのうちどれ一つとして特別なものはない。他の人々もそれぞれに同じ種類のカードを手にしている。しかし、たった一三種類しかないカードでも、人によって持ち札が違っており、ある者の手はすばらしく、ある者の手は凡庸なのだ。性は、カードを配る親にすぎない。種全体が共有している同じ一組の遺伝子カードから、それぞれ特別な持ち札を作り出しているのである。

しかし、個人のユニークさを生み出すということは、人間の本性にとって性がもつ意味のうちの最初のものにすぎない。もう一つは、人間の本性には実のところ男と女という二つの種類があることである。このような根本的な性の非対称性は、当然、男女それぞれに特別の役割を与えるようになる。男どうしは通常、女を手に入れようと競いあうが、その逆はむしろ稀である。そこには、正当な進化的理由が存在するし、また、その進化的帰結も明らかに存在する。例えば、男は女よりも攻撃的である。

さて、人間に対して性がもつ第三の意味は、現在生存しているすべての人間は、これから生まれてくる子どもたちの潜在的な遺伝子源であるということである。我々は、優秀な遺伝子を探し当てた先祖たちの子孫なのであり、優れた遺伝子を求めるという習性を引き継いでいるのだ。だから、もし優秀な遺伝子をもつ人間を見つけたら、我々は習性的にその遺伝子を手に入れようとしてしまうのである。味気ない言い方をすれば、人間は強い生殖能力と素質ある遺伝子をもった人間に引かれるのだ。健康と適応性と力である。その結果生じることは、性淘汰という名で呼ばれているが、極端な場合にはとてつもなく奇妙な現象が起こることになる。これについては、あとの章で扱うこととしよう。

「なぜ」と問うことこそが我々のつとめ

性の「目的」、人間のもつこの特定の行動に「機能」という言葉を使うのは、いわば簡略化のためである。私は、目的論的なゴールの存在を意味しているわけではないし、ある意図をもった「全能の設計者」の存在をほのめかしているのでもない。ましてや、性そのものや人類全体に、洞察力や明確な意識が備わっていると言っているわけでもない。ただ私は、「適応」というもののすばらしさについて語っているだけだ。ダーウィンが正しく評価し、現代の批評家たちにはほとんど理解されていない、あの、適応の力である。白状しよう。私は、いわゆる「適応論者」なのだ。動物や植物、その形態や行動の大部分は、それぞれに特有な諸問題を解決するためのデザインが集まって構成されていると信じている人々。この呼び名はそういった人たちに対する無礼な呼び方だ。*8

説明が必要だろう。人間の目は、生来、視覚世界を網膜上に映し出すように「デザイン」されており、胃袋は食物を消化するよう「デザイン」されている。この事実を否定するのは片意地というものだ。問題は、目や胃袋がどのようにしてそれぞれの役割に合ったデザインを得るに至ったかということである。この問題は、長年にわたって深く検討されてきたが、残った答えは一つである。それは、「設計者」など存在しないということだ。「見る」「消化する」という機能が、他の人間よりも優れていた人々こそが、我々現代人の祖先なのである。胃が消化したり、目が見たりする能力に生じた、ランダムでわずかな改良が、今日にまで受け継がれ、機能の低下は受け継がれなかった。なぜなら、視力や消化能力の劣る人間は、我々の祖先ほど長く生きることも、子どもを多く産むこともできなかったからである。

我々人間というものは、工学的デザインを概念的に把握することには、あまり困難を感じないものである。目が何を目的にデザインされているかは、容易に類推できる。しかし、「デザインされた行動」という概念となると、それほど簡単ではない。目的ある行動は、意識的選択の証だと信じ込んでいるからだ。しかし、次の例を考えてみてほしい。おそらく私の言わんとすることが明確になるだろう。

ここに、ある種のコバチがいる。コバチは、コナジラミの体内に卵を産みつけ、その幼虫は内側からコナジラミを食べて成長する。痛ましいが、実際の話である。さて、産卵しようと尾をコナジラミに突き刺した瞬間に、そこがすでに他のコバチの幼虫に占領されていることがわかると、母バチは、驚くほど知的と思えることを行う。まさに産みつけようとしているその卵には、精子を与えないようにし、コナジラミのなかにいるハチの幼虫の体のなかに無精卵を産むのである（無精卵がオスに、有精卵がメスに発生するのがハチとアリの特性である）。「知的」なのは、母バチが、すでに占領されているコナジラミのなかには食物が少ないということを認識している点である。産んだ卵の成長は阻止され、小さな成虫に育つことになろう。そしてこの種では、オスは小さくメスは大きい。つまり、母子バチが大きく成長できないだろうと察知した瞬間に、それをオスに産み分けたとは、母バチはたいへん賢かった。

もちろん、「知的」と表現するのはナンセンスだ。母バチは賢かったわけではない。みずからそれを選択したのではないし、自分のしていることを認識していたのでもない。彼女はただの小さなハチであり、その微量な脳細胞では、意識的思考は不可能である。彼女は「コナジラミが占領されていたら精子を放つな」という指令に、忠実に従うようプログラムされた機械にすぎない。このプログラムは、自然淘汰によって何百万年という歳月をかけてデザインされたものだ。えじきが占領されていたら精子を放たないという性向を受け継いだコバチは、そうでないコバチよりも多くの子孫を残したのである。自然淘汰によって、目があたかも「見る」という目的のためにデザインされてきたのと同じように、自然淘汰はまた、コバチの目的に則してデザインされたと思われるような行動を作り出したのである。[*9]

この「目的をもったデザインという大いなる幻影」[*10]という考えは、本質にかかわるものだが、非常に単純明快なので繰り返す必要はないだろう。もっと知りたければ、リチャード・ドーキンスの名著、『盲目の時計職人』[*11]が詳細に解説しているので、そちらを参照されたい。本書では次の立場をとって話を進めていく。遺伝的メカニズムであれ、心理的態度であれ、行動のパターンであれ、それらが複雑であればあるほど、ある機能に見合ったデザインが浮かび上がってくるということである。目の構造の複雑さからして、我々は、それが見るためにデザインされていると認めざるをえないのだが、同様に、性的魅力の複雑さからは、それが遺伝子の取引のためにデザインされているということが示唆される。

言葉を変えれば、「なぜ?」をつねに問い続けることが重要なのだ。科学というのは概して、「いかに」を追求していく無味乾燥な仕事だ。そこでは「なぜ」よりも「いかに」が追求される。いかにして宇宙は動いているのか? いかにして太陽は輝くのか? いかにして植物は成長するのか? おおかたの科学者たちは、「なぜ」ではなく「いかに」の研究に生涯を費やす。しかしここで、次の二つの問いの違いを考えてみよう。「なぜ人間は恋に落ちるのか?」

「いかにして人間は恋に落ちるのか？」

後者は、単なる配管の問題である。ホルモンの脳細胞への影響、および脳細胞のホルモンへの影響、もしくはなんらかの生理的効果が人を恋に導くのだ。いつか科学者たちは、若い男の脳にある特定の若い女のイメージがどのように取りついて離れなくなるのか、分子の単位で解明することになるだろう。しかし、私が興味をそそられるのは、むしろ「なぜ」のほうなのだ。この問いの答えこそ、いかにして今日のような人間性が獲得されたかの核心に迫るからである。

なぜ、彼は彼女に恋をしたのか？ 彼女がかわいいからである。なぜかわいらしさが問題になるのか？ 人間というものは、おおむね一夫一妻の種であり、男たちは配偶者の選択にやかましいからである（チンパンジーのオスはそうではない）。つまり、かわいらしさというのは若さと健康の象徴であり、若さと健康は多産性の象徴なのである。ではなぜ男は配偶者に多産性を求めるのか？ そうしなければ彼の遺伝子は他の男の遺伝子に負けてしまうからである。なぜ彼はそんなことを気にするのか？ 彼は気にしていないが、彼の遺伝子があたかも気にしているかのようにふるまうからである。不妊の妻をめとれば子孫は生まれない。つまり、我々はみな、妊娠能力をもつ妻を選んだ男たちの子孫なのであり、だれもが同じ傾向を受け継いでいるのだ。なぜ男は遺伝子の奴隷なのか？ そんなことはない。彼には自由意志がある。しかし、恋をするのは遺伝子にとって有利だからだと言ったばかりではなかったか？　遺伝子の命令に従うも無視するも、彼の自由だということである。それでは、なぜ彼の遺伝子は彼女の遺伝子といっしょになりたがるのか？　それが、次の世代へ自分を伝える唯一の方法だからである。人間には二つの性があり、両者の遺伝子を混ぜ合わせることによって繁殖するのだ。なぜ人間には二つの性があるのか？　可動性の動物にとって、両性具有は不都合だからである。オスとメスの分担を分けたほうが、二つのことを同時にするより能率的なのだ。だから、古代の雌雄同体動物は有性動物に征服されてしまったのである。ではなぜ性は二つしか存在しないのか？　それが遺伝子どうしの長期にわたる闘争を解決する唯一の方法だったからである。なんだって？　それについては、あとの章で説明することにしよう。ところで、彼女はなぜ彼を必要とするのか？　なぜ彼女の遺伝子は勝手に進んでいって単独で子を産まないのか？　これは最も根本的な「なぜ」である。次章はこの問題で始まることになるだろう。

物理学においては、「なぜ」と「いかに」に大差はない。いかにして、地球は太陽のまわりを回るのか？　重力によってである。なぜ地球は太陽のまわりを回るのか？　重力のせいである。しかし生物学となると、こういうわけにはいかない。進化という、偶然に依存する歴史をも扱わなければならないからだ。このことを、人類学者ライオネル・タイガーは次のように表現している。

「我々はある意味ではいやおうなしに、数千世代にわたる自然淘汰が蓄積した力によって制約を受け、それに駆り立てられ、少なくともその影響を受けている」[*12]

歴史がどう賽(さい)を振ろうと、重力は重力である。しかし、クジャクのオスが華麗なのは、歴史のある時点でクジャクのメスの祖先が判断の基準を変えたからなのだ。世俗的、実用的な規範でオスを選ぶのをやめ、精巧な装飾を好むようになったのである。すべての生物は、それぞれの過去が生み出したものなのだ。ネオダーウィニストが「なぜ?」と問うとき、彼が実際に問題としているのは、「いかにしてそれが起こったか?」なのである。彼は歴史家なのだ。

闘争と協力

時は勝利を侵食する。これは歴史の特徴の一つである。すべての発明は、遅かれ早かれ時代遅れとなり、すべての栄光は滅亡の種子をはらんでいる。栄枯盛衰(えいこせいすい)である。進化の歴史もまた、この例にもれない。進歩と勝利はつねに相対的なのだ。まだ地球に生き物が存在しなかった時代、海から現れた最初の両生類は、のろのろと重たそうに、魚のようなかっこうで動き回っていられた。敵も競争相手もなかったからだ。しかし、もし今日、魚が陸に上がろうとしたら、たちまちキツネにむさぼり食われてしまうだろう。それは、モンゴルの騎馬部隊がマシンガンの前にはひとたまりもないのと同じくらい確実である。歴史、そして進化において、進歩はつねにシジフォスの無益な骨折りだった。絶えずなんらかの点では向上しながらも、相対的には同じ地点にとどまっているにすぎない。渋滞したロンドンの街を走る自動車は、一世紀前の馬車よりも速いとはいえない。仕事が容易になると、もっと複雑なことをしたり、何度も繰り返したりするようになるので、コンピュータが生産性を上げているとも思えない。[*13]

すべての進歩は相対的である、というこの概念は、生物学の分野では「赤の女王仮説」として知られるようになった。『鏡の国のアリス』のなかで、アリスが出会うあの女王のことである。赤の女王は走り続けるが、永遠に同じ場所にとどまっている。風景が彼女についてくるからだ。この考え方は、進化の理論にますます大きな影響を与えるようになってきており、本書でも再三繰り返されることになるだろう。速く走れば走るほど、世界もまた速度を増し、それだけ進歩は少なくなる。人生はチェスのトーナメントだ。ゲームに勝ったところでまた次のゲームに進まなければならない。しかも「駒落ち」というハンディを負って。

もっとも、進化的な出来事のすべてに赤の女王が登場するわけではない。厚くて白い毛皮のコートを着たホッキョクグマを例に説明しよう。ホッキョクグマの毛皮が厚いのは、寒さに対する抵抗力を身につけたクマたちが長く生き延び、子孫を残すことになったからである。この進化的過程は比較的単純である。毛皮が厚くなればなるほど、クマは温かくなったのであり、毛皮という断熱材が厚くなったことによって、寒さが過酷になったわけではない。しかし、なぜ毛皮が白いかということになると、話が違ってくる。ホッキョクグマの毛皮が白いのはカムフラージュのためである。茶色いクマよりも白いクマのほうが、たやすくアザラシに忍び寄れる。おそらく、大昔には難なく北極のアザラシに近づけたのだろう。アザラシがまだ敵を恐れなかったからだ。それは、南極のアザラシが今日でも氷の上では怖いもの知らずなのと同様であったろう。その時代、ホッキョクグマの祖先たちは獲物に不自由しなかった。しかし、やがて神経質で臆病なアザラシが、他人を信用するアザラシよりも長生きするようになり、アザラシは徐々に用心深くなっていった。そうなると、ホッキョクグマの生活は苦しくなる。こっそりとアザラシに忍び寄らなければならないのだが、すぐに見つかってしまう。そんなある日、偶然にも突然変異で茶色ではなく白い子グマたちが生まれる（実際にはそこまで突然に変化したものではないだろうが、原理は同じである）。アザラシには白クマが目に入らない。そこで毛皮の白いクマたちが繁栄し、増殖していった。これでアザラシの進化は水の泡となる。振り出しに戻ってしまったのである。つまり、赤の女王が作用したことになる。

赤の女王の世界において、進歩はつねに相対的である。アザラシとクマの例が示すように、敵はこちらに依存しつつも、こちらが栄えれば苦しむことになるのだ。赤の女王が猛威を振るうのは、捕食者と獲物、寄生者と宿主、同種のオスとメスという関係においてである。地上の生物はみな、赤の女王のチェスボードの上にいる。それは、寄生者対宿主、捕食者対獲物の戦いであるが、しかし何よりもまず、異性との戦いなのである。

寄生者が宿主なしでは生きていけないにもかかわらず宿主を苦しめるように、動物は異性の相手を必要としつつも、その相手を食い物にするのである。だから、赤の女王の登場には必ずやもう一つのテーマソングが流れることになる。それは、協力と闘争のフーガだ。母親と子どもの関係はかなり単純である。両者はだいたいにおいて、自分自身とお互いの幸福という同じゴールを目指している。その意味では、ある男と彼の妻の愛人との関係や、ある女と彼女の仕事上のライバルとの関係もかなり単純である。彼らは互いに相手に最悪の事態を望む。これら二つの明快な関係のうち、前者はまったくの協力関係であり、後者はまったくの闘争と葛藤である。妻と夫の関係はどうなるか？　お互いが相手に最善を望むという意味では、協力である。しかし、なぜ最善を望むのか？　お互いを利用するためである。夫は自分の子どもを産ませるために妻を利用し、妻は子を作り、子育てを手伝わせるために夫を利用するのだ。結婚というのは、協力的事業と相互搾取との境界線を、絶えず揺れ動いているものなのである。離婚専門の弁護士に尋ねれば、だれもがこれを証明してくれるにちがいない。幸福な結婚というものは、相互の利益の陰に損失が隠されてしまって協力関係が優先している場合である。不幸な結婚ではそうなっていない。

協力と闘争のバランスをとること。それは人間の歴史が絶えず繰り返してきたテーマである。政府と家族も、恋人と恋敵もみな、これに取りつかれているのだ。これはまた、経済学への鍵であり、生命の歴史のなかで、最も古いテーマの一つでもある。あとでわかるように、まさしく遺伝子そのもののレベルでも、まったく同じことが繰り返されている。そしてその根本的原因は性なのだ。性は結婚と同じように、二組のライバル遺伝子たちのあいだの協力的事業なのである。我々の体は、遺伝子どうしの危うい共存関係の舞台といえよう。

選ぶということ

ダーウィンの考えのなかで、近年まで見過ごされていたものの一つに、次のようなものがある。動物たちは、まるで畜産家のように相手を選ぶというのである。つねにある種のタイプを選択し、それによって種を変化させていくというのだ。この理論は、今日では性淘汰として知られているが、ダーウィンの死後、長年にわたって無視されてきた。これが脚光を浴びるようになったのは、ごく最近のことである。動物の最終目的は単なる生存ではなく繁殖にある、これが性淘汰理論の論旨である。確かに、繁殖と生存がぶつかりあう場合には、繁殖が優先される。例えば、サケは繁殖しながらにして餓死してしまう。有性の種において、繁殖するということは、配偶者を見つけ出し、遺伝子の小包を手放すよう、相手を説得することだ。これこそ生の営みのなかで最も重要なので、体だけでなく心のデザインにも深く影響しているのだ。簡単にいってしまえば、繁殖成功度を上げさせるものは何でも、そうでないものを犠牲にして、広まっていくことになる。たとえそれが生存を脅かすことになってさえも、である。

性淘汰は、自然淘汰と同じくらい確実に、目的にかなった「デザイン」を作り出す。性淘汰によって、雄ジカは他の雄ジカと戦うためにデザインされたのであり、雄クジャクは雌クジャクを誘惑するためにデザインされたのだ。同様に、男性心理というものは、一人またはそれ以上の優秀な配偶者を獲得し、専有するためなら、命をも懸けるようにデザインされているのである。男らしさの精髄ともいうべきテストステロンというホルモンそれ自体が、生存には危険な物質である。テストステロンは伝染病への感染性を増大させる。男が女よりも攻撃的なのは、性淘汰の結果なのである。男は、危険に身をさらして生きるよう進化してきたのだ。なぜなら、競争や戦いに勝利を収めることは、その昔は性的征服へとつながり、その結果、男たちは多くの子どもを残せたからである。女たちが命を危険にさらしても、せっかくできた子どもの命を危うくすることになるだけだ。同様に、女性美と繁殖能力に密接な関係があることも、性淘汰が働いたおかげだ（美しい女性を定義するなら、若くて健康ということになろうが、それは若さと健康が多産性の象徴だからであり、年老いた女よりも長い繁殖寿命を有するからである）。

それは、性淘汰が男性の心理と女性の肉体の双方に作用した結果である。男と女は、お互いを形成しあっているといえる。女の体が砂時計形にくびれているのは、男がそれを好むからである。男が攻撃的な性質をもつのは、女がそれを好むからである（自分をめぐる戦いで、攻撃的な男が他の男を打ち負かすのを許したからというべきかもしれないが、結果は同じ）。実のところ、本書はセンセーショナルな理論で締めくくられることになる。大きな脳が、人間の知性を、自然淘汰というよりは、むしろ性淘汰の所産とする結論である。繁殖成功度に貢献してきたという事実は、今や進化論にくみする人類学者たちの認めるところである。それは、他の男を出し抜いたり、陰謀を企てることを可能にしたのであり（同じことが女どうしにも当てはまる）、そもそも頭脳というものは、異性に言い寄ったり、誘惑するために用いられていたからである。

人間の本性を見つけ出し、それが他の動物とどう異なるかを記述するということは、これまで科学が扱ってきたどんな課題にも劣らぬ興味深い仕事である。それは、原子や遺伝子や宇宙の起源を探究することと同じ価値をもつのだ。にもかかわらず科学は、この仕事を首尾一貫して避けてきた。人間の本性という問題に関して、人類が生み出した最高の「プロ」たちは、科学者でも哲学者でもなく、ブッダやシェークスピアのような人物であった。生物学者たちは研究対象を動物に限定し、その境界を越えようとする人々は、政治的動機から非難される。[*14] 例えば、一九七五年に『社会生物学』を著したハーヴァード大学のエドワード・ウィルソンがそうである。一方で、人間を研究している科学者たちは、動物は人間の研究には不適切だと宣言し、普遍的な人間の本性などというものは存在しないと主張している。その結果、科学は、ビッグバンやDNAを冷徹に分析することにはあれだけ成功しているのに、ある一つの問いかけに取り組むにはまったく無能であることがはっきりとわかった。その問いかけとは、かの哲学者のデイヴィッド・ヒュームが人類最大の課題と呼んだ疑問、「なにゆえに人間の本性はかくありしか？」である。

第2章　大いなる謎

生命から生命へ血統は変わることなく流れゆき
父の生き方は息子へ伝わる
同じしぐさ、同じこころ
歳月は繰り返しそれを眺める
やがて受け継がれた蕾は朽ちはて
昆虫の群れは姿を消し
身ごもった母性は一途に願う
女の子を授け給えと
――エラスムス・ダーウィン『自然の殿堂、または社会の起源』

火星人ゾグは、慎重に、宇宙船を新しい軌道に乗せ、火星の裏側にある、地球からは見えない穴へと舵を進めた。彼女はこれまで何度もここを通っており、緊張感よりも、早くうちに帰りたくてじりじりしていた。今回の地球滞在は長かった。これまでの火星人の最長記録を更新した。アルゴンの風呂にゆったりつかり、コップ一杯の冷たい塩素水でのどを潤す瞬間が待ち切れない。もちろん、仲間たちに再会するのはすばらしいことだろう。それから、子どもたち。そして、夫……。彼女ははっと気がついて笑い声をあげた。地球に長く滞在しすぎたせいで、地球人のような考え方をするようになっていたのだ。まったく夫だなんて！　火星人には夫がいないことくらい、だれでも知っているじゃない。火星には、セックスなんてものは存在しないのに。

ゾグはナップサックのなかにある報告書のことを、誇らしげに考えた。「地球上の生命――繁殖の謎の解明」。彼女の自信作である。ビッグ・ザグがなんと言おうと、昇進はまちがいないだろう。一週間後、ビッグ・ザグは地球研究所の会議室のドアを開き、ゾグを呼ぶよう秘書に命じた。ゾグは会議室に入り、自分の席に腰かけた。ビッグ・ザグはゾグの視線を避け、咳ばらいをした。そして始めた。

「評議会は、あなたの報告書を注意深く読みました。私たちはみな、あなたの緻密な観察に感銘を受けています。あなたは確かに、地球における繁殖に関して徹底的な調査を行いました。おそらくここにいるミス・ジグを除いて、私たちは全員、あなたが自分の仮説をみごとに実証したと考えています。地球上の生命は、セックスと呼ばれる奇妙なやり方で繁殖するのだということは、私は疑う余地のないものと考えます。ただ、評議員の何人かは、あなたの結論に多少の不満を抱いています。人間という地球の生物種の奇妙な特徴の多くをセックスとやらの産物としてしまうことです。嫉妬深い愛も、美意識も、男の攻撃性も、さらには彼らがお笑いぐさに知性と呼んでいるシロモノまでも……」

ビッグ・ザグの陳腐なジョークに、一同はお愛想笑いをもらした。「しかし」と突然、ビッグ・ザグは声を高め、のぞき込んでいた報告書から顔を上げた。

「一つだけ大きな課題が残っています。あなたは、何よりも興味深い点を論じていないのです。それは非常に単純な二文字の問いかけです」

ビッグ・ザグは皮肉っぽく、その二文字を発した。

「なぜ？」

ゾグは、口ごもりながら尋ねた。

「なぜというのはどういう意味でしょう？　ビッグ・ザグ様」

「それは、こういうことです。なぜ、地球人はセックスをするのか？　なぜ、彼らは私たちのように、クローンを作らないのか？　なぜ、一人の赤ん坊を作るために二人の人間が必要なのか？　なぜ、地球には男が存在するのか？　なぜ？　なぜ？　なぜ？」

「それは……」ゾグは慌てて答えた。

「その疑問には、私も答えを見つけようと努力したのです。でも、まったくわかりませんでした。この問題を長年研究している人々に尋ねたりもしました。でも、彼らも知らないのです。彼らにもいくつかの考えはあるのですが、どれも少しずつ違っていました。ある人々はセックスは歴史上の偶発事だと言い、ある人々は病気を寄せ付けないための方法だと言いました。また、セックスは変化に適応し、進化の速度を速めるためのものだと言う者があれば、それは遺伝子を修復する方法だと語る者もいました。でも、根本的には彼らにもわかっていなかったのです」

「わかっていない？」ビッグ・ザグは荒々しく叫んだ。「わかっていないと？ 彼らの全存在において、何よりも本質的なこの特性、地球の生命についての何よりも興味をそそるこの科学的問題、だれもが一度は問うたであろうこの問いかけ……。それを、彼らはわかっていないと？ おお、神よ！」

はしごから踏み車へ

性の目的は何か？ 答えは、あまりにも明瞭で陳腐に思えるほどである。しかし、もう一度、よく考え直してみると、そうでないことがわかるだろう。なぜ子どもを作るのに二人の人間が必要なのか？ なぜ三人でも一人でもないのか？ 何か理由が存在するのか？

およそ二〇年ほど前、有力な生物学者たちの小グループが、性についての自説を一変させた。性とは、繁殖のための論理的、必然的、まっとうな手段であるとみなしていたのを、ほとんど一夜にして方向転換し、なぜ性という仕組みが跡形もなく消滅してしまわなかったかを説明することは不可能だ、という結論を下したのである。性はまったく意味をなさないように思われたのだ。以来、性の目的は未解決の問題として残っており、「進化問題の女王」と呼ばれている*1。

しかし、混乱のなかにも、おぼろげに、ある答えが形造られようとしている。これを理解しようとするなら、まずは「鏡の国」を訪れる必要があろう。そこは、何もかもが見かけどおりではない世界である。性は繁殖とかかわりなく、性が男と女を指すわけでなく、求愛に誘惑は必要なく、美のために装うのではなく、愛が好意をともなわないというような……。

一八五八年、ダーウィンとウォレスが進化のメカニズムについて最初の納得のいく説を発表した年、ヴィクトリア朝の楽観的「進歩主義」は、全盛期を迎えていた。ダーウィンとウォレスの説が「進歩の神」を擁護するものと解釈されたのは、時代的背景を考えれば当然のことであった。進化思想はまたたく間に一世を風靡することになったが、それは主に、誤解に起因していた。進化とは、アメーバから人間に至る確実な進歩、すなわち自己改善のはしごと誤解されたのである。

二〇世紀も終わりに近づいた今日（こんにち）、我々はこれとは違った感懐を抱いている。進歩のおかげで、人口は過剰になり、地球の温暖化が進み、資源は枯渇しようとしている。どんなに速く走ろうと、どこにも到達しないように思われる。はたして産業革命は、世界の平均的な住人たちを向上させたのだろうか？　人々は、以前よりも健康になり、豊かになり、賢くなったのだろうか？　うす気味悪いほど（もっとも、哲学者なら我々にそう信じ込ませようとするだろうが）、進化の科学は時代の気分に迎合しようとしている。それは、今や進歩をあざ笑うのだ。進化とは踏み車であり、はしごではない、と。

処女懐胎

人間にとって、セックスは子どもを作る唯一の方法であり、それはそれで十分な目的である。このことが疑問視され始めたのは、ようやく一九世紀後半になってからだった。問題は、繁殖にはもっと便利なやり方がいろいろあるらしいということである。微生物は二つに分裂する。ヤナギは切り口から成長する。タンポポは単独で種子を作る。単為生殖を行うミドリアブラムシは子を産むが、その子はすでに単為生殖で自分の子を宿している。一八八九年、ヴァイスマンはこのことをはっきり認識していた。彼は次のように記述している。

「性の意味は、増殖を可能にするということにあるのではない。なぜなら増殖の方法は、性ぬきでも、細胞分裂、出芽、胞子形成など、ほかにも数多く見られるからである」[*2]

こうやってヴァイスマンが始めたことだが、それ以来今日に至るまで、一定の間隔をおいて、進化論者たちは次のように主張する傾向を見せている。「性は困った問題だ。それは存在すべからざるぜいたくなのだ」

おもしろいエピソードがある。一七世紀、ロンドンの王立協会での出来事である。その日は国王臨席のもと、早朝から真剣な討論が闘わされていた。論題は「なぜ金魚の入った水槽と水だけの水槽が同じ重さなのか？」ということだった。ありとあらゆる解釈が出されては、はねつけられた。討論は熾烈を極めた。すると突然国王がこう叫んだ。

「そもそも、前提が疑わしいのではないか？」

国王は水の入った器と、金魚と、はかりを運び込ませた。実験が行われた。水の入った器がはかりにかけられ、次に金魚が入れられた。すると、ちょうど金魚の重さの分だけ、器は重さを増したのだった。当然のことである。

これはもちろん作り話だ。ありもしない問題を、さも存在するかのように論議するまぬけたちと、本書に登場する科学者たちをいっしょにするのは不当であろう。しかし、ここにはちょっとした類似点がある。ある科学者たちのグループがある日突然、なぜ性が存在するのかということは説明できないと主張し、現在の説明に対する不満をあらわにしたとき、他の科学者たちはその知的感性をばかばかしいと感じた。そこで彼らは「性は現に存在する」と指摘した。そして、性が存在するからには、そこにはなんらかの利点があるはずだ、と主張した。利点がないというのは、おまえたちは飛べないはずだとマルハナバチに諭すエンジニアのように、おまえたちは無性生殖しかしていないはずだと動植物に言うようなものである、と。ブラウン大学のリサ・ブルックスは次のように記述している。

「この議論の問題点は、当の有性生殖する生物自体は、こんな結論にまったく無頓着なように思われることだ[*3]」

また皮肉屋たちは、こんな言い方をした。

「これまでの解釈には、どれにもぬけているところがあるにちがいない。しかし、それらの穴をふさいだからといって、ノーベル賞がもらえると思ったら大まちがいだ」

それはともかく、なぜ性に目的が必要なのだろう？　それは、進化上の偶発事にすぎないかもしれないではないか？　たまたま道路の片側を運転しているようなものなのではないか？

しかしながら、まったくセックスをしない生物も、ある世代だけしてあとはしないという生物も、数多く存在する。無性のミドリアブラムシの孫の孫は、夏も終わるころ、有性に転じる。メスはオスのミドリアブラムシと交尾し、遺伝子を混ぜ合わせて子を作る。なぜ、そんな煩わしいことをするのか？　偶発事として片づけるには、性は驚くべき執拗さで続いているように思える。

論争は終わりを知らない。毎年毎年、新しい見解が発表されていく。論文の数々、実験に次ぐ実験、シミュレーションに次ぐシミュレーション……。論争に関与した科学者たちにアンケートをとれば、ほぼ全員が問題は解決済みだと答えるだろうが、その解答はみな違っていることだろう。ある者はA説を唱え、ある者はB説を主張する。C説を持ち出す者が現れれば、またすぐ第四番めの説が提出される。このうえまだ新しい説が出てくるのだろうか？ 私は、ジョン・メイナード＝スミスに、はたしてこれ以上新しい見解が必要だと思うかと尋ねたことがある（メイナード＝スミスは、「なぜセックスか？」を最初に問題にした人々の一人である）。答えはこうであった。

「いや、もういいだろう。答えはもう出そろっているはずだ。ただ、どうしても合意に達しない。それだけのことなのだ[*4]」

性と自由貿易

先に進む前に、遺伝学上の用語を簡単に説明しておこう。遺伝子とは、四文字のアルファベットで記された、生化学におけるレシピであり、これはＤＮＡと呼ばれている。どうやって個体を形成し機能させるかということが、ＤＮＡに書き込まれているのである。正常な人間の細胞内には、一組七万五〇〇〇個ずつの遺伝子が対をなして存在している。つまり、遺伝子の合計は一五万個になるわけだが、この単位をゲノムと呼ぶ。遺伝子は染色体上に座をもつが、この染色体は二三対（計四六本）のリボン状の束で形成されている。男が女を妊娠させると、二三本の染色体上に七万五〇〇〇個の遺伝子をもつ精子が、二三本の染色体上に七万五〇〇〇個の遺伝子をもつ卵子と合体することになる。こうして、七万五〇〇〇対の遺伝子と二三対の染色体をもつ完全な人間の胎児が作られる。

もう一つ、とても重要な用語がある。「減数分裂」である。減数分裂とは、オスとメスの遺伝子の選択手続きのことである。この手続きによって精子や卵子に組み込まれる七万五〇〇〇個の遺伝子が選ばれる。その際、父方の遺伝子を七万五〇〇〇個選ぶことも、母方の遺伝子を七万五〇〇〇個選ぶことも可能ではあるが、両者の混合というケースが一般的だ。この減数分裂のあいだに、ちょっと特殊な現象が起こる。二三対の染色体が、それぞれの相同染色体と接着して並ぶのである。そして、この相同染色体のあいだで、部分的な交換が行われる。これを「組み換え」と呼ぶ。この組み換えのあと、片方の親の染色体の組が子に伝わり、もう片方の親の染色体の組と結びつき、世に送り出される。これを「異系交配」と呼ぶ。

組み換えと異系交配による遺伝子の混ぜ合わせこそ、性の基本的特徴である。その結果、胎児は、父、母という二人の人間経由で（異系交配）、四人の祖父母の遺伝子を分かちもつ（組み換える）ことになるのだ。

性という手続きの本質は、組み換えと異系交配にある。性別、配偶者の選択、近親相姦の回避、一夫多妻、愛、嫉妬といった、性にまつわるすべての他の事柄は、異系交配と組み換えを効果的かつ慎重に行うための方法なのだ。

このように見てくると、性は繁殖とは関係がないということがすぐわかる。生物は、一生のどの段階においても、他個体の遺伝子を借用してくることができるはずだ。実際、バクテリアの世界ではこれが行われている。バクテリアは、互いにくっつきあい、まるで二機の爆撃機がパイプ管を通して燃料を補給するように遺伝子を注入しあう。それから両者は離れる。繁殖は、あとで分裂という手段で行う。[*5]

つまり、性は遺伝子の混合なのである。意見の不一致は、なぜ遺伝子の混合がよいことなのかという点にあるのだ。過去一世紀ほどのあいだ、正統とされていたのは、遺伝子の混合は変異を生み出し、自然淘汰の働く材料を供給するので進化のために有益であるという見解であった。性とは、遺伝子自体を変化させることなく、その組み換えによって新しい組み合わせを作り出すプロセスなのだ。ヴァイスマンの時代には、まだ遺伝子は発見されておらず、「イド（細胞原質）」というあいまいな言葉を用いていたが、それでも彼はこのことを認識していた。性とは、いわば遺伝子の優れた新発明の自由貿易の場であり、それによってそういう新発明は種全体へと広まるチャンスが増大し、そして、種は進化していくのである。ヴァイスマンは、性を「自然淘汰が働く原料である個体変異の源」と表現していると。[*6] 性は進化速度を速めるのだ。

モントリオール在住のイギリス人生物学者、グレアム・ベルは、こうした伝統的見解を名づけて「ブレーの坊さん仮説」と呼んだ。[*7] この人物は小説に登場する一六世紀の僧侶だが、この僧侶は君主の交代があると、それに合わせてさっさと宗旨替えし、時に応じてプロテスタントになったり、カトリックになったりしたのであった。調子のいいブレー村の坊さんのように、有性生殖する動物には適応性があり、いつでも変化に応じられると考えられていたのである。「ブレーの坊さん仮説」は、およそ一世紀のあいだ、正論として生き続け、今でも生物学の教科書ではそう教えている。これが疑問視され始めたのは、いつのことだったろう？　正確にはわからない。ただ、少なくとも一九二〇年代にはもう疑問はもたれていた。ゆっくりとではあるが、現代の生物学者たちは、ヴァイスマンの論理がもつ、深刻なまちがいに気づき始めたのである。それでは、まるで進化とは必然のようではないか？　進化するために種は存在し、進化することこそが存在の最終目的のようではないか？

これは、もちろんナンセンスだ。進化とは、生命体に起こる偶発事である。それは方向性をもたないプロセスであり、動物たちの子孫を、あるときは複雑化し、あるときは単純化し、あるときは、そのまま保つのである。このような考え方は、なぜか非常に受け入れにくい。それは、我々が進歩だの自己改善だのという概念に侵されきっているからだ。しかし、マダガスカルの海に生息するシーラカンスが、三億年前の祖先とそっくりの形態で生き続けているからといって、進化の法則を破っていると言う人はいないであろう。ひとえに進化の速度が十分でないため人間に至らなかったシーラカンスを失敗作とみなすのは誤りである。ダーウィンも指摘しているように、人間が劇的に介入することで、進化のスピードを速めることができる。人間は、チワワからセントバーナードに至るまで、数百種におよぶ犬の品種を、進化の歴史から見れば、一瞬の間に生み出したのである。このことだけでも、進化が可能な限りの速いスピードで進んでいるのではないということの証拠になる。まったくのところ、シーラカンスは失敗作どころか、むしろ成功例なのだ。進化しないということは、すなわち革新の必要なく通用するデザインをもっているということである。それは、ビートル型のフォルクスワーゲンが今日でも通用するのと同様である。進化とは目的ではなく、問題を解決するための手段なのだ。

もっとも、ヴァイスマンの後継者であるロナルド・フィッシャーとハーマン・マラーは、進化は定められたものではないにしても、少なくとも本質的なことである、と説くことによって、目的論の罠をうまく逃れることができた。

「無性の種は不利な立場にあり、有性の種との競争に負けるだろう」

ヴァイスマンの理論に遺伝子の概念を融合させることにより、フィッシャー（一九三〇年）[*8]やマラー（一九三二年）[*9]の著作は、有性の利点に関して、見たところまったく非の打ちどころのない理論を展開した。そのうえマラーは、遺伝学という新しい科学によって問題は解決された、と断言しさえした。

有性の種は、新しく発明された遺伝子をみんながもつようになるが、無性の種はそうはできない。有性の種は、自分たちの資源を分かちあっている発明家のグループのようなものだ。ある者が蒸気エンジンを発明し、ある者がレールを発明すれば、両者の発明は合体し、レール上を蒸気機関車が走ることになる。一方無性の種は、自分たちの知識を決して分かちあおうとはしない、嫉妬深い発明家の集まりのようなものだから、蒸気機関車が道路の上を走り、レールの上を荷馬車が行くことになる。

一九六五年、ジェイムズ・クローと木村資生（もとお）は、フィッシャーとマラーの論理を当世風に書き換えた。有性の種においては、稀な突然変異どうしがいっしょになることができるが、無性の種ではできないことを、数学的モデルで示したのである。有性の種は、異なる個体に起こった突然変異をもらってくることができるので、一つの個体に二つの稀な変異が両方起こるのを待つ必要はない。彼らの見解によれば、有性の種に少なくとも一〇〇〇の個体が存在すればこの説は成立し、有性の種の有利さが保証される。申し分のないできばえである。性は進化への手助けと解され、現代数学によって学説の精度が高められたのである。問題はこれで解決したかのようであった。[*10]

人間のライバルは人間である

その数年前、すなわち一九六二年にスコットランドの生物学者V・C・ウィン＝エドワーズが膨大かつ影響力の大きい著作を発表していなかったら、事はそれですんでいたかもしれない。ウィン＝エドワーズが生物学に果たした貢献はたいへんなものだ。ダーウィンの時代から、進化の理論の中枢につねに浸透していたとてつもない誤謬をあらわにしたのだから。彼がこの誤りを暴くに至ったのは、その誤りを正すためではなく、彼自身、その誤りを真実であり重要なことだと信じていたからである。しかしそうしているうちに、それが誤りであることが、初めてだれの目にも明らかになってきたのだ。*[11]

そもそもこの誤りは、我々しろうとが進化のことを話すときに現れる。我々は軽率にも、進化を「種の存続」問題として語りあう。そのとき我々は、戦いあうのは種と種であると考えている。つまり、ダーウィンが「生存競争」と呼んだものは、恐竜と哺乳類、ウサギとキツネ、ヒトとネアンデルタール人の争いだと思っているのだ。我々が思い描いているのは、ドイツ対フランス、ホームチーム対ライバルチームというような対抗試合なのである。これはダーウィンも時折犯した誤ちである。『種の起源』の副題そのものにも、「有利な品種の保存」という表現が使われている。*[12] しかしダーウィンの考えの焦点は、種ではなく、個体であった。すべての生物は、それぞれに違っている。ある者は他の者より長生きし、繁栄する。そして、より多くの子どもを残すことになる。もし、このような相違が遺伝するとしたら、だんだんに変化が起こるのは必然だろう。このようなダーウィンの見解は、のちにグレゴール・メンデルの発見と、強固に結びつくことになる。メンデルは、遺伝形質が遺伝子という独立した小包の形で運ばれる、ということを実証したのである。この発見によって、遺伝子に起こった新しい突然変異が、どのようにして種全体に広まっていくかを説明できる理論が形成された。

しかし、この理論の根底には、ある重大な問題が検討もされぬまま眠っている。最も適応度の高い者が生存競争を繰り広げているとき、いったいだれと戦っているのか？　競争相手は同種の他個体なのか？　それとも他種の個体なのか？

アフリカのサバンナで、チータに食われないようにしているカモシカは、チータが攻撃してきたときには、仲間のカモシカよりも速く走ろうとしている。カモシカにとって重要なのは、チータよりも速く走ることではなく、他のカモシカよりも速く走ることなのである。これには古いエピソードがある。ある哲学者とその友人がクマに襲いかかられたときのことである。二人は一生懸命逃げたが、途中で論理的思考をする友人がこう叫んだ。

「むだだ。しょせんクマより速く走るなんてできやしない」

すると哲学者はこう答えたのだった。

「クマより速く走る必要などないのだ。ただ、君より速く走らなければならないだけだ」

心理学者たちはときどき、なぜ人間には『ハムレット』の一場面を暗唱したり、微分積分を理解したりする能力が備わっているのだろうかと考える。人間の知性が形成されてきた原始的な状況のもとでは、そんな能力はたいして役に立たなかったはずだからである。ケサイを捕らえるのがひどくむずかしいのは、アインシュタインだっておそらく我々と同じだろう。この難題に初めて明確な解答を与えたのは、ケンブリッジ大学の心理学者ニコラス・ハンフリーである。我々が知性を駆使するのは、実際的な問題を解決するためでなく、機知により他者を出し抜くためなのだ。人を欺くこと、他人の欺きを見破ること、人の動機を見抜くこと、狡猾に人を操ること。これらのために知性は使われるのである。つまり重要なのは、どんなに賢いか、どんなに狡猾かではなく、どれだけ他人よりも賢く、狡猾かなのだ。知性の価値は無限である。同種内淘汰は、異種間淘汰よりもはるかに重要なのである。*13

さて、このような二分法は、誤っているように見えるかもしれない。なんといってもある動物個体が、自分の属する種のためになしうる最大の貢献は、生存して繁殖することだ。ところが、この二つ（つまり、個体と種）がまたしばしば対立するのである。ここに一匹の雌トラがいるとしよう。彼女のなわばりに、最近別の雌トラが割り込んできた。彼女はこの侵入者を快く受け入れ、どうしたら獲物を分けあいながらいっしょに暮らしていけるかを話しあうだろうか？ 否である。そんなことはありえない。彼女は死をかけて戦うだろうが、そうすることは、種の保存という点から見ればよくないことである。

別の例を挙げよう。絶滅の危機にあり、存続が気づかわれている珍種のワシの子がいる。ワシの子はよく、同じ巣のなかの弟や妹を殺すことがある。個体にとっては有益だが、種にとっては損失だ。

動物たちの世界では、あまねく同種であれ異種であれ、個体が個体と戦っている。そして現実に、最も出会う機会の多いライバルは、やはり同種の相手なのだ。自然淘汰は、種の保存には役立つが、自分自身の機会をものにしないようなカモシカの遺伝子は拾い上げていかない。なぜなら、そのような遺伝子は、恩恵をもたらすずっと前に除去されてしまうであろうから。種と種は、国家対国家のようには戦わないのだ。

ウィン＝エドワーズは、動物たちがしばしば、種または少なくとも自分の属する集団のために行動すると信じて疑わなかった。例えば彼は、海鳥は、集団の個体数が多くなると、食糧を食い尽くすのを避けるために繁殖をやめるようになると考えていた。彼の著作は結果として、二つの学派を形成することになった。一つは群淘汰派、一つは個体淘汰派である。前者は、動物の行動の多くは個体の利益よりもむしろ集団の利益のために行われるとし、後者は、個体の利益がつねに勝利を収めると考える。群淘汰論者の言うことのほうが、確かに訴えるところが多い。我々はチームワークの精神や慈善といった倫理観に浸されているからである。これはまた、動物の利他行動を説明しているようにも思われる。ハチが刺して死ぬのは巣を守るためで、鳥は捕食者が来たことを警告しあい、自分の幼い弟妹にえさをやる手助けをする。人間だとて、他人の命を救うため自己を犠牲にして死ぬ、というヒロイズムをもち合わせている。しかし、惑わされてはいけない。これは見せかけなのだ。動物の利他行動は神話である。どんなに感動的な自己犠牲であれ、実は、自分の遺伝子を救うという利己的動機に裏づけられている。それが時には、我が身を捨てさせるだけのことである。

個体の再発見

あなたが、アメリカのどこかで進化学者たちの会合に出席し、ある男を見つけたとしたら幸運だ。長身で、灰色の口ひげをたくわえ、微笑みを浮かべ、どことなくリンカーン大統領に似たその男は、いくぶん遠慮深げに群衆の後ろに立っている。彼は、その言葉を一語ももらさず聞きとろうとする熱烈な崇拝者の集団に取り巻かれているにちがいない。口数の少ない男なのだ。ささやきが、部屋を走る。「ジョージが来てるぞ」。人々の反応から、あなたはその人物の偉大さを察知するはずだ。

男の名は、ジョージ・ウィリアムズ。博学で物静かな生物学の教授である。彼は生涯のほとんどを通じて、ロングアイランドのストーニーブルックにあるニューヨーク州立大学で教鞭をとってきた。歴史に残るような実験を成し遂げたわけではなく、また、驚くべき新事実を発見したというわけでもない。それでもウィリアムズは進化生物学における革命の父とも呼ぶべき人物であり、その功績はダーウィンのそれにも匹敵するのである。一九六六年、ウィン＝エドワーズをはじめとする群淘汰派の見解にいらだちを覚えたウィリアムズは、夏の休暇を費やして、進化についての自分の見解を一冊の本にまとめた。『適応と自然淘汰』と題されたその著作は、今なお生物学界の金字塔として、ヒマラヤのようにそびえ立っている。『適応と自然淘汰』は、アダム・スミスが経済学に果たした役割を生物学で演じた。どうやって個体の利己的な行動から集団的効果が生じてくるかを彼は説明したのだった。[*14]

この著書のなかでウィリアムズは、群淘汰の論理的欠点を完璧にしかも簡潔に指摘している。ロナルド・フィッシャー、J・B・S・ホールデン、セウォール・ライトなど、個体淘汰の立場を固持し続けた少数派の進化学者たちの主張の正しさが証明されたのである。[*15]一方、ジュリアン・ハクスレーのように、種と個体を混同した者たちは、失墜を余儀なくされた。[*16]ウィリアムズの著作から数年のうちに、ウィン＝エドワーズは事実上、敗北することになった。ほとんどすべての生物学者たちがウィリアムズに賛成し、いかなる生物も、自己を犠牲にしてまで種を助ける能力を進化させることはできない、ということを認めたのである。ただ、個体と集団の利益が一致している場合にのみ、自己犠牲的に行動することがあるというだけのことなのだ。

これは不穏当な見解であった。初めはとても残酷で、無情な結論のように思われた。それは折しも経済学者が、社会の救済という理想を掲げれば、福祉とひきかえに個人に高い税金を負担させることができるという事実を見いだして、喜んでいる時期であった。彼らは、各自の欲望を抑えなくても、人々の善意に訴えれば社会は成立すると言っていた。そこへ突然生物学者たちが現れて、これとまったく正反対の理論を唱えたのである。動物界は無情の世界であり、チームやグループの利益のために自己の野心が犠牲にされたことは、いまだかつて一度もない。ワニは絶滅の危機に瀕してさえ、お互いの子どもを食べあうだろう、と。

しかし、ウィリアムズが言おうとしていたのは、そういうことではない。彼は個々の動物たちがしばしば協力しあうことをよく知っていたし、人間社会が無慈悲な競争の世界でないことも、十分に心得ていた。しかし彼は、協力というものが、ほとんどいつでも母親と子ども、働きバチの姉妹というような近親者たちのあいだでなされているか、または直接的にであれ、将来的にであれ、それが自分自身の利益となるような場合であることにも気づいていた。例外はきわめて少ない。理由はこうである。利己者が利他者よりも多くの報酬を得る世界では、利己者のほうがより多くの子孫を残すことになり、その結果、必然的に利他者は消え去るのである。しかし利他者が自分の近縁者を助ける場合には、彼らを利他的に行動させている遺伝子をも含めて、彼らは同じ遺伝子の一部を共有する者たちを助けているのである。そこで、個体が意図して行動しなくても、そのような遺伝子は広まっていくのだ。[*17]

しかし、ここには一つだけ厄介な例外があることを、ウィリアムズは承知していた。性である。伝統的な性についての解釈、すなわち「ブレーの坊さん仮説」は、本質的に群淘汰の考えに基づくものであった。それによれば、個体は繁殖に際して、互いに利他的に遺伝子を分けあうが、それは、そうでなければ種の革新は不可能となり、数十万年後には、遺伝子を分けあうような種に打ち負かされてしまうからだ。伝統的見解によれば、有性の種は無性の種よりもうまく生存するのである。

しかし、有性の個体は無性の個体よりもうまくやっているのだろうか？　もしそうでなければ、性はウィリアムズ的「利己学派の理論」では説明できなくなってしまう。とすれば、利己的理論のどこかに誤りがあって、実際に真の利他行動が出現しえたことになるか、あるいは伝統的な性の解釈が誤っているかのどちらかということになる。ウィリアムズや彼の支持者たちはこれを検証しようと努めた。しかし、研究を進めれば進めるほど、性は個体にとってよりも、種にとって意味があるように見えてくるのであった。

そのころ、サンフランシスコのカリフォルニア科学院では、マイケル・ギゼリンがダーウィンの著作の研究に専念していた。彼は、ダーウィン自身が集団間の闘争ではなく個体どうしのあいだの闘争を最も重大だと主張し続けていたという点に驚かされた。しかし、ギゼリン自身もまた、性だけはその例外のように思い始めていた。彼は自問自答した。なぜ有性生殖する遺伝子が、無性生殖する遺伝子をさしおいて広まったのか？　もし仮に、種のメンバーがすべて無性であったとし、ある日突然、彼らの一組が性を発明したとする。それはどんな利益をもたらすだろうか？　そして、もしそれがなんの利益ももたらさなかったとしたら、なぜ性は広まったのか？　もしそれが広まりえなかったのなら、なぜこんなにもたくさんの種が有性なのか？　ギゼリンには、なぜ新しく誕生した有性の個体が、もとからいる無性の個体よりも多くの子孫を残すことになったのかが、どうしても理解できないのだった。まさに、有性種の子孫は少なかったはずなのだ。なぜなら、彼らは無性のライバルとは違って、相手を見つけるのに時間を費やさなければならなかったし、彼らの一方、すなわちオスにはまったく子が産めないからである。*18

イギリス、サセックス大学のエンジニアで、のちに遺伝学者となったジョン・メイナード＝スミスは鋭い洞察力と、ちょっとした遊び心を身につけている。彼を鍛えあげたのは、あの偉大なネオダーウィニスト、J・B・S・ホールデンである。メイナード＝スミスは、このジレンマを解決することなしに、ギゼリンの問いに答えてみせた。メイナード＝スミスの解答はこうである。有性の遺伝子は、一個体がもちうる子孫の数を倍にすることができる場合にだけ増えていくことができる。しかしこれは、ばかげているように聞こえる。ギゼリンの思考の逆をついて、メイナード＝スミスはこう仮定する。もし、有性の種のなかのある個体が、突然、セックスをやめることにし、配偶者の遺伝子をまったく取り入れずに、自分の遺伝子すべてを子孫に残すことになったとしよう。そうなると、その個体の遺伝子は、有性のライバルより二倍多く次の世代に伝えられることになる。確かに、これは莫大な利得である。つまりその遺伝子は次世代では二倍になるということであり、やがてその種は、これらの遺伝子で独占されることになるだろう。*19

石器時代の洞窟を想像してみよう。そこには二人の男と二人の女が住んでいる。そのうちの一人は処女である。ある日、この処女が無性生殖で女の赤ん坊を産むことになった。この赤ん坊は、本質的に母親とまったく同一であり、専門用語でいう「処女生殖者」に成長するのである。処女生殖にはいくつか方法がある。例えば「オートミキシス」と呼ばれている方法。これは、大ざっぱにいえば、卵子の卵子による受精である。さて、この処女は二年後に同じ方法でもう一人女の子を出産する。一方彼女の妹は、このあいだに娘と息子と一人ずつ、通常の方法、すなわちセックスによって出産している。今、洞窟のなかの人間は、計八人である。やがて三人の娘たちは成長し、それぞれに二人ずつ子どもを産み、最初の世代は死んでいった。今、洞窟のなかには一〇人の人間がいるわけだが、そのうち六人が処女生殖者である。たった二世代のうちに、処女生殖者の遺伝子は、人口の四分の一から、二分の一以上を占めることになったのだ。男の消滅はもはや時間の問題となる。

このことを、ウィリアムズは「減数分裂のコスト」と呼び、メイナード＝スミスは「オスを産むコスト」と呼んでいる。なぜなら、洞窟における有性生殖者の滅亡を運命づけているのは、単純に、彼らの半分は男であり、男には子は産めないという事実だからである。時には男たちも子育てを手伝うだろうし、食事のためにケサイを捕らえたりもするだろう。しかし、それでも男の存在理由を真に説明することはできない。例えば無性生殖者は、性交をもったあとで初めて出産するものと仮定しよう。こういう例もある。ある種の草は、同種の草の花粉によって実を結ぶのだが、その種子は花粉からは遺伝子をいっさい受け継がない。これは「疑似結婚」と呼ばれるやり方である。[*20] もしそうならば、洞窟の男たちは、自分たちの遺伝子が除外されているなどとは思いもよらずに、無性の赤ん坊を自分の子どもとして受け入れ、自分の本当の子どもにするのと同様に、ケサイの肉を与えるだろう。

以上のような思考実験が明らかにしているのは、遺伝子にとっては、その所有者が無性であったほうが、数字的にはるかに有利だということである。このような論理は、メイナード＝スミス、ギゼリン、ウィリアムズらをして、次のような難題に導くことになる。性には、有性であることのハンディキャップを償うだけの利点が存在するはずである。すべての哺乳類、鳥類、ほとんどの無脊椎動物、ほとんどの植物とキノコ類、そして多くの原生動物は有性なのだから。しかし、それはいったい何なのか？

「性のコスト」を話題にするのは我々が金銭にこだわりすぎていることの裏返しにすぎない、と考える人々。また、これらの議論はすべて見かけだおしの空論だとはねつける人々。これらの人々に、私は次のように挑戦しよう。ハチドリの存在を説明せよ、と。ここで問題なのは、ハチドリがどう行動するかではなく、そもそもなぜハチドリが存在するかということである。もし性がなんのコストもたないものなら、ハチドリは存在しない。ハチドリは花の蜜を食べるが、花の蜜は、花粉を運ぶ昆虫や鳥たちを誘引するために作り出されたものである。蜜は、植物が必死の思いで貯めた糖のハチドリへの純粋な贈り物である。つまり、蜜があればハチドリが他の植物へと花粉を運んでくれるという、ただそれだけの理由で生み出された贈り物なのである。他の植物と交わりを結ぶために、最初の植物は、花粉の運び手を蜜という賄賂で誘惑しなければならなかったのである。つまり花の蜜は、性のためだけに支払われる純粋な代償なのだ。だからもし性がなんのコストもたないのなら、ハチドリは存在しないのである。*21

ウィリアムズは、自分の論理はおそらく正しいのであろうが、我々人間のような動物が、実際にそこに到達するのは非常にむずかしいという結論に傾いていた。言いかえると、有性から無性へと転換すれば確かに有利ではあるが、ただ、それを実行するのはあまりにも困難だということである。そのころ社会生物学者たちは、甘い罠に陥りつつあった。何もかもを安易に「適応論」で説明しようとし始めたのだ。ハーヴァード大学のスティーヴン・ジェイ・グールドは、これを「なぜなぜ物語」と呼んでいる。グールドは、あるものがそうなっているのは、時として偶発的な理由によるということを指摘した。彼は大寺院の三角小窓を例に挙げている。直角に接する二つのアーチのあいだには、三角形の空間があり、これは三角小窓と呼ばれているが、この窓はなんら機能的な意味をもっていない。それはただ単に、四つのアーチの上に円蓋を載せるために生じた副産物なのである。ヴェネチアの聖マルコ寺院のバシリカ聖堂にある三角小窓は、だれかがそれを望んだからそこに存在しているわけではない。二つのアーチを接合させるためには、あいだに空間を作るよりほかには方法がなかったからだ。人間の頤（おとがい）は三角小窓かもしれない。それ自体にはなんの機能もなく、二つの顎があるから必然的に頤が生じるだけなのかもしれない。同様に、血が赤いのは光化学上の偶発事であり、意図されて赤という色になったわけではないだろう。おそらくは性も三角小窓だったのだ。あるときなんらかの目的を果たすため存在することになったが、今となっては存在理由を失った、いわゆる「進化の遺物」なのである。それは、頤や足の小指や虫垂と同様に、なんの目的も果たしてはいないが、ただ容易に取り除くことができないという理由だけで、存在しているのである。[*22]

しかし、性についてのこのような議論は、あまり説得力がない。実際に性を放棄してしまった動物や植物は少なからずあるし、また場合によってだけセックスをするという動物や植物も存在する。芝生を例にとろう。芝生の草は刈り忘れられ、そこから花が育たないかぎり、性をもたない。また、ミジンコはどうだろう？　何世代もの永きにわたって、ミジンコは無性である。みな、メスなのだ。彼女たちは、交尾することなく、メスのミジンコを産み続けている。ところが、池の中のミジンコの密度が高まると、何匹かはオスを産み始めるのである。これらのオスは、他のメスと交尾して「冬眠卵」を作る。この卵は池の底に保存され、池があふれるまで眠り続ける。ミジンコが有性に転じたり、無性に戻ったりするということの事実は、進化を助けるなどという目的以前に、性にはなんらかの身近な目的があるということを証明しているようだ。子孫を残していこうとするかぎり、セックスはミジンコにとって（少なくともある季節においては）価値ある行為なのである。

そこで次の謎が残る。性は種に貢献するが、それは個体の犠牲を払ってである。どんな個体であれ、性を放棄し無性に転ずれば、有性のライバルをあっという間に数でしのぐことになるだろう。しかし、彼らはそうしない。したがって性は種に貢献するのに劣らず、個体にとっても何か不思議な理由で「引き合う」ものであるにちがいない。ではどのように引き合うというのか？

無知からくる挑発

ウィリアムズが火をつけたこのような論争は、しかし、一九七〇年代半ばごろまではあまり世には知られぬたいしておもしろくもないものだった。そして、各論の主唱者たちだけは、ジレンマ解決の自分たちのやり方に、おおむね満足しているようだった。しかし、一九七〇年代半ば、二冊の書物が挑戦状を叩きつけ、状況を決定的に一変させることになった。それまではカヤの外にいた生物学者たちも、応戦を余儀なくされたのである。一冊はウィリアムズ自身によるもの、もう一冊はメイナード＝スミスの著作である。*[23] ウィリアムズは感傷的にこう記述している。「進化生物学はある種の危機に直面している」

ウィリアムズの著作『性と進化』は、可能性のありそうな、いくつかの独創的なセックスの理論を記述したものであり、危機を回避するための試みだった。これに対してメイナード＝スミスの『性の進化』は対照的な本だった。それは絶望と挫折の書であった。繰り返し繰り返し、彼はセックスがもたらす莫大な代償に立ち戻るのだった。すなわち「二倍の損失」である。二人の処女生殖者は、一組の男女より二倍多く子をもうける可能性をもっている。こうした損失の理由づけは、現在のどんな理論をもってしても不可能である。メイナード＝スミスは何度もそう主張した。彼はこう記述している。「ここに示されているモデルを、読者諸君は、非現実的で、納得がいかないと考えるかもしれない。しかし、これらは現在の手持ちのモデルのなかでは最良のものなのだ」

また、別の論文では、こうも書いている。「おそらく読者は、現状の本質をなす何ものかが見落とされているという印象を抱くであろう」[*24]

問題が解決されたわけではないということを潔く認め、これを強調することで、この著作は世間をあっと言わせたのだった。それは驚くほど謙虚で、真摯な態度であった。

それ以来、性を説明しようという試みは、子どもをうようよ産むウサギのような勢いで急増していった。それは、科学の動向を傍らで見守る者たちに、いつにない見せ物を披露したのだった。科学者たちはたいていは、無知というたるから新しい事実や理論を探り出そうとしのぎを削っているか、またはまだだれにも発見されていないパターンを識別しようとしているものだ。しかし、これはちょっと違ったゲームだった。問題の「セックス」自体は周知の事実なのに、それを解明し、性の利点を挙げるとなるとどれもが不十分だった。新しい解釈は、それ以前の解釈をしのぐものでなければならなかった。あたかもチータよりも速く走るのではなく、自分の仲間よりも速く走ろうとするカモシカのように。性に関するこれらの理論は、いわばドングリの背くらべのようなものであり、論理的に筋が通っているという意味ではそのほとんどが「正しい」のである。しかし、どれがいちばん正しいのだろうか？[*25]

では、三つの分野からそれぞれの科学者に登場してもらおう。最初に登場するのは分子生物学者である。彼の関心は、酵素と、核酸分解酵素の関与によるデグラデーションにある。彼は遺伝子を作っているDNAに何が起こっているかを追求している。彼は性はDNAの修復、つまり分子の修理のようなもののために存在すると確信している。彼は数式はわからないが、仲間うちで作り出した長い言葉を使うのが好きだ。二番手は遺伝学者。突然変異とメンデリズムの権威である。彼は、セックスの最中に遺伝子に何が起こっているかを記述することに固執している。彼は、生物から何世代にもわたって性を剝奪するとどうなるかというような実験が必要だと主張するだろう。だれかが止めなければ彼は数式を書き始め、「連鎖不均衡」について話し始めるだろう。三番めには生態学者が登場する。彼の関心は、寄生者と〝染色体の倍数性〟にある。彼は、どの種が有性でどの種が無性かというような比較を好む。また、彼は北極や熱帯の事情にも精通している。彼の思考は前の二人ほど厳密ではないが、その言葉は彩り豊かである。図表を住みかとし、コンピュータシミュレーションを専門とする。

これらの人物たちは、それぞれのやり方で性の解明を試みる。分子生物学者の関心は、「なぜ性が発明されたか」ということにある。この疑問は「今日、セックスはどんな役割を果たしているか?」という疑問とは、必ずしも一致しない。後者は、遺伝学者が好んで取り上げる問題である。一方、生態学者は、ちょっと違った疑問を投げかける。「どのような状況下において、有性種は無性種に優っているか?」である。これらは、なぜコンピュータが発明されたかを問題にするのと似ている。歴史家は、分子生物学者のように、それはドイツ潜水艦の司令官たちが用いていた暗号を解読するために発明されたと主張するだろう。しかし、コンピュータが今日あるのは、そのためではない。コンピュータは、反復作業を人間より効果的かつ迅速に遂行するために用いられるのだ(これは遺伝学者の答えである)。生態学者は、なぜコンピュータが電話交換手とは取って代わったが、料理人の代わりはしていないのかを問題にする。これら三つは、違ったレベルにおいて、それぞれ「正論」なのかもしれない。

コピーの原本説

分子生物学の第一人者は、アリゾナ大学のハリス・バーンスタインである。彼の説によれば、性は遺伝子を修復するために発明された。この発想にヒントを与えたのは、突然変異で遺伝子の修復能力をもたないショウジョウバエは、遺伝子の「組み換え」もまた不能になるという発見であった。遺伝子の組み換えは、性の精髄ともいうべき手続きである。つまり、これによって、精子や卵子は二組の祖父母から受け継いだ遺伝子を混ぜ合わせる。遺伝子の修復ができなくなれば性も停止する。

バーンスタインが注目したのは、細胞が性のために用いる道具は、細胞が遺伝子の修復に用いる道具と同一だという事実である。しかし、バーンスタインの理論は、遺伝学者や生態学者を納得させるには至っていない。修復作用は、元来は性の機構であったにせよ、もう久しくその座を明け渡してしまっているのではないか？　遺伝学者に言わせれば、性の機構が確かに遺伝子の修復機構から進化したものであるとしても、それは、性の今日における存在理由が遺伝子の修復であるというのとは別のことだ。人間の足は魚のヒレから進化したものだが、今日それらは、泳ぐようにではなく、歩くように作られている。*26

話題から少しはずれるが、ここで、DNAのしくみを解説しておこう。遺伝子を構成しているDNAは、長い糸状の分子であり、遺伝情報を四種類の化学塩基を表す四文字のアルファベットに暗号化して伝達する。これは、モールス信号が二種類の点と線で情報を伝えるのと同じである。この四つの塩基「文字」は、A、C、G、Tで表される。DNAのすばらしいところは、それぞれの文字が、それを補足する決まった対応文字をもっていることである。Aは必ずTと組み、Cは必ずGと組むようになっている。つまり、ポジとネガが重なり合って一列に並んでいるわけである。そこで相補的に対応している文字から、相手の文字を一つ一つつなぎ合わせ、鎖を端からたどっていくことによって、DNAは自動的にコピーされる。AAGTTCという配列は、相補的な鎖の上ではTTCAAGとなっているので、それをもとにコピーして、もともとの配列を復元することができるのである。通常の遺伝子はすべて、DNAの鎖が相補的なコピーとねじれ合って、有名な二重らせん構造をとっている。特別の酵素が、この二重らせん上を行ったり来たりしてパトロールし、破損箇所を発見しては、対応文字を参照してこれを修復しているのである。DNAは、太陽光線や化学物質によって、つねに損傷を受け続けている。もし修復酵素がなかったら、遅かれ早かれDNAの暗号文はごちゃごちゃになり、まったく意味をなさなくなるだろう。

しかし、もし二本の鎖の同じ箇所が両方とも破損したらどうなるだろう？　こういうことも、頻繁に起こるのである。例えば、閉じたジッパーの上に接着剤がへばりつくように、二本の鎖が融合してしまったとしたら？　こうなると修復酵素は、復元の手だてを失ってしまう。修復酵素にはその遺伝子がどんなかっこうをしていたかを知るための鋳型が必要なのだ。これを供給するのが性なのである。性は、同じ箇所の遺伝子を他の個体からコピーしたり（異系交配）、同一の個体の別の染色体からコピーしたりして（組み換え）、もってくる。こうして修復は新しい鋳型をもとに行われる。

もちろん、この新しい鋳型の同じ部分が、再び破損することもあるだろう。しかし、その可能性はきわめて低い。店主は売上を計算するとき、同じ計算を二回繰り返す。そして、二度とも同じ数字が出れば、その答えは正しいと確信する。同じまちがいを二度繰り返すことはまずないだろう、というのが彼の確信の根拠なのである。

遺伝子修復説には、いくつかの有力な状況証拠がある。例えば、ある生物を紫外線にさらしてダメージを与えるとする。この生物に遺伝子の組み換え能力がある場合は、そうでない場合よりも一般に回復が速く、さらに、その生物が細胞内に二本の染色体をもっていれば、なおいっそう回復力は高まる。そして、組み換えを阻止するような突然変異が現れると、紫外線によるダメージにきわめて弱くなるのだ。さらにバーンスタインは、彼のライバルたちには証明できないいくつかの点についても、きちんと説明ができる。例えば、卵子が作り出される直前に起こる奇妙な現象がある。卵子を作るために、細胞は染色体の組を二つに分割するのだが、このとき、染色体数は二倍になり、その四分の三が捨てられてしまう。遺伝子修復説からすると、これは、修復するべき誤ちを見つけ、「一般通用型」へと変換するためである。*27

しかしながら遺伝子修復説は、みずからが課した問題を、いまだ十分には解決していない。異系交配については沈黙したままなのである。もし、性が遺伝子のスペアコピーを得るためのものなら、ほかを探し回るより、近縁者からそれを得たほうがずっと好都合なはずだ。バーンスタインは、異系交配は突然変異の効果を薄める方法だと述べているが、これでは同系交配が好ましくないという理由を言いかえているにすぎない。そして性があるから同系交配もあるのであって、同系交配の結果、性が出てくるのではない。

さらに問題なのは、修復説派の人々が組み換えを説明するときの議論はどれも、単なる遺伝子コピーのバックアップを取るということだけである点だ。しかしそれならば、染色体間でランダムに遺伝子を交換するよりも、はるかに単純な方法が存在する。倍数性と呼ばれる方法である。[*28] 卵子と精子は一倍体で、遺伝子のコピーは一つしかもたない。バクテリアや苔のような原始的な植物も一倍体である。しかし、多くの植物、ほとんどすべての動物は二倍体で、両親のそれぞれから一部ずつ受け継いだ、二部のコピーをもっている。また、ある種の生物、特に自然雑種を祖先とする植物や、大きなサイズにするために人工的に交配された植物などは、複数倍数体である。例えば雑種のコムギはほとんどが六倍体で、それぞれの遺伝子につき六部のコピーをもつし、ヤマイモはメス株が八倍体もしくは六倍体で、オス株は四倍体である。メス株とオス株の倍数性が異なるので、ヤマイモは不稔（有性生殖による繁殖ができない）である。また、ニジマスとニワトリのいくつかの系統、それに数年前に偶然発見された一羽のオウムは三倍体である。[*29] 生態学者たちは、植物における複数倍数性は、セックスに取って代わるものなのではないか、と考え始めている。植物標高が高いところや、高緯度の地域では、多くの植物がセックスを放棄し、無性の複数倍数性へと転向しているようなのだ。[*30]

しかし、生態学者の考えを示すのはまだ早い。遺伝子の修復という論題に戻ろう。さて、もし二倍体の生物が、成長にともなう細胞分裂のたびごとに、染色体間でちょっとした組み換えを行うとしたら、修復の機会はいくらでもあるはずである。しかし、彼らはそうはしない。彼らがそれを行うのは、減数分裂と呼ばれる、卵子や精子を作るための奇妙な最終段階の分裂においてだけである。バーンスタインは、これについての解答を用意している。

「通常の細胞分裂のたびに遺伝子の受けたダメージを修復するよりももっと経済的な方法が存在する。生存に最も適した細胞が生き残れるようにするのである。細胞分裂の段階では、修復の必要はない。なぜならダメージを受けていない細胞は、いずれ、ダメージを受けた細胞をしのいで成長していくからである。単独で世界へ旅立つ生殖細胞を生み出すときにだけ、誤りをチェックする必要があるのだ[*31]」

さて、遺伝子修復説への評決はどう出るだろう？　私としては「証拠不十分」としたい。確かに性の道具立ては、修復の手だてに発しているように思われるし、組み換えは確かに遺伝子の修復に寄与している。しかし、それがセックスの目的だろうか？　おそらく、そうではないはずだ。

遺伝学者たちもまた、ダメージを受けたDNAに取りつかれている。しかし、バーンスタインが修復可能なダメージに焦点を合わせているのに対し、遺伝学者たちは、修復不能なダメージのことを考えている。こうしたダメージは、突然変異と呼ばれる。

かつて科学者たちは、突然変異は稀にしか起こらないと考えていた。しかし近年になって徐々に、いかに多くの突然変異が起こっているかが理解されるようになった。突然変異は、哺乳類の場合、一世代で一ゲノムにつきおよそ一〇〇の割合で蓄積されている。つまり、あなたの子どもの遺伝子のなかには、あなたともあなたの配偶者とも異なった遺伝子が一〇〇あるということである。これらの原因は、酵素のコピーミスだったり、宇宙線による卵巣や睾丸に起こった突然異変だったりする。この一〇〇のうち、およそ九九まではなんの問題もない。それらはサイレント・ミューテイションまたは中立突然変異と呼ばれるもので、遺伝子の意味にはなんの影響も及ぼさない。体には七万五〇〇〇組もの遺伝子があるのだし、突然変異の多くは微少で無害なものだったり、遺伝情報を発現しないDNA上で起こっているのだとしたら、一〇〇というのはたいした数ではないように思える。しかし、着々と欠陥が蓄積されていくには十分だし、もちろん、新しいアイデアも着々と生まれてくる。[*32]

突然変異のほとんどは悪いもので、かなりの比率でその遺伝子の所有者や継承者を死に至らしめるとふつうは考えられている（癌は突然変異から始まる）。しかしまた、よい突然変異も時折あって、本当の改良が行われる場合があることも知られている。鎌状赤血球貧血症という突然変異を例に挙げよう。この遺伝子コピーを二つもってしまったら、命取りである。ところがこの突然変異は、アフリカの一部の地域では増加してきた。というのは、それがマラリアに対する抵抗性を与えるからである。

長いあいだ遺伝学者たちは、よい突然変異に関心を集中し、性というのは、そうしたよい変化を個体群中に広める方法だと考えていた。大学や産業界で、新しい発見や着想を「交配」しあうようなものである。技術革新には新しい発明を外部から取り入れることが必要なように、自分自身の発明だけで単独にやっていこうとする動物や植物は、革新に時間がかかるだろう。それならば、他の動物や植物の発明をもらい、盗み、借りることである。会社がそれぞれの発明を模倣しあうように、新しい遺伝子を手に入れれば解決するのだ。育種家が、高い生産性、短い茎、疫病への抵抗力をもつイネを育てようとするのは、製造業者がさまざまな発明を取り入れようとするのと似ている。一方、無性生殖植物の生産者は、その系統の内部に発明がゆっくり蓄積されるのを、長いあいだじっと待たなければならない。栽培が開始されてから三世紀もたつというのに、マッシュルームにほとんど変化が見られないのは、マッシュルームが無性なため、選択交配の手だてがないというのが理由の一つである。[*33]

なぜ遺伝子を借用するのか。最も明白な理由は、自分自身だけでなく、他者の創意からも利益を得られるということである。性は突然変異を一ヵ所に集め、遺伝子を絶えず組み換えるので、やがて意外な共同作品ができあがるだろう。例えばキリンは、おそらく、長い首を発明した祖先と、長い足を工夫した祖先の合作なのだ。二つ合わせたものは、別々のものより優秀だったのだ。

しかしこのような議論は、原因と結果を混同している。そのような利益がもたらされる日は、あまりにも遠いのである。それらは、何世代かののちには実現されるであろうが、そのときすでに、天下は無性のライバルに握られているだろう。また、性が遺伝子をよい状態に組み換えるのなら、逆もまた可である。つまり、よい状態の遺伝子を解体してしまうことも多々あるわけである。有性生物に関してただ一つ確かなことは、彼らの子孫は、彼らとは違っているということだ。カエサルのような人物も、ブルボン王家、プランタジネット王家の人々も、この事実を目のあたりにして失望したのだった。育種家たちは、オスが不稔で性なしで種子を生産するコムギやトウモロコシの品種の栽培を好むが、それは、それらの品種ならそのとおりのものが育つと確信できるからである。

遺伝子の組み合わせを解体するというのは、ほとんど性の定義そのものである。遺伝学者たちに言わせれば、性とは「連鎖不平衡」を減じるために存在するのである。彼らが主張しているのは、もし性が遺伝子の組み換えを行わなかったとしたら、青い瞳と金色の髪というように連鎖している遺伝子はつねに連合したままであり、青い瞳に茶色の髪の人物も、茶色い瞳に金髪という人物も存在しない、ということである。性のおかげで、すばらしい共同作品は生まれると同時に失われていく。性は、「壊れないものは直すな」というあの立派な命令には従わないのである。性は、ランダム性を増大させるのだ。[*34]

一九八〇年代の終わりごろにもう一度、「有望な」突然変異説が復活したことがある。テキサス大学のマーク・カークパトリックとシェリル・ジェンキンズが、別々に発明された二つのものではなく、同じものを二度発明する能力に注目したのである。青い瞳が、繁殖力を二倍にするものと仮定しよう。すると青い瞳の人間は、茶色い瞳の人間の二倍の数の子どもをもつことになる。しかし、最初はみな茶色の瞳をしていたとしよう。ある日、茶色の瞳を青い瞳に変える最初の突然変異が起こったとする。しかし、この遺伝子はなんの影響も及ぼさないだろう。なぜなら、青い瞳は劣性遺伝子であり、他の染色体上にある茶色の瞳という優性遺伝子が、これを覆い隠してしまうからである。最初に突然変異を起こした人間の子孫たちのうちの二人が結婚し、両者の青い瞳の遺伝子が合体して初めて、青い瞳は圧倒的な勝利を収めることになる。両者の遺伝子を出遇わせ、結びつけることができるのは、性だけである。以上のような性における「分離の法則説」は論理的で、異議をはさむ余地はない。これは確かに、性がもたらす有益な結果の一つである。

しかし残念ながら、この理論は有性生物がかくも広まっているという事実の説明としては、弱すぎる。数学的モデルが明らかにするところによれば、望ましい成果が現れてくるには、およそ五〇〇〇世代が必要であり、とすれば、とっくの昔に無性生物が勝利を手中にしてしまっているはずだ。*35

ここ数年、遺伝学者たちは「よい突然変異」から離れて、「悪い突然変異」に目を向け始めている。彼らによれば、性とは、悪い突然変異を追い払う方法ということになるのだが、この考えは、一九六〇年代にハーマン・マラーが発表した見解がもとになっている。マラーは「ブレーの坊さん仮説」の創始者の一人であり、学究生活の大部分をインディアナ大学で過ごした。遺伝子に関する彼の最初の論文は一九一一年に発表されたが、これに続く数十年のあいだに、さまざまな意見と実験報告が洪水のように発表されることになった。一九六四年、マラーは彼の洞察のなかで最も偉大なものの一つに気づいた。これはやがて「マラーのラチェット」として広く知られることになる。簡単な例を挙げて説明しよう。水槽のなかに一〇匹のミジンコがいる。そのなかの一匹だけは突然変異の影響をまったく受けていないが、その他はみな、いくつかのささいな欠陥をもっている。魚のえじきになる前に、なんとか子孫を残すミジンコは、毎世代、平均五匹であるとする。欠陥のないミジンコが繁殖できない確率は二分の一である。これはもちろん、最も欠陥の多いミジンコについても同様なのだが、しかしここには違いがある。もし欠陥のないミジンコが死んだ場合、それが再び作り出されるには、欠陥のあるミジンコに生じている突然変異を修正するような突然変異が必要とされる。これは、ほとんどありそうもないことである。これに対し、二つの欠陥をもったミジンコは、簡単に作り直しがきく。すでに欠陥を一つもったミジンコの遺伝子のどこかに、もう一つだけ突然変異が起こればいいのである。つまり、祖先の系列のどこかで起こったランダムな損失は、平均の欠陥の数を徐々に増大させるということである。ラチェットが、一方には容易に回転するのに、逆には回せないのと同様に、遺伝子の欠陥は蓄積されていく一方なのである。ラチェットの回転を止める唯一の方法は、完璧なミジンコがセックスし、欠陥のない遺伝子を死ぬ前に伝え残すことである。[*36]
「マラーのラチェット」は、コピー機を使って書類のコピーをコピーし続けていくようなものである。コピーを一回繰り返すごとに、コピーの質は低下していく。コピーの質を維持するためには、破損のない原本を残し、そこからコピーを取るよりほかはない。しかし、原本の書類が他のコピーといっしょにファイルにしまわれていて、もう一度コピーを作るのは、ファイルのコピーが残り一枚になったときだと仮定しよう。原本がコピーと同じように配布されてしまう可能性は高い。ひとたび原本が失われてしまうと、どんなにうまくコピーを取ろうと、以前のようによいものはできあがらない。しかし、もっと質の劣るコピーならいつでも作ることができる。いちばんできの悪いコピーを、コピーしさえすればよいからである。

マギル大学のグレアム・ベルは、一九〇〇年前後の時期に生物学者たちのあいだで盛んに行われていた奇妙な論争に注目した。これは、セックスには、若返り効果があるかどうかという論争である。彼らは、水槽のなかの原生動物に十分なえさを与えたうえで、セックスの機会をまったく与えなかった場合、活力、大きさ、無性での繁殖率は減退していくかどうか、もし減退していくなら、それはなぜかということに興味をもっていた。この実験を分析し直して、ベルはある事実に気づいた。そこには「マラーのラチェット」が明らかに作用していたのだ。セックスを剝奪された原生動物には、悪い突然変異が徐々に蓄積されていたのである。なかでも繊毛虫類という原生動物の一グループの場合は、生殖系列にある遺伝子をある一定の場所に保管しておき、日常的な用途のためにはコピーを別のところに保管しておくという習性のせいで、悪化の過程は速まった。コピーの複製法が性急で不正確なため、そこでは欠陥が急速に蓄積されてしまうのだ。しかし、セックスする際に彼らがすることの一つに、コピーを全部捨ててしまって、原本の生殖系列から忠実に新しいコピーを製作する、ということがある。ベルは、これを普段は自分が最後に作った椅子を、欠陥も何もかも含めて複製するが、ときどき原型に立ち戻る椅子職人にたとえている。つまり、セックスには若返り作用があるということである。それによって、原生動物たちは、蓄積された欠陥を払拭することができるのだ。無性生殖を続けるかぎり、特別に速く回転するラチェットの影響を、性は清算するのである。[*37]

ベルの結論は興味をそそる。ある生物の個体数が少なく、一〇〇億以下の場合か、またはその生物のもつ遺伝子数が非常に多い場合には、「ラチェット」は無性の系統に対して猛威をふるうというのである。それは、個体数が少なければ、欠陥のない連中を失う可能性が高くなるからだ。つまり、大きなゲノムをもつ比較的小さな個体群（一〇〇億という数は、地球上の人間の二倍である）は「ラチェット」の刃にかかりやすいということである。しかし、遺伝子数が少なく、個体数が莫大であれば、なんの問題もない。ベルによれば、有性になるということは、大きな体をもつ（つまり個体数は少ない）ようになるための前提条件であり、逆に小さな存在にとどまるのなら、性は必要ないということになる。[38]

ベルは、「ラチェット」の回転を阻止するためには、いったいどれだけのセックス、というよりはどれだけの組み換えが必要なのかを算出した。生物が小さいほど、セックスは少なくてすんだ。ミジンコの場合、何世代かに一度セックスすれば、それで十分なのである。人間の場合は、世代ごとにセックスが必要である。さらに、マディソンにあるウィスコンシン大学のジェイムズ・クローが考えたように、出芽による生殖が比較的数少ない理由、とりわけ動物界においてそれが少ない理由を、「マラーのラチェット」で説明できるかもしれない。ほとんどの無性種はいまだにわざわざ単一の細胞（卵子）の集まりから子を作り出している。なぜなのか？　クローによれば、単一の細胞に致命的な欠陥があった場合、確実に芽胞にも忍び込んでしまうからである。[39]

もし「ラチェット」が大きな生物だけにかかわる問題なら、なぜこんなにも多くの小さな生物が有性なのか？　「ラチェット」を止めるためには、一時的に性が必要となるにせよ、だからといって、こんなにも多くの動物が無性生殖を全面的に放棄する必要はない。この難問に対し、一九八二年、モスクワ近郊のプーシチノにあるリサーチ・コンピュータ・センターのアレクセイ・コンドラショフが、ある理論を思いついた。彼は、いわば「マラーのラチェット」を逆回転させ、次のように論じている。無性の個体群では、突然変異が原因で生物が死ねば、そのたびにその突然変異は除去されることになるが、それだけのことだ。有性の個体群では、多くの突然変異をもっている個体と、ほとんどもっていない個体がある。前者のほうが死んだとしよう。すると、性の効用により、「ラチェット」は逆回転し続け、突然変異は除かれていく。大多数の突然変異は有害であるのだから、これは性の大きな利点といえる。*40

しかし、なぜ突然変異はそのようなやり方で除去されるのか？　念入りにチェックして、もっとたくさん修正してもよさそうなものではないか？　コンドラショフは明快な解答を用意している。それには費用がかかりすぎるのだ。完璧にそれをチェックしようとすればするほど、費用ははね上がる。つまり、収益逓減の法則どおりなのだ。多少のミスは見逃しておいて、それを性で追放していくほうが安上がりなのである。

その後、ハーヴァード大学の分子生物学者、マシュー・メセルソンがコンドラショフの考えを発展させて、次のような説明を考えた。メセルソンが言うには、遺伝暗号の一字を別の一字に変化させるといった通常の突然変異はだいたい無害なものである。なぜなら、それらは修復可能だからだ。問題なのは「挿入」による変異である。この場合、DNAのかたまりがそっくりそのまま遺伝子のなかに飛び込んでしまうので、もとに戻すのは容易ではない。このような「利己的」挿入は、伝染病のように広まる傾向をもっている。しかし、性はこれを打破する力をもつ。なぜなら性は、このような変異を特定の個体のなかに分離するので、その個体が死亡すれば、それは個体群から除かれることになる。[*41]

コンドラショフには、自分の考えを実証的に検証する手立てがあった。彼が言うには、もし有害な突然変異の率が一世代、一個体につき一つ以上であれば、自分の説は上出来である。もしそれ以下ならば、この説には問題があることになる。さて、結果はこれまでのところきわどいシーソーゲームだ。有害な突然変異が起きている率は、ほとんどの生物においてだいたい、一世代、一個体につき、一つである。これがかなり高い率だと仮定しても、このことが示しているのは、性が突然変異の追放になんらかの役割を果たしているらしいという以上のことではない。それは、性がなぜ存続しているかを説明してはいないのだ。[*42]

ところでこれ以外にも、この理論にはいくつか欠陥がある。まずバクテリアを説明できない。バクテリアには、稀にセックスをする種もいくつか存在するが、その他の種は、まったくセックスをしない。にもかかわらず突然変異が生じる率は低く、DNAをコピーする際のチェックミスもきわめて少ない。コンドラショフに批判的なある人が言ったように、セックスとは、「家事を切り盛りするために進化したたにしては、扱いにくい風変わりな道具である」[*43]

また、コンドラショフの説は、すべての遺伝子修復説やブレーの坊さん仮説と同様に、時間がかかりすぎるという難点を抱えている。無性個体のクローンと戦わせたら、彼らのほうが生産性が高いので、有性生物はまちがいなく絶滅に追いやられるであろう。もっとも、その前にクローンの遺伝子に障害が現れれば、話は別であるが……。これは、時間との戦いである。では、どのくらいの時間なのか？　インディアナ大学のカーティス・ライヴリーの計算によると、個体数が一〇倍になるごとに、有性の利点が現れるまでに六世代の猶予が与えられるが、それでだめなら有性の負けである。個体数が一〇〇万であれば、性は絶滅するまでに四〇世代分の時間を使える。一兆ならば八〇世代分が使える。いずれにしても、どんな遺伝子修復説も、それが働くには数千世代が必要なのだから、コンドラショフの説は、これまでのうちでは最も速いことになる。しかしおそらく、十分に速いわけではないだろう。[*44]

性があることを説明する、純粋に遺伝的な理論で、広く支持されるようなものはまだない。進化を研究する学者たちの多くが、性という大いなる謎を解く鍵は、遺伝学ではなく生態学にあると信じるようになってきている。

第3章　寄生者のパワー

世界はチェスボード、駒は宇宙の諸現象、ゲームのルールは、いわゆる「自然の法則」だ。対戦相手は、我々からは見えないが、彼のやり方はいつでも公平で、正確で、辛抱強いことはわかっている。しかし、彼がこちら側のミスを絶対に見逃さず、とりわけ無知には容赦ないことも、我々は身をもって知っている。

——トーマス・ヘンリー・ハクスレー『自由教育』

顕微鏡でしか見ることができない小さな虫のなかでも、ワムシの一種（ヒルガタワムシ——bdelloid rotifer）は特に独特である。下水道の泥水のなかから、死海のほとりに湧き出る温泉のなかや南極大陸の一時的にできる池のなかまで、淡水でさえあれば、どんなところでも生きていける。体の前方には、小さな水車のようなものがついていて、これで体を動かすのだが、その姿はまるで「コンマ」が生きて動き回っているようだ。住みかの水が枯渇したり、凍ったりすると、「アポストロフィ」の形になって、冬眠に入る。このアポストロフィ型は「たる」として知られているが、驚くほど悪環境に強い。一時間煮沸しても、絶対零度の一度手前のマイナス二七二度まで凍らせて一時間おいても、ビクともしない。壊れもしなければ、死にもしない。「たる」はほこりとなってやすやすと地球上を飛びかうので、アフリカとアメリカのあいだを、定期的に行ったり来たりしていると思われる。ひとたび氷が溶けると、すぐさまもとのワムシへと戻り、船首ともいうべき水車をこいで池を進んでいく。通りすがりのバクテリアを食べ、数時間後には、もう卵を産み始める。この卵は、すぐに孵化してワムシとなる。一匹のワムシは、たった二カ月間で中くらいの湖を自分の子孫で満たすことができるほどだ。

　この恐るべき耐久性と多産性のほかに、ワムシには、もう一つ奇妙なことがある。オスがどこにも見当たらないのだ。生物学者が知りうるかぎりでは、地球上に生息する五〇〇種のワムシ中に、一匹たりともオスは存在しない。ワムシの辞書に性はないのである。

　ワムシも、他のワムシの遺伝子を取り込むことはできるが、それは、死んだ仲間の遺骸を食べ、その遺伝子の一部を吸収するような方法だ。しかし、マシュー・メセルソンとデイヴィッド・ウェルチの最近の調査から明らかになったように、ワムシは決してセックスをしない。[*1] ワムシの二個体がもっている同一遺伝子のあいだの相違は、遺伝子の機能には影響を及ぼさない箇所でも三〇パーセントどまりである。この相違レベルが意味しているのは、ワムシはおよそ四〇〇〇万年から八〇〇〇万年前に、セックスを放棄してしまったということだ。*2

ワムシのほかにも、セックスをまったくしない種は数多く存在する。タンポポ、トカゲ、バクテリア、アメーバなどがそうである。しかし、一つの目の全体にわたって性的習慣をなに一つもっていない動物は、ワムシだけだ。おそらくその結果、ヒルガタワムシの形態はどれもよく似ている。それにひきかえ、ヒルガタワムシの親戚にあたる別のワムシ(monogonont rotifer)には、もっと多くの変異があり、さまざまに異なる句読点の形をしている。ワムシは、生物学の教科書の常識、「性なくして進化はなく、したがって種は変化に適応できない」に対する生きた戒めである。ジョン・メイナード＝スミスの言葉を引用すれば、ワムシの存在は「進化におけるスキャンダル」なのだ。*3

他にちょっとばかり差をつける技

遺伝子にまちがいが起きないかぎり、ワムシの子どもは母親と同一である。人間の子どもは母親と同一ではない。これは性がもたらす、第一の帰結である。生態学者たちに言わせれば、これこそ性の目的なのだ。

一九六六年、ジョージ・ウィリアムズは、それまで教科書が教えてきた性に対する説明の論理的誤りを明らかにした。従来の説明は、動物は種の存続と進化のためには目先の私欲をかえりみないとしていたが、それはふつうは特殊な環境においてしか進化しえないような自己抑制が必要とされるものであり、誤りだったのである。では、どのような解釈に代えればいいのかということについては、ウィリアムズも定かではなかった。

しかし、彼は性と出生地からの分散とが、密接な関係にあるらしいということに気づいた。イネ科の草は近くの地域に増殖していくためには、無性のランナー（匍匐枝）を送り出すが、もっと遠方へ旅するためには、有性的に作られた種子を風で飛ばす。有性のアブラムシには羽が生えるが、無性のアブラムシは羽をもたない。このことからすぐに考えられるのは、もし、子どもたちが遠くへ旅立つことになったら、彼らには変異があったほうがよいということである。むこうは故郷とは違うかもしれないからだ。[*4]

この考えを洗練させていくことが、性に関心を示した生態学者たちの一九七〇年代の仕事だった。一九七一年、ジョン・メイナード＝スミスが、この問題に対する最初の論文で、性が必要とされるのは、二つの異なる個体が、新しい環境に移り住むという状況下においてであると指摘した。そういう場合、性は、両者の特徴を結びつける役割を果たすのである。[*5] 二年後、ウィリアムズが論争に復帰した。彼の主張はこうである。子どもたちが、旅行者として運を天にまかせるならば、彼らのほとんどは死んでいくだろうから、そこで生き残るのは、その環境に最も適した子どもだけだろう。そうだとすると、平均した資質の子どもをたくさんもってもしかたがない。少数ではあっても、飛び抜けて優れた子どもをもつことだ。もし息子をローマ法皇にしたいのならば、似たり寄ったりの息子をたくさんもつより、いろいろに違った性格の息子をたくさんもつほうが得策である。なかには一人ぐらい、善良で、賢く、信心深く育ってくれるかもしれないからだ。*6

ウィリアムズの説は、よく宝くじにたとえられる。しかし、宝くじを当てるためには、同じ番号の券をたくさんもつことである。無性生殖するということは、違う番号の券を多くもたなければならない。このため、子どもたちが環境の変動や例外的な条件に出会う可能性があるときには、性は、種にとってと同様、個体にとっても有益なのである。

ウィリアムズが特に興味をもったのは、アブラムシや別のワムシのような、何世代かごとに一度だけ有性に転向する生物だった。アブラムシは夏のあいだバラの繁みで増殖し、ある種のワムシは路上の水たまりで増殖する。しかし、夏が終わりに近づくと、アブラムシやこのワムシのいちばん最後の世代は、全員が有性になる。オスとメスが産み出され、それらがお互いを見つけて交尾し、小さくてたくましい子を作るのだ。この子どもたちは、頑丈な嚢子（のうし）の形で冬や旱魃（かんばつ）を耐えぬき、過ごしやすい季節の訪れを待つ。ウィリアムズにはこれが彼の宝くじ説の実例であるように思われた。好都合で、しかも予測可能な条件が続いていたあいだは、できるかぎり速く繁殖すること、すなわち無性生殖が有利だった。しかし、そうした小さな世界が終わりを迎え、次の世代が新しい住みかを探し出せるかどうか、前の住みかが再び現れるかどうかが予測できない状況に直面すると、有性に転じて、それぞれに違った子を産むほうが有利となる。願わくは、そのなかの一匹でも理想的な子として育ってくれたら、ということだ。

ウィリアムズは、「アブラムシ・ワムシ」モデルを、そのほかの二つのモデルと対比させた。「イチゴ・サンゴ」モデルと「ニレ・カキ」モデルである。イチゴも、サンゴ礁を作る小動物も、生涯同じ場所に定住しているが、その個体とクローンが徐々に周囲に広まるよう、ランナーを出したり、枝分かれを起こしたりする。しかし、まだだれも住んでいない新天地を探して、もっと遠くまで子を送り出そうという場合には、イチゴは有性の種子を作り、サンゴはプラヌラと呼ばれる有性の幼虫を産む。種子は鳥によって運ばれ、プラヌラは何日も潮の流れに乗って漂う。ウィリアムズによれば、これは宝くじのたとえを空間的に応用したものである。遠くまで旅する者ほど、異なった条件に遭遇する可能性が高くなるので、到着したところに適応する者が一匹でも二匹でもいることを願って、彼らに変異をつけることがいちばんなのだ。

さて、ニレとカキはというと、両者はともに有性であり、何百万という小さな子を生産する。彼らは風や潮の流れを漂い、やがてそのなかの数少ない幸運者たちが、自分に適した場所に到達し、新しい生活を始めるまで漂い続ける。なぜ彼らはそうするのか？　ウィリアムズに言わせるとそれは、ニレやカキの生息地がすでに飽和状態にあるからである。カキの住む岩礁にもニレの森にも、もうほとんど空きがないのだ。空きがあれば必ず、幾千という幼虫または種子の応募者が引き寄せられてくるだろう。こうなると、彼らが生存できるほど優秀かどうかなど問題ではない。重要なのは、彼らが本当に優秀であるか否かなのだ。性は多様性をもたらすので、子どもたちのうちのいくらかは、並外れた才能をもち、また別のいくらかは絶望的な能力をもつことになる。一方、無性だと、みな同じ平均的な子しかできない。*7

草のからみあった土手

ウィリアムズの見解は、その後何度も焼き直され、多くの名前や巧妙なひねりのもとに、幾度も立ち現れた。しかしながら一般的にいって、宝くじのモデルが通用するのは、当たりくじの配当金が莫大な金額になる場合だけであることが、数学モデルからわかる。分散者たちのうちで生き残る者がほんの少数であっても、彼らが劇的に繁殖する場合のみ、性は割に合う。しかしそうでなければ、性は割に合わない。*8

このような限界のせいで、また、ほとんどの種が、よそに移住していくような子どもを必ずしも産むわけではないということもあり、宝くじの理論を完全に採用する生態学者はほとんどいなかった。しかし、本章冒頭で触れた国王と金魚のエピソードのように、話が前提から崩れるに至ったのは、モントリオールのグレアム・ベルが、宝くじのモデルが説明しているようなパターンが実際に存在するのかどうかを尋ねたときであった。

ベルは多くの種の生態と有性か無性かの区別のリストアップに着手した。環境の変動しやすさと有性とのあいだに相関関係を見つけ出そうとしたのだ。ウィリアムズやメイナード＝スミスは、多かれ少なかれ、そうした相関関係が存在すると信じていた。そこでベルは、緯度や標高が高くなればなるほど、有性の動植物が多くなるだろうと予想した。そのような地域は気候の変動が激しく、過酷な条件下にあるからである。同様に、海水よりは淡水に有性が多くなると予想した。淡水の状態は氾濫、旱魃、夏の過熱、冬の凍結というように目まぐるしく変化するが、海水は予測可能だからだ。または攪乱された生息地に生える雑草に、あるいは大きな生物よりは小さな生物に、有性種の可能性が高くなると予想した。ところが、結果は正反対に出た。無性の生物は体が小さく、緯度が高いところ、標高が高いところ、淡水、攪乱された生息地に住む傾向が見られたのである。これらの生物は、過酷で予測不能な条件のために、個体群が飽和になれないような、空いた生息地に住んでいる。アブラムシや単性ワムシが、過酷な時代になるとセックスをもつという話も単なる神話であることがわかった。彼らが有性に転じるのは、冬や旱魃が近づくからではない。それは、過密によって食糧供給に影響が出たときなのだ。実験室で個体数を過密にすれば、彼らはすぐさま有性に転じるのである。

宝くじのモデルに対するベルの審判は痛烈だった。

「性の機能について考察していた最も優秀な研究者たちによって、少なくとも概念的基礎として受け入れられてきたにしては、このモデルは、比較分析による検証にはまったく耐えられないようである」[*9]

宝くじのモデルが予言するところに従えば、変動の激しい環境下にある、きわめて多産な小生物のあいだで、有性は最も一般的になるはずだが、実際にはそれは最も稀な事態なのである。そんな生物のあいだでは、有性はむしろ例外なのだ。反対に、安定した環境に住んでいる、大きくて、長生きで、ゆっくり繁殖する生物たちは、有性がふつうである。しかしこう言ってしまうのは、ウィリアムズに対して少々不公平である。彼の「ニレ・カキ」型のモデルは、少なくとも、ニレの木が有性である理由を、空き地をめぐっての若木たちのあいだの強い競争にあると予測したのだから。一九七四年に、マイケル・ギゼリンがこの考えをさらに発展させ、経済学的な傾向にうまくたとえてみせた。ギゼリンが言うように、経済が飽和状態に達したなら、変化をつけたほうがよい。

ギゼリンは、おおかたの生物は自分の兄弟姉妹と競争することになるので、兄弟姉妹たちがそれぞれ少しずつ違っていれば、より多くが生き残るだろうと考えた。あなたの両親が一つの商売で繁昌しているということは、何か別の商売を始めたほうが割に合うということかもしれない。両親の友人たちや親戚たちの商売によって、すでにそのあたりの市場は飽和しているかもしれないからである。[*10]

グレアム・ベルは、『種の起源』の有名な最終節から引用して、この説を「草のからみあった土手」と名づけた。

「さまざまな種類の植物がたくさん生い茂り、鳥は茂みで歌い、さまざまな昆虫が飛びかい、湿った土のなかをミミズがはいまわるような、草のからみあった土手を思い浮かべ、互いにかくも異なり、しかも互いにかくも複雑に依存しあっている、これら精妙に作られた生物たちがすべて、我々のまわりに働いている法則によって作られてきたのだと考えることは興味深い[*11]」

ベルは、ボタン製造人のたとえを使った。ここに一人のボタンの製造人がいて、競争相手はいないが、その地域の消費者のほとんどはすでに彼のボタンを買ってしまったとしよう。さて、彼はどうするだろう？　彼は、ボタンの補充分を売り続けていくこともできるが、ボタンの品揃えを増やし、お客にいろんな種類のボタンを買ってもらうよう勧めることによって、市場を拡大していくこともできるだろう。同じように、飽和状態の環境に住んでいる有性生物は、同質の子どもを大量生産するよりも、少しずつ違った子どもを産んだほうがよいかもしれない。そういう子どもたちのなかには、新しいニッチに適応することによって、競争を回避できるものがいるだろうから。ベルは、動物界における有性無性の徹底的な調査から、草のからみあった土手が、性の起源を説明する生態学的な理論として最も有望であると結論した[*12]。

「草のからみあった土手」派が示す考えを裏づける状況証拠は、コムギやオオムギなどの作物から得られる。単一の品種よりも何品種かの掛け合わせのほうが、一般に生産性は高くなる。また、植物をある場所から別の場所へ移植すると、一般に、もとの場所のときよりも発育が悪くなるが、それはまるで、もともとの生息地に対して遺伝的に適合しているかのようである。そして新しい場所で互いに競争させると、さし木や株分けで増やした苗のほうが、有性の種子から増やした苗よりも発育が悪いが、それは、性が多様性という利点を与えているかのようである。[*13]

問題なのは、これらの結果はどれも、ライバルの学説からもまた、十分に正しく予測されるという点である。ウィリアムズはこう記述している。「一つの説からの推論が、別の説からの推論とは矛盾するというのなら、幸運の女神も情深いというものだ[*14]」

この論争の最大の難点は、ここにあった。ある科学者は、このことを次のようにたとえている。ある男が、何が車道をぬらしたかを知ろうとしている。雨なのか？ 芝生用のスプリンクラーなのか？ それとも川の氾濫なのか？ しかし、スプリンクラーの栓をひねり、それが車道をぬらすのを観察したり、降る雨を眺めて雨が車道をぬらすのを観察してもなんにもならない[*15]。このような観察から結論を導くことは、哲学者の育つ「帰結肯定の誤謬」という罠に陥ることになるだろう。スプリンクラーが車道をぬらすことができるからといって、それは車道をぬらしたのがスプリンクラーだということの証とはならない。つまり、「草のからみあった土手」が事実と一致するからといって、その事実を引き起こしたのが「草のからみあった土手」だとはかぎらない。

今日では、「草のからみあった土手説」の熱烈な信奉者はほとんどいない。「草のからみあった土手説」における主な問題点は、すでにお馴染みのものである。なぜ、性は、まだ壊れていないものを修復しなければならないのか？　繁殖するほど大きく育ったカキの立場からすれば、たいした成功例である。兄弟姉妹たちのほとんどは、そこに達する以前に死んでしまっているのだ。もしも「草のからみあった土手説」が主張するように、この成功に遺伝子が関係あるのだとしたら、なぜ、この世代には成功した遺伝子の組み合わせが、次世代では失敗作になると、自動的に決めつけなければならないのか？「草のからみあった土手説」にとって、こうした難題をなんとかする方法も、いくつか存在するにはするが、それらはどれも弁解がましく聞こえる。性がなんらかの利益をもたらしているにちがいない個別の事例を明らかにするのは簡単である。しかしそれを全哺乳類、全鳥類、全針葉樹の生息地に当てはまるような一般原理にまで高め、無性種が有性種よりも二倍多産であるという事実を克服するだけの大きな利点を考え出すことは、まだだれにもできない。

また「草のからみあった土手説」には、もっと実証的な反論もある。「草のからみあった土手説」に従えば、大きな子どもを少ししかもたない動植物よりも、小さな子どもを数多くもつ動植物のほうに、性による利益は大きいということになる。彼らはお互いのあいだで競争しなければならないからだ。しかし、性に支払われる努力の度合いと、その子どもの大きさのあいだには、表面的にはほとんど関連は見られない。地上最大の動物、シロナガスクジラの子どもたちは巨大で、一四五トンを下らないであろう。一方、地上最大の植物、ジャイアントセコイアの種子は、非常に小さい。種子と樹木の重さの比率は、ジャイアントセコイアと地球の重さの比率に匹敵する。[*16]だが、両者はともに有性である。また、これとは対照的に、細胞分裂によって繁殖するアメーバの子どもは恐ろしく巨大で、「子ども」は「親」そのものとほとんど同じ大きさである。しかしアメーバにセックスはない。

グレアム・ベルの教え子、オースティン・バートは、実際に現実の世界を調査し、そこで起こっていることが、はたして「草のからみあった土手」と一致するものかどうか、確かめることにした。彼が調査したのは、動物たちが有性であるかどうかではなく、彼らの遺伝子間でどれだけ多くの組み換えが起こっているかであった。これらは、簡単に測定することができた。染色体上の「交叉」の数を数えればよいのである。これらは、文字どおり、染色体が他の染色体と遺伝子を交換する部分である。バートが明らかにしたのは、哺乳類において、組み換えの量は子どもの数とはまったく関係なく、体の大きさともほとんど無関係だということであった。その代わり、成熟の年齢と密接にかかわり合っていたのである。言いかえれば、体の大きさや多産性とは無関係に、長生きで遅く成熟する動物は、短命で早く成熟する動物よりも多く、遺伝子の混合を行うのである。バートの測定によると、交叉の数は人間で三〇、ウサギで一〇、ネズミで三である。「草のからみあった土手説」ならば、正反対の結果を予想するはずである。*17

また、「草のからみあった土手説」は、化石から得られる証拠とも矛盾している。一九七〇年代になって、進化生物学者たちは、種がそれほど変化してはいないという事実を確認した。何千世代も同じ姿であり続け、突然、別の生命形態に取って代わられているのだ。「草のからみあった土手」の考え方は、漸進的である。もし「草のからみあった土手説」が正しいのであれば、種は各世代ごとに少しずつ変化しながら、適応度のなかを徐々に移動していくのであり、何百万世代も同じ型にとどまるなどということは考えられない。種が以前の形態からゆっくりと変化していくのは、小さな島においてや、非常に小さな個体群では見られるが、これはまさにマラーのラチェットに似た効果が作用しているからにほかならない。つまりある形態が偶然に消滅し、突然変異形態が偶然に繁栄するという力である。大きな個体群では、性そのものが、こうしたプロセスを阻止する方向に働く。なぜなら、新しい発明品は種全体に配られ、すぐさまその大群のなかに失われてしまうからである。島の個体群では、個体が近親交配である、まさにそのために、性は先のプロセスを阻止できない。*18

進化の理論の中枢に浸透していた大きな誤った仮定を、最初に指摘したのはウィリアムズであったが、こうした誤謬はいぜんとして進化を扱った一般書のなかに残り続けている。

進化を進歩のはしごと考える古い概念が、目的論という形をとって、いまだにぐずぐずと尾を引いているのだ。この考えでは、進化は種にとって有益であり、種は進化を速めるために努力していることになる。しかし進化の顕著な特徴は静止状態にあるのであって、変化にあるのではない。性、遺伝子の修復機能、および高等動物に見られる精巧な配偶子の選別機構（これによって、欠陥のない精子や卵子のみが次世代へ送り込まれる）、これらすべては、変化を阻止する手段である。人間ではなく、シーラカンスこそ、遺伝システムの王者なのだ。シーラカンスは、遺伝をつかさどる化学物質に絶えず攻撃を受けながらも、数百万世代、みごとなまでに同じ形態を保ち続けてきたからである。かつての「ブレーの坊さん」のモデルは、性を進化の促進を助けるものとみなしていたので、突然変異は変異の源泉であるから、生物は突然変異率をかなり高く保つことを好み、そうやっておいて、できの悪い個体を念入りにふるいにかけるのだと考えていた。しかし、ウィリアムズの言うように、いかなる生物も、突然変異を最小限にとどめる以外のことを行っているという証拠は、いまだに発見されていない。突然変異率をゼロにするために、すべての生物は戦っているのだ。それが失敗に終わるかどうかで、進化の行方は決まるのである。[*19]

数学的に「草のからみあった土手説」が働くのは、他と変わっていることに十分な利点がある場合だけである。問題は、ある世代でうまくいったことが、次の世代ではうまくいかなくなることがあり、その確率は、世代が長くなるほど高くなるということだ。つまりこれは、状況は変化し続ける、ということなのだ。

赤の女王

そこで赤の女王、走っての登場である。この一風変わった君主が初めて生物学の理論に加わったのは、二〇年ほど前のことである。それ以来、彼女の存在は年々重要性を高め、今日に至っている。お望みとあらば、ぎっしりとつまった本棚の暗い迷宮へとご案内しよう。そこは、シカゴ大学の一角である。書物が古代バビロニアの神殿さながらに積み上げられ、一メートル近い書類の山が、バベルの塔のようにそびえている。資料キャビネットが二つ見えてくる。そして、このあいだをなんとか通り抜けると、掃除用具入れくらいの広さの陰鬱な空間に出る。そこには初老の男がチェックのシャツを着て座っている。神様よりは長いが、ダーウィンほどは長くない白い顎ひげが目につく。彼こそが、赤の女王の最初の予言者、リー・ヴァン・ヴェイレン。ひたむきな進化の研究者である。

一九七三年のある日、まだ顎ひげがそれほど白くなかったころ、ヴァン・ヴェイレンは、海洋生物の化石を研究するうちに発見した新たな事実を、どんな言葉で表現したものか模索していた。その発見とは、ある動物の科が絶滅する確率は、その科がこれまで存在してきた時間の長さとは無関係だという事実である。言いかえれば、種は生存に巧みになっていくわけではないのだ（かといって個体のように年とともに衰えていくわけでもない）。

種の絶滅の確率は、ランダムなのである。

この発見の重要性を、ヴァン・ヴェイレンは見逃しはしなかった。それは進化について、ダーウィンがあまりよく理解していなかった重大な真実を伝えていたからだ。生存のための闘争は、決して楽にはならないということである。ある種が周囲の環境にどんなによく適応しようと、その種に安らぎは訪れない。競争相手と敵もまた同様にそれぞれのニッチに適応しているからだ。生存はゼロ和(サム)ゲームである。ある種が成功したところで、また別のライバル種の格好の標的となるだけなのだ。ヴァン・ヴェイレンは子どものころに読んだ『鏡の国のアリス』でアリスが鏡のむこうで出くわした、生きたチェスの駒のことを思い出した。赤の女王は恐ろしい女で、風のように走るがどこにも到達しないようなのだ。

「わたしたちの国でなら」まだ少し息を切らせながらアリスが言います。「ふつうはどこかへゆきつくわけよ――今わたしたちが走ったみたいに長い間急いで走ったら」

「なんてのろまな国でしょう!」と、女王はあざけりました。「ねえ、おまえもわかっただろうけど、この国じゃあね、おなじ場所にとまってるのにも、ちからいっぱい走らなきゃだめなのよ。もしもほかの場所へゆきたかったら、少なくとも今の二倍は速く走らなきゃ」[*20](生野幸吉訳)

ヴァン・ヴェイレンは、この着想を『新しい進化の法則』と名づけ、原稿を一流の科学雑誌に次から次へと送りつけた。しかし、どこからも掲載を拒否された。それでも彼の主張は真価を認められ、今や、赤の女王は生物学界の主要人物となったのである。とりわけセックスの理論に彼女が果たす役割は絶大である。[*21]

赤の女王説は、世界をあくまで競争的とみている。世界は絶えず変化し続けている。しかしたった今、種は何世代も静止状態にあり、変化しないと言ったばかりではなかったか？ そのとおり。赤の女王が言っているのは、いくら走ろうと、同じ地点にとどまっているということだ。世界は始まったところにつねに戻ってくるので、変化はあるが、それは進歩ではない。

赤の女王説によれば、性は非生物的世界への適応とはなんの関係もない。より大きくなる、もっとうまくカムフラージュする、より寒さに強くなる、もっとうまく飛ぶ。こうしたことには関係しない。そうではなくて、性は、挑みくる敵と格闘するためのものである。

生物学者たちは、生物が天寿をまっとうせずに死ぬ原因について、生物学的な理由よりも物理学的な理由の重要性をつねに過大評価してきた。ほとんどどんな進化の話においても、旱魃、霜、風、飢餓などが、生命の敵として大きく立ちはだかっている。大いなる闘争とは、こうした条件に適応していくことだと、我々は教えられている。ラクダのこぶ、ホッキョクグマの毛皮、沸騰させても死なないワムシの「たる」といった、物理的世界に対する驚くべき適応こそが、進化が成し遂げた最高の偉業とみなされてきたのである。性を説明する初期の生態学的理論は、どれもみな物理的環境への適応能力として説明しようとしていた。しかし、「草のからみあった土手説」あたりから、これとは違ったテーマが聞こえ始めてきた。そして赤の女王の登場をもって、この新テーマは主旋律を奏でることになった。物理的要因によって動物が死んだり、繁殖を妨げられたりすることはきわめて稀である。こうした事態を招いているほとんどの原因は、実は他の生物たち（寄生者、捕食者、競争者）なのだ。過密になった沼のなかで飢えているミジンコは、食糧難ではなくて、競争の犠牲者である。直接的であれ間接的であれ、この世の死の大部分は、捕食者や寄生者によるものである。森のなかの木が倒れるときには、たいていはすでに菌類によってむしばまれている。ニシンが一生を終えるのはたいてい、大きな魚の口のなかか、人間の放った網のなかである。今から二〇〇年以上昔には、何が我々の先祖を殺してきたか？天然痘、結核、インフルエンザ、肺炎、ペスト、猩紅熱（しょうこうねつ）、赤痢……。飢餓や事故は、彼らを弱らせたかもしれない。しかし、彼らを殺してきたのは感染症だった。ごく一部の富豪たちは老衰やがんや心臓病で死ぬこともあったが、その数は決して多いとはいえない。*22

一九一四～一八年の大戦では、四年間で二五〇〇万人が殺された。それに続いて流行したインフルエンザは、たったの四カ月で同じ数の人間を死に至らしめた。*23 それは、文明の夜明け以来人類を襲い続けてきた、一連の恐ろしい伝染病の最も最近の例にすぎない。ヨーロッパは、西暦一六五年以来はしかによって、西暦二五一年以来天然痘によって、西暦一三四八年以来ペストによって、西暦一四九二年以来梅毒によって、西暦一八〇〇年以来結核によって、人口を奪われてきた。[*24] しかし、人命を奪ってきたのはこれらの伝染病ばかりではない。風土病もまた、多くの人間たちを死に至らしめてきたのである。植物が絶え間なく昆虫の攻撃にさらされているように、動物たちもまた、あらゆる開口部から入り込もうと待ちかまえている餓えたバクテリアの巣窟なのだ。我々が誇らしげに、自分の体と呼んでいる物体のなかには、人体の細胞数を上回る数のバクテリアが住んでいるであろう。今、この本を読んでいるあなたの体のなかや体表面には、地球上の全人口を上回る数のバクテリアがいるかもしれない。

近年、進化生物学者たちは、寄生者というテーマに幾度となく立ち戻っている。リチャード・ドーキンスは、最近の論文にこう記述している。

「進化の理論的研究の主な中心地で、学者たちがモーニングコーヒーを飲みながら交わす会話を盗み聞きすれば、寄生者という言葉が、この世界では日常語となっていることに気づくだろう。寄生者はセックスの進化をもたらした第一要因とみなされ、この難問中の難問をついに解く鍵として期待されているのだ[*25]」

寄生者は二つの理由で捕食者よりも致命的である。第一に、寄生者は捕食者よりも数が多い。人間の捕食者といえば、ホオジロザメか人間どうしくらいのものだが、寄生者ならいくらでもいる。テン、イタチ、キツネ、ハゲタカ、犬、そして人間にまで食べられるウサギでさえも、それらをはるかに上回る数の寄生者に取りつかれている。ノミ、シラミ、ダニ、蚊、サナダムシ、それに無数の種類の原生動物、バクテリア、菌類、ウイルス……。キツネがこれまでに食べたウサギの数など粘液水腫のウイルスが殺したウサギの数に比べれば、足もとにも及ばない。第二の理由は、第一の理由の原因でもあるのだが、捕食者は通常、被食者よりも大きいが、寄生者は宿主よりも小さいということである。このことが意味しているのは、寄生者の寿命は宿主よりも短く、一定の時間内に世代交代する数は宿主のそれよりも多いということだ。あなたの腸内のバクテリアが、あなたの一生のあいだに交代する世代数は、人類がまだサルだったころから今日に至る世代数の六倍にも及ぶのである。[*26] その結果、彼らは、宿主よりもずっと速く増殖することができ、宿主の個体数を制御したり減らしたりすることができる。これに対し捕食者は、獲物の数にただ従うだけである。

寄生者と宿主の進化は、密接にからみあっている。寄生者の攻撃が成功すればするほど（より多くの宿主に取りつくにせよ、より多くの資源を個々の宿主から奪い取るにせよ）、宿主の生存のチャンスは、防御法を見つけ出すことができるかどうかにより強くかかわってくる。そして、宿主がうまく防御すればするほど、寄生者はこの防衛体制をかいくぐるよう自然淘汰されていく。どちらが優勢に立つかは、振り子のように行ったり来たりを繰り返す。どちらか一方にとって窮状が増せば増すほど、それは、よく戦うようになるだろう。これは、まさに赤の女王の世界である。そこには勝利はなく、一時的な休息があるだけなのだ。

機知戦争

そこはまた、移ろいやすい性の世界でもある。性は、世代ごとに遺伝子に変化をつけようとしているらしいが、寄生者こそがまさに、その動機を与えているのである。前の世代には、我々の肉体を非常にうまく防御してきた遺伝子の組み合わせは、その成功のせいで次世代には捨てたほうがよくなるかもしれない。次の世代が現れるころまでには、寄生者たちが、前の世代でうまくいっていた守りを破るすべを見いだしているにちがいないからである。これは、スポーツの試合に少し似ている。チェスであれ、フットボールであれ、最も効果的な戦術に対しては、防御法がすぐに編み出されて覚えられてしまう。どんなに斬新な攻撃であっても、すぐさま新たな防御にはね返されてしまうのである。

しかしもちろん、お馴染みのたとえは軍拡競争だ。アメリカが原爆を作れば、ロシアも作る。アメリカがミサイルを作れば、ロシアも作らなければならない。戦車に次ぐ戦車、ヘリコプターに次ぐヘリコプター、爆撃機に次ぐ爆撃機、潜水艦に次ぐ潜水艦……。両国はお互いに対抗して走るが、依然として同じ地点にとどまっている。二〇年前には無敵であったかもしれない武器も、今では力なく時代遅れである。一方の超大国が差をつければつけるほど、もう一方の国は猛然とこれに追いつこうとする。このレースを続ける余裕が残っているかぎり、どちらもあえて「踏み車」を降りようとはしない。ロシアの経済が破綻したとき初めて、この軍拡競争は終わりを告げるか、一時休止するのである。[*27]

こうした軍拡競争の比喩は、あまり額面どおりに受け取るべきではないが、そこからは確かにいくつかの興味深い洞察が得られる。リチャード・ドーキンスとジョン・クレブスは、軍拡競争から導き出した議論の一つを、「原理」にまで高めた。「命か食事か」の原理である。キツネから逃げているウサギは、自分の命のために走っているので、速く走るよう進化する必要性は、キツネよりもウサギのほうに切迫している。キツネはただ「食事」を追いかけているにすぎないからだ。確かにそのとおりではあるが、では、チータから逃げまわるカモシカはどうなるのだろう？　キツネにはウサギのほかにも食べるものがあるが、チータはカモシカしか食べない。だから、足が遅いチータはカモシカを決して捕らえられずに死んでしまうだろう。一方、カモシカのほうはいくら足が遅くても、チータと出くわす不運にはみまわれないかもしれない。だから、チータのほうがよりせっぱ詰まっているのである。ドーキンスとクレブスの言葉を借りるなら、たいていはスペシャリストのほうが競争に勝つものである。[*28]

寄生者は、スペシャリスト中のスペシャリストである。しかし、軍拡競争の比喩は、ここではあまりうまくいかない。チータの耳に寄生しているノミとチータとのあいだには、経済学者の言う「利害の一致」が存在する。チータが死ねばノミも死ぬ。ゲイリー・ラーソンの漫画にこんなのがあった。犬の背中を一匹のノミがプラカードを掲げて歩いている。プラカードにはこう書かれている。「犬の終わりは近い」

犬の死を早めている張本人であるにせよ、ノミにとって犬の死は悪いニュースなのである。何年ものあいだ、寄生者を研究する学者たちを悩ませ続けている問題は、寄生者は宿主を衰弱させるが、はたしてそれが寄生者の利益になるのかどうかということだ。寄生者が初めて新しい宿主に取りつく場合（ウサギについた粘液水腫、人間を襲ったエイズ、一四世紀ヨーロッパのペストなど）、それはきわめて強い毒性を発揮するが、それは次第に薄れていくものだ。しかし、いつまでも致命的な病気もあれば、すぐにほとんど無害になるものもある。理由は単純である。その病気の伝染性が強く、それに対する抵抗力をもった宿主がまわりに少なければ、新しい宿主はすぐに見つかるからである。そこでまだ抵抗力のない個体群にいる伝染病は、宿主を殺すことに無頓着でいられる。いくらでも代わりは見つかるからだ。けれども、潜在的宿主のほとんどがすでに感染したり、抗体を身につけてしまったりした場合には、宿主から宿主へと簡単に移るわけにはいかなくなり、みずからの生活の糧を殺さぬよう、注意しなければならなくなる。同様に、「ストライキはしないでくれ。さもないと会社はつぶれてしまう」という工場主の訴えは、ほかにいくらでも職がある場合よりは、失業率の高い場合のほうが説得力をもつものである。それにしても、毒性が薄れたとはいえ、寄生者が宿主を痛めつけ続けることには変わりなく、宿主側はつねに防御方法の改善に努めなければならない。そのあいだにも寄生者は、こうした防御をかいくぐり、宿主を犠牲にしてなんとか多くの資源を差し押さえようと策を練っているのである。*29

人工ウイルス

寄生者と宿主は進化の軍拡競争のなかにしっかりとらえられているという事実は、意外な方面から証明されることになった。コンピュータの内部構造である。一九八〇年代の終わりごろ、進化生物学者たちは、コンピュータに精通した同僚たちのあいだで「人工生命」と呼ばれる新しい学問分野ができつつあることに気づき始めた。人工生命とは、実物の生命と同様に、複製、競争、淘汰の過程を通して進化するように設計されたコンピュータプログラムをもったいぶって呼ぶ名前である。このようなプログラムは、生命とは単に情報の問題にすぎないこと、そして方向性のない競争から複雑なものが作られ、偶然の成り行きから一定のデザインが作られうることの、究極的な証明ともいえよう。

生命が情報であり、かつ生命が寄生者の巣窟であるのなら、情報もまた寄生者の攻撃を受けやすいはずである。コンピュータの歴史が書物に著されることになったら、「人工的に生きている」という名称をいただくことのできる最初のプログラムは、一九八三年に書かれた嘘のように簡単そうな、たった二〇〇行の小さいプログラムかもしれない。それはカリフォルニア工科大学の大学院生、フレッド・コーエンが作成したものだ。それは「ウイルス」であり、本物のウイルスが自分自身のコピーを他の宿主に入り込ませるのとまったく同様に、自分自身のコピーを他のプログラムのなかに入り込ませる。コンピュータウイルスはそれ以来、世界的な問題となっている。どんな生命系においても寄生者は必ず出てくるかのようである。[*30]

しかし、コーエンのウイルスとそれに続く厄介者たちは人間が作り出したのである。コンピュータ寄生者が初めて自然発生したのは、デラウェア大学の生物学者、トーマス・レイが人工生命に関心をもってからのことである。レイはティエラ（Tierra）という名前のシステムを設計した。それは競合するいくつかのプログラムで構成され、それらには突然変異による小さなエラーが絶えず発生している。優秀なプログラムは、他のプログラムを犠牲にして繁栄することになる。

その効果は驚くべきものだった。ティエラのなかでプログラムは、自分たちをより短くするように進化し始めたのだ。七九命令のプログラムが、もとの八〇命令のプログラムに取って代わり始めた。しかし、そこで突然、四五命令しかないバージョンが現れた。それらのプログラムは必要なコードの半分を、より長いプログラムから借りてくるのである。

それらは本当の寄生者だった。まもなく、長いプログラムのいくつかが、レイが寄生者に対する免疫と呼んだ特徴を発達させ始めた。あるプログラムは自分の一部を隠すことにより、ある種の寄生者には難攻不落となったのである。しかし、寄生者も負けてはいない。隠された行を見つけ出せるような突然変異の寄生者がシステムのなかに発生したのである。[*31]

こうして軍拡競争はエスカレートした。レイがコンピュータでシステムを実行したとき、超寄生者、社会的超寄生者、ずる賢い超々寄生者が自然発生することがたび重なった。どれも最初はあっけないほどの単純さから進化していくシステムのなかで発生した。そのことから彼は、宿主と寄生者のあいだの軍拡競争というものは、進化のもたらす最も基本的で、避けられない帰結だということを発見した。[*32]

しかし、軍拡競争の比喩には欠点がある。実際の軍拡競争では、旧式の武器がその優勢をぶり返すことはまずない。大弓の時代は二度と戻らないだろう。しかし寄生者とその宿主との戦いでは、旧式の武器が最も大きな効果を発揮することがある。敵対者がその防御法を忘れてしまっているからである。したがって、赤の女王は同じ場所にとどまっているというよりも、地獄の山頂に石を押し上げたとたん、それが転がり落ちるという永遠の罰を背負いこんでいるシジフォスのように、いつも振り出しに戻るのである。

動物が寄生者から身を守る方法は三通りである。一つは、成長と分裂の速度を速くし、寄生者に追いつかれないようにすることである。これは植物の品種改良家によく知られている。例えば、発育している若芽の先端には、植物のすべてのエネルギーが注ぎ込まれているが、そこには寄生者がいないのがふつうである。実際、ある独創的な説によれば、精子があんなに小さいのは、バクテリアが入り込んで卵子に感染する余地がないようにするためだという。*33 ヒトの胚は、受精してまもなく猛烈な細胞分裂を繰り返すが、それはおそらくウイルスやバクテリアを細胞の一室に閉じ込めてしまうためなのだろう。二つめの方法は性である。これについては、のちほど取り上げる。三つめは免疫システムであり、これは爬虫類の子孫のみが使用する。植物や多くの昆虫と両生類には、このほかに化学的防御という方法もある。彼らは自分たちを困らせる害虫に対して有毒な化学物質を分泌する。害虫の一部の種はそれに対して毒素を分解する方法を発達させる。そして、この繰り返し。軍拡競争が始まるのである。

抗生物質は、バクテリアがそのライバルであるバクテリアを殺すために自然に生産する化学物質である。しかし、人間が抗生物質を使用し始めると、バクテリアは抗生物質への抵抗力を、人間をがっかりさせるような速度で発達させていくことがわかった。病原菌の抗生物質に対する抵抗力には、注目すべきことが二つあった。一つは、抵抗力の遺伝子が一つの種から別の種へ、害のない腸内細菌から病原菌へと飛び移るらしいということであった。それは性と似たような遺伝子転移の一形態によっていた。二つめは、バクテリアの多くはその染色体上にすでに抵抗遺伝子をもっているらしいということだった。要は、それを活性化する秘訣を再発明するだけのことだった。バクテリアと菌類のあいだの軍拡競争により、多くのバクテリアは抗生物質と戦う能力を獲得することになった。それは人間の腸内にいるかぎり、もはや「必要になるだろうとは思いもしなかった」能力である。

寄生者の寿命は宿主に比べて非常に短いので、寄生者は宿主よりも速く進化し、適応していくことができる。HIVウイルスの遺伝子は、この先一〇年ぐらいのあいだに、人間の遺伝子が一〇〇〇万年に行うほどの変化を遂げるだろう。バクテリアにとっては、三〇分は一生にも匹敵する。三〇年という人間の世代時間は永遠にも等しいものであり、ヒトは進化のカメなのだ。

DNAの錠をはずすには

にもかかわらず進化のカメは、進化のノウサギたちよりも多くの遺伝子の混ぜ合わせを行っている。オースティン・バートが発見した、世代の長さと組み換えの量との相関関係は、赤の女王が作用していることの証拠である。一世代の時間が長くなればなるほど、寄生者と戦うために、より多くの遺伝子の混合が必要となる。[*34] また、グレアム・ベルとバートは、B染色体と呼ばれるならず者の寄生的な染色体が存在するだけで、種に余分な組み換えを誘発する（遺伝子をもっと混ぜ合わせる）のに十分だという事実を発見した。どうやら、性は寄生者との戦いに、決定的な役割を果たしているようだ。[*35] しかし、いったいどうやって？

ノミや蚊などはあとまわしにして、ここでは、大多数の病気の原因となるウイルス、バクテリア、菌類を取り上げよう。彼らは細胞内に侵入するのが得意で、菌類やバクテリアは細胞を食べるために、またウイルスは新しいウイルスを作り出す目的で宿主の遺伝的機構を破壊するために侵入する。いずれにせよ、彼らは細胞のなかに侵入しなければならない。この目的のために彼らは、細胞の表面にある他の分子とぴったり合うようなタンパク質の分子を使う。これを専門用語で「バインディング」と呼ぶ。寄生者と宿主が繰り広げる軍拡闘争は、このバインディングタンパク質をめぐる争いなのだ。寄生者が新しい鍵を作り出せば、宿主は錠前を変える。ここには明らかに、性は集団のために存在するという群淘汰的議論が入り込んでいる。有性の種は、どの時点をとってもいろいろな種類の錠を多数もっているだろうが、無性の種のメンバーの錠は、どれもみな同じだろう。そこでうまく合う鍵をもった寄生者は、すぐに無性の種を撲滅してしまうが、有性の種はそうはいかない。そこで、よく知られていることだが、我々はますます多くの近交系（近親交配を重ねていった系統）のコムギやトウモロコシの単品栽培に切り替えてきているため、農薬でしか撲滅できないような伝染病を招くことになり、ますます農薬を多用するほかなくなっているのだ。*36

しかしながら、赤の女王の理論は、もっと微妙で力強い。性をもつことによって、個体は、クローンを作る個体よりも多くの、生き延びる子をもつ可能性が高いだろう。性の利点は一代限りである。というのは、ある世代で一般的であったどのような錠であれ、寄生者たちは、これに合うような鍵を用意してしまうだろうからである。そこでその錠だけは、数世代後には決して取り付けてはならなくなる。そのときまでに、これに合う鍵が一般化してしまっているからだ。稀少性こそが大事なのだ。

有性の種は、「錠の図書館」とも呼ぶべきものを活用することができるが、これは無性の種にはできないことだ。この図書館はほぼ同じ意味を表す二つの長い単語で知られている。異型接合（heterozygosity）と多型（polymorphism）である。これらは、動物たちが同系交配するようになると、失われてしまう。これらが意味しているのは、個体群全体としても（多型）、一個体のなかにも（異型接合）、同じ遺伝子のさまざまなバージョンが同時に存在しているということである。ヨーロッパ人の瞳が青と茶色の多型であるのはよい例だ。茶色の瞳をしていても、青い瞳のための劣性遺伝子をもつ者は多いのだ。彼らは異型接合体なのである。こうした多型は、真のダーウィニストにとってセックスと同じくらい厄介な問題である。なぜなら、それは、一つの遺伝子が他の遺伝子と同じくらい優良であるということを意味するからである。確かに、もし茶色の瞳のほうがわずかでも優れているのであれば（もっと的確な例を挙げれば、もし、正常な遺伝子が鎌状赤血球貧血症の遺伝子よりも優れているのであれば）、優れたほうがもう一方を、徐々に絶滅させていくはずである。では、いったいなぜ、我々にはこんなにも多くの遺伝子バージョンが詰め込まれているのか？　なぜ、こんなにも多くの異型接合が存在するのか？　鎌状赤血球貧血症の場合は、鎌状赤血球の遺伝子がマラリアに打ち勝つからである。そこで、マラリアが多い地域では、正常な遺伝子だけをもった者より、異型接合体（正常な遺伝子一つと鎌状赤血球の遺伝子一つ）のほうが有利である。同型接合体（正常な遺伝子二つ、もしくは鎌状赤血球の遺伝子二つ）は、それぞれ、マラリアか貧血症で苦しむことになるからだ。[*37]

この例は、生物学の教科書であまりにも何度も使い古されてきたので、ただのお話ではなく、一般論に通じる例なのだとはなかなか認識しにくい。しかしこのことは、血液型や組織適合性抗原や、それに似たものなど、多型性が非常に高いことで有名な遺伝子のほとんどは、まさに、病気に対する抵抗性に影響を与える遺伝子、つまり錠前のための遺伝子であることを示している。

さらに、こうした多型のいくつかの起源は、驚くほど古い。それらは、ずっと消え去ることなく存在し続けてきたのである。例えば、人類の集団中にいくつかのバージョンをもつ遺伝子があるが、これに相当する牛の遺伝子にもいくつかのバージョンがある。しかし、実に奇妙なことには、これらのバージョンは、人間と牛とでまったく同じなのである。このことが意味しているのは、読者のあなたは、その部分の遺伝子について、自分の配偶者とよりも、そこらの牛と似通った遺伝子をもっているかもしれないということである。これは例えば、肉を指す言葉は、フランスではviande、ドイツではFleischであるが、だれとも接触したことのないニューギニアの石器時代文化のある村でもやはり、肉はviandeと呼ばれ、その隣村ではFleischと呼ばれているということを発見するよりも驚異的なことだ。なんらかの強力な力が作用して、各遺伝子のほとんどのバージョンが生存し、かつ、どのバージョンもあまり変化せずに残るようにさせているのである。[*38]

この力が疾病であることは、ほぼまちがいないだろう。ある錠前遺伝子が稀になると、この錠と一致する寄生者の鍵遺伝子も稀になり、したがってその錠前は優位に立つ。稀少性にプレミアムがつく世界では、この優位性はある遺伝子から別の遺伝子へと絶えず揺れ動き、どの遺伝子も完全に消えてなくなることはできない。もちろん、このほかにも多型を維持するメカニズムは存在する。何であれ、一般的な遺伝子よりも稀な遺伝子に淘汰上の利点を与えるものであればよい。捕食者も、稀少な形態のものには目もくれず、一般的な形態のものをえじきとすることによって、しばしばそうしたメカニズムの役割を果たしている。鳥かごの鳥に、大部分は赤に塗り、少量を緑に塗ったえさを隠して与えると、鳥たちはすぐに、赤いものがえさだということを理解するが、最初のうちは緑のものを見落としてしまう。寄生者のほうが捕食者よりも、多型の維持に果たす役割が大きいということに、最初に気づいたのはJ・B・S・ホールデンであった。特に寄生者が新しい宿主に対する攻撃に成功を収めるにつれ、古い宿主に対する攻撃力が減退していく場合はそうである。この場合は「鍵と錠前」システムとなるだろう。[39]

この「鍵と錠前」という比喩はもう少し詳しく検討する必要がある。例えば、植物のアマにはサビ菌に対抗している五種類の遺伝子があり、それらが二七のバージョンをもっている。すなわち、五つの錠前のバージョンが二七ある。サビ菌のほうも、それぞれの錠前に合うような一つの鍵のバージョンをいくつか用意している。サビ菌の攻撃が発揮する毒性の度合いは、五つの鍵がアマの五つの錠前とどれほどよく一致するかで決定される。実際の「鍵と錠前」とは少し違って、部分的に一致することがある。サビ菌は、すべての錠前を開けなくても、アマに感染できるのである。もちろん、錠前を開ければ開けるほど、サビ菌の毒性は高まることになる。[40]

性とワクチン注射の類似性

このあたりで、物知りな読者諸君は、免疫システムが無視されていることに、憤懣やるかたない思いにかられているにちがいない。そして、こう指摘するだろう。病気と闘う一般的な方法は、ワクチン注射などで抗体を作ることであり、セックスをすることではない、と。さて、その免疫システムだが、これは進化の歴史から見れば、ごく最近の発明であり、およそ三億年ほど前、爬虫類に始まったものである。カエル、魚類、昆虫、ザリガニ、カタツムリ、ミジンコは、免疫システムをもっていない。にもかかわらず、すべてを包含している赤の女王仮説のもとでは、免疫システムと性を結びつける独創的な理論が、今や存在するのである。それを発表したのは、カリフォルニア大学バークレー校のハンス・ブレマーマンであるが、彼はこの二つが互いに依存しあっていることを、みごとに示した。彼は免疫システムが性なしでは作動しないことを指摘したのである。[*41]

免疫システムを構成しているのは、およそ一千万の異なるタイプをもった白血球細胞である。どのタイプも、抗体と呼ばれるタンパク質の錠前を一つもっていて、これは抗原と呼ばれるバクテリアの鍵と合うようになっている。鍵が錠前に差し込まれると、それがインフルエンザのウイルスであれ、結核菌であれ、移植された心臓の細胞であれ、白血球細胞は猛烈な勢いで増殖し始め、白血球の軍隊を形成し、鍵をもった侵入者を食い尽くしにかかる。しかし、体にとっては一つの問題がある。体には、すべてのタイプの鍵を阻止するだけの抗体軍を、すべての抗原について常備しておく余裕がないのである。一つの種類を数百万備えることも、一種類ずつ数百万備えることも可能なのだが、数百万種を数百万備えておく余地はないのだ。そこで体は、それぞれのタイプの白血球ごとに、少数のコピーしかもっていない。そして、あるタイプの白血球が、自分の錠前に一致する抗原に出遇うや否や、すぐさまそれは増殖を開始する。というわけで、インフルエンザのかかり始めと、それを治してくれる免疫反応とのあいだには、少し遅れがある。

それぞれの錠前は、ランダム組み立て方式のようなもので作られているが、それは、できるかぎり多くの種類の錠前を維持するためである。これらの錠前のなかには、今まで、それに合う鍵などどんな寄生者にも存在していないものまである。というのは、宿主が錠前をつねに取りかえているのに応じて、寄生者は宿主の錠前に合うものを見つけようと、つねに鍵の種類を変えているからだ。そうやって免疫システムは、事態に備えているのだ。しかし、このようにランダムに白血球を作っていれば、作り出された多様な白血球のなかには、宿主自身の細胞を攻撃するようなものも当然生まれてくるだろう。こうした事態を避けるために、宿主の細胞は「合い言葉」を身につけている。これは、組織適合性抗原と呼ばれるもので、白血球の自己攻撃を阻止する働きをもつ（錠前、鍵、合い言葉といった比喩が入り混じってしまったが、これ以上は複雑にならないのでお許し願いたい）。

そこで、寄生者がこれに打ち勝つには、いくつか方法がある。免疫反応が起こる前に他個体に感染してしまう方法（インフルエンザ）、宿主の細胞内に身を隠す方法（ＨＩＶウイルス）、頻繁に鍵の種類を変える方法（マラリア）、あるいは、宿主自身の細胞がもっている合い言葉を模倣して、白血球の目にとまらないようにする方法などである。例えば、ビルハルツ住血吸虫は、宿主の細胞から合い言葉の分子をひったくり、それを自分の体全体にはりつけて、そばを通る白血球からカムフラージュする。また、眠り病を引き起こすトリパノソーマ原虫は、次々に別の遺伝子のスイッチを入れることによって、鍵を変化させ続けている。しかし、何にも増して狡猾なのはＨＩＶウイルスである。一説によると、

HIVウイルスは、絶えず突然変異を起こしているために、各世代がそれぞれ違った鍵をもっているらしい。これらの鍵に合うような錠前があって、ウイルスの繁殖が抑えられるということは、しょっちゅう起こっている。しかしいつかは、おそらく一〇年後ぐらいに、HIVウイルスのランダムな突然変異によって、宿主がそれに対する錠前をもっていないような鍵が作り出されるだろう。そのときは、ウイルスの勝利である。ウイルスは免疫システムが準備している錠前目録にないものを発見したのであり、あとはウイルスの蔓延を待つばかりとなる。この説によると、端的にいえばHIVウイルスは、免疫というよろいかぶとの割れ目を発見するまで進化していくのである。[*42]

その他の寄生者は、宿主のもっている合い言葉を模倣しようと努めている。すべての病原菌には、宿主の合い言葉を模倣するよう、淘汰圧がかかっている。すべての宿主には、合い言葉を変化させるよう、淘汰圧がかかっている。ブレマーマンに従えば、ここに性が介入してくることになる。

組織適合性遺伝子は、合い言葉を決定するだけでなく、それ自身、病気に対する感染の強弱を決定しているのだが、それはたいへん多型に富んでいる。平均的なネズミ一個体群には、それぞれの組織適合性遺伝子に一〇〇以上のバージョンがあり、人間の場合はさらにこれを上回る。これらの組み合わせは、人それぞれに固有であり、臓器の移植が困難をともなうのは、このためである。一卵生双生児でもないかぎり、特殊な薬剤を投与しなければ、拒絶反応が起きてしまう。そして、性による異系交配なくして、これほどの多型を維持することも不可能である。

これは憶測だろうか？　それとも何か証拠があるのだろうか？　オックスフォード大学のエイドリアン・ヒルと彼の同僚たちは、一九九一年、初めてこの説に対する十分な証拠を与えた。確かに、組織適合性遺伝子に多様性を与えているのは、疾病なのである。彼らは、組織適合性遺伝子の一つであるHLA‐Bw53は、マラリアの多い地域には頻繁に見られるが、その他の地域では、非常に稀であるという事実を発見した。さらに、マラリアにかかっている子どもたちは、一般に、HLA‐Bw53をもっていない。彼らが病魔に取りつかれたのは、それが原因であるかもしれない。[*43] さらに、フロリダ大学ゲインズヴィル校のウェイン・ポッツは、驚くべき事実を発見した。イエネズミは、自分とは違う組織適合性遺伝子をもったネズミだけを配偶者に選ぶというのである。これは匂いで嗅ぎ分ける。このような選り好みはネズミの遺伝子の多様性を最大限にまで広げ、病気に強い子ネズミを作り出すのだ。[*44]

ウィリアム・ハミルトンと寄生者のパワー

性、多型性、そして寄生者のあいだには、互いになんらかの関係があるという発想は、今日多くの著書で取り上げられている。しかし例によって、J・B・S・ホールデンの先見の明は、そのほとんどを予見していた。「異型接合性は、疾病に対する抵抗になんらかの役割を果たしているのではないかと思う。というのは、特定のバクテリアまたはウイルスの系統は、一定範囲の生化学的構成をもった個体に適応し、別の構成をもった個体は比較的抵抗力があるからである」

ホールデンがこれを書いたのは一九四九年、つまりDNAの構造が明らかにされる四年前である。[*45] ホールデンの同僚のインド人スレシュ・ジャヤカールが数年後に、もっと現在に近いところまで到達したが、以来この見解は何年間も眠ったままになっていた。[*46] ようやく一九七〇年代の終わりごろに、五人の人間がそれぞれ独立に、数年のあいだをおいて、同じ考えに行き当たった。ロチェスター大学のジョン・ジャニック、モントリオールのグレアム・ベル、カリフォルニア大学バークレー校のハンス・ブレマーマン、ハーヴァード大学のジョン・トゥービー、そしてオックスフォード大学のビル・ハミルトンである。[*47]

しかし、このなかで性と疾病の関係を最も執拗に追究し、このことで名を知られるようになったのは、ハミルトンである。ハミルトンは一見したところ、「世間が目に入らない教授」というイメージの、信じがたいほど完璧な標本である。オックスフォードの街を大股で歩くハミルトンは、前方の地面に視線を据えたまま、深い考えにふけっている。首から吊るされた眼鏡がぶらぶらと揺れる。彼の気取りのない態度と、くつろいだ語り口にだまされてはいけない。ハミルトンは生物学のなかで、いつも決まって、いるべきときにいるべき場所にいる。まず、一九六〇年代には、血縁淘汰理論を作り上げた。これは動物たちの共同や利他行動は、近縁個体の世話をするような遺伝子が広まったために生じるのであり、それは、近縁個体が多くの同じ遺伝子を共有しているからだという説である。また一九六七年には、遺伝子間に奇妙な殺し合いが存在するのをたまたま見つけた。これについては、次章で取り上げることにする。そして一九八〇年代までに、ほとんどの仲間の機先を制して、人間の協力関係を解く鍵は相互利他性にある、と明言している。本書において、我々は何度もハミルトンの残した足跡をたどることになるだろう。[*48]

ミシガン大学の二人の仲間の助けを借りて、ハミルトンは、性と疾病の関係を表すコンピュータモデルを作り上げた。人工生命の一片である。それは、総数二〇〇の仮想の生物で始まる。たまたま彼らは一四歳で繁殖を開始し、およそ三五歳くらいまで毎年、一人ずつ子を生産し続けるので、人間に似ている。ここでコンピュータは、彼らの一部を有性にし、一部を無性にする。有性者は二人で子を作り、自分たちの子をめいめい育てていかなければならない。個体の死はランダムに発生する。予想どおり、何度コンピュータを作動させても、あっという間に有性の種は絶滅してしまった。有性対無性の試合は、つねに無性の勝利に終わる――他の条件が同じであれば[*49]……。

次に、彼らは何種類かの寄生者を導入した。それぞれ数は二〇〇である。これらの寄生者の強さは、宿主の抵抗遺伝子と戦う有毒遺伝子によって決定される。その結果、最も抵抗力の弱い宿主と、最も毒性の少ない寄生者が、毎世代殺されていった。しかし、今回は無性の種の勝利が自動的に保証されたわけではなかった。有性の種がしばしば試合に勝った。それぞれの生物のなかの抵抗性と毒性を決定する遺伝子が数多く存在する場合に、有性の種の勝率は最も高くなったのである。

このモデルのなかでは、予想どおりの現象が起こっていた。ある抵抗遺伝子がよく働くと、その遺伝子は広まっていき、すると今度はそれに対応して、これらを滅ぼす有毒遺伝子が普及してくるのである。そこで、その抵抗遺伝子の数は再び少なくなり、これに続いてその有毒遺伝子も少なくなる。ハミルトンが言うように、寄生者に対する適応は、絶えず時代遅れになるのである。

しかし、不利な遺伝子は完全に消滅してしまうわけではなく(無性の種では消滅してしまう)、いったん少なくなると、もうそれ以上は減少しない。そこで、彼らはいつでも勢力を回復できるのだ。ハミルトンはこう書いている。

「我々の理論では、性の本質とは、目下のところは役に立たなくても、将来再び利用できる見通しのある遺伝子を貯蔵しておくという点にある。性は、こうした遺伝子を絶えず組み合わせに加えながら、それを不利にしている原因がどこかに行ってしまう日を待っているのである」

疾病への抵抗体制に、永久に有効な理想型はない。ただ移動砂漠のような一時的な隆盛と衰退が繰り返されるだけなのだ。[*50]

ハミルトンがコンピュータのスイッチを入れ、シミュレーションを実行すると、画面全体に透明な赤の立方体が表示される。この立方体の内部には緑と青の二本の線があり、これらは露出時間の長い写真に映った花火のように、お互いを追いかけあっている。そこでは、遺伝的な「空間」で寄生者が宿主を追いかけている。もっと正確に言うなら、立方体のそれぞれの軸は、同じ遺伝子の異なったバージョンを表しており、宿主と寄生者は、ともに自分たちの遺伝子の組み合わせを変化させ続けているのだ。起こりうる事態の半分では、宿主のほうが、その遺伝子の多様性を使いきってしまい、立方体の一角にはりついて終わる。突然変異という遺伝的ミスは、こうした事態を防ぐには非常に有効である。しかし、突然変異が現れなくても、宿主は自発的に、なんとか生き延びようとする。何が起こるかは、まったく予測不可能である。出発点の条件が無慈悲なまでに「決定論的」、つまり偶然的要素はまったくないにもかかわらず、事態は予測を許さないのだ。あるときは、二つの線は、正確に同じコースを規則正しくたどりながら立方体のまわりを追いかけっこする。一つの遺伝子を五〇世代分徐々に変化させ、一つが終わると、また一つというように、これは続いていく。また、あるときは、奇妙な波動や周期が現れ、あるときは、事態は混沌と化す。二本の線が、まるで色のついたスパゲッティのように立方体を埋め尽くしてしまうのだ。それは妙に生き生きしている。[*51]

もちろん、モデルは現実とはほど遠い。戦艦のモデルを作っても、本物の戦艦が水に浮くかどうかという議論を決着させることができないのと同じである。しかしこのモデルは、どのような条件下で赤の女王が永久に走り続けるのかを理解する助けにはなる。とてつもなく単純化された人間のバージョンと、気味悪く単純化された寄生者のバージョンは、周期的かつランダムに、遺伝子を変化させ続ける。決してとどまることなく、つねに走り続け、しかしどこにも到達せず、結局は振り出しに戻る――両者が有性であるかぎり……。*52

高地での性

ハミルトンの疾病説は多くの点で、前章で検討したコンドラショフの突然変異説と、同じことを予測する。もう一度、芝生用のスプリンクラーと雨の例を持ち出すなら、両者はともに、なぜ車道がぬれたかを説明してはいるのである。しかし、どちらが正しいのだろうか？　ここ数年で得られた生態学的証拠からは、軍配はハミルトンに上がりそうだ。突然変異が日常的で、疾病が非常に少ない地域がある。例えば山の頂（いただき）がそうである。山頂は遺伝子にダメージを与え、突然変異を誘発するような紫外線を多量にあびている。だから、もしコンドラショフが正しいのなら、有性生殖は山頂において、より一般的となるはずである。しかし、そうではない。高山植物の花は、花のなかでも最も無性種の多い部類である。あるグループの花では、山頂付近に住むものは無性だが、もっと低いところに住むものは有性である。高地に分布するヒナギクの仲間、タウンセンディアには五つの種類があるが、そのなかで無性の種はどれも、有性の種より高地に分布している。タウンセンディア・コンデンサータは、非常に標高の高い地域にのみ分布する無性種であるが、一度だけ有性の個体群が発見された。それはほとんど標高ゼロの地点であった。[*53] もちろん寄生者と関連づけなくとも、こうした現象には多くの説明を考えることはできる。例えば、高所へ行けば行くほど気温は下がり、それだけ、花粉を運んでくれる昆虫を当てにしにくくなるからだ、というように。しかし、もしコンドラショフが正しいのであれば、このような要因は、突然変異との戦いという死活問題の陰に隠れてしまうはずだ。そして、標高に影響されるなら、緯度にも当然影響されるはずだ。ある教科書には次のように書かれている。

「ダニ、シラミ、ナンキンムシ、ハエ、ガ、甲虫、バッタ、ヤスデ……、そのほか多くの生物は、極地から熱帯に目を移すと、オスがいなくなることがわかる」[*54]

寄生者理論に合うようなもう一つの証拠は、ほとんどの無性植物は短命な一年生だということである。寿命の長い樹木が特に直面する問題は、このような樹木につく寄生者には、遺伝子の防御に適合するよう進化する時間が十分にあるということだ。例えば、アメリカトガサワラ（マツの一種）にはカイガラムシがつくが、老木は若木よりもやられやすい。カイガラムシというのは、ほとんど動物とは思われないような、ぶよぶよした不定形のかたまりをした昆虫の仲間である。ある二人の科学者が、カイガラムシを木から木へ移植する実験をした結果、それは、老木のほうが衰弱しているからではなく、カイガラムシがよりよく適応しているからだということが明らかになった。このような木々が、自分とまったく同一の子を作っても、子どもたちにはなんの利点もないだろう。適応力を身につけたカイガラムシがたちまち襲来するにちがいないからだ。そこでこれらの木は有性となり、自分とは異なった子孫を残すのである。[*55]

疾病は生命体の寿命に一種の限界を与えているものと思われる。寄生者がすっかり適応力を身につけるに要する時間以上に長生きしてもむだだからである。まったくのところ、イチイ、マツ、ジャイアントセコイアといった樹木が、どうして数千年も生き長らえることができるかは不明である。ただわかっているのは、樹皮や木質に含まれている化学物質のおかげで、これらの樹木は腐朽に対して驚くほど強いということである。カリフォルニアのシエラネヴァダ山脈には、倒れたセコイアの幹の一部が、樹齢数百年の巨大なマツの根に被われているところがあるが、セコイアの幹はいまだに頑強で健在なのだ。[*56]

同様に、タケの奇妙な同時開花もまた、セックスと疾病とに関係がありそうだと考えてみたい。ある種のタケは、一二一年に一度しか開花しないが、これは世界中で同時に起こり、やがてタケは枯れる。このやり方は、子にとっていろいろな点で有利である。子どもたちは、生きている両親と競争することなくすくすく育ち、また、親の枯死と同時に、寄生者も一掃されるのだ（捕食者も同様に被害を被ることになる。タケの開花はパンダを飢餓に追いやる）[*57]。

さらに興味深いのは、寄生者自身も、しばしば有性だという事実である。寄生者にとって有性だということは、とてつもなく不便なはずなのに。ヒトの血管内に住むビルハルツ住血吸虫は、交尾相手を求めて他の場所へ旅立つわけにはいかないのである。しかし、別の折に感染してきた、遺伝的に異なる住血吸虫に出会うと、彼らはセックスする。有性の宿主と競争するためには、寄生者もまた、性を必要とするのだ。

無性の淡水性巻貝

しかし、これらのことは、博物学の研究から示唆される事柄であり、注意深い科学的実験に基づくものではない。性と寄生者との関連性をもっと直接的に支持する証拠があるにはある。赤の女王に関する研究を最も徹底的に行ったのは、柔らかな口調で話すアメリカの生物学者、カーティス・ライヴリーである。研究の舞台に選ばれたのは、ニュージーランドであった。ライヴリーは学生のころ、性の進化という題で論文を書かされ、この主題のはかりしれない魅惑の虜となってしまった。彼はまもなく他の研究を放り投げ、性に関するこの難題を解決しようと決意した。彼はニュージーランドへ赴き、小川と湖の淡水性巻貝を調査した。その結果発見したのは、淡水性巻貝の個体群の多くにはメスしかおらず、オスを必要とせずに処女で子を産むが、なかにはオスと交尾し、有性の子を産む個体群もあるということだった。そこでライヴリーは、淡水性巻貝の標本を採取し、オスの数を数え、セックスの優勢さを測定する簡便なものさしを作ることができた。ライヴリーの予測はこうであった。もし、「ブレーの坊さん説」が正しく、環境の変化に順応するために性が必要とされるのであれば、オスは湖よりも小川に多く発見されるはずである。なぜなら、湖よりも小川のほうが環境の変化が激しいからである。もし「草のからみあった土手説」が正しく、淡水性巻貝どうしの競争が性の原因であるならば、オスは湖に多く発見されるはずである。湖は安定し、混み合った住みかだからだ。もし「赤の女王説」が正しいのであれば、寄生者の多い場所こそ、オスの多い場所となるだろう。*58

オスが多く見られるのは、湖のほうであった。小川には平均して二パーセントしかオスが発見されなかったが、湖では平均一二パーセントがオスだったのである。これで「ブレーの坊さん説」は除外された。しかし、寄生者もまた、湖に多かった。「赤の女王説」は残ったわけだ。実際、調査を重ねれば重ねるほど、赤の女王の存在は確実になっていくように思われた。有性種の多い場所には、必ず寄生者の存在があったのである。*59

しかしライヴリーは、「草のからみあった土手説」を除去することはできなかった。そこで、彼はニュージーランドに戻り、今度は淡水性巻貝と寄生者が遺伝子的に相互に適応しあっているかどうかを、徹底的に調査することにした。彼はある一つの湖から寄生者を採集し、南アルプスの反対側にある別の湖の淡水性巻貝に感染させてみた。何度試してみても、寄生者が感染する率は、元の湖の巻貝のほうが高かった。初めのうちは、これは「赤の女王説」に不利な結果のように思われた。しかしライヴリーはすぐ、そうではないことに気づいた。つまり、元の湖に住む淡水性巻貝のほうが、寄生者に対して抵抗力をもつだろうと考えるのは、あまりにも宿主中心的な見方なのである。寄生者も絶えず淡水性巻貝の防御をかいくぐろうと努力しているのであり、巻貝の錠前に合う鍵に変えていくレースにおいて、寄生者が分子一つ分だけ巻貝に後れをとっているだけということかもしれない。別の湖の巻貝は全然違う錠前をもっているのだ。しかし、問題の寄生者（*Microphaiius* と呼ばれる微生物）は実際に巻貝を去勢してしまうので、もし巻貝が新しい錠前を作り出せば、圧倒的に有利な立場に立つことになる。ライヴリーは現在、実験室で寄生者が存在すると無性の巻貝が有性の巻貝を駆逐することができないかという、決定的な実験を行っている。*60

ニュージーランドにおける淡水性巻貝の調査報告は、赤の女王説に批判的な人々をおおいに満足させた。しかし、彼らにもっと強い感銘を与えたのは、ライヴリーのもう一つの研究だった。カダヤシと呼ばれるメキシコの小魚についての報告である。カダヤシは時折、他の似たような小魚と交雑し、三倍体の雑種を産む（つまり、遺伝子を文書にたとえれば、官僚のように文書をコピーして三部作り、保管するのである）。この雑種は、有性生殖ができないが、そのメスは、正常なカダヤシから精子を受け取れるかぎり、処女のまま、自分と同一の処女クローンを生産するのだ。ライヴリーは、ニュージャージー州にあるラトガーズ大学のロバート・フライエンフックとともに、寄生虫感染症の一種である黒斑病が、どのようにカダヤシに感染するかを調査した。彼らは、三つの池からカダヤシを採集し、黒斑病虫による嚢胞の数を数えた。魚のサイズが大きいほど黒斑の数が多かった。しかし池別に検証してみると、第一の池（ログ池）においては、雑種のカダヤシのほうが、有性のカダヤシよりもはるかに嚢胞数が多かった。この差は魚が大きくなればなるほど、顕著であった。第二の池（サンダル池）には無性のクローンが二種類共存しているが、多数派のクローンのほうに感染率が高く、少数派のクローンと、有性のカダヤシには、ほとんど黒斑病が見られなかった。これは、ライヴリーが予期したとおりの結果であった。彼の推測によれば、病原虫は池のなかにいる最も一般的な錠前に合わせて鍵を調整するはずであり、サンダル池で、その錠前をもつのは多数派のクローンだったからである。なぜなのか？　病原虫は他のどんな錠前に出会う機会よりも、一般的な錠前に出会う機会が圧倒的に多いからだ。それぞれが異なる錠前をもつ少数派のクローンや有性のカダヤシは、安泰なのである。

しかし、第三の池（ハート池）は、さらに興味深い。この池は、一九七六年の旱魃で枯渇し、その二年後に、少数のカダヤシが再び住みつくことになった。そのようなわけで、一九八三年までには、ハート池のカダヤシはすべて強度の近親交配を行ってきており、クローンよりも有性種のほうが黒斑病に感染しやすかったのである。まもなくハート池では、九五パーセント以上を無性のクローンが占めることになった。これもまた、赤の女王説に当てはまる。というのは、遺伝的多様性がなければ、性は何の役にも立たないからである。さて、利用できる錠前が一つしかないのだから、錠前を変えようと努力してもむだなのだ。さて、ライヴリーとフライエンフックは、新しい錠前の供給源となるよう、違う遺伝子をもつ有性のメスを数匹、ハート池に放った。二年のうちに、有性のカダヤシはほぼすべて黒斑病に免疫をもつようになり、病魔の攻撃は雑種のクローンに向けられ始めた。やがて、ハート池のカダヤシは、八〇パーセント以上が有性種に戻ることになった。このように、ほんの少し遺伝子に多様性があるということだけで、性は二重の不利益を克服することができたのである。*61

カダヤシの研究は、進退きわまった宿主が、性の助けを借りて寄生者に打ち勝つようすを端的に示している。ジョン・トゥービーが指摘したように、寄生者は自由気ままな選択権を保持していくことはできない。彼らは、いつでも選択しなければならないのである。この競争において、寄生者は絶えず最も多数派の宿主を追跡しなければならないのであり、そうすることによって少数派宿主を元気づけ、みずからを毒することになるのだ。そして、彼らの鍵が宿主の錠前にうまく一致すればするほど、宿主側もすばやく錠前を変化させてしまうのである。[*62]

性が存在するかぎり、寄生者は鍵を探し続けなければならない。チリで、ヨーロッパから移植されたキイチゴが繁茂しすぎて厄災になったことがある。このとき、キイチゴの増加を制御するために、サビ菌類が導入された。しかし、無性のキイチゴに対しては効力を発揮したものの、有性のキイチゴを制御することはできなかった。また、オオムギやコムギの異なる品種どうしを掛け合わせると、単一品種よりも生産性が向上するが、その理由のおよそ三分の二までは、掛け合わせ品種のほうが白カビがつきにくいという事実で説明することができる。[*63]

不安定性を求めて

赤の女王説による性の解釈がたどった軌跡を振り返ると、一つの問題に対するそれぞれに違ったアプローチを統合していくことにより、いかに科学が進歩していくかがよくわかる。ハミルトンその他の学者たちは、何もないところから、性と寄生者の関連という発想をつかみ取ったわけではない。彼らは、最近ようやく合流することになったある三つの研究の、いわば受益者なのである。一つめは、寄生者には個体群を調整して同期的変動を起こさせる能力があるという発見である。このことは、すでに一九二〇年代、アルフレッド・ロトカとヴィト・ヴォルテラが示唆していたが、一九七〇年代になって、ロンドン大学のロバート・メイとロイ・アンダーソンがこれに肉付けしたのである。二つめは、J・B・S・ホールデンらによる一九四〇年代の豊富な多型性の発見である。これは、ほとんどすべての遺伝子が、いくつかの異なったバージョンをもち、何ものかがこれらのバージョンを消滅させぬように保っているという奇妙な現象のことである。三つめは、ウォルター・ボドマーらの医学者たちによる発見である。これは寄生者に対する防御がどのように働くかを、抵抗遺伝子による「鍵と錠前」システムで説明したものである。ハミルトンは、これら三つの研究を総合し、次のようにもっていったのである。寄生者は絶えず宿主と戦い続けており、その戦いは遺伝子を次々と変化させることである。そこで、遺伝子の異なったバージョンが次々に出撃してくる。そしてこれらのことは、性ぬきでは不可能なのだ。[64]

これら三分野のすべてにおいて突破口となったのは、安定性という概念を捨て去ることであった。ロトカとヴォルテラは、寄生者が宿主の個定数を安定に保てるかどうかに興味をもち、ホールデンは、何が多型性を、こんなにも長いあいだ安定に保ってきたのかに興味をもった。しかしハミルトンは違っていた。

「人々が安定性を欲するようなときには、私はつねにその反対を求めてきた。性に関する私の理論のために、私はできるかぎり多くの変化と流動を探しているのである」[65]

この理論の主たる弱点は、感染力と抵抗力が周期変動しなければならないことである。有利さは、振り子のようではなくとも、ある程度の規則性でつねに行ったり来たりを繰り返さなければならない。確かに自然界には、こうした規則的な周期の例がいくつか見られる。[66] 例えば、レミングや、その他の齧歯類の個体数は、三年ごとに増大し、あいだの二年間は非常に少ない。スコットランドの荒れ地に住むライチョウは、「大発生 - 急減」という周期を定期的に繰り返す。ピーク時とピーク時のあいだには、四年という歳月が流れるが、これは寄生虫が原因である。しかし、イナゴの大発生のようなカオス的変動や、人間のようなゆっくりした増加または減少のほうが、より一般的である。疾病に対する抵抗遺伝子のバージョンが、「大発生 - 急減」の周期をもっているという可能性はある。しかし、それを調べた者はいない。[67]

ワムシのなぞ

これまで、なぜ性が存在するかを説明してきたが、ここで再び例のヒルガタワムシに戻る必要があるだろう。そう、ジョン・メイナード＝スミスがその特性を指して「スキャンダル」と呼んだ、性をまったくもたないちっぽけな淡水生物である。赤の女王説が正しいのであれば、ヒルガタワムシは、なんらかの方法で疫病に対する免疫性をもっていなければならない。すなわち、性に代わるべき対寄生者システムを身につけているはずなのだ。そうであれば、ヒルガタワムシは一般法則の正しさを証明するべき例外となり、都合の悪いことはなくなるのである。

実のところ、ワムシの謎はもうすぐ解明されるかもしれない。しかし、性に関する科学が伝統的にそうであるように、答えはどっちにも転びうる。ヒルガタワムシに性がない理由を説明する二つの新しい説があるが、それらは違った方向を示している。

一つはマシュー・メセルソンの説である。メセルソンによれば、遺伝子の「挿入」、これは動く遺伝子が、自分自身のコピーを、それらが入るべきではないゲノム内に勝手に挿入してしまうことであるが、これは、なんらかの理由でワムシにとっては重要でない。そこで、これらの遺伝子を追放するために、性をもつ必要はないのである。これはハミルトン的要素をもってはいるが、コンドラショフの説に近い（メセルソンは、「挿入」を遺伝子の性病と呼んでいる）。*68

二つめは、もっと正統的なハミルトンの考えである。オックスフォード大学のリチャード・ラドルは、ある種の動物は、からからになっても死なないということに気づいた。彼らは、体内水分の九〇パーセントを失っても死なない。これには、非常に優れた生化学的技術が必要である。そして、この方法を身につけた者たちはどれも性をもっていない。緩歩動物、線虫類、そしてヒルガタワムシがそうである。ある種のワムシは乾燥して小さな「たる」になり、ほこりにまじって世界中を旅することを思い出してほしい。これは有性の単性ワムシ（monogonont）にはできない芸当である（しかし、彼らの卵には可能であると考える）。ラドルは、水分を除去するということは、非常に効果的な対寄生者戦略であると考えている。つまり、寄生者を体内から追放する方法というわけだ。しかし彼は、なぜ寄生者は宿主のように自分を乾燥させられないのかという問いには答えられない。ウイルスはしょせん分子の粒なのだから、相当な乾燥に耐えられるはずだ。しかし、ラドルは何かをつかんだようだ。線虫類や緩歩動物で乾燥しないものはすべて有性である。そして乾燥できるものはすべて、メスしかいないのだ。*69

赤の女王説は、決して全ライバルを征服したわけではない。いくつかの反論は残っている。遺伝子修復説は、アリゾナ、ウィスコンシン、テキサスなどで頑張り続けているし、コンドラショフの旗のもとには、いまだに新しい門下が集まってきている。少数の孤独な「草のからみあった土手」派たちは、実験室からときどき弾を撃ち出している。ジョン・メイナード＝スミスは、いまだにみずからを多元論者と称している。グレアム・ベルはその著『自然の傑作』に注ぎ込んだような草のからみあった土手へ寄せる揺るぎない自信はもはや失ったと表明しつつも、だからといって、赤の女王説に完全に転向したわけではない。ジョージ・ウィリアムズは、いまだに、性は歴史上の偶発事で、我々はそれから逃れられないだけだという考えを捨て切れずにいる。ジョー・フェルゼンスタインは、これらすべての議論は、なぜ金魚を入れても水の重さが変わらないかというばかげた議論と同様の誤解に基づいていると主張する。オースティン・バートは、意表をついてこうまとめる。赤の女王説もコンドラショフの突然変異説も、結局のところヴァイスマンの原案、「性は我々は進化を促進するための多様性を供給する」を詳細に弁護しているにすぎない、と。一歩譲って、一周して、もとに戻ってしまったことになる。ウィリアム・ハミルトンですら、もう少し多様性が必要だと認めている。おそらく時間的にと同様、空間的にもう少し多様性が必要だと認めている。赤の女王説が作動するためには、両人は初めて対面し、もっと明確な証拠が得られるまでは別々の道を歩もうと、陽気に話しあった。一九九二年七月、オハイオで、ハミルトンとコンドラショフの後の生物学者たちは、振り返ってこう言うだろうと私は思う。しかし、科学者たちはいつもそう言うものだ。そして敗北は認めない。一世紀みあった土手でドジを踏み、赤の女王に殺害された、と。[*70] ブレーの坊さんは草のから

性は疾病と関連しているのだ。性は、寄生者の脅威と戦うために使われている。生物はその遺伝子を寄生者よりも一歩進めておくために性が必要なのだ。結局のところ、男は余計者というわけではない。彼らは、女たちの保険証券なのである。彼女らの子どもたちがインフルエンザや天然痘で死んでしまわないためには、男の存在が必要なのだ（こんなことが慰めになればの話だが……）。女たちが、卵子に精子を加えるのは、もしそうしなければ、子どもたちがみな一様に、遺伝子錠をこじ開けた最初の寄生者の毒牙にかかってしまうからなのである。

しかし、男たちが新しく与えられた役割を祝う前に、焚き火のまわりで太鼓をたたきながら病原体の歌を唄う前に、もう一度、彼らの存在理由を脅かすような例を挙げて、彼ら

を震え上がらせておこう。男たちに、キノコの存在を知らしめよう。というのは、多くのキノコは有性であるが、キノコにオスは存在しないからである。外見上はみな同じに見えるが、キノコは何万もの性をもっていて、自分と同じ性のキノコでなければ、どの性とでも同等に交われるのである。[*71] 動物界においてさえも、ミミズのように雌雄同体のものが数多く存在する。有性だということは、必ずしも複数の性の必要性を意味するものでない。ましてや性が二つでなければならない必要もなく、人間の男女のように非常に異なるものである必要もない。

一見したところでは、性を二つもつことほどばかげたシステムはない。そうだとすると、出会う人間の五〇パーセントが繁殖のパートナーとしては不適当だということだからだ。もし我々が雌雄同体であったなら、すべての人間が潜在的パートナーとなれるのである。また、ふつうのサルノコシカケのように、もし我々が何万もの性をもっていたなら、出会う人間の九九パーセントが潜在的パートナーであり、性が三つなら、三分の二がそうなるだろう。「なぜ人間は有性なのか?」という問いへの赤の女王の返答は、長い物語の序章にすぎないのである。

第4章　遺伝子の反乱と性

亀甲紋の岩礁に
海ガメは住む
ここなら性の区別も隠される
かかる場所に居る
用心深さが
海ガメの繁殖力を
物語る

——オグデン・ナッシュ

中世の時代、イギリスの典型的な村には、家畜を放牧するための共有地が一つあった。村人たちは全員でこの共有地を使い、だれもが家畜を好きなだけたくさん放牧することができた。その結果、共有地はしばしば過放牧となり、ほんのわずかな家畜しか養えない状態になってしまった。村人たちが、めいめいに少しずつ放牧する牛の数を節制していたら、共有地は、もっとはるかに多くの家畜に草を供給できただろう。

このような「共有地の悲劇」[*1]は、人間の歴史のなかで何度も繰り返されている。新しく開拓された漁場は、すぐさま乱獲で魚不足となり、漁師たちは貧困に追いやられる。鯨も森も地下水も、みな同じように扱われてきたのだ。共有地の悲劇は、経済学者にとっては、「所有権の問題」である。共有地にも、漁場にも単独の所有者がいないのだから、草不足、魚不足といった損失は、全員が同等に負うことになる。そして一方、他人より一頭多くの牛に草を食べさせた村人も、他人より一網多く魚を取りすぎた漁師も、そこから得た報酬はすべて私物化できる。つまり、利益は個人的に独占し、損失だけを全体で分かちあうのである。これは片道切符である。個人は一方的に富み、村は一方的に貧窮する。個人的には道理にかなったふるまいであっても、集団としては、理屈に合わない結果を招いてしまうことになる。ただ乗りをする人間は、善良な市民の犠牲のもとに利益を得るのである。

なぜ人間は雌雄同体ではないのか

ここまでに論じてきたかぎりでは、どの説も、なぜ別々の性が「二つ」しか存在しないのかを説明してはいない。[*2]なぜみんなが雌雄同体になって、互いに遺伝子を混ぜ合わせないのだろう？　そうすれば男であることの代償を払う必要はない。彼は同時に女でもあるからだ。それにしても、雌雄同体にすら二つの性が存在するのはなぜなのか？　なぜだれもが平等に、だれとでも遺伝子の小包を交換しないのか？　「なぜ性なのか？」という問いは「なぜ性が複数あるのか？」という問いなしには成り立たない。ところで、この問いにも答えが存在するのである。この章で取り上げる説は、おそらくさまざまな赤の女王説のなかでも最も奇妙なものだ。この説の主題は、「ゲノム内闘争」――あまり人好きのしない言葉だが――である。言いかえれば、調和と利己主義について、同じ体内に存在する遺伝子どうしのあいだに生じる利害の対立について、ただ乗り遺伝子と無法者遺伝子の対決についてである。この説によると、有性生物の特徴の多くは、この闘争に対する反応として生じてきたのであり、その個体に便利なように進化してきたわけではないといえる。「ゲノム内闘争」[*3]は進化の過程を、不安定で、相互に作用し合う歴史の産物たらしめているのである。

人間の体を形成、維持している七万五〇〇〇組の遺伝子は、小さな町に住む七万五〇〇〇人の人間と同じような状況に置かれている。人間社会というものが、自由な経済活動と、社会的な協力行為との不安定な共存関係で成り立っているように、体内における遺伝子の活動も、ちょうどそれと同じように機能している。人々が協力しあわなければ、町は共同体となりえない。だれもが他人を犠牲にして、嘘をつき、人を騙し、盗みをはたらき、みずからの富を追求したとしたら、商業、行政、教育、スポーツといったすべての社会活動は、相互不信のうちに機能が麻痺することだろう。同様に、遺伝子どうしが協力しあわなければ体ができないので、遺伝子はその住みかである体を、次世代に遺伝子を伝える道具として使うことはできない。

一世代前までは、ほとんどの生物学者たちは、このような説明にめんくらったことだろう。遺伝子に意識はないのだから、お互いが協力しあおうとすることはない。遺伝子は魂のない分子であり、化学的メッセージを受け取って、スイッチが入ったり切れたりしているにすぎない。遺伝子を正しく機能させ、人間の体を形造っているのは、なんらかの謎めいた生化学的プログラムであり、遺伝子たちによる民主主義的な決断ではない。

しかし、ここ数年のうちに、このような考え方は大きく変化することになった。変革の口火を切ったのは、ウィリアムズ、ハミルトンその他の人々であり、それ以来生物学者たちは、遺伝子を能動的で狡猾な個体と似たようなものと考えるようになってきたのである。もっとも、遺伝子に意識があるわけでも、将来の目標に向かって進んでいるわけでもない。まじめな生物学者たちがこんなことを本気で信じるはずはない。しかしながら、驚くほど目的論的に見えるという事実は、進化が自然淘汰を通して働くということであり、自然淘汰とは、みずからの生存のチャンスを拡げるような遺伝子が、みずからの生存度を高めていくということなのだ。そこで、どの遺伝子も定義上、将来の世代にはいり込むのが上手な遺伝子の子孫ということになる。つまり、みずからの生存の可能性を高めるようなことを行っている遺伝子を、目的論的に表現すると、遺伝子は自分の生存の可能性を高めるためにそれを行っている、といえる。互いに協力しあって一つの体を形成するということは、遺伝子が生き残るための効果的な戦略なのだ。それは、協力しあって町を運営していくことが、人間にとって効果的な社会的戦略であるのと同様である。

しかし、社会というものは、共同作業ばかりではない。競争原理の働くある程度の自由経済体制が不可欠なのである。共産主義という名のもとにロシアという実験室で行われた大がかりな実験が、これを証明している。「持てる者から持たざる者へ」という原理のもとに社会を組織していくべきだという、簡素で立派な提案は、しかし、悲惨にも非現実的であるということが証明された。人より余計に働いた分に相応する報酬が得られないようなシステムで、なぜ自分の労働の成果をみなで分け合わなければならないのか？　だれもが疑問を抱いたからである。共産主義的な協同作業の強制は、なんでもただなのと同じくらい、個人の利己的な野心の前にもろくも崩れてしまう。同様に、もしある遺伝子が自分の住む体の生存には貢献しても、その体の繁殖を妨げたり、それ自体が繁殖によって、次世代へと伝えられないのであれば、この遺伝子は定義上、絶滅し、その効果は消えてしまう。

協力と闘争のちょうどよいバランスを見つけ出すこと。これは何世紀にもわたってヨーロッパの政治の目的でもあり、命取りでもあった。アダム・スミスは個人の経済的必要というものは、前もって充足してやろうと計画するよりも、個々の野心に任せておいたほうが、うまく満たされるものだということに気づいた。しかし、アダム・スミスですら自由市場によってユートピアが生まれるとまでは、断言できなかったのである。今日の最も自由主義的政治家でさえ、人々がまったくの他人の犠牲の上に私腹を肥やさぬよう、彼らの活動を規制し、監督し、課税する必要があると信じている。スミソニアン熱帯研究所の生物学者、エグバート・リイは、これを次のように表現している。

「人間の知性は、社会の構成員間の自由な競争が、全体の利益として還元されるような社会を構築する道を見つけるには至っていない」[*4]

遺伝子の社会もこれとまったく同じ課題に直面している。どの遺伝子も知らず知らずのうちに、他を押し分け、ありとあらゆる手段を尽くして次世代へ我が身を残そうとした遺伝子の子孫なのである。確かに、遺伝子どうしの協力は存在する。しかし、競争もまたしかりなのだ。そして、この競争こそが、性別という発明を生み出すことになったのである。

生命が数十億年前の原始のスープのなかで、初めて出現すると、他の犠牲のもとに、みずからを複製していくような分子がだんだん増加していくことになった。そのうちに、それらの分子のなかに、協力と作業分担の利点に気づくものが現れ、彼らは集まって染色体と呼ばれるグループを結成し、その染色体を効果的に複製するための、細胞と呼ばれる機械を運転し始めた。それは、農民の小さなグループが、鍛冶屋や大工と力を合わせて、村と呼ばれる共同体を形成したのと同様である。次に染色体が発見したのは、数種類の細胞どうしが合体して一つの超細胞を組織できるということであった。これもまた、村がいくつか合体して部族が作られ始めるのと同様である。このようにして、いくつかの異なるバクテリアの一団から今日の細胞というものが作り出された。これらの細胞がまたいっしょになって、動物、植物、キノコといった遺伝子の複合体の、そのまた複合体が形成されていった。それはまさしく、部族が合併しあって国家となり、国家が合併しあって帝国を築くのと同様である。[*5]

こうした社会を成立させるためには、利己的な衝動を抑え、個人よりも社会の利益のために行動させるような法律が不可欠である。同じことが遺伝子にも当てはまる。後世が遺伝子の価値を判断する唯一の基準は、他の遺伝子の祖先になりえるかどうかということである。そして、ほとんどの場合それは、他の遺伝子の犠牲のもとに達成される。それは、人が富を手に入れることが、合法的にであれ、非合法的にであれ、たいていは他人に富を手離させることによって可能になるのと同じである。遺伝子が独力でやっていこうとするなら、他のすべての遺伝子は敵である。人の場合も同様だ。しかし、遺伝子が連合するならば、ライバル連合を打破することで共通の利益を分かちあうことができる。それは、ボーイング社の社員はみな、エアバスの犠牲のもとで繁栄するという共通の利益を分かちあっているのと同じである。

これらのことは、ウイルスやバクテリアの世界をおおまかに描き出している。ウイルスやバクテリアは、単純な遺伝子チームの、使い捨ての乗り物である。チームどうしは非常に競争的であるが、チームのメンバーどうしのあいだには、調和が保たれている。しかし、バクテリアが連合して細胞となり、細胞が連合して生物体となると、ある理由によって(この理由はあとで説明するが)、この調和関係は壊れてしまう。この調和を取り戻すためには、法の力と官僚政治が必要となってくる。

バクテリアのレベルにおいてさえ、チーム内にいつも調和が保たれているわけではない。次のようなケースを考えてみよう。バクテリア内に、突然変異で新しい大きな可能性を秘めた遺伝子が誕生したとする。この遺伝子は、同種の遺伝子のどれよりも優れているが、その運命がどうなるかは、チームの質にかかっている。それは、才能ある技術者が、将来性のないちっぽけな会社に雇用されていたり、天才プレーヤーが二流チームに身を置いたりしているのと似ている。彼らが職場を移ろうとするのと同様に、こうした遺伝子たちも、バクテリアからバクテリアへと乗り換える方法を発明したのではないか?

そう、彼らはその方法を発明したのである。これは「接合」と呼ばれ、ほかならぬ性の一形態だということが、広く認められている。二つのバクテリアが細い管で結ばれ、遺伝子のコピーの一部を注入するのである。性と違って接合は繁殖とはなんの関係もないし、どちらかというと稀な出来事である。しかし、その他すべての点において、これは性、すなわち遺伝子の交換なのだ。

オタワ大学のドナール・ヒッキーとカリフォルニア大学アーヴァイン校のマイケル・ローズは、一九八〇年代の初めに、次のような説を発表した。バクテリアにおけるセックスは、バクテリア自身のためでなく遺伝子のために、すなわちチームのためでなく選手のために作られたというのである。[*6] それは、一つの遺伝子が、チームメイトを犠牲にして利己的目的を達成する手段なのだ。チームメイトを見捨てて、もっと強いチームに移籍するわけだ。彼らの説は、動植物界になぜこんなにも性が普及しているのかを説明する、十分な理論ではない。また、今まで論じてきた数々の理論のライバルでもない。しかしそれは、性というプロセス全体がどうやって始まったか、性の起源を示唆している。

個々の遺伝子の立場からすれば、性は、縦同様、横への広がりを可能にする手段である。だからもし遺伝子が、自分の運び手である乗り物を性へと仕向けることができるなら、遺伝子は、自分の利益になることをさせたことになるだろう。もっと正確にいえば、もしそれが可能なら、遺伝子は子孫を残すことになるわけだ。たとえ、それが個体にとっては不利な結末を生じることになっても、である。狂犬病のウイルスが、相手かまわず嚙みつくよう犬に指令し、その犬を滅ぼしながら、他の犬に伝染するというみずからの目的を達成するように、遺伝子も、もっと別の系統へと広まってゆくために、遺伝子の所有者にセックスさせるのかもしれない。

ヒッキーとローズが特に興味をもったのは、「トランスポゾン」もしくは「動く遺伝子」と呼ばれる遺伝子である。これらの遺伝子は、染色体から自分自身を切り離し、別の染色体に転移することができるらしいのだ。一九八〇年に、二つの科学者チームが同時に、トランスポゾンは他の遺伝子を犠牲にして自分自身のコピーを流布させる、「利己的」もしくは寄生性のDNAの例であるという結論に達した。かつての科学者たちのようにトランスポゾンが個体にどんな利益をもたらすかの理由を見つけ出そうとはせず、むしろ彼らは単純にトランスポゾンは個体にとっては「悪」であり、自分自身にとってのみ善であると考えたのだ。[*7] 強盗や無法者は、社会の利益のために存在しているわけではない。彼らは、自分自身の利益のためにだけ存在するのであり、社会にとっては損害なのである。リチャード・ドーキンスの言葉を借りれば、トランスポゾンは「無法者遺伝子」なのだ。[*8]

　ヒッキーは次に、トランスポゾンは、近親交配する生物や無性の生物よりも、異系交配する生物のあいだに多く見られるということに気づいた。彼は数学的モデルを用いて、寄生性の遺伝子は、たとえその遺伝子が住んでいる個体に悪影響を与えていても、広まりうることを示した。また彼は、酵母の寄生遺伝子のあるものは、有性種には急速に広まるが、無性種にはゆっくりとしか広まらないということも発見した。このような遺伝子は、「プラスミド」と呼ばれる別個のDNAの小さなループ上にあり、バクテリアの接合を実際に誘発しているのは、このプラスミドであることも明らかにされている。接合によって、彼らは広まっていくのである。彼らは、犬どうしを噛みつかせる狂犬病ウイルスのようなものだ。無法者遺伝子と伝染病ウィルスとの境界線ははっきりしないのである。[*9]

アベルの子孫はいない

こうした小さな謀反はときどき起こるが、バクテリアチームの生活はかなり調和を保っている。アメーバのような、バクテリアよりも複雑な機構をもった生物においてすら、チームと選手の利害は、ほぼ一致している。アメーバは、遠い昔のあるとき、バクテリアの祖先たちが寄り合って形成した、いわばバクテリアの集合体である。[*10]しかし、もっと複雑な生物になると、遺伝子の繁栄が仲間の犠牲のもとに成立する可能性は高くなる。

動植物の遺伝子は、社会的調和に対する反乱をなかば抑え込んでいるような状態に満ちている。小麦粉につく害虫のメスのなかには、「王女メディア」と呼ばれる子殺し遺伝子が存在する。[*11]この遺伝子は、それ自身を受け継いでいない子どもたちを皆殺しにしてしまう。それはまるで、そのメスの子ども全員に対して爆弾を仕掛けるが、その遺伝子をもっている子だけは安全にしておくようなものである。B染色体と呼ばれる、完璧に利己的な染色体が存在するが、これは昆虫が産んだすべての卵のなかに入り込むことにより、みずからを次世代へ継承させていくという以外には何もしない。[*12]また、カイガラムシはもっととんでもない寄生的遺伝子をもっている。卵子が受精する際、複数の精子が一つの卵子に入り込むことがある。そうすると、そのうちの一つの精子は正常に卵子の細胞核と融合する。もう一つの精子は、受精卵のまわりをウロウロして、卵が細胞分裂を始めると、自分も分裂を始める。やがて、卵がカイガラムシに成長すると、この寄生性の精子細胞は、カイガラムシの生殖腺を食い尽くし、自分がそれに取って代わってしまうのだ。こうしてこのカイガラムシは、自分自身とはなんの近縁関係もない精子や卵子を産出することになる。驚くべき、遺伝的だましの例である。*[13]

利己的遺伝子が天下をとる絶好のチャンスは、セックスの最中にやってくる。ほとんどの動植物は二倍体である。彼らの遺伝子は対をなしているのだ。しかし、二倍体というのは、二組の遺伝子の不安定な共同生活であり、この協力関係が終わるときには、しばしば険悪な事態が訪れる。遺伝子の共同生活は、セックスとともに終了する。減数分裂は、性の真髄をなす遺伝手続きであるが、この間に、これまで対をなしていた遺伝子たちは分離し、半数性の精子と卵子を作り出す。突然どの遺伝子もパートナーを犠牲にして、利己的にふるまうチャンスを手にするわけである。パートナーを押しのけて、卵子や精子を独り占めできれば、パートナーの犠牲のうえにそれは繁栄することができる。*[14]

このような機会があることは、近年、若い生物学者たちのグループによって明らかにされた。なかでも、カリフォルニア大学アーヴァイン校のスティーヴ・フランク、オックスフォード大学のローレンス・ハースト、アンドリュー・ポミアンコウスキー、デイヴィッド・ヘイグ、アラン・グラフェンが有名である。彼らの説はこうである。女性が妊娠するとき、胎児のなかには彼女の遺伝子の半分しか組み込まれない。これら半分は運がいい。不運な残り半分の遺伝子は次の妊娠のときにもう一度コインが投げられることに希望を託し、世に知られることなく、消え去ってゆく。染色体のしくみを思い出してみよう。人間は、父方から二三本、母方から二三本受け継いだ、計二三対の染色体をもっている。卵子や精子を作るときには、二三本の染色体を作るために、それぞれの組の半分だけを取ってくる。もちろん母方から全部、父方から全部ということも可能だが、両者の混合というケースが一般的である。そこで、もし、利己的遺伝子がサイコロに細工を施し、自分の目が出る確率を半分以上に上げたら、その遺伝子が胎児に組み込まれる可能性は高くなるであろう。例えば、利己的遺伝子が対立遺伝子（もう一方の祖父母から伝えられた遺伝子）を殺してしまったとしたら？

このような遺伝子は実在する。ある種のショウジョウバエの第二染色体上にある「分離歪曲遺伝子（セグリゲーション・ディストーター）」と呼ばれる遺伝子がそれである。この遺伝子は、第二染色体の他の遺伝子をもつ精子をすべて殺してしまう。したがって、そのショウジョウバエが作り出す精子は、正常の半分になってしまうのだ。しかし、どの精子も「分離歪曲遺伝子」を含んでおり、この遺伝子はショウジョウバエの子孫に入る独占権を獲得する。*15

このような遺伝子を、カインと名づけよう。さて、カインとアベルは事実上、一卵生双生児であるから、カインは自分を殺さずに双子の弟を殺すことはできない。それは、カインがアベルに対して用いる武器が、細胞内に放された単純な破壊酵素、一種の化学兵器だからである。カインが生き残る唯一の方法は、ガスマスクをつけて身を守ることである（このガスマスクの正体は、破壊酵素を寄せつけないようにする遺伝子である）。カインのマスクは、アベルに対して放ったガスから、カインを守る。カインは人類の先祖になるが、アベルはならない。このようにして、染色体上の兄弟殺しは広まっていくのだが、それはこの世から殺人者がいなくならないのと同じくらい確かなことだ。「分離歪曲遺伝子」やその他の兄弟殺し遺伝子は、総称して「減数分裂駆動」と呼ばれている。というのは、これらの遺伝子は、減数分裂の過程を歪曲させ、一対一という分離率を、偏った比率へと変化させるからである。*16

こうした減数分裂駆動の遺伝子は、ハエやネズミなどのほか、少数の生物に見られるが、その数は非常に少ない。なぜなのか？　それは、殺人が稀なのと同じ理由による。他の遺伝子の利益が法によって守られているからである。人間と同じように遺伝子にも、殺し合いをするよりほかに、もっとするべきことがあるのだ。アベルの染色体上にあり、彼とともに死んでいった遺伝子たちは、カインの裏をかくなんらかの工夫を編み出しさえすれば、生き残れたのである。別の言い方をすれば、減数分裂駆動遺伝子を撃退する遺伝子は、減数分裂駆動遺伝子と同じく確実に広まっていけるということである。その結果、赤の女王レースが展開されることになる。

デイヴィッド・ヘイグとアラン・グラフェンは、このような応酬は実際に広く行われており、それは一種の遺伝的奪い合い、染色体の一部の交換という形を取っていると考えている。アベルの横にある染色体のかたまりが、突然、カインの横にある染色体のかたまりと場所を交換してしまったとしたら、どうなるだろう？　カインのガスマスクは無遠慮にカインの染色体から奪い去られて、アベルの染色体上におさまるだろう。その結果、カインは自殺を遂げ、アベルは末永く幸せに暮らすだろう[*17]。

このような染色体の交換は「交叉」と呼ばれる。それは、動植物のほとんどの種において、対をなす染色体のほとんどすべてで起こっている。交叉をしても、遺伝子を徹底的に混ぜ合わせることにはなるが、それ以上の役割はなんら果たしていない。以前は、ほとんどの人々がそう考え、遺伝子の混合こそが交叉の目的だと信じていた。しかし、ヘイグとグラフェンが、別の意見をもって登場したのである。彼らは、交叉がそんな役割を負っている必要はなく、それはただ細胞内に法を執行しているだけではないかと考えている。完璧な世界というものが存在するなら、警察官は必要ないだろう。そこでは、だれも殺人を犯したりしないからだ。警察官は社会の飾り物として発明されたのではなく、社会が破壊されるのを阻止するために存在する。ヘイグ－グラフェン理論に従えば、交叉とは染色体の分裂を公平に保つための、いわば警察官なのである。

これらのことは、この理論がもつ性質上、なかなか立証されにくい。ヘイグは、オーストラリア人らしいドライな態度で、次のように表現している。「交叉とは、ゾウよけのようなものだ。ゾウの姿がどこにも見当たらないということこそ、彼らが仕事をしている証なのである」[*18]

カイン遺伝子は、交叉によって離ればなれにされないよう、マスクを大事に抱きしめてネズミやハエのなかで生き続けている。ところで、一組だけ、非常にカイン遺伝子に毒されやすい染色体の組がある。それは「性染色体」という、交叉を起こさない染色体である。人間やその他多くの動物たちの性別は、遺伝子のくじ引きで決定される。親からX染色体を二本引けばメスになり、XとYを一本ずつ引けばオスになる（鳥、クモ、チョウの場合はこれとは逆である）。Y染色体はオスを決定する遺伝子を含んでいるため、X染色体とは両立しえず、したがって交叉も起こさない。その結果、X染色体上のカイン遺伝子は、自殺の危険なしに、安全にY染色体を殺害できるのである。それは、次世代の性比をメスに偏らせることになる。そうなると、その代償は個体群全体が負わなければならないが、子孫を独占するという利益は、カイン遺伝子だけが受け取る。これはまさに、「共有地の悲劇」を招いた、ただ乗り者とまったく同じ例である。[*19]

一方的軍縮をたたえて

しかしながら、全般的に見れば、遺伝子どうしの共通の利益は、無法者の野心に打ち勝っている。エグバート・リイが言っているように、「遺伝子議会」がその意志を主張するのである。[*20] それでも、読者諸君はまだまだ不満だろう。こんな声が聞こえてくる。「確かに、細胞内の官僚政治の話はおもしろかったが、我々はまだ、一歩もこの章の初めに発した疑問に近づいてはいない。なぜ性は二つ存在するかという疑問である」

もう少し、辛抱してほしい。我々が選んだ道、つまり遺伝子どうしの葛藤を探ることは、まもなく答えに導くだろう。なぜなら、性別そのものが、細胞内官僚政治の一部であるかもしれないからだ。オスは、精子もしくは花粉を生み出す性として定義される。これらは、小さく、可動的で、数の多い配偶子である。メスは、大きいが数は少ない不動の配偶子、すなわち卵子を生み出す。しかも、オスとメスの配偶子の違いは、数や大きさだけではない。もっと意味深い相違点は、母方からしか伝わらない遺伝子がいくつか存在するということである。一九八一年、ハーヴァード大学の二人の科学者、レダ・コスミデスとジョン・トゥービー（彼らの深い洞察は、今後も本書にたびたび登場することになる）は、この遺伝子議会に対するさらに野心的な遺伝子の謀反の歴史をつなぎ合わせてみた。この歴史こそ、動物や植物の進化を奇妙な新しい方向へと向かわせ、二つの性を発明させたのである。[*21]

これまでは、どの遺伝子もみな同じような遺伝パターンをとるかのように扱ってきた。

しかし、実はこれはあまり正確とはいえない。精子が卵子に受精するとき、精子は遺伝子がいっぱい詰まった袋である、核と呼ばれるものだけを卵に渡す。それ以外のものは卵子のなかに入り込めない。しかし父方の遺伝子のいくつかも、卵子のなかに入り込めない。なぜなら、それらの遺伝子は核のなかには入っておらず、オルガネラ（細胞小器官）と呼ばれる小さな器官内に存在するからだ。オルガネラの代表的なものには、ミトコンドリアと葉緑体の二つがある。ミトコンドリアは酸素を用いて食物からエネルギーを抽出し、植物に見られる葉緑体は太陽光線を用いて空気と水から食物を作り出す。こうしたオルガネラは、ほぼまちがいなく、細胞内に住んでいたバクテリアの子孫であり、宿主細胞がそれらを飼い慣らしてきたのである。彼らの生化学的技術が宿主細胞にとって非常に有益だったからだ。さて、独立したバクテリアの子孫であるため、オルガネラは独自の遺伝子をもってきたが、これらの多くは今日なお残り続けている。例えば、人間のミトコンドリアは、独自の遺伝子を三七もっている。「なぜ性は二つあるのか？」と問うことは、「なぜオルガネラの遺伝子が母系を通してのみ受け継がれるのか」を問うことなのである。*22

なぜ精子のオルガネラもいっしょに卵子のなかに入れてやらないのだろう？　進化は、父方のオルガネラを卵子のなかに入れないために、異常なまでの熱意を傾けてきたように見える。植物は、狭いくびれによって、父方のオルガネラが花粉管に入り込むのを阻止している。動物たちの精子は卵子に入り込む際に裸にされてチェックを受け、オルガネラはすべて除去される。なぜそうしなければならないのか？

答えは、この規則の例外のなかにある。緑藻類の一種であるコナミドリムシは、二つの性をもっているが、これらはオス、メスというよりは、むしろプラス、マイナスの名で呼ばれている。この種では、両親の葉緑体が消耗戦に参加し、そのうちの九五パーセントもが滅んでしまう。[*23] 勝ち残った五パーセントはプラスの親の葉緑体であり、単にもとの数が多いということでマイナスの葉緑体を圧倒してしまったのである。この戦争は、細胞全体を消耗させる。ちょうど『ロミオとジュリエット』で、大公が名門両家の争いを危惧するように、核の遺伝子は消耗戦を悲観的に見ている。

治安を乱す不逞（ふてい）の輩（やから）、してまた、
隣人の血潮をもって刃（やいば）を汚（けが）す不埒（ふらち）の徒（ともがら）――
なんと、聞く耳持たぬというのか？　ここな、人の皮着た獣めら！
おのれらは、怖（おそ）ろしいその瞋恚（しんい）の炎を消すに、
われとわが血管より流れる、鮮血の泉をもってしようというのか。
拷問（ごうもん）がこわくば、血に飢えたその手から、
今こそ凶器を投げ棄（す）てて、
怒れる太守の言葉を聴け。

汝、キャピュレット、してまたこなた、モンタギュー、
汝等両人は、つまらぬ言葉のきっかけから、
三たび騒ぎを醸し出し、三たび市内の治安をかき乱した。
……
向後、二度と市中を騒がすにおいては、汝等の生命は、
治安擾乱の責めとしてきっと申し受けるぞ。

『ロミオとジュリエット』第一幕第一場
（中野好夫訳、新潮文庫）

大公がすぐに気づいたように、このような厳しい宣告も両家の紛争を鎮めるには十分ではなかった。大公が核遺伝子の示した手本に従ったとしたら、ロミオの属するモンタギュー家の人間全員を殺しただろう。父方、母方、両方からきた核遺伝子はいっしょになって、オスのオルガネラが全部虐殺されるように手はずを整えるのである。自分自身のオルガネラを殺させるようなタイプになることは、オスのオルガネラにとってではなく、オスの核にとっては有利なことなのだ。その結果、生き残る子どもができるのだから。そこで、マイナス性のなかで従順な自殺型オルガネラの持ち主が増えていくのである。まもなく、殺人者と犠牲者の比率が一対一から少しでもずれれば、少ないほうのタイプが有利となり、

比率は修正される。こうして二つの性が発明されたのだ。オルガネラを提供する殺人者と、オルガネラを提供しない犠牲者との二つの性が。

オックスフォード大学のローレンス・ハーストはこれらの議論から、性が二つあるのは、融合によるセックスの結果であると予測している。つまり、コナミドリムシや多くの動植物のように、二つの細胞を融合させることによってセックスが成立する場合、性は二つになる、というのである。セックスが接合であり、二つの細胞が管で結ばれて、管を通じて核の遺伝子が移動するだけであり、細胞の融合が起こらない場合は、葛藤も起こりえず、したがって、殺人者と犠牲者という性の必要もない。確かに、繊毛虫類やキノコのように接合によるセックスを営む種は、非常に多くの性をもっている。これに対し、融合によるセックスを営む種では、ほとんど例外なく、性は二つである。特におもしろい例は、「ヒポトリック」という繊毛虫類で、いずれの方法でもセックスが可能なのである。これらが融合によるセックスを行う場合は、あたかも性が二つであるかのようにふるまう。そして接合によるセックスを行う場合は数多くの性をもつのである。

一九九一年、この整然とした物語に最後の仕上げをしようとしていたそのときに、ハーストはこれと矛盾するように思われる事例に遭遇した。粘菌の一種に、一三の性をもち、融合セックスをするものがあるのだ。しかし彼は徹底的にこれを調べあげ、この一三の性は階級をなしていることを発見した。一三番めの性は、どの相手と結合しても、必ずオルガネラを提供する。一二番めの性は、一一番め以下の性と結合するときだけ、オルガネラを提供する。そして一一番めの性は一〇番め以下の性と結合したときだけ……という具合に順々に下がっていくのである。このシステムは二つの性をもつのと同様に機能しているが、もっとずっと複雑な仕組みである。[*24]

精子のための安全セックスの秘訣

ほとんどの動物や植物と同じように、我々人間も融合によるセックスを営み、二つの性をもっている。しかし、人間のセックスは、かなり修正された融合セックスである。オス（男）は、自分のオルガネラを虐殺されるにまかせるのではなく、それらを戸口に残しておく。精子が運んでいるのは、核（船荷）とミトコンドリア（エンジン）と鞭毛（プロペラ）だけである。精子を形成する細胞は、精子が完成されるまでに、それ以外の細胞質を注意深くはぎとって、わざわざそれらを再吸収してしまう。精子が卵子に出会うと、プロペラやエンジンさえもが投げ捨てられ、核だけが、その先へと旅することになる。

このことを説明するために、ハーストもまた疾病を取り上げている。[*25]細胞内に存在する遺伝子反逆者はオルガネラだけではない。バクテリアやウイルスも同じように細胞内に存在する。そして、彼らにもオルガネラとまったく同じ論理が適用される。細胞が融合する際、それぞれの細胞内のバクテリアは、ライバルとの死闘に突入するのである。卵子のなかで平和に暮らしていたバクテリアが、突然、精子が運んできたライバルに自分の居場所を侵略されたら、当然これと競わなければならない。潜伏状態を脱し、疾病として発現するのも、もっともなのである。疾病というのはライバルの感染によって呼びさまされるという十分な証拠がある。例えば、HIVウイルスである。エイズを引き起こすHIVというウイルスは、人間の脳細胞に感染するが、普段はそこでおとなしく眠っている。しかしながら、サイトメガロウイルスのような、まったく違った種類のウイルスが、すでにHIVウイルスに感染した脳細胞に感染すると、HIVウイルスを潜伏状態からたたき起こし、急激に増殖させるのである。このことは、感染者が第二の疾病に複合感染した場合、HIVがエイズとして毒性を発揮しやすくなる理由の一つである。また、ニューモシスティス、サイトメガロウイルス、ヘルペスといった、通常は無害で、多くの人間の体のなかにおとなしく暮らしているありとあらゆるバクテリアやウイルスが、エイズの進行にともない、にわかに毒性を現し、攻撃的になるというのもエイズの特徴の一つである。これはエイズが免疫システムの疾病であり、これらの病原菌に対する免疫システムの見張りが解除されてしまうせいではあるが、進化的にも納得がいく。もし、宿主が間もなく死ぬ運命にあるのなら、できるだけ早く増殖するに限るのである。それゆえ、いわゆる日和見感染症と呼ばれるものは、健康の衰えた人間を襲撃する。ちなみにある科学者は、免疫システムにおける交叉反応性（ある系統の寄生者に感染すると、それと同種で違う系統の寄生者に対する免疫抵抗ができるということ）は、寄生者のライバル締め出し作戦であると考えている。寄生者は、自分がなかに入ったあと、ライバルの目前でドアをピシャリと閉めるのだ。*26

寄生者がライバルと出遇ったときには死闘するのがよいのならば、宿主側も二系統の寄生者への交叉感染（他の個体から直接病原菌に感染すること）は防止するほうがよい。そして、交叉感染の最大の危機はセックスの最中にやってくる。卵子と融合する精子は、バクテリアやウィルスをも積み込んでくる危険をおかしている。それらのバクテリアやウィルスが卵子に入り込めば、卵子内の寄生者を目覚めさせることになり、所有権をめぐる争いが起きて、卵子は病気になったり、死んだりするだろう。このような事態を避けるために、精子は、バクテリアやウィルスが潜んでいる可能性のある物質を卵子内にもち込まないよう努力するのである。精子は核だけを卵子に送り込む。確かに安全なセックスだ。

この理論を立証するのは困難である。しかし、ゾウリムシの生態は、この説が正しいことを示唆している。この原生動物は接合によってセックスし、細い管を通して、予備の核を注入する。このやり方は、管を通り抜けるのは核だけという意味で、とても衛生的である。二つのゾウリムシが結合しあっている時間は、せいぜい二分くらいのものである。それ以上接触していると、細胞質までもが管を通り抜けてしまう危険があるからだ。もっとも、この管は非常に狭く、核すらもこれを押し分けるようにして進んでいるのであるが。ゾウリムシとその親類だけが、これほど小さい核をもっているのは偶然ではないかもしれない。この核は遺伝子の保存場所として使用されており（「暗号保管所」と呼ばれている）、そこからより大きい実用的なコピーが作られ、日常の用途に回されている。[*27]

決心のとき

このように、性は、両親の細胞質遺伝子間に生じる闘争を解決する手段として発明されたのである。このような闘争で子孫を破壊されるがままにしておくよりは、思慮深い協定を結んでこれを阻止することにしたのだ。すなわち、細胞質遺伝子はすべて母方から受け取り、父方からは受け継がないという協定である。すると、父方の配偶子は小さくなれるので、もっと数が多く、もっと可動性が高く、もっとよく卵子を見つけられるよう、特殊化することができるようになった。性は、反社会的な習性に対する官僚的解決策なのである。

以上のことから、小さい配偶子を生産する性と、大きい配偶子を生産する性と、なぜ性が二つあるのかが説明できる。しかし、すべての生物がなぜ両方の性を同時にもつことができないのかという説明にはならない。なぜ人間は雌雄同体でないのか？　もし、私が植物だったら、こんな疑問はもたないだろう。ほとんどの植物は雌雄同体だからである。一般的に、可動性の生物は別々の性をもった雌雄異体であり、植物やフジツボのような固着性の生物は雌雄同体であるというパターンがある。これは生態学的に納得のいくことだ。

花粉が種子よりも軽いならば、種子だけしか作らない花は、子どもを自分のまわりにしかもつことができない。花粉も種子も両方作るような花は、もっと遠く広い地域にわたって受精することができるだろう。「収益逓減の法則」は種子には適用されるが、花粉には当てはまらないのだ。

しかし、こうしたことは、なぜ動物たちが別の道をとったかの説明にはならない。この疑問には、受精の際に卵子の門前で締め出しをくらい、ぶつぶつ不平を言っているオルガネラが答えてくれるだろう。オスにおいては、オルガネラ上にあるどんな遺伝子も袋小路で行き止まっている。それらは精子のなかに置いてきぼりにされるからだ。我々の体のなかのすべてのオルガネラとその上にある遺伝子は、すべて母方から受け継がれたのである。一つとして父方からはやってこない。これは、遺伝子にとっては都合が悪い話である。次世代へ自己を伝え残すことこそ、遺伝子のライフワークだからだ。オルガネラ遺伝子にとって、オスはみな行き止まりなのである。そこでオルガネラ遺伝子が、この障害をなんとか克服しようという「誘惑にかられた」としても不思議ではない（この難題を解決した遺伝子は、そうでない遺伝子を犠牲にして広まるのである）。これらのオルガネラ遺伝子の持ち主が雌雄同体である場合、最も魅力的な解決法は、その個体の資源をすべてメスの生殖機能につぎ込み、オスからは引き揚げることである。

これは、単なるおとぎ話ではない。雌雄同体というのは、実際にオスの部分を滅ぼそうとたくらむ反逆的オルガネラ遺伝子との絶え間ない戦闘状態にあるのだ。オス殺し遺伝子は、一四〇種以上の植物に発見されている。これらの種は、花をつけはするものの、オスの葯は発育を阻まれ、萎縮している。つまり、種子は生産されても、花粉はできない。このような不稔性の原因は核遺伝子にあるのではない。それは例外なく、オルガネラ遺伝子の仕業なのである。葯を殺すことによって、反逆遺伝子はより多くの資源をメスの種子のなかへ取り込む。そうして、それらは次世代へと伝えられる。核には、このようなメスへの偏向はない。もし反逆者たちが多くの植物においてみずからの目的を達成したならば、花粉を作り出すことができるのは核だけとなり、核は非常に有利になるだろう。そこで、雄性不稔にする遺伝子が、どこに現れようとも、稔性を回復させるような核の遺伝子によって進路を阻まれてしまうのだ。例えば、トウモロコシには二種類の雄性不稔オルガネラ遺伝子が発見されているが、それらは、それぞれに対応する稔性回復核遺伝子によって抑制されているのである。タバコには、こうした雄性不稔性遺伝子と稔性回復核遺伝子の組が、少なくとも八対以上存在することが知られている。

　品種改良家は種類の異なるトウモロコシを交配し、雄性不稔遺伝子を核遺伝子の抑圧から解き放つことができる。片親だけからきた抑制遺伝子は、反逆遺伝子を他の遺伝子と区別できないからだ。なぜ品種改良家がそういうことをしたいかというと、雄性不稔のトウモロコシは、自家受粉できないからである。それらのあいだに別の雄性稔性系統を植えることによって、雑種の種子を収穫することができる。そして雑種の種子は、「雑種強勢」として知られる、ある不思議な力に後押しされて、両親のいずれをもしのぐ収穫をもたらす。ヒマワリ、ソルガムまたはモロコシ、キャベツ、トマト、トウモロコシ、およびその他の作物の雄性不稔・雌性稔系統は、世界中の農夫たちの頼みの綱なのである。[*28]

雄性不稔遺伝子が作用しているかどうかは、すぐに見分けがつく。植物には二つのタイプがあり、それは雌雄同体と雌株である。そのような植物群で、知られているのは雌花異株のものだ。雌株と雌雄同体のみの雄花異株の植物は、まずないといってよい。例えば野生のタイムの場合、そのおよそ半分は雌株であり、残りは雌雄同体である。なぜ一方通行の途上で、立ち止まっているのか？　この事実を説明できるのはオルガネラ上にあるオス殺し遺伝子と稔性回復の核の遺伝子とが、絶えず戦い続けていると考えることだ。ある条件のもとでは戦いが行きづまり、一方が少しでも先に進むと、他方が有利になり、相手方を押し返す力を得るという状態になる。したがってオス殺し遺伝子がありふれた存在になればなるほど、回復遺伝子はますます有利になり、回復遺伝子が多くなれば、オス殺し遺伝子にとって好都合になるということなのだ。[*29]

同じ論理を動物たちに適用するわけにはいかない。彼らの多くは、雌雄同体ではないからだ。オルガネラ遺伝子がオスを殺しても、その分のエネルギーや資源が、殺されたオスの姉妹に向けられるのでなければ、なんの利得もない。動物にオス殺し遺伝子が少ないのはそのためである。雌雄同体植物では、オスの機能が死ぬと、メスの機能が活発になり、多くの種子を産出するようになる。しかし、もしネズミにオス殺し遺伝子が現れ、一腹の子のなかのオスの子を皆殺しにしたところで、その姉妹たちはなんの利益も得ないのである。オスがオルガネラにとっての袋小路だからといって、オスを殺すのは、純粋な意地悪というものだろう。*30

このようなわけで、動物たちは、もう少し違った方法でこの闘争を解消することになった。雌雄同体の幸せなネズミの一群を想像してみよう。平和な生活を送っていたのに、あるときそのなかに、オスの生殖腺（睾丸）を殺す突然変異が生じた。この変異遺伝子をもったメス個体は繁殖力に優れているので、変異は広まっていく。なぜなら、そういう個体は精子をまったく作らないので、その分、二倍多くの子どもをもてるからである。すぐにこの個体群は、雌雄同体とメス（オス殺し遺伝子をもつ）に分かれることになるだろう。多くの植物が行っているように、オス殺し遺伝子を抑制し、雌雄同体に戻ることは可能である。しかし、これを抑制するような突然変異が現れ、実際に効力を発揮する前に、別のことが起こることも十分考えられる。

この段階では、雄性はむしろ稀である。わずかに残っている雌雄同体のネズミは特別に有利だ。なぜなら、メスだけのネズミが必要とする精子を生産できるのは彼らだけだからだ。雌雄同体が少なくなればなるほど、彼らの価値は上がっていく。こうなると、もはや、オス殺しの突然変異はなんの利益ももたらさない。むしろ逆である。核遺伝子にとって真に有益なのは、メス殺し遺伝子なのだ。そこで、雌雄同体たちのなかから、メスの機能を全面的に放棄し、精子の製造販売に専念するものが現れることになる。しかし、もしこのようなメス殺し遺伝子が出現することになったとしたら、メス殺し遺伝子もオス殺し遺伝子もたずに残り続けている雌雄同体には、もはや稀少価値はなくなってしまう。それどころか、純粋なオスやメスと競争することになるのだ。売りに出される精子のほとんどは、メス殺し遺伝子を備え、受精可能な卵子のほとんどは、オス殺し遺伝子を備えているだろう。そうなれば彼らの子孫は、つねに特殊化の道を歩まざるをえない。こうして、性は二分されたのである。*31

「雌雄同体になって、雄としての代償を支払わなくてもすむようになりたくはないか？」と尋ねられたら、答えはイエスだろう。しかし、ここからそこへ至る道は存在しない。我々は、二つの性から逃げられないのである。

純潔のシチメンチョウの事件

性を分割することによって、動物たちはオルガネラの最初の反乱を鎮圧した。しかし、この勝利は、一時的なものであった。オルガネラ遺伝子が新たな反乱を起こしたのである。彼らの今度の目標は、オスを撲滅して、メスだけの種を作り出すことだ。これは、一見自滅的な野望に見えるかもしれない。オスがいなければ有性種は一世代で絶滅し、そうなれば、オルガネラ遺伝子も全滅せざるをえないからである。しかし、ある二つの理由によって、そんなことをオルガネラは、気にもとめないのである。

第一に、彼らは、種を単為生殖種へと転向させることができ、また実際にそうしている。単為生殖ならば、精子を必要とせず、処女で出産できるのだ。実際、オルガネラは、セックスの廃止に力を注ぎ込んでいる。第二に、彼らは、タラ漁を行う漁師や、捕鯨者や、共有地の放牧者のようにふるまっている。たとえ、それが長期的には自殺行為になろうとも、彼らは短期的な競争上の利益を追求している。手近な利益を求めるのだ。合理的な捕鯨者は、鯨たちが繁殖可能なよう、最後の一組を残そうとはしない。ライバルに先を越される前に鯨を捕らえ、現金に換えてしまう。同様に、オルガネラも、種が絶滅しないように最後のオスを残しておこうなどとはしない。なぜなら、彼らがオスに入ってしまったら、どのみち絶滅する運命にあるからだ。

テントウムシの子どもたちを考えてみよう。もしオスの卵が死ぬと、メスの卵はその卵を食べて、ただで食事にありつけることになっている。テントウムシ、ハエ、チョウ、ハチ、その他の虫といった、これまでに研究された昆虫のおよそ三〇種に、オス殺し遺伝子が働いているのが発見されているが、それは驚くにはあたらない。それは、一腹の子どもたちどうしのあいだに、競争が生じている場合だけなのである。もっとも、これらのオス殺し遺伝子はオルガネラのなかにあるわけではなく、昆虫の細胞内に住んでいるバクテリアのものである。これらのバクテリアは、オルガネラと同じように、卵子のなかには組み込まれるが、精子からは排除されている。[*32]

動物に見られるこのような遺伝子は「性比歪曲者」と呼ばれている。タマゴヤドリバチという小さな寄生バチでは、少なくとも一二種において、バクテリア感染によってメスが、未受精卵からでもメスの子を産むようになることがある。ハチはどの種も、受精卵からはメス、未受精卵からはオスが生まれるという特殊な性決定システムをもっている。そのため、どんなことをしても種が絶滅に向かうことはなく、バクテリアが卵の細胞質を経由して、次世代へと伝えられる助けになるのである。バクテリアの存在があるかぎり、タマゴヤドリバチ全体は単為生殖を何世代も繰り返す。このハチに抗生物質を投与すると、みるみるうちに性は二つに分かれ始める。ペニシリンが単為生殖を治療するのである。[*33]

一九五〇年代に、メリーランド州、ベルツヴィルの農業研究所で科学者たちが、いくつかのシチメンチョウの卵が受精せずに発生し始めたことに気づいた。科学者たちは、この処女生殖の卵を成育させようと全精力を傾けたが、単純な胚以上の段階にまで進むことは稀であった。しかし科学者たちは、鳥たちに鶏痘予防ワクチンを接種すると、無精卵が発生する確率は、一～二パーセントから三～一六パーセントにまで上昇することを発見した。

やがて彼らは、選択交配と三種類の生きたウイルスを用いることによって、ポゾグレイというシチメンチョウの系統を作り出すことに成功した。この種のシチメンチョウは、およそ半分の卵が精子なしで発生するのである。[*34]

シチメンチョウにあるなら、人間にもあるのではなかろうか？　ローレンス・ハーストは、人間にも性比を変更させる寄生者がいるという手掛かりを見つけ出そうとした。一九四六年、フランスのマイナーな科学雑誌に、ある驚くべき事実が報告されている。ナンシー市の医師が注目した一人の女性の話である。彼女はそのとき、長女を幼くして失くし、二番めの子どもを出産しようとしていた。生まれた赤ん坊が、今度も女の子だと聞かされても、彼女は少しも驚かなかった。彼女の家族には、男の子は生まれたことがないというのである。彼女の話はこうであった。彼女の母親は六女で、彼女はその母親の九女である。彼女にも母親にも兄弟はいない。彼女の八人の姉には、三七人の娘がいるが、息子はいない。彼女の五人の叔母には一八人の娘がいるが、やはり息子はいない。つまり、彼女の家系では、二世代のうちに計七二人の女の子が生まれたわけだが、一人として男の子は生まれていないのである。[*35]

このような事態が、偶然によって発生する可能性もないわけではないが、その確率はきわめて低い。何千億分の一以下である。また、男児が自動的に流産されれば、こうしたことも起こりうるだろうが、この事例を記述したフランスの科学者、R・リーエンハルトとH・ヴェルムランはその可能性を否定した。流産の形跡はどこにも見当たらなかったからである。実際、彼女の家系は異常に多産であった。ある者は一二人の娘をもち、九人の娘をもつ者が二人おり、また別の者には八人の娘がいた。そこで彼らは、彼女とその親戚は、性染色体の構成にかかわらず、すべての胚を女性化してしまうような、特殊な細胞質遺伝子をもっているのではないかと推測した（ちなみに、処女懐胎が起きたという証拠は見当たらない。彼女のいちばん上の姉は修道女で、子どもはいない）。マダムBと呼ばれているこの女性のケースは、なんとももどかしいほどに好奇心をかき立てられる。彼女の娘や姪たちも、同じように娘しか出産していないのだろうか？ 従姉妹はどうだったのか？ ナンシー市には、今でも女だけの家系が繁栄しているのだろうか？ とすれば、ナンシー市の性比は、どんどん偏っていくのではないか？ フランスの医師たちの推測は正しいのだろうか？ もし、彼らが正しいのなら、それはどんな遺伝子で、どこに住んでいるのか？ それは、寄生者のなかか、オルガネラのなかにいるのかもしれない。それはどのように機能するのだろう？ しかしこれは、永遠にわからないだろう。

レミングのWXY戦争

ナンシー在住の一部の女性たちのような例外はあるにせよ、人間の性というのは両親の性染色体によって決定される。受精の際、二種類の精子が卵子を目指して競争するのだ。一つはX染色体を含む精子、もう一方はY染色体を含む精子である。そして、先に卵子に到達したほうが性別を決定する。哺乳類、鳥類、その他ほとんどの動物たち、そして数多くの植物において、事はこのように運ぶ。性別は、通常、性染色体によって遺伝的に決定される。XとYをもつものはオス、Xを二つもつものはメスである。

しかしながら性染色体の発明によって、細胞質遺伝子の反乱がおおかた鎮圧されてはいるものの、遺伝子社会の生活が平和に保たれるようになったわけではない。今度は性染色体そのものが、自分たちの持ち主の子どもの性別に関心を示し始めたからである。例えば人間においては、性を決定する遺伝子はY染色体上にある。男性の精子の半分はXをもち、残り半分はYをもっている。男性が娘をもうけるには、パートナーを、Xをもつ精子で受精しなければならないが、この場合、Y上にある遺伝子は娘には伝えられない。Yの立場からすれば、生まれた娘は、彼とはなんの近縁関係ももたないのである。それゆえある男性のY遺伝子のなかに、自分自身の精子のうちでXをもつものを殺し、自分だけで子どもを独占してしまおうとするものが現れれば、この遺伝子は、それ以外のタイプのY遺伝子よりも繁栄していく。その結果、子どもたちはみな息子になり、種は滅亡への道をたどる。しかし、このYにとって、種の行く末など知ったことではない。Yには先のことなど見えないのだ。

このような「Yの駆動」現象を、最初に予見したのはビル・ハミルトンであった。一九六七年のことである。[*36] 彼は、その恐るべき破壊力を見抜いていた。もし、そんな現象が実際に生じたら、種はたちまち、音もなく絶滅へと追いやられるであろう。もし、何かがそれを防いでいるのだとしたら、何がその発生を防いでいるのか？　ハミルトンは自問した。一つの方法は、Y染色体に猿ぐつわをはめ、性別決定以外の役割を、すべて剥奪することである。確かにY染色体は、ほとんどの時間を一種の「自宅軟禁」状態に置かれている。Y上の遺伝子は、そのごく少数しか実際に発現せず、その他はみな、完全にサイレントである。多くの種において、性別はY染色体によって決定されるのではなく、通常の染色体の数とX染色体の数との比率で決まるのだ。X染色体が一つなら、鳥はオスになれないが、二つならなれる。鳥類の場合、ほとんどの種においてY染色体はまったく萎縮してしまっている。

ここには、赤の女王が作用している。公平で合理的な性決定法を定めるどころか、自然界は、無数の反乱に直面し続けなければならない。一方の反乱を鎮圧しても、それは、もう一方の反乱に道を開くことにしかならない。このような理由から、コスミデスとトゥービーが言うように、性別決定は、「無意味な複雑さに満ち、信じ難いほどいい加減で、まったくのところ常軌を逸した、（個体の立場からすれば）浪費以外の何ものでもないメカニズム」[*37]なのである。

しかし、もしY遺伝子がそんな力を及ぼせるのなら、X遺伝子もできてよいはずである。北極地域に住む太ったネズミで、レミングというのがいる。真偽のほどは疑わしいが、彼らが群れをなして断崖から投身自殺を遂げると信じられていて、よく漫画に描かれるから有名だ。また生物学者たちのあいだでは、爆発的に増殖しては、過剰増加による食糧難のため、急激に減少するということでよく知られている。しかし、レミングはまた、別の理由でも有名だ。彼らは、特殊な方法で子どもの性別を決定するのだ。レミングはW、X、Yという三種の性染色体をもっている。XYはオスで、XX、WX、WYはメスとなる。YYは生存不能である。さて、これはどういうことかというと、Wは「Xの駆動」の突然変異型として出現したもので、Yのオス化作用を制圧する働きをもつ。その結果、メスの数が過剰になる（ちなみに、マダムB家はこのケースであるとも考えられる）。そうなるとオスは貴重な存在となるので、次には、オスがX遺伝子をもつ精子よりもY遺伝子をもつ精子のほうを多く作り出す能力を進化させると考えられるだろう。しかし、そういう進化は起きなかった。なぜなのか？　初めのうち、科学者たちはこれは個体数の急激な増加と関連していると考えていた。個体数が急増する時期には、娘の数が多いほうが都合がいいのである。しかし、最近になって、わざわざそんな説明を持ち出すまでもないことが明らかになった。レミングの性比がメスに偏ったまま定着しているのは、生態学的理由によるのではない。遺伝的理由によるのだ。[*38]

Y精子しかもたないオスがXXのメスと交尾すると、子どもはみなXYのオスになる。WXのメスと交尾すれば、オスとメスの子が半分ずつ生まれる。では、WYのメスと交尾するとどうなるだろう？　この場合、子どもはみなWYのメスになる。YYのオスは死んでしまうからだ。そこで全体として、オスが、三種類のメスのそれぞれと交尾すると、オスとメスが半々ずつ生まれるが、娘たちは全員WYであり、彼女らはメスしか産まない。そこでオスはY精子だけを作ってみても、性比を均等に矯正するどころか、メスのほうへ偏らせ続けることになるだけなのだ。レミングの例は、性染色体が発明されてさえも、反逆染色体が性比を変更させるのを止めることはできないことを示している。[*39]

選ぶのがいいか、くじ引きがいいか？

すべての動物が性染色体をもっているわけではない。実のところ、なぜこんなにも多くの動物たちが、性染色体をもっているのかは理解し難いくらいだ。それは、まったく偶然の成り行きに任せるくじ引きで性別を決めるようなもので、それがもたらす唯一の利点といえば、性比を五〇対五〇の均衡に保つことくらいなのだ（通常、性比はそのように保たれている）。もし母親の卵子に、先に到着した精子がY染色体をもっていれば、あなたは男になり、X染色体であれば、あなたは女になる。しかし性別の決定には、これ以外のもっとよい方法が、少なくとも三つはある。

まず第一番めは、セックスの機会に合わせて、都合のよいほうの性を選ぶという方法で、これは固着性の生物向きである。例えば、隣人とは別の性になることだ。その隣人は、おそらくあなたのパートナーになるであろうから。フネガイの一種（カリバガサガイ科）はクレピドゥラ・フォルニカタ（放蕩者の小さなサンダル）というおもしろいラテン名をもっているが、この貝はまずオスとして誕生し、海中を巡遊する。やがて、泳ぐのをやめて岩の上に住みかを定めるが、このときメスに転向する。さて、メスになった貝の上にオスが上陸し、徐々にこのオスもメスに転じていく。すると、三番めのオスが、さらに上に乗り、またメスになっていく。こうして、フネガイは一〇個以上も重なり合って塔を築きあげる。塔の下層部はメス、頂上はオスである。サンゴ礁に住む魚の一種にも同じようなやり方で性別を決定するものがある。この魚は、数多くのメスと、一匹の大きなオスで、一群を編成するのである。オスが死ぬと、いちばん大きなメスが性を転じオスになる。ベラの一種（Blue-headed wrasse）は、ある一定の大きさに達すると、メスからオスに転向する。[*40]

このような性の転換は、魚にとって非常に有意義である。オスであるかメスであるかによって、その危険性と報酬とが根本的に違うからだ。大きなメスは、小さなメスよりも、いくらかは多くの卵を産めるが、これは取るに足りない。これに対し、大きなオスが戦いに勝ち、メスのハーレムを獲得できれば、小さなオスよりもずっと多くの子孫を残すことができる。逆に言えば、小さなオスは、たった一匹のメスすら手に入れられないので、小さなメスであることよりも不利なのである。こうして、一夫多妻の種では、しばしば次のような戦略がとられる。「小さければメスになれ。大きければオスになれ」[41]
このような戦略に関しては、言っておくべきことがたくさんある。まだ発育中はメスとして過ごして、いくらかの繁殖を行い、やがてハーレムの先頭に立てるほどの大きさになったら、性転換してオスになるのは有利なことだ。一夫多妻者として大穴を当てるのである。まったくもって、なぜ、もっと多くの哺乳類や鳥類がこのシステムを利用しないのだろう？　青年の雄ジカは、何年間も独身のまま繁殖の機会を待ちわびる。一方、彼の姉妹は、一年に一頭の子ジカを産んでいるのである。
さて、二番めに移るが、これは環境に任せて性別を決定するという方法である。ある種の魚、エビ、爬虫類では、卵が孵化する温度で性別が決まる。温かい卵は、ウミガメではメス、アリゲーターではオスになる。クロコダイルの場合は、冷たい卵と温かい卵がメスになり、中間温度の卵はオスとなる（爬虫類は、性別決定におけるいわば冒険王である。トカゲやヘビの多くは遺伝子で性別を決めるが、イグアナでは、XYがオス、XXがメスになるのに対し、ヘビではXYがメス、XXがオスになる）。大西洋に住むシルヴァーサイドフィッシュはもっと変わっている。北大西洋に住むものは、我々と同じように、遺伝子で性別を決定する。しかし、もっと南のほうに住むものは、水の温度によって胚の性を決める。[42]
このような環境任せのやり方は、ちょっと奇妙に思える。こんなことをすると、異常に暑い条件下では、アリゲーターはオス過剰、メス過少になってしまうだろう。また、完全なオスでもメスでもない中間的な性質を示すものも現れるだろう。[*43] アリゲーターやクロコダイルやウミガメは、なぜこのような手段を用いるのか？　これを、納得のいくように説明した生物学者はいまだにいない。最も有力な解釈によれば、これは体の大きさと関連しているらしい。温かい卵は、冷たい卵よりも大きな子どもに孵化する。だから、もし体が大きいということによって、メスよりもオスのほうが多くの利益を得るのであれば（クロコダイルの場合がそうである。オスはメスをめぐって戦い、大きい者が勝利を収める）、温かい卵をオスに孵化させたほうが有効なのである。その逆であれば（こちらはウミガメである。ウミガメの場合、大きなメスは小さなメスよりも多くの卵を産むが、小さなオスは大きなオスと同じくらいメスを受精させることができる）、温かい卵をメスにしたほうが利益は大きい。同じ現象を、もっと明確に説明してくれる例を挙げてみよう。[*44]

それは昆虫の幼虫に寄生する線虫である。この線虫の大きさは宿主である昆虫の大きさで決まる。住みか（宿主）を食べ尽くしてしまうと、線虫はもうそれ以上大きくなれないからだ。ところで、大きなメスの線虫は多くの卵を生産できるのに対し、大きなオスの線虫は多くのメスに受精させることができるわけではない。そこで大きな線虫はメスになり、小さな線虫はオスになるのである。[*45]

第三の性別決定法は、母親に子どもの性別を選ばせるという方法だ。これを行う最も印象的な方法は、ワムシの一種（monogonont rotifer）、ミツバチとその他のハチに見られる。これらの種では、受精卵のみがメスになり、未受精卵はオスになる（これは、メスが二組の遺伝子をもっているのに対し、オスは一倍体で遺伝子を一組しかもたないということである）。この方法も、やはり理にかなっている。つまりメスは、オスに出会わなくても、王朝を創設できるのである。多くのハチ類は他の昆虫のなかに住みつく寄生虫なので、この方法であれば、宿主となる昆虫に出会った場合、メスはオスの到着を待たずに、単独でコロニー形成に着手できる。しかし、一倍体というのは、ある種の遺伝子の反乱に遭うおそれがある。例えばナソニア属の寄生バチのなかには、PSRと呼ばれる稀な過剰染色体がある。PSRは父方から受け継がれ、これが入ると、メスの卵はどれもオスになってしまう。この仕掛けは単純である。PSRは自分以外の父方の染色体をすべて除外してしまうのだ。つまり卵は、母方の染色体のみの一倍体に減じられ、オスに育っていくのである。PSRは、メスが過剰なため、オスに稀少価値があり、求められる性であるオスのなかにいることが有利であるときに出現する。[*46]

以上が、簡単ではあるが、性比の理論である。性染色体による「遺伝子くじ引き」を強要されないかぎり、動物は環境に合わせて自分に適した性を選んでいるのだ。しかし、近年になって生物学者たちは、性染色体の「遺伝子くじ引き」も、性比の理論と矛盾するわけではないことに気づき始めた。もしX精子とY精子を見分けることができるならば、鳥類や哺乳類ですら、子の性比を偏向させることは可能である。そして彼らもワニや線虫とまったく同じように、子どもが大きく育ちそうなら、大きいことが利益をもたらすほうの性をたくさん産むように、淘汰されていくだろう。*47

長子相続制と霊長類学

一九六〇年代から一九七〇年代へと続いたネオダーウィニズムの革命に、イギリスとアメリカは、それぞれ、偉大な熟年革命家を送り出した。今日なお、生物学界に知的支配力をもつ二大人物、ジョン・メイナード＝スミスとジョージ・ウィリアムズである。しかし、この同じ時期に両国はともに奔放な若き精鋭をも生み出したのである。先見の明のある二つの知性が、生物学界を燃えさかる炎で照らし出したのだ。イギリスが生んだ鬼才は、ビル・ハミルトン。本書にすでに登場している。アメリカの神童は、ロバート・トリヴァース。数多くの新説を発表しているが、構想したのは一九七〇年代前半、彼がまだハーヴァードの学生だったころのことである。その発想は、時代をはるかに先取りしたものであった。本人みずから無邪気に公言しているように、トリヴァースは生物学界の伝説なのである。彼は変人ともいえるほど、慣習にとらわれず、自由に生きている。時間の半分はジャマイカでトカゲを観察し、あとの半分は、カリフォルニア州サンタクルーズのセコイアの森で思索にふけっている。さて、トリヴァースの発想のなかでも最も刺激的なものの一つを紹介することにしよう。これは一九七三年、学友のダン・ウィラードと考えついた説で、人類がずっと問い続けてきた素朴にして奥の深い質問、すなわち「男の子か女の子か」という問いを理解する鍵を握っているかもしれない。[*48]

統計学上の興味深い事実がある。アメリカの歴代大統領四二人の子どもたちを総計すると、息子が九〇人、娘が六一人である。一般人口比を考えると、この例のように、男が六〇パーセントを占めるというのは、かなり極端な性比である。だが、なぜそうなったのかはだれにもわからない。単なる偶然かもしれない。しかし、このような傾向が見られるのは、大統領ばかりではない。王室、貴族さらには裕福なアメリカ移民たちのあいだでも、一貫して息子の数が娘よりも幾分多いのである。これは、栄養十分なフクロネズミ、ハムスター、ヌマダヌキ、また、高順位のクモザルなどにも見られる傾向である。トリヴァース－ウィラード説は、これらの諸事実を結びつけるものなのだ。[*49]

トリヴァースとウィラードは、線虫類や魚類の性を決定している性比配分の一般的原理が、性転換はできないが、子の世話をする動物たちにも当てはまることに気づいた。彼らは、動物たちも、自分の子どもの性比をある一定の方向に調整しているだろうと予測した。これは、だれがいちばんたくさんの孫をもつかの競争と考えることができる。もし、一夫多妻の社会であれば、成功した息子は成功した娘よりもはるかに多くの子孫をもたらすだろう。しかしうまくいかなかった息子は、うまくいかなかった娘よりももっと悪い結果を招くことになる。たった一人の配偶者すら得ることができないからだ。娘と比較した場合、息子は、繁殖上の一種の博打なのである。儲けも大きいが、リスクも大きい。よい条件にある母親から生まれた息子たちは、初めから有利なスタートをきって人生に飛び出し、成長とともにますます、ハーレムをものにするチャンスを広げていく。しかし悪い条件にある母親は、ひ弱な息子を産む可能性が高く、そのような息子は、配偶者をまったく獲得できないかもしれない。これに対し、娘であれば最良の条件でなくとも、ハーレムに加わり子を産むことが可能だ。だから、もし子どもが集団の他個体と比較して、うまくやっていけそうだと考えれば、息子をもつべきであり、うまくやっていけそうもないと考えれば、娘をもったほうがよいのである。*50

以上の理由から、トリヴァースとウィラードは、次のように主張する。

「条件に恵まれた両親はオスを多く産み、条件の悪い両親はメスを多く産む。このことは、一夫多妻の動物たちに顕著である」

当初この説は、むりやりこじつけた憶測とみなされ、人々の嘲笑を買った。しかし、それらの人々も、いやいやではあるが徐々に、この説を評価し始めている。また、実証的裏づけも、少しずつ集まってきている。

ベネズエラのフクロネズミの実験例を見てみよう。フクロネズミは、大きなネズミのようなかっこうをした、穴に住む有袋類（ゆうたいるい）である。ハーヴァード大学のスティーヴ・オースタドとメル・サンキストは、トリヴァース－ウィラード説に対する反証を挙げる目的で、ベネズエラに赴いた。彼らは、穴のなかから処女のフクロネズミを四〇匹捕らえ、これらに印をつけた。そして、そのうちの二〇匹に、一匹あたり一二五グラムのイワシを二日おきに与え続けた。穴の外側にイワシを置いておくのである（フクロネズミたちはイワシを見つけて、喜ぶと同時に驚いたことだろう）。その後、毎月彼らはフクロネズミを捕らえては腹袋をのぞいて、赤ん坊の性別をチェックした。イワシを与えていないフクロネズミの子どもたちは総数二五六匹で、その性比は正確に一対一であった。さて、イワシで栄養を与えたフクロネズミの子どもたちはどうであったろう？　総数二七〇匹の性比は、ほぼ一・四対一と出たのである。栄養十分なフクロネズミは、栄養不十分なフクロネズミよりも有意にオスを産む傾向があったのだ。*51

その理由は？　栄養十分なフクロネズミは大きな赤ん坊を産んだ。大きなオスは、小さなオスよりも、将来ハーレムを獲得する可能性が高い。これに対し、大きなメスが小さなメスより多くの子どもを産む可能性は、それほど高くはない。そこでフクロネズミの母親たちは将来たくさんの孫をもうけてくれそうな性に投資したのだ。フクロネズミだけではない。ハムスターもそうである。青年期もしくは妊娠中のハムスターを、実験室で飢餓状態に保つと、子どもはメスが多くなる。ヌマダヌキ（大きな水生の齧歯類）も、よい条件下にある母親はオスを多く産み、悪い条件下にある母親はメスを多く産む。また、オジロジカでは、年老いた母親とその年生まれのメスとは、悪い環境に置くと、偶然だけで性別が決まる場合に比べ、はるかに高い頻度でメスを産む。ストレス下で飼われたネズミもそうである。しかし、多くの有蹄類（蹄のある動物）では、ストレスや貧弱な生息地は逆の効果をもたらし、性比をオスに偏らせる。[*52]

しかし、こうした現象のいくつかは、他の理論でも簡単に説明がつく。例えばこうである。オスはふつうメスよりも大きいので、オスの胎児は通常、メスよりも早く成長し、母体にその分多くの負担をかけることになる。だから飢えたハムスターや弱ったシカは、オスに偏った一腹の子たちは流産し、メスに偏った一腹の子をとっておいたほうが得なのだ。しかしながら、出生時の性比の偏りを実証するのは容易なことではなく、それを否定する証拠も山ほどあるので、肯定的な結果は、統計上のまぐれ当たりだと考えている学者も多い（コインを何回も投げ続ければ、遅かれ早かれ、表ばかりが二〇回続くということも起こるだろう）。しかし、どちらの説もフクロネズミやその他の動物の事例を十分に説明することはできない。そして、一九八〇年代終わりまでには、多くの科学者たちが、少なくとも一部においては、トリヴァース＝ウィラード的な性比調節が行われていると認めるようになった。[*53]

さまざまな調査結果のなかで、最も興味深いのは、社会的地位に関連した性比調節である。ケンブリッジ大学のティム・クラットン＝ブロックは、スコットランドの海岸から少し離れたところにあるラム島のアカシカを研究し、次の事実を発見した。母親の健康状態は子ジカの性別にほとんど影響しないが、社会集団における母親の地位が性別に影響を及ぼすというのである。高順位のメスは、娘よりも息子を多く産む傾向にあるのだ。[*54]

クラットン＝ブロックの調査報告は、霊長類学者たちを興奮させた。彼らもまた、さまざまな種のサルにおいて、性比の偏りが存在するのではないかと、長年、疑問を抱いていたのだ。メグ・サイミントンが調査したペルーのクモザルには、社会的地位と子どもの性別とのあいだに、明らかな関連が認められた。最も低順位のメスたちから生まれた二〇匹の子どもは、全員メスであり、最も高順位のメスたちが産んだ八匹の子どもは、六匹までがオスであった。そして、中間的順位に生まれた子どもたちは、オス、メス同数だったのである。[*55]

しかし、他のサルの性比の偏りを調査してみると、さらに驚くべき事実が明らかになった。ヒヒ、ホエザル、あるいはマカク属（アジアの地上性のサル類）においては、逆の傾向が見られたのだ。高順位のメスはメスの子どもを産み、低順位のメスは、オスの子どもを産むのである。シカゴ大学のジーン・アルトマンは、ケニアにおけるヒヒの観察から、次のような調査報告を発表している。二〇匹のメスが産んだ八〇匹の子どもを調べたところ、高順位のメスがメスの子を産む可能性は、低順位のメスの二倍高かった。しかし、それに続く数々の調査では、あまり明確な結果が得られず、何人かの科学者たちは、サルに関する報告を、偶然の結果とみなしている。しかし、そうではないことを示す興味深い手掛かりが一つある。[*56]

他のサルでは高順位のメスがメスを多く産む傾向にあるなかで、サイミントンが研究したクモザルは、オスへの偏向を見せた。これは偶然ではないのかもしれない。ほとんどのサルは（ホエザル、ヒヒ、マカクを含めて）、思春期になるとオスが自分の生まれた群れを離れて、他の群れに加わる。いわゆるオスの「族外結婚」だ。しかし、クモザルでは逆に、群れを出るのはメスなのだ。生まれた群れを離れてしまうのであれば、母親の地位を受け継ぐことはできない。それゆえ、高順位のメスは、どちらであれ群れに残るほうの性を産み、自分の地位を子どもたちに伝えようとするだろう。一方、低順位のメスは、子どもたちに低順位の負い目を課さぬよう、群れを離れるほうの性を産もうとするだろう。そのようなわけで、高順位のホエザル、ヒヒ、マカクはメスを産み、高順位のクモザルはオスを産むのだ。[*57]

これは、高度に修正されたトリヴァース‐ウィラード効果である。この業界では、局所的資源競争モデルと呼ばれている。順位が高いと、思春期に群れに残るほうの性に偏った性比をもたらすのである。[*58]これは人間にも当てはまるのだろうか？

社会的地位の高い女は息子をもつか

人間は、類人猿の一種である。類人猿に属する五種のなかで、三種が社会を形成している。そのうちの二種（チンパンジーとゴリラ）では、メスが出自の群れを離れ、オスが群れに残る。ジェーン・グドールがタンザニアのゴンベ国立公園でチンパンジーを調査したところによると、年とったメスの息子は、若いメスの息子よりも早く出世する傾向にある。つまり、トリヴァース－ウィラード説に従えば、類人猿のメスは、高い地位ならばオス、低い地位ならばメスを産むべきだということだ[*59]。

今日の人間には極端な一夫多妻はなく、体が大きいからといって、大きな報酬がもたらされるわけではない。大きな男が必ずしも多くの妻を手に入れるわけではないし、大きな赤ん坊が大きな男に成長するとも、一概にはいえない。しかし、人間とは高度に社会化された動物であり、人間社会は、ほとんどどこにおいてもなんらかの形で階層をなしている。そして社会的地位の高い男たちが握っている、最高のそして普遍的な特権の一つは、チンパンジー同様、高い繁殖成功度である。オーストラリア原住民の部族社会から、ヴィクトリア朝時代のイギリス人に至るまで、どこを見渡しても、社会的地位の高い男は、地位の低い男よりも多くの子どもを残してきた。そして、一般的に女たちは結婚を機に家を離れるが、男の社会的地位は多くの場合、親から子へと受け継がれる。私はここで、女たちが実家を離れて男の家に嫁ぐという傾向が、本能的で、自然で、必然的で、望ましいと言っているのではない。私が言いたいのは、これまで、それが一般的であったということだけである。この逆が生じている文化圏は稀である。つまり、人間社会は女性の「族外結婚」による家長制からなっており、父親（もしくは母親）の地位は娘よりも息子が相続する場合が多い。これは類人猿社会と共通であり、その他のサル社会とは異なる。トリヴァースとウィラードによれば、以上のような理由で、社会的地位の高い父親や、順位の高い女性は息子をもつことが、順位の低い人々は娘をもつことが望ましくなる。はたして実際にそうなのだろうか？

手みじかに言ってしまえば、それはだれにもわからない。アメリカの大統領、ヨーロッパの貴族、各国の王族、およびその他少数のエリートたちの出生性比は、男に偏っていると考えられている。また、人種差別社会では、被支配民族側に、息子よりも娘のほうがわずかに多いという。しかし、こういう話は数字には現れてこない複雑な要素に満ちているので、こうした統計をそのまま信じるわけにはいかない。例えば、男の子が生まれた時点で、もうそれ以上子どもを作らないことにしたら？　王位継承が関心事なら、人々はそうしたかもしれない。そうすればそれだけで性比は男のほうに偏っていくだろう。しかしながら、出生性比はどちらにも偏っていないということを確実に示しているような研究も、存在しないのだ。ところで、ここに非常に気になる研究がある。ニュージーランドで行われたものだが、もし人類学者や社会学者がこれを真剣に取り上げたなら、なんらかの事実が明るみに出るかもしれない。*60

ニュージーランド、オークランド大学の精神科医、ヴァレリー・グラントは一九六六年、妊婦に見られるある傾向に気づいた。男の赤ん坊を産む女性は、女の赤ん坊を産む女性よりも独立心が強く、支配的なのである。彼女は妊娠三ヵ月の女性八五人を対象に、標準的な性格テストを行い、それがどういう意味かはともかく、「支配的」な女性と「従属的」な女性を区別した。その後、彼女たちはそれぞれ出産したが、その性格の支配的な度合い（〇〜六）を調べてみると、女の赤ん坊を出産した女性は平均一・三五であったが、男の赤ん坊を出産した女性は平均二・二六であった。これは、高度に有意な差である。興味深い点は、この研究に着手したのがトリヴァース－ウィラード説が発表される前の一九六〇年代だったということである。これについて、グラントはこう語ってくれた。

「私は、このような考えが論理的に生じてくるような、どんな分野のどんな研究ともまったく独立に、この考えに達したのです。望まれない性の子を産んだ責任を女性に負わせるのはおかしいという気持ちから、この考えが浮かんだのです」[*61]

トリヴァース－ウィラード－サイミントン説が予測するように、母親の社会的地位が子どもの性別に影響を与えることを暗示しているのは、これまでのところ、ヴァレリー・グラントの研究だけである。彼女の研究結果が単なる偶然ではないと証明されれば、早速、次の疑問が生じるだろう。何世代にもわたって、意識的に実現しようと悪戦苦闘し続けているそのことを、いかにして人間は、無意識に成し遂げているのか？

売れすじの性

子どもの性を産み分ける方法ほど、神話や伝説が何度も取り上げてきた題材はないくらいだ。アリストテレスとユダヤ教法典は、男の子が欲しい人にはベッドを南北の軸に合わせて配置するように勧めている。また、セックスの最中に、右側を下にして寝ると男の子が産まれるというアナクサゴラスの教えは、非常に影響力が強かったので、何世紀もあとになっても、フランス貴族のなかには、左の睾丸を切断させた人がいたほどである。アナクサゴラスはギリシアの哲学者で、ペリクレスの相談役だった。彼はカラスの落とした石に当たって死んだが、これは後世からの復讐であろう。カラスは、左の睾丸を切除したにもかかわらず、娘ばかりが六人、立て続けに生まれたフランス侯爵の生まれ変わりだったにちがいない。[*62]

子どもの産み分けという題材は、つねに山師(やまし)を引きつけてきたが、それはアオバエが屍体に引き寄せられるようなものだ。男女の産み分けを研究している日本の団体は、男の子を産む確率を上げるために、カルシウムの摂取を奨励しているが、ほとんど効果はないようである。一九九一年にフランスの産婦人科医二人が共同執筆した書物には、これとはまったく反対のことが書かれている。カリウムとナトリウムが豊富で、カルシウムとマグネシウムが少ない食事療法を受精前に六週間続けると、八〇パーセントの確率で男の子が産まれるというのだ。また、アメリカのある会社は「五〇ドル」で「産み分け用品」を売り出したが、取り締まりにひっかかり、「消費者に対する詐欺だ」と告発されたため、倒産に追いやられてしまった。[*63]

もう少し現代的で科学的な方法にしても、前の例よりほんの少し信頼がおけるだけにすぎない。これらの方法はどれもみな、実験室で、X精子とY精子を分別することを基本としている。X精子のほうが三・五パーセント多くのDNAを含んでいるからである。アメリカの科学者、ローランド・エリクソンが開発した方法は、世界各国で特許を認定されている。一九九三年、イギリスに彼の診療所がお目見えし、成功率の高さを主張しているが、納得のいくようなデータは公表されていない。彼の方法は、精子にタンパク質のなかを泳がせるもので、そうすると、重たいほうのX精子がY精子よりも余計に減速すると予想される。こうして両者を分別するのである。これとは対照的に、アメリカ農務省のラリー・ジョンソンは、十分効果的な（八〇パーセントの確率で男の子が生まれる）技術を開発しはしたが、残念なことに、まったく人間向きではない。精子のなかのDNAを蛍光塗料で染色し、検電器のなかを一列に泳がせるのである。蛍光塗料の明るさの違いで、検電器は精子を二極に分類する。Y精子にはDNAの量が少ないので、かすかに発光性が劣るわけだ。検電器は一秒間に一〇万個の精子を分別し、その後これらの精子を用いて試験管受精が行われる。しかし、良識をもった人間なら、ただ男の子が欲しいというそれだけの理由で、自分の精子を染色させたり、高額な試験管受精を行ったりはしないだろう。[*64]

奇妙なことに、もし人間が鳥であったら、子どもの性別を変更することはもっと簡単になる。鳥の場合、子どもの性別を決定するのは、父親の染色体ではなく、母親の染色体だからである。鳥類では、メスがXとYの染色体をもち（稀にXを一つだけしかもたない場合もある）、オスがXを二つもつ。だからメス鳥は、自分の好きなほうの性をもった卵子を送り出し、あとはどんな精子でも受精を待てばよい。鳥たちは実際に、この便利な方法を利用している。ハゲワシやタカの何種かは、最初にメス、二番めにオスを産むことが多い。これは、メスのヒナたちに幸先のよいスタートを切らせるためで、巣のなかで、メスはオスよりも大きく育っていくのだ（タカは、オスよりメスのほうが大きい）。赤いトサカのキツツキ（red-cockaded woodpecker）はメスの倍の数のオスを産み、余計に産んだオスたちに、あとから産まれるヒナたちの乳母役をさせる。カリフォルニア大学サンタクルーズ校のナンシー・バーリーは、キンカチョウでは、「魅力的な」オスが「魅力的でない」メスを配偶者にすると、通常、メスよりもオスが多く生まれ、「魅力的でない」オスが「魅力的な」メスを配偶者にすると、オスよりもメスが多く生まれることを発見した。オスキンカチョウという鳥の「魅力」は、ちょっとした操作で簡単に変えることができる。オスの足には赤（魅力的）か緑（魅力的でない）、メスの足には黒（魅力的）かうすい青（魅力的でない）のどちらかの足環をつければよいのである。足環の色によって、キンカチョウの配偶者としての魅力は増えたり減ったりするのである。[65]

しかし、我々は鳥ではない。確実に男の子を育てたいのなら、女の子が生まれたら、その場で殺して最初からやり直すか、羊水穿刺で胎児の性別を判定して女と出たら中絶するくらいしか方法は存在しない。これらの忌まわしい方法は、まちがいなく、世界の各地で実行されている。産児制限によって、子どもを一人しかもてなくなった中国では、一九七九年から一九八四年のあいだに、二五万人の女児が出産後に殺された。[66] 中国人のある年齢層をとってみると、女一〇〇人に対し、男は一二二人である。また、ボンベイ（現ムンバイ）のある診療所が最近発表した報告によると、八〇〇〇件の人工中絶のうち、七九七七件までが女の胎児であった。[67]

動物たちのデータの多くも、自発的な流産による性の選別で説明できるかもしれない。優良な条件下にあるメスは、一腹の子がメスに偏っていると流産し、最初からやり直すというイースト・アングリア大学のモリス・ゴスリングの調査によると、ヌマダヌキの場合、う。また、スタンフォード大学のマグヌス・ノルボーは、中国における性を選別するような幼児殺しの意味を考察し、このような一方の性に偏った流産で、ヒヒのデータも説明できると考えている。しかし、これは、あまりにもむだの多いやり方のように見える。[68]

ヒトの子どもの性比を偏らせる自然の要因としてよく知られているものはいくつもあるので、そのようなことが可能なことは確かだろう。これらのなかで最も有名なのは、「兵隊帰り」効果である。大きな戦争のあいだやその直後、交戦国には、あたかも死んでいった男たちの身代わりだとでもいうように、普段より多くの男の子が生まれるというのだ（これはあまり意味のないことである。戦後に生まれた男たちは同世代の女と結婚するのであり、戦争未亡人と結ばれるわけではないからだ）。そのほかにもいろいろあるので列挙しておこう。父親が高齢だと女の子が生まれやすく、逆に母親が高齢だと男の子が生まれやすい。伝染性の肝炎にかかっている女性や、統合失調症の女性は男の子よりも幾分多くの女の子を産んでいる。タバコを吸う女性や、飲酒する女性もそうである。一九五二年のロンドンのひどいスモッグ発生後に出産した女性も同じく。テスト飛行士、アワビ取りの潜水夫、僧侶、麻酔医師の妻もそうである。また、飲用水を雨でまかなっているオーストラリアのある地域では、激しい台風がダムを満たし、泥をかき乱したその日から三二〇日後には、著しく男児の出産率が落ちる。多発性硬化症の女性、少量のヒ素を摂取した女性は、女の子より男の子を産むことが多い。[*69]

こうしたあり余るほどの統計から確固とした理論を見つけ出すことは、現段階では、とてもできない仕事である。ロンドン医学研究会のウィリアム・ジェイムズはもう何年ものあいだ、ホルモンがX精子、Y精子の成功に影響を与えているという仮説を検討している。母親の生殖腺刺激ホルモンの値が高いと女の子の出生率が上がり、父親のテストステロンが多いと男の子が生まれる確率が高くなるという状況証拠がたくさん存在するのだ。[*70]

確かにヴァレリー・グラントの説は、兵隊帰り効果がホルモンで説明できることを示唆している。戦争中、女たちは普段よりも支配的な役割を負うことになり、それが、彼女たちのホルモン値に影響を与え、男児の出生率を上げることになるのだろう。また、多くの種において、ホルモンと社会的地位は密接にかかわり合っている。そしてすでに見たように、社会的地位と子どもの性比のあいだにも密接な関連がある。では、どのようにホルモンは作用しているのか？　それはまだわかっていない。しかし、ホルモンは、子宮頸部粘液の濃度を変えたり、膣内の酸性度を変化させる作用をもっている可能性があり、これがなんらかの影響を及ぼしているものと考えることはできる。ウサギの膣に重曹を入れると、雌雄の出生性比に影響するということは、早くも一九三二年に証明されている。[*71]

また、ホルモン説はトリヴァース‐ウィラード説が抱えている最も頑固な難題、すなわち性比の調節は遺伝的なものではないらしいということに、解決の手だてを与えるだろう。性比を偏らせるような血統を作り出そうという育種家たちの試みは、ことごとく失敗に終わってきた。努力が足りないせいではない。リチャード・ドーキンスが言うように、「乳を多量に出す牛、たくさんの牛肉がとれる牛、大きな牛、小さな牛、角のない牛、病気に強い牛、果敢に格闘する牛……。牛の育種家たちは、そのような牛を難なく作り出してきた。もし、オスよりもメスの仔牛をたくさん産むような牛の育種が可能であれば、それは酪農業に莫大な利益をもたらすはずである。しかしこうした企ては、ことごとく失敗してきたのである」[72]

養鶏業はさらに真剣に、一方の性だけのヒヨコに孵化する卵を産むようなニワトリを作ろうとしてきた。目下のところ、養鶏業者は特殊技能を身につけた韓国人の一団を雇用している。彼らは生まれたばかりのヒヨコを猛烈なスピードでオスとメスに選別する技をもっているのだが、その秘密は厳重に守られており、この特殊な技を売り物にして、世界中を渡り歩いている（コンピュータプログラムが間もなく彼らに追いつくだろうが）[73]。

しかし、ホルモン説を考慮に入れれば、このような難題も、容易に解答が得られるであろう。一方の性に偏った動物の育種が成功しないのは当たり前なのだ。ある日のこと、太平洋を眺めつつメキシコ料理のエンチラダを頬張りながら、ロバート・トリヴァースがそれを説明してくれた。

「例えば、君がメスの仔牛しか産まない牛に出くわしたとしよう。その血統を保つためには、そのメスの仔牛たちに交尾相手を与えなければならない。その相手はどんな牛かね。ふつうの雄牛さ。つまり、遺伝子は、その場で半分に薄められてしまうんだ」

別の言い方をすれば、個体群のある一部がオスを生産しているということは、その個体群の他の一部はメスを生産したほうが割に合うということである。すべての動物は、一頭のオスと一頭のメスの子どもなのだ。だから、もし高順位の動物たちがオスの子をもつのだとしたら、低順位の動物たちは、メスの子をもつべきなのである。そのようなわけで、集団内で性比が部分的にどんなに偏ることになろうとも、全体的に見れば比率はいつでも一対一になるのである。なぜなら、もしその比率がずれるような偏りが生じたとしたら、だれかが稀少なほうの性をたくさん産むのが得策となるからだ。こうしたことを最初に洞察したのはR・フィッシャーであった。一九二〇年代のことである。そしてトリヴァースは、このことこそが、なぜ遺伝子には性比調節の能力がないのかという問題の核心にあると考えている。

ところで、もし社会的地位が男女の性比に決定的な影響を与えているとしても、その情報を遺伝子内にもち込もうとするのはばかげている。なぜなら社会的地位とは、その定義からして、遺伝子内には存在しえないものだからである。社会的地位の高い動物を育種しようとすることは、無益に赤の女王のレースを走ることなのである。地位とは相対的なものなのだ。「低順位の牛を育種することなんてできやしない」とトリヴァースは語った。「そんなことをしても新しい階級制度がすぐでき、振り出しに戻るだけだ。君の牛が、みな低順位だったとしよう。すると、いちばん低順位でない牛が、最も高順位な牛になり、それに適するホルモン量をもつようになるのさ」。そうではなくて、社会的地位がホルモン量を決定するのであり、そのホルモンが性比を決定するのである。[*74]

理性的な結論

トリヴァース－ウィラードは、子どもの性比を変えようとする無意識のメカニズムが進化によって作り出されるだろうと予測した。しかし我々人間は、自分たちが理性的であり、意識的に決断を下す動物だと考えたいのだ。そして、理性のある人間は進化と同一の結論に到達できるのである。トリヴァース－ウィラード説を支える最も有力なデータのいくつかは、動物からではなく、人間から得られたものである。人間の文化のなかに同じ論理が見いだされるのだ。

多くの文化圏では、人々は息子たちを偏愛している。遺産も、愛情も、支持も、娘たちを犠牲にして、息子たちに向けられてきた。このことはつい最近まで、性差別の一例にすぎないとか、息子のほうが娘よりも経済的な価値をもつという冷酷な真実の現れなどとみなされてきた。しかし、トリヴァース－ウィラード説を厳格に当てはめて考えることによって、人類学者たちは、息子への偏愛は決して普遍的なものではなく、娘への偏愛も、まさしくそれが予測されるところには存在することに気づき始めた。

一般の通念に反し、女児より男児が好まれるというのは普遍的な事実ではない。確かに、社会的地位と息子を好む度合いとは、密接にかかわり合っている。ミシガン大学のローラ・ベツィグによれば、封建時代において領主たちは息子のほうをかわいがったが、小百姓たちは財産をむしろ娘に残している。領主たちは娘たちを殺したり、軽視したり、修道院に送り込んだりしたが、百姓たちは娘により多くの財産を残した。性差別は、無名の大衆にはあまり見られない。限られたエリートに特有の風潮だったのである。[75]
　カリフォルニア大学デイヴィス校のサラ・ブラファー・ハーディが結論を下したように、歴史のページのどこを開いても、エリートのほうが下層の者よりも、息子を偏愛している。一八世紀ドイツの農民、一九世紀インドのカースト、中世ポルトガルの家系、現代カナダの遺言、現代アフリカの牧畜民……、時代、場面を選ばずその風潮が見られる。偏愛は、土地や財産の相続という形で示されるだけでなく、もっと日常的な世話にも現れている。インドでは今日でも、女の子は男の子に比べるとミルクも医療も十分に与えられていない場合が多い。[76]
　社会的に貧しい階級では、今日なお、女の子のほうが好まれている。貧しい家の息子は、いつまでも独身生活を強いられる。これに対し、貧しい家の出でも、娘なら金持ちと結婚できる。現代ケニアのムコゴド族では、病気になったとき、病院につれていってもらえるのは、娘の場合が多い。そのため、四歳まで生き延びられる子どもは、男よりも女のほうが多い。ムコゴド族の親たちが娘のほうを大事にするのは、理にかなったことなのだ。娘ならば裕福なサンブル族やマサイ族のもとに嫁いで裕福に暮らす可能性もあるが、息子には、ムコゴド族の貧しさを受け継ぐしか道はないからである。トリヴァース＝ウィラードの尺度で計れば、多くの孫をもつためには、息子より娘のほうが頼みになるのだ。[77]
　もちろんこうしたことは、その社会が階層社会であるということを前提としている。カリフォルニア州立大学のミルドレッド・ディックマンが指摘しているように、資産を息子たちに残すということは、高度な階層社会における金持ちたちにとっては、最良の投資なのである。このパターンが最も明確に見られるのは、ディックマン自身が研究した、インドにおける伝統的な結婚の習慣である。彼女は一九世紀インドの差別的階層社会において、おびただしい幼女殺しが習慣的に行われていたことを発見した。イギリス人たちはこの習慣を撲滅しようと試みたが失敗に終わっている。幼女殺しの習慣は階級の高さと相関関係があった。高いカーストのインド人たちは、低いカーストのインド人よりも、多くの娘を殺したのである。裕福なシーク教徒のある一族では、娘を全員殺してしまい、妻たちの持参金で暮らすという習慣が、先祖代々続いていた。[*78]

こうしたパターンは、別の理論でも説明できる。なかでもいちばん有力なのは、性別の好みを決定するのは、繁殖上の価値ではなく、経済的価値だと考える説である。男の子は自分で生計を立てることができるし、持参金なしで結婚できる。しかしこの説では、性別の好みと地位との相関関係はまったく説明できない。この説に従えば、反対に下層階級の人々にこそ、息子を好む傾向が見られるはずである。彼らには娘をもつ余裕はないからだ。しかし、もし孫をもつことが関心事なのであれば、インドにおける結婚の習慣はもっと理解しやすくなる。インド全域において、社会的、経済的に高位のカーストに属する相手と夫婦になる率はつねに女のほうが男より高い。したがって貧しい家に生まれた場合、息子よりも娘のほうが将来性があるということになる。ディックマンの分析によると、持参金とは、娘が族外結婚する種におけるトリヴァース-ウィラード効果のゆがんだなごりにすぎない。息子は子孫繁栄に必要な地位を相続するが、娘はそれを金で買わなければならないのだ。もし、後世に伝え残すほどの富がないのなら、あり金をはたいて娘によい亭王を買ってやることである。*79

トリヴァース-ウィラード説によれば（これはまた、フィッシャーの説でもあるわけだが）、社会のある一部でオスが好まれると、別のところではメスへのえこひいきが現れることになる。子どもを作るのに両方の性が必要であるという理由にすぎないにしても、性比のバランスは、そのように保たれていく。齧歯類は、母親の健康状態に基づいて、性を産み分ける傾向にあるようである。霊長類では、社会的地位が重要な役割を果たしているらしい。しかし、ヒヒやクモザルの社会は、厳格な階級制があることを前提としているが、人間の場合はそうではない。現代の、比較的平等な人間社会では、いったい何が起こっているのだろうか？

比較的、階級など見られないカリフォルニアで、ハーディと彼女の同僚のデブラ・ジャッジは住人の遺言を研究したが、そこに富と関連した性の偏りは見られていない。おそらく、女児よりも男児を好むというエリートたちの古めかしい習慣は、「平等」という言葉の前に、ついに敗退したのだろう。*80

しかし、現代の平等主義から、もう一つ、さらに不幸な結果が生じている。ある社会においては、エリートたちだけに見られた男児の偏愛が、一般大衆にまで広まってしまったのだ。この典型は、中国とインドである。中国における一人っ子政策は、一七パーセントの女児たちを死に追いやっているものと思われる。インドのある産院でアンケートをとったところ、女の子を身ごもった女性の九六パーセントは中絶すると答え、男の子を身ごもった女性は、ほとんど一〇〇パーセントが出産すると語っている。[*81] このことは、安価な技術で子どもの性を選択することが可能となれば、個体群全体の性比のバランスがまちがいなく崩れることを示している。

自分の子どもの性を選ぶということ。それは確かに、個人的な決断であり、なんら他人に影響を与えることはないはずだ。ならばなぜ、このような考え方はもとから不人気なのだろう？　これは「共有地の悲劇」なのだ。個人が合理的に私利私欲を追求すれば、それは結果として、集団の損害を招いてしまうのだ。一人の人間が、男の子だけを選んで産んだとしても、それだけのことならだれの迷惑にもならない。しかし、全員がこれを行ったら、全員が苦しむことになるのである。前方には、数々の悲惨な出来事が待ち受けているだろう。そこは、男の支配する社会である。レイプや不法行為が横行する。それでも飽き足らず、男たちは持ち前のフロンティア精神を発揮して、もっともっと、地位、権力、支配を拡大しようとするだろう。やがて、性的欲求不満がほとんどの男たちの運命となるだろう。

無法者遺伝子を撃退するために「交叉」が発明されたように、個人の利益よりも集団の利益を守るために法が制定されることになる。もし、男女の産み分けが安価にできるようになれば、議会は人間に一対一の性比を強制することになるだろう。それは、遺伝子議会によって均等な減数分裂が制定されたのと同じくらい確実である。

第5章　クジャク物語

あの女が美人に見えたのか。
それは他に女がいない時に
君が両のまなこで、あの女一人を
釣り合わせているからだ。
今度は、その水晶の計り皿に
一方には、君が恋いこがれる女
もう一方には、私が宴で引きあわせる、
別の女を載せて計り比べてみるがよい。
今は最高に思えるあの女が
少しかすんで見えたら上出来だ。
――シェークスピア『ロミオとジュリエット』第一幕第二場

オーストラリアのヤブツカツクリの作る巣は、世界一のコンポスト（堆肥）になるだろう。オスは二トンもの木の葉、小枝、土砂を集め、幾層にも積み重ねて塚を作る。この巣は大きさ、形とも、卵からひなをかえすのに理想的な温度を保つようにできている。メスのヤブツカツクリはオスの塚を訪問し、中に卵を産んで去っていく。卵からかえったひなたちは自力でゆっくりと塚の表面まではいだし、外へ出て自活していくようになる。

「めんどりは、卵が卵を作るための手段にすぎない」というサミュエル・バトラーの言葉を言いかえて、卵はメスがヤブツカツクリを再生産する手段だとすれば、オスの手段は塚ということになる。卵がメスの遺伝子の産物であるのと同じように、塚は、オスの遺伝子の産物である。ただしオスは、メスとは違い、若干の不確実性を残している。塚に産んだ卵が確かに自分の子どもだと、オスはどうしてわかるのか？　最近オーストラリアの科学者が検証したところでは、オスにはわからずじまいなのだそうだ。事実、オスが本当の父親でないこともしばしばある。自分の遺伝子を次世代に残すことが有性生殖の要（かなめ）であるとするならば、オスのヤブツカツクリはなにゆえに、他のオスの子どもを育てるために巨大な塚を作るのだろうか？　メスはそのオスと交尾することを承知するまでは塚のなかに卵を産めないことがわかった。オスにしてみれば自分の塚を使わせる代償がそれなのである。そしてメスが要求する代償は、オスに卵を受け入れてもらうこと。フェアな取引というわけである。

しかし、このおかげでヤブツカツクリの巣は、まったく異なる意味をもつことになる。オスにしてみれば、塚は結局のところ、みずからの子孫を作る手段とはならない。あくまでそれは自分と交尾してくれるメスのヤブツカツクリの気を引く手段なのである。いうまでもなく、卵を産む場所を決める際には、メスはいちばんいい塚を選び、それゆえに最もすばらしい塚を作るオスを選ぶことになる。オスはときどき他のオスの塚を横取りするから、最もすばらしい塚の持ち主は最もすぐれた泥棒である場合もある。

凡庸な塚でもかまわないのかもしれないが、メスがそのなかでも最高のものを選ぶのは賢いことだ。自分の息子たちが塚作り、塚泥棒、メスの誘惑などの面で父親の特性を受け継ぐからである。したがってオスのヤブツカツクリが作る塚は、子育てへのオスの貢献でもあり、また確固としたメスへの求愛表現でもある。[*1] ヤブツカツクリの塚の話を紹介したのは、性淘汰の理論について述べようと思うからだ。性淘汰の理論には動物間の異性誘惑の進化に関する複雑で驚嘆すべき独自の考えが詰まっている。本章のテーマはまさにそこにある。しかも、あとの章で明らかになるとおり、人間性のおおかたが、この性淘汰によって説明がつくのである。

愛は理性的か？

生物学者であっても、セックスとは単に遺伝子を残すための共同作業であるということを忘れることがある。セックスの相手を選ぶ過程（「恋に落ちる」と表現される場合もある）は、神秘的で、極度に選択的で、脳みそを使う過程である。我々人間は、異性のすべてを、だれでもかまわずに遺伝子を残す共同作業の適切な相手と考えているわけではない。相手にするべきかどうかを意識的に決定する場合もあれば、わが意に反して恋に落ちる場合もあり、自分を好きになってくれた相手をまったく好きになれないこともある。じつに複雑至極（しごく）な作業といえる。

　相手がだれでもいいというわけにはいかない。我々が性衝動をもっているのは、セックスをしたいという欲求をもつ祖先から受け継がれてきたものだ。性欲のない者は子孫を残さなかったのである。ある男と交わる女性（またはその逆）はつねに、自分の遺伝子とともに次代に受け継がれていく遺伝子を選択するという危険をおかしている。女性が相手の遺伝子を選ぶのに慎重になるのも無理からぬことである。どんな尻軽女でも、行きあたりばったりだれとでも無差別にセックスするわけではないのだ。

　どんなメスの動物もその目的は、よき夫、よき父親またはよき種付け役となる遺伝形質をもつ相手を見つけることだ。一方どんなオスの動物もその目的は、できるだけ多数の妻をめとることであったり、時にはよき母親を見つけることであったりするが、よき妻を見つけることである場合はめったにない。一九七二年、ロバート・トリヴァースは動物界を支配するこの不均衡の理由に気づいた。稀にある例外はかえって、一般論の正しさを証明している。例えばお腹のなかに九カ月も胎児を宿したりして、子育てに多くの投資をするほうの性にとっては、余計なセックスから得られる利得はごくわずかである。一方、子育てにあまり投資をしないほうの性は、他の相手を探しに行く時間の余裕がある。したがって、おおまかにいえば、オスは子育てに少ししか投資せず、多数の交尾相手を求め、メスは子育てに多くを投資し、交尾相手の質を求めるのである。*2

その結果オスはメスの気を引こうと互いに競い、メスより多くの子孫を残す可能性と、どの子どもの父親にもなれない可能性の両方をあわせもつことになる。結局オスは一種の遺伝的なふるいの役目をしているのだ。優秀なオスだけが繁殖し、劣ったオスが絶えず繁殖場面から消えることで、劣った遺伝子を絶えず種全体から除外しているのである。*3 これがオスの「目的」であるかのようにいわれることがしばしばあるが、それは、進化はその種族にとって最適の形で進んでいくという誤謬を犯している。

ある種では、ふるいは、他の種よりもうまく働いている。ゾウアザラシの場合は、ふるいにかけすぎて、各世代でほんのひと握りのオスがすべての子の父親であるといった事態が出てくる。アホウドリのオスはとても忠実で、妻は一羽しかいない。だから一定の年齢に達したオスは事実上すべてが繁殖する。それはともかく、交尾の相手を選ぶという話では、オスは量を求め、メスは質を求めるものだといってしまってもまちがいではない。クジャクのような鳥では、オスはメスが通りかかるたびに求愛の儀式を繰り広げる。メスはたった一羽のオスとしか交尾せず、それはふつう、最も豪華な飾り羽をもったオスを選ぶ。じつに性淘汰の理論に従えば、オスのクジャクがあんなにばかげた尾羽をもつに至ったのもひとえにメスのせいなのだ。オスはメスを引きつけるために、あんなに長くて立派な尾羽を進化させたのである。メスのほうは最高のオスを確実に選択するために、それに引きつけられる能力を進化させたのだ。

本章は、別のタイプの赤の女王コンテストについてである。このコンテストは結果として、美というものを生み出すことになる。というのは、人間の場合、富、健康、相性、繁殖力といった結婚相手を選択する際の実利的な基準がいっさい無視されるとしたら、あと残るものは明らかに恣意的な美の基準だけとなるからだ。この点では人間も他の動物もたいして変わりがない。メスがオスから何も役に立つものをもらわない種の場合、メスは美的基準だけで相手を選んでいるようである。

装飾と選り好み

人間の言葉に置きかえれば、我々は動物にこんな質問をしていることになる(のちに人間にも同じ質問をすることになるが)——お金のために結婚するのか、子孫を残すためにか、それとも相手がきれいだからなのか? 性淘汰理論がこれについていわんとするところは単純明快だ。動物の姿かたちの一部や、その行動の大部分が、生き残るためではなく、最高の、または最も多くの異性を獲得するように適応している。この二つ、すなわち「生存」と「異性の獲得」は、時によって相対立する目標ともいえる。この考えはチャールズ

・ダーウィンにさかのぼるのだが、この件に関するダーウィンの見解は、彼らしくなく曖昧模糊としている。ダーウィンは『種の起源』のなかで初めてこのテーマについて触れているが、のちにこのテーマで一冊の本を著した。それが『人間の由来と性淘汰』という書物である。[*4]

ここでダーウィンが述べようとしたことは、人種が互いにこれほど異なる理由は、幾世代にもわたってそれぞれの人種の女性が、例えば黒人なら黒人、白人なら白人の男を好んだからだということだった。言いかえれば、ダーウィンは黒い肌または白い肌の有用性を説明するのに行きづまり、黒人の女性は黒人の男性を、白人の女性は白人の男性を好むのではないかと推測したのである。すなわち肌の色を結果としてではなく、原因としてとらえようとしたのだ。ハトの飼育者がハトの好ましい特性だけを受け継ぐ系統を残そうとするように、動物も異性の選択を通して互いどうしに同じことをしているのだと。

ダーウィンの人種論はほぼ確実に的はずれであったが、[*5]異性の選り好みという考え方はそうではない。ダーウィンは、多くの鳥類のオスや他の動物のオスが派手で、カラフルで、飾り立てているのは、メスがそういう系統の「品種」のオスを選んできたからではないかと考えた。派手に飾り立てても、生き残る役に立つとはとうてい思えないので、オスの派手さは自然淘汰の結果としてはなんとも奇妙である。実際のところ、派手なオスはよく目立ち、それだけ敵から身を守りにくくなるので、自然淘汰には不利にちがいないのである。

ダーウィンは虹色に輝く目玉模様の折り重なった立派な尾羽をもつオスのクジャクを例にとり、オスのクジャクの尾羽が長いのは(実際にはそれは尾ではなくて、尾を覆っている長くなった尻の羽なのだが)、メスのクジャクが長い尾をもつオスとしか交尾しないからだと考えた。彼の観察によると、オスのクジャクはあのみごとな尾羽を、結局のところ、メスを誘惑するのに使っているらしい。以来「オスのクジャク」は、性淘汰の紋章、マスコット、エンブレム、あるいは源泉ともなっている。

ではなぜメスのクジャクは長い尾羽を好むのか？　私がそうだと言っているのだから、としかダーウィンには答えられないだろう。メスのクジャクは先天的な美意識によって長い尾羽を好むのだとダーウィンは言ったが、これはまったく答えになっていない。また、クジャクのメスが尾の長いオスを選ぶのであって、その逆ではないが、世間一般では、精子のほうが活発で卵子は受け身であるから、オスがメスを誘惑し、メスは誘惑される側であるのがふつうだ。

ダーウィンが唱えたさまざまな説のなかでも、メスがオスを選択するという説は最も説得力に乏しいものだった。博物学者は角などのオスの武器は、オスどうしがメスをめぐって争うときに役立つように生えてくるという考えを当然のごとく受け入れたが、クジャクのオスの羽はメスを引きつけるためにあるのだという浮ついた考えには、本能的に抵抗を感じたのである。なぜメスは長い尾羽をセクシーだと感じるのか、長い尾羽がメスにどんな利益をもたらすのかを、彼らは知りたがったが、それは当然のことだ。ダーウィンがこのメスによる選り好み説を唱えてから一世紀のあいだ、この説はまったく無視され、その間、生物学者たちは躍起になって他の解釈を探そうとしてきた。ダーウィンと同時代のアルフレッド・ラッセル・ウォレスが最初に好んだ説明は、どんな装飾も、クジャクの羽でさえも、なんらかのカムフラージュのために役立つという以外の説明は必要ないというものであった。のちに彼は、それらは単にオスのあり余った精力を表しているだけだと考えた。また、この議論に関して長年支配的立場にあったジュリアン・ハクスレーは、ほとんどすべての装飾や儀式的なディスプレー（誇示行動）は他のオスを威嚇するためのものであると考えることを好んだ。あるいは、オスの装飾は、メスがまちがいなく自分と同種の相手を選べるように、種を区別する目印となっているという考え方もあった。[*6] 博物学者のヒュー・コットは、毒性の強い昆虫が鮮やかな色合いをしているのに魅せられたあまり、すべての鮮やかな色彩や派手な装飾は、捕食者に対する警告であると考えた。確かにそういう場合もある。アマゾンの降雨林では蝶が色でコード化されている。黄色と黒はおいしくないということを意味し、ブルーや緑はすばしっこいので捕まえられないことを意味する。[*7]

一九八〇年代になってこの理論は新しい形で鳥類にも適用されることになった。色鮮やかな鳥は飛ぶのが速く、タカやその他の捕食者に「私はすごく速いんだぞ、だから私を追いかけようなんて、ゆめゆめ考えなさんな」ということを宣伝している、という説である。

ある科学者が剝製のヒタキのオスとメスを森のなかの枝に止まらせておいたら、最初にタカが襲ったのは色鮮やかなオスのほうではなく、目立たないメスのほうだったという。[*8] メスが美しいオスを選ぶという説に比べれば、どんな説でもまだましだと思われていたらしい。

しかしながら、オスのクジャクが羽を広げるのを見て、それがメスを引きつけることとなんら関係がないと考えるのは不可能だ。そもそもダーウィンがこの説を考えついたのもそのためで、鳥類のオスの派手な羽根飾りはメスを引きつけるためのものであって、それ以外に使い道はないことを知っていたからだ。二羽のオスのクジャクが戦うとき、あるいは捕食者から逃げるときは、尾羽は大事そうにたたまれているのである。[*9]

戦いに勝つべきか口説くべきか

メスがオスを選ぶということを立証するにはこれだけでは足りない。すべてはオスどうしの戦いの問題であるという考えに立つハクスレーの頑強な後継者はあとを絶たなかった。一九八三年になっても、イギリスの生物学者ティム・ハリデイが、「メスによる選り好みはあるとしても補助的なもので、オスどうしの戦いが果たす役割ほどの重要性はない」と書いている。[*10] アカシカのメスは、ハーレムを勝ち取るために戦って勝ったオスをハーレムの主人として迎えるが、おそらくクジャクもそれと同じで、メスはチャンピオンとなったオスを迎え入れるのだろう。

ある意味では、どちらにしても大差はないともいえる。複数のメスが一羽の同じオスを選ぶクジャクの場合も、複数のメスが一頭の同じハーレムの主に従うアカシカの場合も、結局は多数のオスのなかから一羽（一頭）のオスを「選んでいる」のだ。いずれにしても、メスのクジャクによる「選り好み」は、メスのアカシカよりも自発的でもなければ意識的に行っているわけでもない。メスのクジャクは勝ち取られたというよりは、単に引きつけられたまでなのだ。メスのクジャクは特に意識して考えたわけでもなく、いちばん立派なオスの求愛に引かれただけなのだろう。まして自分たちがしていることが「選り好み」だなどとはよもや思ってはいない。人々は繰り返し、選ぶというからには意識的に、能動的に行われなければならないと考える誤りを犯してきた。だからこそ、メスの動物が何か「理性的な」基準でオスを選ぶなどということはありえないと誤解してきたのだ。[*11] 人間の例で考えてみよう。漫画に出てくる穴居人の男が二人、死力を尽くして戦って、勝ったほうが負けたほうの妻を肩に担ぎあげてさらっていくというのが一方の極にあるとすれば、ロクサーヌを言葉のみによって口説こうとするシラノ・ド・ベルジュラックはもう一方の極にある。だが実際にはその中間に幾千もの組み合わせがある。男は他の男たちと戦って一人の女を勝ち取ることもできるし、女を口説き落とすこともできるし、両方を行う場合もある。

口説くにしても勝ち取るにしても、ふるいにかけて「最優秀」のオスを選ぶという点ではどちらも同じである。違いは口説きのテクニックではダンディーなオスが選ばれ、戦い取るテクニックでは腕力の強い者が選ばれるところにある。そういうわけでゾウアザラシやアカシカのオスは体も大きく、腕力があって危険である。一方クジャクやナイチンゲールは美的センスを見せびらかす。

多くの種の場合、配偶者を選ぶときはメスのほうが発言力が強いという証拠が、一九八〇年代中ごろまでに続々と集まり始めた。オスが群れ集まって「アリーナ」と呼ばれる共同求愛場でディスプレーをする場合、そのオスが他のオスより戦いに強いかどうかよりも、ダンスやディスプレーがうまいことのほうが、そのオスの成功にとって重要なのである。[*12]

何人ものスカンジナヴィア人による独創的な研究の結果、鳥のメスがオスを選ぶときには、実際オスの飾り羽に注意を払って相手を選ぶという事実が確証された。デンマークの科学者アンデルス・モラーはじつに賢明で徹底した実験で知られている。彼は人工的に尾を長くしたオスのツバメはふつうの長さの尾をもつオスよりもすばやくメスを見つけ、多くの子どもを育て、多くの不倫をしていることを発見した。[*13] またヤコブ・ヘグルントは、オスのシギはメスが通りかかると、白い尾羽を振って見せるのだが、尾羽に白の修正液を塗っただけで、より多くのメスを引きつけることができることを示した。[*14] こうした操作実験の最初のものは、アフリカのコクホウジャクを研究したマルテ・アンデルソンによるものである。コクホウジャクは体長の何倍もある大きな黒い尾羽をもち、草原の上を飛ぶときはその尾羽をひらひらとふるわせる。アンデルソンはこういうオスを三六羽捕まえ、その尾羽を切ってもっと長い尾羽をつなぐか、あるいは短いままにしておいた。すると、長い尾羽のオスは、尾羽が短いオスまたはそのままの尾羽のオスより多くのメスを獲得したのである。[*15] 他の種でも同じように尾羽を長くする実験を行った結果、一般に尾を長くしたオスのほうがメスの獲得率が高かった。[*16]

やはりメスはオスを選んでいるのだ。メスの好みは遺伝的に受け継がれるという決定的な証拠は今のところ手に入っていないが、もしそうでないとすると奇妙なことだ。これを示唆する一つのヒントがトリニダードで見つかった。そこに住むグッピーという小魚は、生息している川によって体色が異なる。そのなかでオスが最も鮮やかなオレンジ色をしているところでは、メスはオレンジ色のオスに最も強い関心を示すことが、二人のアメリカ人科学者によって証明された。[*17]

飾り立てたオスをメスが好むという事実は、実際にはオスの生存にとって脅威となりうる。赤いふさ毛をもつマラカイト・サンバードはケニア山の高地の斜面に住む輝く緑色の鳥で、飛びながら花の蜜や昆虫を食べる。オスの尾羽には二本の長い飾り羽がついていて、メスはいちばん長い飾り羽をもつオスに引きつけられる。二人の科学者が一部のオスの飾り羽を長くし、一部のオスのものは短くし、三番めのグループには尾羽におもりをつけ、四番めのグループには三番めのグループがつけたおもりと同じ重さの足環をつけてみた。その結果、メスが好む長い飾り羽は、つけているオスにとって重荷となっていることがわかった。飾り羽を長くしたオスと、飾り羽におもりをつけたオスはなかなか昆虫を捕まえられず、尾を短くされたオスのほうがうまかった。足環をつけただけのオスはふつうのオスと同じくらいのうまさだった。[*18]

メスはオスを選んでいる。メスの好みは遺伝し、メスは大仰な装飾を好む。大仰な装飾はオスにとって重荷である。そこまではいまや議論の余地はない。ダーウィンもそこまでは正しかったといえる。

専制的な流行

ダーウィンが答えられなかった問題は、なぜか、ということだ。いったいなぜ、メスは派手なオスを好まなければならないのか？　たとえメスの好みがまったく無意識的なもので、ただ豪華絢爛たるオスの誘惑のテクニックに本能的に反応しただけであったとしても、説明に窮するのは、オスの形質のほうではなく、そういうメスの好みがどうして進化するかということである。

一九七〇年代のあるころから、この疑問に対する完璧な答えは一九三〇年以来ずっとあったのではないかということに人々は気づき始めた。当時からサー・ロナルド・フィッシャーはメスが長い尾羽に引かれるのは、他のメスもみんなそうだからという以上の理由はないと論じていた。一見したところ、この説は疑わしい循環論法のように思われるが、それこそが、この説のすばらしいところである。いったん大多数のメスが選択の基準として尾羽の長さを使い、特定のタイプのオスを選ぶようになると（「いったん選ぶようになると」というところは大問題なのだが、その点についてはあとで述べる）、その傾向に従わずに短い尾羽のオスを選ぶメスは、短い尾羽の息子をもつことになる（息子には父親の短い尾羽が遺伝すると仮定する）。しかしほかのメスたちは尾羽の長いオスを選ぶので、短い尾羽の息子たちには見込みがない。この時点ではまだ、長い尾羽のオスを選択することは気まぐれな流行以外のなにものでもないが、それでも、専横的であるにはちがいない。それぞれのメスのクジャクは長いものにはまかれろ式なので、自分の息子が一生独身を通すよう運命づけることなどしない。その結果、メスの気まぐれな好みから、その種のオスはグロテスクともいえる厄介物を背負わされてしまうことになる。たとえこの厄介物がオスの生命を脅かすことになっても、この過程は続いていく。オスの生命への脅威が繁殖成功への寄与に比べて小さいかぎりは。フィッシャーの言葉を借りれば、「この過程によって影響を受ける二つの特質、すなわちオスの飾り羽の発達と、メスの異性に対する好みは、このようにいっしょになって進化してこなければならず、そのプロセスは、厳しい逆向きの淘汰によって歯止めをかけられないかぎり、ますます加速的に進んでいく」[19]

ところで、一夫多妻はこの説では本質的問題とはならない。ダーウィンは一夫一妻の鳥でもたいへんカラフルなオスがいることに気づいていた。例えばマガモやクロムクドリモドキなどがそうだ。一夫一妻の鳥にとっても、たくさんのメスを獲得する代わりに、繁殖の準備ができているメスをいち早く獲得することができれば、オスが誘惑的であることには価値があるとダーウィンは考えた。この推察は最近の研究によっておおむね支持されている。早く巣についたメスは遅く巣についたメスより多くの子どもを育て、元気いっぱいの歌上手や派手でダンディーなオスほど早くメスを獲得できるのである。オス、メスともにカラフルな一夫一妻の種では（オウム、ツノメドリ、タゲリなど）、異性の選択はオス、メス相互に行われているらしい。オスは派手なメスを選ぶ傾向、そしてメスも派手なオスを選ぶ傾向がある。[20]

ただし一夫一妻の場合は、オスは誘惑すると同時に自分でも選んでいることに注意してほしい。オスのアジサシは、魚というプレゼントとともに求婚する。これはメスに食べさせるためでもあり、同時に自分は魚取りがうまいから子どもたちに十分に食べさせていけますよ、ということを示している。オスがいちばん早く現れたメスを選び、メスはいちばんの魚取り名人を選んだとしたら、彼らはたいへん思慮深い判断基準を使ったことになる。選り好みが彼らの配偶者選びになんの役割も果たしていないなどとほのめかすだけでもとんでもないことだ。アジサシからクジャクに至るまで、選択基準はさまざまである。例えばメスのキジは、子育てにはオスからなんの援助も受けないが、身近にいるまだつがいになっていないオスには見向きもせずに、すでに数羽のメスを妻にしているオスのハーレムに喜々として加わる。このオスは自分のなわばりで一種の保護活動を行い、性的独占と引き換えにメスを食べさせ、保護する。メスにしてみれば、忠実で家庭的な夫より、すぐれた保護者のほうが利用価値があるわけだ。一方クジャクの場合、メスはそうした保護さえも受けない。オスのクジャクは精子をプレゼントする以外はなに一つメスに与えないのだ。[*21]

ところがここに一つのパラドクスがある。アジサシの場合、魚取りの下手なオスを選べば、それは子どもたちを飢えさせてしまう致命的な決断となる。キジの場合は、あまり実力のないハーレムの保護者を選んでしまうと、明らかに生活に不自由するはめになる。ところがクジャクの場合は、最も貧弱なオスを選んでもメスはなんら影響を受けない。オスからはいっさい援助を受けないのだから、メスには失う物は何もないように見える。したがってアジサシは相手を選ぶ場合、非常に慎重にならざるをえないが、クジャクの場合はちっとも慎重でなくてかまわないということになる。

実際には、慎重でないどころか、むしろその逆ではないかと思えることが行われている。メスのクジャクは数羽のオスを吟味し、目の前でオスに羽を広げさせて、じっくり時間をかけて相手を品定めする。さらに、メスたちが選ぶオスはみな同じ一羽のオスである。これとは対照的にアジサシのあいだでは、ほとんど争いは起きない。選り好みしたところでほとんど何も得るところがないように思える場合ほど、メスは選り好みが激しくなるのだ。[*22]

遺伝子の枯渇

ほとんど何も得るところがないだって？ クジャクの場合、実はきわめて重要なものが賭けられているのだ。遺伝子である。アジサシのメスは遺伝子のほかにオスから具体的な子育ての援助も受けるのに対して、クジャクのメスがオスからもらうものは、遺伝子だけである。アジサシはせいぜい父親としての能力を誇示すればよいのだが、クジャクのオスは自分がいかに優秀な遺伝子を相手にプレゼントできるかを誇示しなければならない。

オスのクジャクはメスを引きつける誘惑のテクニックを品評会のように並べて見せる数種の鳥の一つである。これはレックと呼ばれ、スウェーデン語で「遊び（プレイ）」を意味する。ライチョウの仲間、ゴクラクチョウのいくつかの種やマイコドリ、それにいくつかのレイヨウ類、シカ、コウモリ、魚類、ガ、チョウ、その他の昆虫もレック繁殖をする。レックとは繁殖期になるとオスが集まってくる場所のことで、オスたちはそこに小さななわばりを互いに密集して構え、訪れるメスに自分たちの衣装を見せびらかす。レックの特徴は、ふつう中心付近でディスプレーを行う一個体ないし数個体のオスが最も多くの交尾を行うことだ。しかし中心にいることが成功のカギではなく、ただ結果的にそうなるだけだ。他のオスたちが成功者のまわりに群らがってくるからである。

レック繁殖を行う鳥類で最も研究が進んでいるのは、北アメリカ西部に生息するキジオライチョウである。ワイオミングの中心部を夜明け前にドライブし、平らで何もない平原で車を止める。そこでキジオライチョウが踊りだし、あたりが活気づくさまを目のあたりにするのは、実にすばらしい体験といえる。キジオライチョウはそれぞれ自分の場所を占め、胸の気嚢をふくらませて、気取って前に歩いたかと思うと、羽のかげから裸の気嚢をゆさゆさpremise
させて踊るのだ。フォリー・ベルジェールのダンサーさながらである。メスはこのオスの品評会を数日かけて吟味したのち、そのなかの一羽のオスと交尾する。メスみずからが選択しているのであって、決して無理強いされているのでないことは明らかだ。メスがオスの目の前でうずくまるまでは、オスはメスの上にのったりしない。数分でオスの仕事は終わり、あとはメスだけの孤独で長い子育ての日々が始まる。彼女が配偶相手から受け取ったものはただ一つ、遺伝子だけである。そして、メスは選べる範囲のなかから最高の遺伝子を選ぶために全力を尽くしたかのように見える。

ここで再び、選り好みがほとんど重要でなさそうな種ほど、選り好みが激しいという問題が登場する。というのは一羽のキジオライチョウのオスが一回のレックで全交尾の半分までを行うからで、この頂点に立つオスが朝のうちに三〇回から四〇回の交尾を行うことは有名な話だ。[*23] その結果、第一世代では個体群から、クリームをすくい取るように遺伝子のいちばんよいところがすくい取られ、第二世代になるとそのいちばんよい遺伝子のなかのそのまたいちばんよいところが、第三世代ではそのまたいちばんよいところがすくい取られていく。どの酪農家に聞いても証言してくれることだが、この過程は、繰り返しているうちにすぐに意味がなくなってしまう。クリームはもう分離しなくなり、いちばんこってりしたクリーム層をすくい取り続けることはできなくなるからだ。それは、キジオライチョウにとっても同じことである。一〇パーセントのオスのみが次世代の父親となったとすると、生まれてくる子どもはすぐにメスもオスもすべて遺伝的に同じになるだろう。どのオスも似たり寄ったりなら、オスを選ぶ意味などなくなってしまう。このことは「レックのパラドクス」として知られ、現代のすべての性淘汰理論が越えようとしてきたハードルである。それでは、いかにしてそのハードルを越えるかというテーマについて、本章の残りで述べよう。

モンタギュー家とキャピュレット家

性淘汰理論は対立する二つの学派に分かれている。その違いをここで紹介しておこう。各学派に正式な名前はついていないが、よく「フィッシャー派」と「優良遺伝子派」と呼ばれる。性淘汰論争の経緯について卓越した著書を著したヘレナ・クローニン[*24]は、「よい趣味派」と「よい分別派」という言い方を使っている。場合によっては「セクシーな息子説」対「健康な子ども説」という言い方をされることもある。

フィッシャー論者（セクシーな息子説、よい趣味派）は、メスのクジャクが美しいオスを好む理由は、息子たちに遺伝する美しさそのものを求めているからであり、その結果、息子たちもメスにもてるようになってほしいと願っているからだと主張する。優良遺伝子論者（健康な子ども説、よい分別派）は、メスが美しいオスを好むのは、美しさが、遺伝的な質のよさのしるしであり――病気に抵抗力があるとか、元気であるとか、力が強いとか――、そういう特性が子どもに受け継がれてほしいと願っているからだとしている。

すべての生物学者がいずれかの学派に属しているわけではない。両派が和解できると主張する者もおり、マーキューシオが「両家にのろいを」と叫んだように、どちらの説にもくみしない第三の説を樹立しようとする者もいる。ともかくも、両派の対立は『ロミオとジュリエット』のキャピュレットとモンタギュー両家の何代にもわたる反目のごとく、生々しい。

フィッシャー派の考えは主に、好みの専横的な流行に関するロナルド・フィッシャーの深い洞察から派生している。また派手なオスに対するメスの好みはあくまでも気まぐれで、目的のないものだとしたダーウィンの説に従っている。彼らはこう考える。特にレックにおいて、メスは色彩の鮮やかさ、飾り羽の長さ、さえずる歌のうまさなどを基準にしてオスを選ぶが、それは、種全体が美しさに対するそのような気まぐれな好みで支配されており、だれもあえてそれをやめようとはしないからだ。一方、優良遺伝子派はアルフレッド・ラッセル・ウォレスの説をとり（自分たちはそう思っていないが）、尾羽が長いからとか歌が上手だからという理由でメスがオスを選ぶのは一見ばかげていて根拠がないように見えるかもしれないが、それなりに筋道が通っているのだと主張する。尾羽を見たり、歌を聞いたりすると、そのオスのもっている遺伝子がいかに優秀であるかが正確にわかるというのだ。大声で歌えたり、長い尾羽を生やしてよく羽づくろいができたりすれば、そのオスは健康で元気な子どもたちの父親になれるということを証明しているのであり、これはアジサシのオスが、メスに対して魚取りのうまさを示すことで、子どもたちを育てていけることを示しているのとまったく同じである。オスの装飾もディスプレーも、遺伝子の優秀さを示すためのものである、という考え方だ。

フィッシャー派と優良遺伝子派の違いが明らかになってきたのは、メスがオスを選ぶという事実がおおかたの納得を得て確立した一九七〇年代になってからだった。理論や数学モデルの好きな人々（生まれる前からコンピュータにはりついているような、顔が青白く、エキセントリックなタイプ）はフィッシャー派にくみした。一方、フィールドワーカーや博物学者（ひげを生やし、セーターに長ぐつ姿のタイプ）はしだいに優良遺伝子派にくみしていった。*25

選り好みは安価か？

一回戦はフィッシャー派の勝利だった。フィッシャーの直観的洞察を数学モデルにしたところ、正しいことが証明されたのである。一九八〇年代の初めに三人の科学者が、メスが尾羽の長いオスを選ぶ結果、尾羽の長い息子と母親の好みを受け継いだ娘を産むという、仮想上のゲームをプログラム化してコンピュータで計算してみた。その結果、オスの尾羽が長ければ長いほど配偶成功度は高くなるが、メスと交尾するまで生き残れる確率は低くなることがわかった。この発見の重要なところは、どこであれ、そこでゲームが終わるという「均衡線」が存在するということだった。この均衡線上では、尾羽の長い息子のハンディは、メスを引きつける有利さとちょうどバランスがとれているのである。[*26]

言いかえると、メスの選り好みが激しければ激しいほど、オスの装飾はより鮮やかで精巧になるということで、自然界はまさにそうなっているのである。キジオライチョウのオスは実に美しく着飾っているが、メスに選ばれるオスはほんのわずかである。アジサシはほとんど飾りがないが、大部分のオスがメスを獲得する。

このモデルでは、この過程がフィッシャーのいう「加速的なスピード」で均衡線から止めどなく離れていく（ランナウェイ）可能性があることも示しているが、それは、（遺伝的な）メスの好みに変異があり、オスの装飾があまり重荷になってはいない場合に限られる。こういう条件は、新しい好みや新しい特性が出現してきたばかりの、この過程の早期段階を除いては、ほとんどありえない。

しかし、数学者の発見はこれにとどまらなかった。選り好みの過程がメスにとって高くつくかどうかが非常に重要であることがわかったのだ。もしメスがどちらのオスを選ぶか決めるために、卵を抱くための貴重な時間をむだに費やしたり、ワシに捕まる危険に身をさらしたりするようであると、均衡線はもはや存在しない。均衡線に到着し、長い尾羽をもつことの有利さがその不利さと相殺されたとたん、選り好みに残された全体としての利点はなくなってしまう。そこで、選り好みにコストがかかれば、メスは選り好みなどしなくなってしまうのだ。これはフィッシャーの説にとって致命的に思えた。そこで束の間だが、フィッシャー説の別のバージョン（セクシーな息子説）に関心が寄せられた。これはセクシーな夫はよい父親にはなれないという論で、つまり選り好みの激しいメスが払わされる代価であるとされた。[*27]

幸いにも、別の数学的見方が示され、フィッシャー派の窮地を救った。精巧な装飾や長い尾羽をもたらす遺伝子は、ランダムな突然変異を起こしやすいということである。装飾が精巧であればあるほど、ランダムな突然変異はその精巧さを損ないこそすれ、改良はしない。これはどうしてだろうか？　突然変異とは遺伝による産物に投げつけられるスパナのようなものだ。例えばバケツのような単純な道具にスパナを投げつけても、バケツの機能はあまり変わらない。しかしもっと複雑な道具、たとえば自転車にスパナを投げつけたとすると、自転車の性能は確実に落ちるだろう。このように遺伝子に何か異変が起きると、飾りが小さくなったり、対称性が損なわれたり、色彩がそれほど鮮やかでなくなったりするだろう。数学者によれば、この「突然変異のバイアス」が十分でありさえすれば、メスが飾りのきれいなオスを選ぶに足る、れっきとした理由ができる。もしオスの飾りに難点があるとすれば、それは息子たちに遺伝するかもしれず、メスは最も美しい飾りを選ぶことで、突然変異が最も少ないオスを選んでいるのである。またおそらく、突然変異のバイアスは、先に設定した理論の中核をなす謎を十分に打破できるかもしれない。最も優秀な遺伝子のクリームの上澄みを各世代からすくい取っていったら、そのうちクリームを分離できなくなるという事実だ。すなわちこの「突然変異のバイアス」はクリームの一部をもとのミルクに戻し続ける役割を果たしているのである。*28

そこで、一〇年にわたる数学ゲームの結果、フィッシャー派も決してまちがってはいないことがわかった。気まぐれな飾りは、メスがオスを差別し、気まぐれな流行に従ってオスを選り好みすることによって、だんだんと精巧になっていくことがありえる。メスがそうやってオスを選り好みすればするほど、オスの飾りは精巧になっていく。一九三〇年にフィッシャーが唱えた説は正しかったのだ。しかし、それでもまだ納得しない博物学者は大勢いる。理由は二つ。その一つは、フィッシャーが証明しようとしていることの一部には前提があることだ。つまり、メスはすでに選り好みをするようになっているというのが前提であり、彼の説にはこの前提が欠かせない。これに対してはフィッシャー自身が解答を出している。すなわち、最初メスはより実利的な理由があって尾羽の長いオスを選んでいたのである。例えばそれは、体格や活力が優れていることを示していたのだ。これは決してばかにできない論である。というのはアジサシのように、すべてのオスがメスを獲得できる最も一夫一妻性の強い種でも、結局は相手を選ぶのだから。ただしこの考え方は敵方の優良遺伝子派から借りてきたものだ。したがって優良遺伝子派はこう答えるだろう。「事の始まりにおいてこちらの説が有効だったと認めるなら、どうしてそのあと無効にしたりするんだ？」と。

二つめの理由はもっと現実的だ。フィッシャーのランナウェイ選択が起こりえて、飾りが「加速的なスピード」で大きくなることが証明できても、それが本当に起こったことにはならない。コンピュータは現実の世界ではないのだから。博物学者を納得させるのは、あくまでも、生まれる息子のセクシーさがオスの飾りを進化させていることを示す実験でなくてはならない。

このような実験はかつて考案されたことはないが、私のようにフィッシャー説に傾いている者にとっては、かなり説得力のある議論がいくつかあると思われる。世界を見渡してみると、いったい何が見えるだろうか？　我々が議論している装飾はただの気まぐれ以外のなにものでもないことがよくわかる。オスのクジャクの尾羽には目玉模様がある。キジオライチョウはふくらますことのできる気嚢と先のとがった尾をもっている。ナイチンゲールは実にさまざまなメロディーで歌うが、一定のパターンがあるわけではない。ゴクラクチョウはペナントのようなとんでもない羽を生やしており、アズマヤドリは青いものを集める。これらは、気まぐれと色彩のごった煮である。もし性淘汰された装飾が、持ち主の活力を示すものであるならば、これほどまったくのランダムではありえないのではないだろうか？

もう一つ、フィッシャー側に有利に働きそうな証拠がある。それは、模倣という現象である。レックを注意して観察していると、メスは必ずしも個別に意思決定しているのではないことがわかるだろう。メスは他のメスの真似をするのだ。キジオライチョウのメスは、いましがた他のメスと交尾したばかりのオスを相手に選ぶことが多い。クロライチョウもレックをするが、オスのクロライチョウは、交尾するとすれば続けて数回交尾する傾向がある。メスのクロライチョウ（グレイヘンと呼ばれる）の剝製をオスのなわばりのなかに置いておくと、他のメスもつられてそのオスのなわばりに呼び寄せられるが、ただし必ずしも交尾するためとはかぎらない。[*29] グッピーのメスは、二匹のオスと出会ってそのうちの一匹が他のメスに対して求愛していたとすると、求愛されていたメスがその場にいなくなった場合でも、結局はその求愛していたほうのオスを好む。[*30] こうした模倣行為は、流行を追っているだけなのだから、フィッシャー説が正しい場合に考えられることである。この場合、選ばれたオスが「最高の」オスであるかどうかは問題ではない。問題はそのオスが最もファッショナブルだということである。そうすれば、息子もファッショナブルになるだろう。もし優良遺伝子派が正しいとすれば、メスは他のメスの意見にそれほど左右されないはずだ。メスのクジャクは互いに真似されることを妨げようとしているのではないかという観察さえ出てきており、これはフィッシャー派にとっては納得のいくことだ。[*31] なぜなら、最終的な目的が次世代に最もセクシーな息子を残すことであるなら、その第一の方法は最もセクシーなオスと交尾することで、第二の方法は最もセクシーなオスと他のメスが交尾することを妨げることなのだから。

装飾のもつハンディキャップ

もしメスが将来生まれてくる息子のためにセクシーさを基準にしてオスを選ぶとすれば、なぜ他の遺伝形質も問題にしないのだろう？　優良遺伝子派は、美には目的が存在すると考えている。メスのクジャクは自分の子どもが、性的魅力を備えるためというよりは、生存能力を備えるように、遺伝的に優れたオスを選んでいるのだ。

優良遺伝子派もフィッシャー派に負けないくらい実験による裏づけをそろえている。例えばオスを自由選択できるショウジョウバエは、選択を許されなかったショウジョウバエの子どもと比べ、より競争に強い子どもを産むことが証明された。[*32] キジオライチョウ、クロライチョウ、オオシギ、ダマジカ、コクホウジャクのメスはみな、レックでいちばん元気よくディスプレーするオスを好むようだ。[*33] 二羽のクロライチョウのオスが踊っているなわばりの境界線上にメスの剝製を置くと、二羽のオスは、この生きてはいないメスを独占する権利をめぐって戦う。勝者はふつう、生きているメスにとっても最も魅力的なオスのほうで、その後の六カ月間、そのオスが生存する可能性はもう一方のオスより高い。ということは、このオスは単にメスを引きつけることだけにたけているのではないといえそうだ。[*34] メキシコ産で北アメリカ西部に生息するイエマシコのオスは体色が赤いほどメスによくもてるのだが、同時により優れた父親ともなる。つまりひなにたくさんのえさを運び、寿命も長い。それはおそらく、そういうオスが遺伝的に、病気に対して抵抗性が高いからなのだろう。あたりでいちばん赤いオスを選択することで、メスは、最も魅力的な遺伝子のほかに優れた生存能力の遺伝子ももらうのである。[*35]

メスの誘惑がいちばん上手なオスは、他のことをやらせても優れているとしても驚くにはあたらないが、それは、メスが子どもたちのために優秀な遺伝子を求めていることの証明にはならない。自分にウィルスなどが感染しないように、弱々しいオスを避けているというだけかもしれないのだ。また、このような事実は、セクシーなオスが息子に伝える最も重要な要素はセクシーさであるという考え方、すなわちフィッシャー説を損なうわけでもない。オスは同時に他の形質も伝えることができることを示しているにすぎない。

しかしここで、ニューギニアに生息するチャイロニワシドリの場合を考えてみよう。他のニワシドリ科の鳥と同じく、オスは小枝やシダの葉でみごとなあずまやを作り、そこにメスをおびき寄せようとする。メスはあずまやを吟味して、その作り方や装飾が気に入ったらオスと交尾をするが、それらの装飾品はたいてい、何か珍しい色のものだ。ところがチャイロニワシドリは変わっていて、彼らにとって最高の装飾はサクソン王という名のゴクラクチョウの羽なのだ。この羽は体長の数倍もあって、ちょうど目の上のあたりから生えている。まるで車のアンテナに何枚もの青いペナントをはためかせているようだ。この飾り羽はゴクラクチョウが四歳になるまでは生えてこず、年に一回生えかわる。また、地元の部族にも珍重されているので、ニワシドリがこの羽を手に入れるのはなかなか困難にちがいない。しかも一度手に入れたら、それをうらやんだ他のオスが、すきあらば自分のあずまやのために盗んでいこうとするので、しっかり守らなくてはならない。そこでジャレド・ダイアモンドの言葉を借りれば、サクソン王の羽飾りであずまやを飾っているオスを見つけたメスは、「貴重なものを見つけたり盗んだりするのが上手で、おまけに泥棒からそれを守る能力のあるすばらしいオスを見つけた」ことになる[*36]。

ニワシドリについてはこれくらいにしておこう。飾り羽の由緒正しき持ち主であるゴクラクチョウはどうなのだろう？　ゴクラクチョウのオスが飾り羽が生えるまで生き延び、周辺のオスより長い飾り羽をもち、それをきれいに保っているとすれば、それは、そのオスの遺伝的性質が優れていることを示している。だが、このことはダーウィンをして最も悩ませ、またすべての議論の発端ともなった謎を思い起こさせる。もし飾り羽の存在理由がそのオスの質を示すものだとすれば、飾り羽そのものはオスの質に影響を及ぼさないのだろうか？　とどのつまり、美しい飾り羽をもつゴクラクチョウはニューギニアの部族民からも虎視眈々と狙われるし、タカは彼らを簡単に発見してしまうだろう。生存能力ありと知らしめているその飾り羽のおかげで、逆に彼が生き残る率は低くなってしまう。要するにそれは、ハンディキャップである。メスが生存能力の高いオスを選ぶシステムが、どうしてオスの生存に支障となるようなハンディキャップを背負わせてしまうのか？

これはなかなかいい質問で、その答えは逆説的である。一九七五年に彼は、イスラエルの科学者、アモツ・ザハヴィがその答えを出してくれた。クジャクの尾羽やゴクラクチョウの飾り羽がオスにとってハンディキャップであればあるほど、彼らがメスに送る信号は信ずるに足るものであると考えた。メスの目の前に尾羽の長いオスがいるという事実そのものが、彼がそれまで幾多の試練を経て生き延びてきたことを証明しているとメスは確信できるだろう。オスはそういうハンディを背負っているにもかかわらず生き延びてきたのだ。そのハンディが大きければ大きいほど、それはそのオスの遺伝的優良性を証明する掛け値なしの信号となるのだ。そこで、クジャクの尾羽がハンディキャップである場合には、そうでない場合よりも早く進化するだろう。フィッシャーはクジャクの尾羽が過酷なハンディとなってくるにつれて、尾羽の進化は徐々に止まるはずだと予測したが、これはまさにその逆である。*[37]

この考え方は説得力もあり、なじみのあるものでもある。マサイ族の戦士が将来の妻に向かって自分のたくましさを証明するためライオンを殺す場合、彼は自分が殺される危険をおかすわけだが、そうすることによって、家畜を守りぬくために必要な勇気の持ち主であることを示すのである。ザハヴィのハンディキャップ理論はこのような通過儀礼を言い直したものにすぎない。だが彼の説は各方面から攻撃を受け、一致してザハヴィ説は誤りであるということになった。最も説得力のある反論は、息子が優秀な遺伝子と同時にハンディキャップも受け継ぐはずだというものだった。したがって息子は、優秀であるのと同じくらいのハンディも背負わされている。結局セクシーなオスも、セクシーでない代わりに重荷も負っていないオスとどっこいどっこいだということになる。*[38]

ところが最近になって、ザハヴィの説は正しいことが立証された。数学モデルは、彼が正しく、批判のほうが誤っている可能性のあることを示したのである。*[39] ザハヴィの擁護者たちはザハヴィの説に、性淘汰の優良遺伝子説を支持する二つの微妙な調整を行った。一つは、ハンディキャップは生存能力に影響を与えるかもしれない（おそらくは与えるにちがいない）し、オスの質を表しているばかりでなく、その影響は累進的であるというものだ。すなわちオスが弱ければ弱いほど、一定の長さの尾羽をもつこと、または維持することはむずかしくなるにちがいない。確かにツバメに対して行われた実験では、自然に生えるものより長い飾り羽を与えられ、価値を引き上げられた鳥は、次の回には前ほど長い尾羽が生えなくなることが示された。余分なハンディキャップのツケがまわってくるのである。[*40] 二つめは、ハンディキャップとなる飾りは欠陥を最もよく明示するようにデザインされているだろうというものだ。例えばハクチョウは白くなければ、もっと生きることが楽だったろう。純白のウェディングドレスを着て湖を泳いだ者でなければわからない苦労がハクチョウにはあるはずだ。ハクチョウは何年かたって繁殖ができるようになるまでは白くならない。疑い深いハクチョウにとって、求婚者が白いうえにも白いということは、えさ取りの時間をさいて羽づくろいできるゆとりがあることの証となるのだろう。

ザハヴィの説が正しいことがわかったことにより、フィッシャー派と優良遺伝子派のあいだの議論が再燃することとなった。それまでは、優良遺伝子説は、結果的に生じた装飾がオスにとって重荷にならない場合にのみ有効だったのである。つまり、オスは自分の遺伝子の優秀さを宣伝するかもしれないが、セクシーな息子の効果がなければ、高いコストを払って宣伝しても反生産的となってしまうのである。

シラミのたかったオスたち

いよいよハンディキャップ理論は、性淘汰の核心的な謎と対決することになる。それはレックのパラドクスである。メスのクジャクはごくひと握りの優秀なオスを選び、彼らと交尾することによって、絶えず遺伝子のクリームの最良の上澄みをすくっているのであるから、その結果、二、三世代あとにはもう選ぶべきものがなくなってしまうという、あのパラドクスである。突然変異は装飾や求愛誇示を損なうように働くという優良遺伝子説の主張が、部分的な答えを与えはするが、説得力には欠ける。それでは結局のところ、最高のオスを選ぶのではなく、最低のオスを選ばないことの論拠にしかならないからだ。

こういうジレンマから救い出してくれるのは赤の女王しかいない。というのは、性淘汰理論はどうやら、メスは（選り好みをすることで）絶えず走り続けていながらひとつ所にとどまっている（つまり選り好みするような変異がない）という結論に至るからである。そうであるとしたら、絶えず変化する敵、軍拡競争のライバルを探さなければならない。

ここで再びビル・ハミルトンに出会うことになる。前回彼が登場したのは、性そのものが疾病との戦いの本質的な要素であるという説を論じたときであった。性の主たる目的が、寄生者に対する免疫を子孫に残してやるためだとするなら、寄生者に抵抗力のある遺伝子をもつオスを配偶相手に選ぶことは有意義なことにほかならない。エイズのことを思えば、健康なセックスパートナーを選ぶことがいかに大切かがわかるが、同じ理論がすべての病気や寄生者に関してもいえるのである。

一九八二年、ハミルトンと同僚のマーリーン・ズック（現カリフォルニア大学リヴァーサイド校）は、寄生者とその宿主は互いを出し抜くために絶えず遺伝的組成を変化させているので、レックのパラドクスを解く鍵であると同時に、派手な色彩やクジャクの尾羽の謎を解く鍵を握るのは寄生者ではないかと考えた。ある世代で、ある系統の宿主が多ければ多いほど、次の世代では、その防御に打ち勝つ系統の寄生者が多くなる。その反対もまたしかりで、宿主の系統がどんなものであれ、優勢な寄生者の系統に対して最も抵抗力のあるものが、次世代では最もありふれた宿主となるのである。つまり、最も疾病に抵抗力のあるオスはしばしば、前の世代では最も抵抗力が弱かったオスの子どもであるかもしれないのだ。これでレックのパラドクスはたちまち解決される。各世代で最も健康なオスを選ぶことで、メスは世代ごとに異なる遺伝子の組み合わせを選んでいるのであり、決して選択する遺伝子の幅がせばまることはないだろう。[*41]

ハミルトン－ズックの寄生者説はきわめて大胆であるが、この二人の科学者はここでとどまりはしなかった。彼らは一〇九種の鳥類のデータを調べ、最も色鮮やかな種は血中寄生虫に最も悩まされていることを発見した。これに対しては反対意見も多く、おおいに議論が白熱したが、まだ論破されてはいないようだ。ズックは五二六種の熱帯性鳥類の調査でも同じ結果を得ているし、他の科学者はゴクラクチョウや数種の淡水魚[*42]でも同じ結果を得ている。寄生者が多ければ多いほど、その種は派手になるのだ。人間の場合でも、その社会が一夫多妻的であればあるほど、寄生者の圧力は高くなるが、それがどういう意味かは明らかではない。[43] これは、おもしろい偶然の一致にすぎないのかもしれない。相関関係があっても因果関係があることにはならないからである。ハミルトン‐ズック説を確実にするためには、三つの条件が必要である。一つは、宿主と寄生者の定期的な遺伝周期を示す証拠、二つめは、装飾は寄生者がないことを示す特に有効な手段であること、三つめは、メスはたまたま最も抵抗力のあるオスを選ぶのではなく、二つめの事実に拠(よ)って最も抵抗力のあるオスを選ぶのだということである。

ハミルトンとズックが初めて自分たちの説を発表して以来、多数の証拠が続々と集まっている。その一部は彼らの説を支持するものであるが、その他は支持しないものである。しかし、先に挙げた三つの条件をすべて満たすものはまだ現れていない。彼らの説によると、華麗な種であればあるほど寄生者に悩まされていることになるが、同時に、一つの種のなかでは、オスの装飾が華麗であればあるほど、そのオスの寄生者は少ないことになる。このことはさまざまな例から正しいことが証明されている。また一般にメスは寄生者の少ないオスを好むというのも事実である。キジオライチョウ、アズマヤドリ、カエル、グッピー、コオロギでさえもそうなのだ。[44] ツバメの場合、メスは尾の長いオスを好み、尾の長いオスのほうがシラミが少なく、その子どもたちはたとえ里親に育てられても、シラミへの抵抗力を受け継いでいる。[45] キジやヤケイ（家禽のニワトリの野生種）についても同様なことが推測されている。[*46]こういう結果は意外でもなんでもない。メスが最も健康なオスの魅力にまいるのではなく、病気で痩せたオスに誘惑されることのほうが、それよりもずっと驚嘆すべきことであっただろう。メスが病気のオスを避けるのは、ひとえにシラミをうつされたくないからで、それ以上の理由はないのかもしれない。[*47]キジオライチョウに対する実験で、一部の懐疑派も納得し始めている。ワイオミング大学のマーク・ボイスと彼の同僚たちは、マラリアにかかっているオスやシラミがたかっているオスは、メスの獲得率が低いことを発見した。また、シラミがたかっているオスは気嚢に斑点がつくので、見破られやすいこともわかった。健康なオスの気嚢にわざと同じような斑点を書いたところ、オスがメスを獲得する率は低くなったのである。[*48]もし彼らが今後の研究で、一つの抵抗遺伝子から他の抵抗遺伝子へとメスの選り好みによって媒介される周期が存在することを示すことができれば、優良遺伝子説は重要な足がかりを得ることになろう。

左右対称の美

一九九一年、アンデルス・モラーとアンドリュー・ポミアンコウスキーは、フィッシャー説と優良遺伝子説の内戦を終わらせることができそうな、ある方法を偶然に見つけた。左右対称性である。左右対称性は、発達上の偶発事としてよく知られており、動物がよい状態で生育した場合には体の左右対称性に優れ、生育期になんらかのストレスを経験すると、左右対称性に劣るようになる。例えばガガンボモドキは、自分自身が栄養十分で、つれあいにたくさんのえさをもってこられるようなオスを父親とすると、体がより左右対称となる。理由は簡単で、例のスパナを投げつけてだいなしにするというたとえを思い出してくれればよい。左右対称のものを作るのは簡単ではない。ちょっとでも進行を妨げるものがあれば、左右非対称となる。[*49]

したがって翼とかくちばしのような体の各部分は、ちょうどぴったりの大きさの場合には左右対称となるが、ストレスのために少し小さくなったり、少し大きくなったりすると、左右対称ではなくなる。もし優良遺伝子説が正しいとすれば、装飾が大きいことは遺伝子が最も優秀で、ストレスが最も少なかったことを示しているのであるから、オスの装飾は最大のときに、最も左右対称となるはずだ。反対にフィッシャー説が正しいとすれば、装飾の大きさと左右対称性にはなんら関係がないということになり、関連があるとすれば、最も大きい装飾が最も左右対称でなくなるはずだ。なぜなら装飾の大きさは持ち主の素質となんら関係がなく、単にその動物が最も大きい装飾を生やすことができるという事実を示すだけにすぎないからだ。

モラーが調査したツバメでは、最も長い尾のオスが最も左右対称の尾をもっていた。これは、通常の法則に従っている、翼などの羽とはパターンが異なっている。これらの羽では、平均値に近い長さのものが最も対称であるのだ。言いかえれば、大部分の羽では、長さに対して左右対称性を表すとU字型の曲線となるのに、尾の飾り羽では長くなるほど対称になっていくのである。最も尾が長いツバメがメスの獲得率が最も高いのだから、左右対称性の高いツバメのほうがやはりメスの獲得率が高くなる。

そこでモラーはオスの尾羽を短くしたり長くしたりすると同時に、尾の対称性も高くしたり低くしたりして実験を行った。すると尾を長くしたオスのほうが早くメスを獲得し、より多くのひなを育てたが、尾の長さが同じであれば、左右対称性が高いオスのほうが左右対称性の低いオスよりもよい結果が出た。[*50]

モラーはこの結果を優良遺伝子説を支持する確固たる証拠であると解釈している。それは、条件依存性の形質（左右対称性）が性淘汰されることを示しているからだ。彼はポミアンコウスキーと協力して、左右対称性が大きさと相関する装飾と、しない装飾とを分ける作業を始めた。つまりこの作業は、優良遺伝子とフィッシャーを分離することになる。最初に出た結論は、長い尾をもったツバメのように装飾が一つしかない動物は優良遺伝子であり、大きさが大きくなるほど左右対称性も増すが、長い尾羽、顔面の赤い花飾り、色鮮やかな羽の模様などをもつキジのように装飾がいくつもある動物は、フィッシャー的で、大きさと左右対称性とのあいだには相関がない、というものだった。その後ポミアンコウスキーはこの問題を異なる角度から検討し直し、フィッシャー的な複数の装飾は、メスの選り好みにあまり損失がともなわない場合に大勢を占め、選り好みの損失が大きい場合には優良遺伝子が大勢を占めると論じた。ここで我々は再び同じ結論に達したことになる。つまりクジャクはフィッシャー説で、ツバメは優良遺伝子説で説明できる。[*51]

正直なヤケイ

ここまで私は主にメスの観点から見たオスの装飾の進化について述べてきたが、それは進化をうながすのがメスの好みだからである。しかし、メスによる選り好みが支配するクジャクのような種でも、オスは自分の進化的運命をただ傍観しているだけの受け身な存在ではない。彼は熱烈なる求婚者であり、同時に熱心なセールスマンでもある。オスは売るべき製品（おそらく自分の遺伝子）と、製品に関する情報をもっている。しかし、オスは単にその情報を知らせて、メスの判断を待っているだけではない。彼はメスを説得し、口説き落とそうとする。そして、メスが慎重な選り好みを行うメスたちの子孫であるのと同様に、オスも、手堅い商売をしてきたオスたちの子孫なのだ（その反対もあるが、あまり関係ない）。

セールスのやり口と比べてみると得るところが多い。というのは、広告業者は製品についての情報を提供するだけで売り込もうとはしないからだ。ごまかしたり、誇張したり、製品をすてきなイメージと結びつけたりする。セクシーな写真を使ってアイスクリームを売り、手をつないで浜辺を散歩する恋人たちの映像を使って航空券を売り、インスタントコーヒーを売るのにロマンスを利用し、タバコを宣伝するのにカウボーイを使う。

男性が女性を口説くときには、自分の銀行口座の明細のコピーを送ることはせずに、真珠のネックレスを贈る。健康状態を証明するのに医師の診断書を送ったりしないで、週に一五キロ走っているとか、全然風邪をひかないとかを、それとなく会話に織り込んだりする。自分の学歴をひけらかしたりせずに、機知に富んだ会話で女性を魅惑する。聖書を見せて自分がいかに思慮深い人間であるかを示さなくても、彼女の誕生日には赤いバラの花束を贈ればよい。どの行為にも、あるメッセージがこめられている。「ぼくは金持ちだよ、ぼくは健康そのものだし、頭もいいし、やさしい人間だよ」と。だがその情報はもっと魅力的でもっと効果的にするためにきれいな包装紙にくるまれている。「わが社のアイスクリームを」というメッセージだけでなく、そこにすてきな男女が互いに目を見つめあっているロマンチックな絵が添えてあれば、さらに人目を引くのと同じである。

求愛では、広告の世界と同じく、売り手と買い手のあいだには利害の不一致がある。メスはオスの健康、経済状態、遺伝子の素質などについて本当のところを知る必要がある。オスのほうは自分に関する情報を誇張し、多少ゆがめてもよく伝えたい。メスは真実を知りたいし、オスは嘘をつきたいのだ。誘惑という言葉自体、どこか策略めいて、ごまかしが感じられる。*52

そこで誘惑は古典的な赤の女王コンテストということになる。ただしこの場合の主役は、宿主と病気ではなく、オスとメスである。ザハヴィのハンディキャップ理論は、ハミルトンとズックによる研究のとおり、正直者が最後には勝ち、インチキをしたオスはいずればれることを予測している。なぜならハンディキャップは、オスの健康状態を表しているがゆえに、メスの選り好みの基準とされているからだ。

セキショクヤケイは家禽のニワトリのいとこすじにあたる。農家の庭で飼われている雄鶏のように、セキショクヤケイのオスはさまざまな飾りをもっているが、それらはメスにはない。曲がった尾羽、鮮やかな首回りの羽、夜明けのときの声、頭頂のまっ赤な鶏冠などがその一部である。マーリーン・ズックはこのうちどれがメスのヤケイの基準になるのかを見きわめようと、発情期を迎えたメスに二羽のひもにつないだオスを見せ、どちらを選ぶか観察した。実験の一部では、一方のオスの腸に回虫を感染させておいた。このことは羽毛、くちばし、脚の長さにはほとんど影響を与えなかったが、鶏冠と目の色にははっきりと現れ、どちらも健康なオスより色がうすかった。メスは鶏冠と目の色がはっきりしているオスを好み、羽毛にはあまり関心をはらわなかった。ところがズックは、赤いゴム製のにせの鶏冠をつけたオスをメスに選ばせることはできなかった。メスはそれをあまりにも奇妙だと思ったのである。ともかく、メスはオスの形質のうちで、健康に関する情報を最もよく伝える部分に最も注意をはらってオスを選んだことは明らかとなった。*53

養鶏農家もやはり、オスの鶏冠と肉垂(にくすい)を見て健康を判断することを、ズックは知っていた。彼女が注意を引かれたのは、オスの健康状態をより「正直に」表しているのが、羽毛ではなく、肉垂であるということだった。多くの鳥、特にキジ類は、顔のまわりに肉質の構造を発達させており、求愛のときにはそれを誇示してみせる。シチメンチョウはくちばしの上に長い肉垂をもっているし、キジは顔面に赤い円花飾りがある。キジオライチョウは気嚢をむき出しにし、ジュケイ属の鳥はあごの下に伸び縮みする、ネオンのような青のよだれかけをつけている。

オスの鶏冠が赤いのはカロチノイド色素が含まれているからである。オスのグッピーがオレンジ色をしているのもカロチノイドのせいで、イエマシコやフラミンゴの赤い羽毛もカロチノイドのためだ。おもしろいのは、鳥や魚は体の組織内でカロチノイドを合成することができず、果物、甲殻類、またはその他の植物や無脊椎動物などのえさから抽出するということだ。しかし、えさからカロチノイドを摂取し、組織へと分配する能力は、ある種の寄生虫によって大きく影響される。例えば胞子虫症におかされたオスは、健康なオスと比べ、同じ量のカロチノイドを与えられても、鶏冠にカロチノイドが集まってこない。寄生虫がなぜこのような生化学的な影響を与えるのかは解明できていないが、これは避けられないことのようで、メスにとってはきわめて有効な判断基準となる。カロチノイドをたっぷり含んだ組織の色彩の鮮やかさは、寄生虫におかされている度合いを表す、目に見える指標なのである。キジやライチョウ類の鶏冠、肉垂、たれ飾りなど、メスへの誇示に使われる肉組織の装飾が共通して赤やオレンジ色をしているのも不思議はない。*54

こうした鶏冠の大きさや色合いは寄生虫の影響も受けるだろうが、同時にホルモンによっても影響される。オスの血液中にテストステロン（男性ホルモンの一種）が多く含まれていればいるほど、鶏冠や肉垂は大きく色鮮やかになる。オスにとって困るのは、テストステロンの割合が高くなれば、寄生虫の感染が増えることである。ホルモン自体が寄生虫への抵抗力を弱めてしまうらしいのだ。*55 こちらもその理由のまだ知られていない事柄だが、感情的に動揺したり怖れを抱いたりしたときに血液中に出てくる「ストレス」ホルモンのコルチゾールは、免疫システムに対しても顕著な影響を与える。西インド諸島の児童に対して長期にわたってコルチゾールのレベルを調査した研究によると、コルチゾールレベルが高くなった直後には、はるかに伝染病にかかりやすくなる。*56 コルチゾールもテストステロンもステロイド系ホルモンで、驚くほど類似した分子構造をもっている。コレステロールをコルチゾールまたはテストステロンに変換するのに必要な五段階の生化学的反応のうち、異なるのは最後の二段階だけである。*57 ステロイド系ホルモンには免疫システムの防御体制を必然的に低下させる何かがあるらしい。テストステロンの免疫システムに対する影響こそが、男性のほうが女性より感染症に弱いことの原因であり、これは動物の世界全般にいえる傾向である。宦官はふつうの男性より長生きである。一般にオスの生き物のほうが死亡率が高く、ストレスも大きい。フクロネズミというオーストラリアの小動物では、熱狂的な繁殖期のあいだにすべてのオスが致命的な病気にかかり、死んでしまう。まるでオスには一定の限られたエネルギーしかなく、それをテストステロンに使うか免疫システムに使って病気を防ぐか、二つに一つしかないようである。*58

ここから性淘汰に関していえることは、嘘をついてもうまくいかないということだ。性ホルモンを身分不相応にたくさんもちすぎると、メスを誘惑する飾りは大きく立派になるだろうが、寄生者には弱くなり、それが飾りの状態に表れてくる。反対に、免疫システムのほうがテストステロンの生成を抑制することもありえる。ズックに言わせれば、「オスは、男らしさを誇示する装身具を身につけると、必然的に病気に対して脆弱になる」のだ。*59

スイスのビール湖に生息する赤いひれをもつローチというコイ科の小魚の研究は、こうした推察に対する最良の証明である。この魚のオスは繁殖期になると、体じゅうに小さな結節ができるが、これは、互いに体をこすりつける求愛行動の際に、メスを刺激するのに使われるらしい。寄生虫の多いオスほど、結節の数は少なくなる。動物学者はオスの結節を見るだけで、回虫か扁平虫に感染しているかどうかがわかる。動物学者に寄生虫の有無がわかるくらいなら、メスのローチにわからないはずがないということになる。このパターンは異なる種類の性ホルモンの働きによる。一つのホルモンは、ローチがある種の寄生虫におかされやすくなるのと引きかえに初めて濃度を高めることができる。また別のホルモンは、別の種類の寄生虫に対する抵抗力を弱めることと引きかえに濃度を高めることができる。*60

雄鳥の肉垂やローチの結節が正直な信号であるとすれば、おそらく鳥のさえずりもそうであろう。大きな声で、長くさえずるナイチンゲールは元気がよく、レパートリーが広く、いろいろなメロディーをさえずるナイチンゲールは、経験を積んでいるか、器用であるか、もしくはその両方だろう。オスのマイコドリが二羽でパ・ド・ドゥのような踊りを元気よく踊って見せるときも、正直な信号を送っているのであろう。クジャクやゴクラクチョウのような、羽を見せびらかすだけの鳥は、その羽が生えてからあと、悪癖によって健康が害されていることをごまかしているかもしれない。なんといってもクジャクの羽は、持ち主が死んで剝製になってからも、美しく輝いているのだから。そこでほとんどのオスが繁殖期の直前に換羽するのではなく、前の年の秋に換羽するのは不思議ではないのかもしれない。冬のあいだ、彼らは丹念に羽づくろいをしておかなければならない。半年間しっかりと羽づくろいをしたという事実は、まさに、彼が元気で長持ちすることをメスに告げているのだ。種々のライチョウに共通する臀部のふさふさしたまっ白い羽は、特にその鳥が寄生虫による下痢でも起こしていたら、きれいに羽づくろいをしておくのはかなり骨が折れるだろうと、ビル・ハミルトンは指摘している。*61

正直さはハンディキャップの必要条件であり、反対にハンディキャップは正直さの必要条件であると、ザハヴィは確信していた。正直であるためには、装飾は高い代価をともなわなければならないと彼は考えた。そうでなければ、装飾は相手を欺くために使われてしまう。シカは通常の一日のカルシウム摂取量の五倍ものカルシウムを費やさなければ大きな角を生やすことはできない。パップフィッシュ（米国ネヴァダ州産のメダカ科の淡水魚）は本当に健康状態がよくなければ玉虫色には光らない。この事実は闘争中の他のオスを見れば証明できる。闘争に加わって正直な信号を使うのを拒否すれば、何か隠しごとがあるにちがいないという仮定から、オスは正直にディスプレーせざるをえなくなる。したがってディスプレーのための装飾は、「宣伝に偽りなし」という言葉のお手本なのである。*62

この論はすべて理にかなっているが、一九九〇年ごろになってあるグループの生物学者が異を唱えだした。性的な宣伝はおおよそ真実であるという考えに、直観的にうさん臭いものを感じたのだ。というのは、テレビの宣伝というものは正しい情報を伝えるのではなく、視聴者を巧みに操るものだということをよく知っていたからである。同様に動物によるコミュニケーションもすべて、受け手を操作するものだというのが彼らの主張だ。

この考え方を最初に打ち出し、その雄弁さ（巧妙さ？）にかけてはチャンピオン級なのが、オックスフォード大学の二人の生物学者、リチャード・ドーキンスとジョン・クレブスである。この二人によると、ナイチンゲールは自分のことを逐一メスに知らせるためではなく、相手を誘惑しようとして歌っている。それが自分の本当の実力を偽ることであるるかなら、それはそうなのだろうと。[*63]

アイスクリームの宣伝は、単純な意味では正直である。一応商標名だけは伝えているからだ。しかし、一口食べるごとに、あとにセックスが待っているとほのめかしているとしたら、とても正直とはいえない。こういうお粗末な嘘は人類という動物王国の天才をもってすれば、たちどころに見抜くことができるだろう。だが見抜かれないのだ。宣伝は効くのである。セクシーで気をもたせるような映像で宣伝したほうが、商標名はよく知られるようになり、よく知られたブランドのほうが売れるに決まっている。では宣伝はなぜ効くのか？　それは消費者がサブリミナルなメッセージを無視するために払わなければならない代価が高すぎるからだ。宣伝にだまされて二番めにおいしいアイスクリームを買ったとしても、わざわざ口達者なセールスマンを論破する能力を自己教育する苦労よりましだからである。

この本を読んでいるメスのクジャクは、みずからのジレンマを認識し始めたかもしれない。彼女たちもオスのディスプレーに引っかかって、二番めに優秀なオスを選ぶハメになっているかもしれないからだ。ここで思い出してほしいのは、例のレックのパラドクスが、オスたちはすべて、前の世代でごく少数だけ選ばれたオスの息子なのであるから、結局レックのオスたちのあいだには選ぶべき違いはほとんどないと述べていることだ。そこで、宣伝は真実を伝えるという理論と、宣伝は不正直な操作であるという二つの理論は、正反対の結論に達するようだ。真実の宣伝論では、メスはごまかしの宣伝を見破るという結論になるし、不正直な操作論では、オスは一枚うわてでメスの賢明なる判断をさらにあざむくという結論になる。

若い女性のウエストはなぜ細いか？

最近になってこの謎に決着をつけようとしたのが、オックスフォード大学のマリアン・ドーキンスとティム・ギルフォードである。信号の不正直さを見破ることがメスにとって高いものにつくかぎり、そうする価値はない。言いかえれば、メスがわざわざ出かけていって多くのオスを比較し、最高のオスを選ぶことを確実にするために命を懸けなくてはならないのなら、最高のオスを選択することで得られるささいな利益など、メスがおかす危険に比べたら問題ではなくなってしまう。あくまで最高のオスを目的にして優良なオスを敵に回すよりは、優良なオスに口説かれたほうがましである。要するに、オスが胸につけている品質保証のバッジが本物かニセ物かを容易に見分けることができないのなら、他のメスにだって見分けられないだろうし、そうなれば息子たちが父親から受け継ぐ不正直さで損をすることはないのである。*64

この種の論理の驚くべき例として、この二、三年前にミシガン大学のボビー・ロウと彼女の同僚たちが発表した人類に関する独創的な理論がある。ロウは、若い女性はどうして体の他の部分より胸と尻に脂肪がつくのかを究明しようとした。このことに説明が必要な理由は、若い女性はこの点では他の人間と違うからである。もっと年配の女性、少女、それに男性はどの年齢層にしろ、胴や手足のほうにもっと均等に脂肪がつくものだ。しかし二〇歳前後の女性が太るとすれば、胸や尻に脂肪がつくパターンが多く、ウエストは細くくびれたままなのだ。

ここまでは議論の余地のない事実である。これから先はまったくの推測である。ロウがこの理論を一九八七年に発表したときに、実に辛辣な（しかも大部分がばかげた）批判を多く受けたのも、これがあくまで推測の域を出なかったからだった。

二〇歳の女性は繁殖期の絶頂にあり、したがってふつうでない脂肪の分布パターンも結婚相手を得ること、または子どもを産むことと関連していると思われる。従来の解釈では出産と関連していると考えられていた。例えば腰のあたりは胎児が宿る場所なので、スペースを残しておくためウエストに脂肪がつきにくいのだと。ロウの説明は、それは男性を引きつけるためであって、これは両性間の赤の女王競争をなすものだというのである。妻を求めている男性は、ことに二つのものに魅せられた男性の子孫である。その二つとは、子どもに乳をやる大きな乳房と、子どもを宿す広い腰である。現代ほど豊かではなかった時代には、母乳不足による乳幼児の死亡はよくあることだった（今でも世界にはそのようなところもある）。また産道が狭いために母子ともに死亡するケースも日常茶飯事だったにちがいない。出産にともなう併発症は、人間の場合ことに多い。これは明らかに産道を通る人間の頭の大きさが過去五〇〇万年のあいだに急速に大きくなったからである。その大きさに産道の幅が追いつく唯一の方法は（ユリウス・カエサルの母親の産道が切開され、帝王切開が実施されるまでは）、腰の細い女性が死によって淘汰されていくことであった。

となれば、男性は当然腰の広い、胸の豊かな女性を好むようになる。これではまだ胸と腰に脂肪がつくことの説明にはなっていない。同じサイズなら脂肪の多い乳房が、少ない乳房より母乳の出がいいというわけではなく、脂肪のついたヒップも脂肪の少ないヒップと骨組みの構造は同じである。だが、こういう部分に脂肪がつく女性は、母乳もたっぷり出て骨盤も広いと男性に信じ込ませたのかもしれないと、ロウは考えた。男性はそれにだまされたのである。なぜなら、ただ脂肪が多いだけの乳房と本当に母乳がたっぷりの乳房を見分ける、または、ただ脂肪が多いことと本当に骨盤が広い腰とを見分けるにはコストがかかりすぎるし、実際にそれを見分けるチャンスなどなかったからである。進化的にいうと、男性はここで反撃に出て、皮下脂肪が少ないことの証明に、細いウエストを女性に「要求」したのだ。だが、女性は簡単にこれに打ち勝って、他の部分には脂肪がついていても、ウエストだけはほっそりさせるようになったのだ。[*65] ついでながら、バスト、ウエスト、ヒップのスリーサイズを「人口統計（決定的に重要なという意味もある）」というではないか。スリーサイズが八九－八九－八九なら、それは太りすぎか、妊婦か、中年女性である。スリーサイズが八九-五六-八九の女性なら、『プレイボーイ』誌のカバーガールにもなれるだろう。

ロウの理論はまちがっているかもしれない。それは本人がまっ先に認めていることだ。だがライバル連中の理論と比べて論理を欠くというわけでもなく、憶測がすぎるというわけでもない。しかも、いま我々が論じていることの目的からすると、不正直な宣伝者（この場合は珍しいことに、女性である）と、正直さを求める宣伝の受け手のあいだの赤の女王競争は、必ずしも正直さを求める性のほうが勝つとはかぎらないことを示唆する一助となる。もしロウが正しいとすれば、乳腺組織を発達させるより脂肪を得るほうが安上がりになるということが決定的に重要である。ドーキンスとギルフォードの理論では、真実を伝えるより、だますほうが安上がりであることが決定的に重要であるのと同様である。[*66]

カエルの鳴き声

オスの目的はメスを誘惑することにある。自分の魅力にメスがまいるように仕向け、メスの脳に入り込んで、彼女の心を思いどおりにしようとする。オスには、なんとかみごとなディスプレーをしてみせ、メスをその気にさせ、性的に興奮させて、まちがいなく交尾できるようにするよう、淘汰圧がかかっている。

一方、最高のオスを選ぶことでメスが恩恵を受けるものとすれば、メスには、最も魅力的なディスプレーをして見せるオス以外はすべてを拒絶するよう淘汰圧がかかっている。こういうことは、メスの選り好みに関する議論の全体を、「なぜ」によりは「いかにして」に重点を置いて言いかえたにすぎない。しかし、このように言いかえると役に立つことがあり、特に、この場合はそうである。

テキサス大学のマイケル・ライアンは数年前、この問題をこのように言いかえてみたが、彼がカエルの研究を行っていることにも一因があったろう。カエルでメスの選り好みを測定するのは簡単である。オスは一カ所に座ったまま鳴き、メスは、最も気に入ったオスの声のほうに近づいていくからである。ライアンはオスをラウドスピーカーに替え、それぞれのメスにいろいろなオスの録音の声を聞かせて、メスの好みをテストした。

トゥンガラガエルという種のカエルは、長くすすり泣くような鳴き声のあとに「ケッ」という鳴き方をして、メスを引きつける。一つを除いて近縁種のカエルはすべて、このすすり泣くような鳴き声だけで「ケッ」と鳴かない。しかし「ケッ」といわない親類の少なくとも一種だけは「ケッ」なしより「ケッ」ありの鳴き声のほうを好むことが判明した。これはニューギニアのある部族の男性が、民族衣装の女性より、純白のウェディングドレスを着た女性のほうを魅力的だと感じるのを発見したのと似ている。このことは、どうやらメスの耳（正確にいえば内耳のこと）が「ケッ」という声の周波数に最もよく反応するようにできていることを示しているらしい。オスは、進化的な言葉を使えば、この事実を発見し、利用したのである。ライアンの見解では、このことはメスによる選り好みの議論全体に打撃を与えるものである。なぜなら、フィッシャーのセクシーな息子説であれ、優良遺伝子説であれ、メスの選り好みの理論は、オスの飾りとそれに対するメスの好みとは、いっしょに進化してきたと考えているからである。ライアンの得た結果は、メスの好みはオスが飾りをもつ以前から存在し、立派に確立していたことを示しているようである。つまりメスのクジャクは、オスがまだ大きなニワトリみたいな外見で立派な尾羽などもっていなかった一〇〇万年前から、目玉模様のある長い尾羽を好んでいたことになる。*67

ライアンの同僚アレキサンドラ・バソロは、プラティ（メキシコ原産の熱帯魚）という魚でも同じ結論が出ることを発見し、トゥンガラガエルの事例がまぐれ当たりでないことを立証した。この魚のメスは尾ひれが長く刀状に伸びたオスを好む。他の種には、オスがこのような刀状の尾ひれをもつものもあるが、それ以外のプラティの親戚の種は、こういう刀状の尾をもっていない。ソードテール（中央アフリカ原産の熱帯魚）が刀状に延長された長い尾ひれを獲得したというよりは、プラティの仲間全部が刀状の長い尾ひれを捨ててしまったのだという論議は考えすぎというものだ。したがってプラティが刀状の尾ひれを好むことは、そういうものができる前から潜在的にあったことになる。*68

ライアンの主張はある意味で、月並みなものである。オスのディスプレーがメスの感覚器官に合っていなければならないのは当然すぎることだからだ。ちなみに哺乳類のなかでは、進んだ色覚をもっているのはサルと類人猿だけである。だから哺乳類では彼らだけが青やピンクといった鮮やかな色彩で飾られているのも驚くにはあたらない。同様に、耳の聞こえないヘビがメスを誘うのに鳴きかわしたりしないのも当たり前なのだ（ヘビの発するシューシューという音はあくまで、耳の聞こえる生物を威嚇するためのもの）。実際、動物の五感のそれぞれに対して、「クジャクの尾羽」的な装飾を数えあげることができる。クジャクの尾羽は視覚に、ナイチンゲールの歌は聴覚に、ジャコウジカの匂いは臭覚に訴える。[*69] 蛾のフェロモンは味覚に訴え、ある種の昆虫が「形態的に立派な」ペニスをもっているのは触覚に訴えるためだ。[*70] ある種のデンキウオ類の巧妙な電気による求愛信号は第六の感覚に訴えるというわけだ。[*71] どの種もそれぞれに、メスがいちばん感知しやすい感覚を利用している。これはある意味で、ダーウィンのもともとの考えに戻ることになる。すなわちメスには理由はどうあれ、ある審美的な感覚が備わっており、それらの感覚がオスの装飾を作っていった、という考え方だ。[*72]

それればかりか、オスは最も危険の少ない、最も代価が安いディスプレーの方法を選択することも当然考えられる。そういう選択をしたオスはしなかったオスよりも長生きして、多くの子孫を残す。バードウォッチャーならだれでも知っていることだが、歌のうまさと羽の色の美しさとは互いに反比例している。オペラのように鳴くオスのナイチンゲールや、ムシクイやヒバリは茶色で、ふつうはメスとほとんど区別がつかない。オスが豪華絢爛でメスが地味なゴクラクチョウやキジ類は、単調な鳴き方であまりパッとせず、歌い手としては凡庸な部類に入る。おもしろいことに、ニューギニアとオーストラリアのニワシドリ科の鳥にも同じことがいえる。体の色が地味な鳥であればあるほど、そのあずまやは丹念に作られ装飾も多い。このことは、ナイチンゲールやニワシドリ科の鳥は、体の色鮮やかさと引き換えに、歌や立派なあずまやを手に入れたことを示している。そうすることには明らかな有利さがある。歌上手は危険が迫れば、歌をやめればよいし、あずまや作りは、危険が迫ればあずまやを去ればいいのだ。[*73]

このパターンのより直接的な例が魚類に見られる。カリフォルニア大学サンタバーバラ校のジョン・エンドラーはグッピーの求愛行動を研究しているが、特にオスの体色に興味をもっている。魚類の色覚は実に優れている。我々人間の目に備わる色覚細胞は三種類（赤、青、緑）しかないのに、魚類は四種類、鳥類は七種類もの細胞をもっている。鳥たちが目にする世界に比べたら、人間の生活などモノクロームの世界といってもいい。ところが魚はまったく異なる世界も経験している。というのは、彼らの世界は、異なる色の光線を、ありとあらゆる異なるフィルターで通した世界だからだ。水深が深くなればなるほど、赤の光線は青より通りにくくなる。水が茶色っぽくなればなるほど、青の光線は通りにくくなる。水が緑になると、赤も青も通りにくくなる、といった具合に。エンドラーの研究したグッピーはトリニダード島の川に生息している。求愛の時期には、彼らはたいてい澄んだ水に生息しているので、オレンジ、赤、青などが最も目立ちやすい色となる。ところがグッピーの天敵の魚は、黄色の光線が最も通りやすい水域に住んでいる。黄色のオスのグッピーがいないのはしごく当然なのだ。

オスは赤・オレンジ系と、青・緑系の二色を使う。前者はカロチノイド色素によって生成され、えさから取り込まなければならない。後者はグッピーが成熟すると皮膚に沈着するグアニン結晶によってできる。紅茶色の水域に住むメスのグッピーは、赤・オレンジ系のほうが見えやすいので、青より赤・オレンジ系の光線に敏感で、これもしごく当然だ。このようなグッピーの脳は、オスがディスプレーに使う赤・オレンジ系のカロチノイド色素の波長にぴったり反応するようにできているのである。この逆もおそらく可能だろう。*74

モーツァルトとムクドリモドキの歌

マーク・カークパトリックはライアンのテキサス大学での同僚であるが、彼はさらにびっくりするような事実を用意している。カークパトリックは性淘汰理論を最も完璧に理解している一人と認められており、事実、一九八〇年代初めにフィッシャーの説が数学的に有効であることを証明したのも彼だった。だが現在カークパトリックは、フィッシャー説とザハヴィ説の二者択一を拒否している。その理由の一端がライアンの発見にある。

このことは、カークパトリックがジュリアン・ハクスレーのように、メスによる選り好みを否定しているという意味ではない。ハクスレーはオスどうしが戦って選ぶのだと考えたのに対し、カークパトリックは多くの種ではメスが選ぶのだが、その好みは進化しないという考え方に傾いている。メスはその固有の趣味によってオスに重荷を負わせているだけだというのだ。

優良遺伝子説もフィッシャー説も、ともにオスの絢爛たるディスプレー行動がオスに利益をもたらす理由を見つけ出そうと躍起になっている。カークパトリックはその点をメスの立場から考えてみる。例えば仮に、メスのクジャクの好みがオスに立派な尾羽を生やすよう重荷を負わせたとしよう、とカークパトリックは言う。メスのそのような好みを、なぜ息子や娘に与える影響の観点からだけで説明しなければならないのか？　メスのクジャクがそういう選り好みをするもっと直接的でうまく説明のつく理由はないのだろうか？メスの好みはまったく別のことで決定されていることはないのだろうか？　「メスの選り好みに作用している他の進化要素が、優良遺伝子的要素を凌駕し、しばしばオスの生存率を低下させるような形質をメスが好むようにさせてしまう」と、彼は考えているのである。[*75]

最近行われた二つの実験は、メスが、進化では出てこなかった固有の好みをもっているという考えを支持している。ムクドリモドキのオス（中くらいの大きさの黒っぽい鳥）は、一種類の歌しか歌わない。そしてメスのムクドリモドキは、二種類以上の歌を歌ってくれるオスを好む。その理由はピッツバーグ大学のウィリアム・サーシが発見した。メスのムクドリモドキはラウドスピーカーから流れるオスの歌に引き寄せられ、交尾をうながす誘いのポーズをとるが、彼はこの事実に着目した。しかしメスのこういう行動も、オスの歌に飽きてくると薄れてくる。ところがラウドスピーカーから流れる歌が新しい歌に変わると、彼女の誘いのポーズもまた触発される。ここに見られる「慣れ」は脳の働きに特有のことで、我々の感覚も、ムクドリモドキの感覚も、静的状態ではなく、新しいものや変化に敏感なのだ。メスの好みは進化してきたのではない。それは、そうであるだけなのだ。[*76]

性淘汰理論で最も驚くべき発見は、おそらく、一九八〇年代初めに行われたナンシー・バーリーによるキンカチョウの研究である。彼女はこのオーストラリアのアトリ科の小鳥がどのように交尾相手を選ぶのか研究しており、便宜のために大きな鳥小屋に入れて、色別の足環をつけた。しばらくして彼女は奇妙な事実に気づいた。赤い足環をつけたオスがメスに好かれるらしいという事実だった。さらに実験を重ねた結果、足環はオス、メス両方の「魅力」に多大な影響を与えることがわかった。赤い足環をつけたオスは魅力的で、緑の足環は魅力的でない。黒かピンクの足環をはめたメスは好かれ、空色の足環のメスは好まれなかった。足環だけではなかった。小鳥の頭に小さな色紙の帽子をはりつけても、彼らの魅力は左右された。メスのキンカチョウはどちらかというと単純明快なルールで交尾相手を評価する。体に赤い色をつけていればいるほど（または緑色が少なければ少ないほど。赤と緑は脳によって反対色と判断されるから同じことだ）、オスは魅力が増すのである。[77]

もしメスに美的な好みが備わっているとすれば、オスはその好みを利用するよう進化するというのは筋が通っている。例えばクジャクのメスにとっては、オスの尾羽の「目玉模様」が実際の目を大きく拡大したものと似ているから、誘惑的と感じられることもありえないことではない。多くの動物にとって実際の目玉は目を釘付けにするもので、催眠的であるとさえいえる。突然目の前で、たくさんの巨大な目が自分をじっと見つめているとしたら、メスのクジャクは軽い催眠状態に誘われるかもしれず、それを機にオスはメスに突進していくのかもしれない。[78] このことは、通常の刺激より「超正常刺激」のほうがより効果的であるという一般的な発見とも一致する。例えば、多くの鳥はふつうのサイズの卵よりも、とてつもなく大きな卵が巣にあるほうを好む。ガチョウもふつうの大きさの卵よりは、サッカーボールほどの大きさの卵を温めるほうが好きだ。彼らの脳には、「卵好き」というプログラムと同時に、「大きい卵のほうがもっと好き」というプログラムが組み込まれているかのようだ。そこでおそらく、目玉模様が大きくなればなるほど、メスのクジャクには魅力的、または幻惑的となったのだろう。オスは巨大な目玉模様をたくさん進化させることによってメスの好みを利用したのだが、メスの好みには、進化上の変化は起こっていない。[79]

ハンディキャップを背負った広告塔

アンドリュー・ポミアンコウスキーは、ライアンとカークパトリックの主張をおおかた認めているが、メスによる選り好みについては意見を異にする。ライアンとカークパトリックが考えている事柄は、単にオスの形質を、メスの感覚が好むバイアスの方向に向けさせる制限要因にすぎないと、ポミアンコウスキーは指摘する。しかし、メスの好みが変わらなくても誇張が起こるといっているわけではない。世代を経るごとにオスの装飾は派手になっていくので、メスがフィッシャー的効果を回避することはほとんど不可能になるだろう。最も選り好みの激しいメスは最もセクシーなオスを選び、最もセクシーな息子が生まれ、最もセクシーな息子をもったメスは最も多くの孫娘をもつことになり、メスは代々ますます選り好みが激しくなり、オスによる誘惑や幻惑はますますむずかしくなる。「決定的な疑問は、メスの感覚が利用されているかどうかではなく、なぜメスは利用されることを許しているのかということだ」とポミアンコウスキーは書いている。ところで、カエルの耳が捕食者を見つけるようにはチューニングされるが、オスを選り好みするようにはチューニングされないと考えるのは、ずいぶん貧弱な淘汰の考えではないだろうか。[*80]

したがって、ライアンとカークパトリックに対し、オスの豪華絢爛たる求愛行動は、メスの生来の趣味を反映したものであると反論することは可能である。メスの趣味は次世代のために最良の遺伝子を選ぶ手段で、メスにとっては有用なのだという考えを捨てる必要はないのである。オスのクジャクの尾羽は、目玉のようなものを好むように自然淘汰されたメスの習性のなごりであり、同時にメスのクジャク間に存在する専制的な好みの流行のランナウェイの所産でもある。また尾羽の持ち主の状態を示すハンディキャップでもあるのだ。このようないくつかの要素の折衷案を嫌う人は多いが、だれをも満足させようという誤った欲望からこれを考えついたのではないと、ポミアンコウスキーは主張する。ある日インド料理店で、紙ナプキンに彼が書いてくれたものは、すべての性淘汰論が調和的に機能している、納得のいく説明であった。

まずオスの個々の形質は偶然の突然変異によって始まったと考える。その変異がたまたまメスの感覚の偏向とピタリと合うと、その形質は広まり始める。それが広まるにつれ、フィッシャー的効果が現れ、オスの形質とメスの好みはともに誇張されるようになる。やがてオスの形質がすべてのオスに広まるところにまで到達し、もはやメスがその流行に従う意味はなくなる。メスによる選り好みはコストがかかるという事実による圧力がかかり、この流行は下火となり始める。何もないならば、いろいろなオスを比べるのは、メスにとって時間と労力のむだである。コストが小さいときには、フィッシャー的効果が消える速度は遅い。例えばメスが一度に全部のオスを見ることができるレック繁殖を行う種ではそうである。しかし、なかには消えない形質もある。その形質が持ち主の隠れた健康状態を映し出す場合である。例えば寄生虫に感染しているオスの場合は、色合いにそれが出てくる。だからこそメスは最優秀のオスを選ぶのをやめないのである。メスはいちばんすてきなオスを選び（または誘惑され）続ける。そうすれば、生まれてくる子どもたちは病気に対して抵抗力が強くなるからだ。つまり、オスの状態を反映する形質は、ただ派手に誇張されてくるばかりではなく、同時にいちばん最後まで残るような特性でもあるのだ。そしてレック繁殖をする種では、フィッシャー的な誇張されたすべての形質もそのまま残るが、それは、選り好みのコストがきわめて小さいからである。もっとも、乱婚的な種は、結局はさまざまなハンディキャップや、装飾や、けばけばしいシミの寄せ集めとなるだろう。ゆえにポミアンコウスキーは（先に論じた左右対称性の考え方に基づき）、一夫多妻の鳥のもつ複数の形質は、オスのクジャクの数々の装飾のようにフィッシャー的装飾であり、一夫一妻の鳥の単一の形質は、先が分かれているツバメの尾羽のように優良遺伝子による装飾、または健康状態を示すハンディキャップである、という自身の直観的洞察に確信をもち始めている。[*81]

このつぎ春に動物園を訪れたら、ぜひともメスの前でポーズをつけているオスの中国産ギンケイを見てほしい。全身これ、色彩のオンパレードである。顔にはうすいブルーの皮膚。頭の上にはまっ赤な鶏冠。首のまわりには黒の縁どりのまっ白な羽。喉の部分は玉虫色に輝くグリーン。背中はエメラルドグリーンとロイヤルブルーの羽毛に覆われ、腹部は清冽な白、臀部はオレンジ色。尾羽のつけ根の部分には朱色の羽が五対ある。尾そのものは体長より長く、黒と白のしま模様となっている。美しくない羽や傷ついた羽は、一キロ先からでも目立ってしまう。このオスは、体を清潔に保ち、健康に気を配り、危険をかわすというハンディを背負いながらも、優秀な遺伝子をもっていますよという、ピカイチの広告塔である。求愛相手の感覚の偏向をみごとに映し出した歩く絵画と呼んでもいいだろう。

人間クジャク

クジャクやグッピーの奇怪な行動はそれだけで博物学者には興味深いものだし、進化を研究する者は、テストケースとして好奇心をそそられる。だが一般人にとってクジャクの研究が意味をもつのは、ひとえに自己中心的な理由による。我々は、クジャクが人間について何を教えてくれるかを知りたいのである。一部の男が女にもてるというのは、その容姿がハンディキャップの優良遺伝子や、病気に対する抵抗力を正直に表しているからなのだろうか？　まさか、そんなことはありえない。男が女にもてるのは、もっとはるかに多様で微妙な理由による。親切だとか、頭がいいとか、あるいは機知に富んでいる、お金持ち、ハンサム、はたまたたまたま手近にいたからとか。人類はレック繁殖をする種ではないのだ。男はみんなで集まって、通りがかりの女たちにディスプレーしたりはしない。ほとんどの男は、交尾がすんだらさっさと女のもとを去るわけでもない。人間の男は豪華絢爛たる装飾など生やしていないし、ステレオタイプの求愛儀式もないのだが、ディスコに行ってみると、そういう感じがしないでもない。女性が配偶相手の男性を選ぶときには、セクシーな息子や病気に強い娘を授けてくれるかどうかより、よき夫となるかどうかで判断する。男性が妻を選ぶときも同じように現実的な点を考慮するが、女性よりは若干美しさにこだわるかもしれない。だが男女ともに、親としての能力を基準にしている。その意味では、他のメスの真似をして、熱心に求愛行動を示したオスを選ぶキジオライチョウよりは、魚取りのうまい相手を選ぶアジサシの選び方に近いといえる。そこで、純粋な優良遺伝子に対する選り好みから生じる、誘惑と購買拒否をめぐっての両性間の赤の女王レースは起こらない。

とはいえ、そのようにはっきりと区別がつくわけではない。性淘汰の影響がほとんどない、またはごくわずかしかない哺乳類もいる。平均的なネズミが、先祖代々のメスの好みにふりまわされ、求愛用の派手な飾りを身につけている、とはいえない。人類に最も近い親戚筋のチンパンジーでさえ、メスの選り好みによってわずかでも影響を受けているとは思えない。オスもメスも外見はあまり変わらず、求愛行動も単純なものだ。

しかし、人類は性淘汰の影響をまったく受けていないと断言するのはちょっと待ってほしい。結局のところ、人間はどこでも美しさに興味をもっている。口紅、宝石類、アイシャドウ、香水、ヘアダイ、ハイヒール、みな異性の気を引くために美しさを際立たせたり、ごまかしたりするために使われる形質で、クジャクやニワシドリとあまり変わらない。しかも人間の場合は、こういった装飾品でわかるとおり、女性が男性の美しさを求めるより以上に、男性が女性の美しさを求めているように見える。言いかえれば、人間は幾世代もの長きにわたって、メスによる選り好みよりは、オスの選り好みのえじきとなってきたのかもしれない。もし性淘汰の理論を人類に当てはめるとするなら、検討すべきはメスの遺伝子に対するオスの選り好みだろう。いずれにしてもさしたる違いはない。どちらかの性が選り好みをするようになれば、性淘汰理論の結果はすべて、避けがたく現れてくるのである。続く数章では、人間の肉体および精神の一部は、実は性淘汰によって作られてきたのだということが明らかになるかもしれない。どうやらそんな雲行きである。

第6章　一夫多妻と男の本性

「この世に女がいなければ、世界中の富とてこれっぽっちの価値もない」

——アリスタトル・オナシス

「権力とは究極の催淫剤である」

——ヘンリー・キッシンジャー

古代インカ帝国では、セックスは厳しく規制された生産システムであった。太陽王アタワルパは、国中にたくさんの「処女の宮殿」をもち、それぞれの宮殿に一五〇〇人の乙女を住まわせていた。美貌の持ち主であることはもちろん、処女という条件を満たすために、八歳を過ぎて選ばれる者は稀であった。しかし彼女らが長く処女でとどまることはなかった。彼女らは皇帝の愛妾だったからである。皇帝を頂点とするピラミッド社会のそれぞれの階級の男が、定められた規模のハーレムをそれぞれ所有していた。大貴族は七〇〇人以上の女がいるハーレムをもち、側近は五〇人の女を与えられた。族長には三〇人の女、人口一〇万人の地方の長官には二〇人の女、一〇〇〇人の部下をもつ隊長には一五人の女、五〇〇人を治める首長には一二人の女、一〇〇人を治める村長には八人の女、五〇人の頭には七人の女、一〇人の頭には五人の女。五人の頭には三人の女。このため、ふつうの男に残された女はごくわずかであった。禁欲を余儀なくされたために、自暴自棄な行動に走る者もいたにちがいない。上長の女を寝とるという不貞を働いた場合に、厳しい刑罰が与えられていたことが、それを証明している。他人の女を犯すと、本人はもとより、その妻子、親戚、召使、同じ村の住人やラマまでもが殺された。村は焼き払われ、焼け跡にはまき散らした石が残るばかりだった。

その結果、アタワルパと貴族たちが次の世代の父親という株をほとんど独占したのである。彼らはつねに、子孫に遺伝子を伝えるチャンスを、非権力者から奪っていったのだ。インカの人々の多くは、権力者の子孫であった。

西アフリカのダオメー王国（現在のベナン共和国）では、あらゆる女は王の慰み者であった。何千人もの女が王のために王宮のハーレムに囲われ、余った女は王の寵臣（ちょうしん）と「結婚」させられた。そのため、一般のダオメーの男の多くは独身者で子がいなかったのに対し、ダオメーの王たちは、非常にたくさんの子どもを残した。一九世紀に首都アボメイを訪れた旅行者によると、「王家の血筋を引かないダオメー人を見つけるのは困難」であった。

セックスと権力の関係には、長い歴史があるのだ。[*1]

男はケダモノ

本書はこれまでのところ、人間についてはわずかにしか触れてこなかった。これは意図的である。私が打ち立てようとしている理論は、人間という特殊な類人猿で説明するよりも、アリマキやタンポポ、粘菌、ショウジョウバエ、クジャク、ゾウアザラシなどで説明するほうが、わかりやすいのだ。しかし、この特殊な類人猿がこれらの原理の枠外にあるというわけではない。人間が進化の産物であるのは、粘菌がそうであるのと変わりはない。そして、進化に対する科学者の考え方が、過去二〇年間に大変革を遂げたこともまた、人間にとって大きな意味をもっているのである。これまでの議論を要約すると、進化とは適者の生存というよりも適者の繁殖である。地球上のあらゆる生物は、戦いの歴史の所産である。寄生虫と宿主の戦い、遺伝子と遺伝子の戦い、同じ種に属する生物どうしの戦い、異性を獲得するための同性間の戦い、この戦いには、同種の仲間を操り、利用する心理戦も含まれる。だがこの戦いに勝者はいない。ある世代で勝利しても、次の世代の敵は、もっと激しく戦う能力を備えているからである。生の営みはシジフォスの神話だ。ゴールを目ざしてどれほど速く走ろうとも、到達すれば、また次のレースが始まるのである。

本章は、これらの議論の論旨を追って、人間の行動様式の核心に迫るものである。人間は特異であるという理由から、この試みに意味がないと思う人々はたいてい、次の二つのどちらかの議論を持ち出してくる。その一つは、人間の行動はすべて学習されたものであって、遺伝で決まるものではないというものである。もう一つは、多くの人々は、遺伝的に決められた行動は固定的だと考えていて、人間は明らかに柔軟性に富んでいるではないかというものである。最初の主張は誇張であり、第二の主張は誤りである。人間が欲情するのは、なにも幼いときに父親の膝の上で教えられたからではない。空腹や怒りを覚えるのも、またしかりである。それは人間の本性なのだ。性欲や、空腹、怒りを発展させる潜在能力は生まれながらのものである。時がくれば、ハンバーガーに対して空腹を覚え、遅れた電車に対して憤慨し、愛情を覚える対象に対して、適切な場合に欲情するように学習するのである。つまり、「本性」を「変えた」のだ。遺伝的な性向は、我々の行動すべてに行き渡り、そして柔軟性に富んでいる。育ち方ぬきで存在する本性はない。本性ぬきで発達する育ちもない。それを否定するのは、畑の広さは幅ではなく長さだけで決まるというようなものだ。あらゆる行動は、経験によって鍛えられた本能の産物なのだ。

先のような誤った考えのために、人間の研究は数年前までまったく旧態依然としたままであった。現在ですら人類学者や社会学者の多くは、進化から学ぶべきものはないと明言している。人間の肉体は自然淘汰の所産であるが、人間の心や行動様式は「文化」の所産である。人間の文化は、人間の本性を反映してはおらず、本性が文化を反映しているのだ、と。それゆえ社会学者たちは文化間の相違や、個人間の相違のみに研究を限定し、そうした相違を過大視しているのである。しかし私が人間について最も興味を感じるのは、人間が共有している事柄であって、文化によって異なる事柄ではない。例えば文法規則のある言語、階級制、ロマンチックな恋、性的嫉妬、異性間の長期にわたる絆（「結婚」とも呼ばれる）などである。こうしたものは我々の種に特有な、学習で変更可能な本能で、目や親指がそうであるように、まぎれもなく進化の所産なのである。*2

結婚の効用

男にとって女とは、彼の遺伝子を次の世代へと運んでくれる乗り物である。女にとって男とは、彼女の卵子を胎児に変えてくれる生命物質（精子）の源である。それぞれの性にとって、異性は利用すべき重要な資源なのだ。問題は、そのやり方である。異性を利用する方法の一つは、ゾウアザラシのオスのように、できるだけ多くの異性を駆り集め、自分と交尾するよう説得し、捨てるというパターンである。これとまったく対照的なのは、アホウドリのように、一個体の異性を選び、親としての務めも平等に分かちあうことである。あらゆる種は、それぞれ独自の配偶システムに基づき、このスペクトルのどこかに分類される。人間はどこに位置するのだろうか。

これを解明するには五通りの方法がある。その一つは、現代人を直接に研究し、彼らのやっていることを、ヒトの配偶システムとして記述する。この答えは、ふつうは一夫一妻の結婚である。第二の方法は、人類史をひもとき、我々の種ではどのような性的取り決めが典型的かを過去の事例から推察する。しかし、歴史から得られるのは、恐ろしい教訓である。裕福で権力のある男たちが、巨大なハーレムに妾を囲うというのが、昔からの一般的な取り決めなのだ。第三の方法は、石器時代さながらの技術で素朴な社会に暮らす人々を観察し、彼らは一万年前の我々の祖先とほぼ同じように暮らしているのだと仮定する。こうした人々は両極端の中間に位置することが多い。昔の文明におけるほどの一夫多妻ではなく、現代社会ほどには一夫一妻でない。第四の方法は、我々に最も近縁な類人猿を観察し、人間と彼らの行動と体の構造を比較することだ。そこから得られる答えは次のようなものだ。人間の睾丸は、チンパンジーのような乱交システムを示唆するほど大きくはない。また、男性の体格は、ゴリラのハーレム型一夫多妻システムを示唆するほど大きくはない(ハーレム型一夫多妻社会と、オスとメスの体の大きさが非常に異なることのあいだには、密接な関係がある)。また、男性はテナガザルほど社交嫌いでもなければ、一夫一妻に忠実でもない。我々はこれらの点では中間に位置する。第五の方法は、我々と同じように高度な社会性をもつ動物と、我々を比較することだ。例えば、コロニー性の鳥類、サル、イルカなどである。そこから得られる教訓は、これから見ていくように人間は不倫の蔓延した一夫一妻システム向きにデザインされているということだ。

少なくともいくつかの可能性は排除される。セックスのパートナーと永続的な関係を結ぶことなどは、人間に特有の性質である。一夫多妻においてさえ、そうなのだ。数分間しか結婚が続かないキジオライチョウとは違う。また、熱帯性の水鳥であるレンカクのような一妻多夫でもない。レンカクは、大きくて獰猛なメスが小型でおとなしいオスのハーレムを牛耳っている。地球上で本当の一妻多夫の社会は、チベットにしか存在しない。そこは厳しい不毛の土地で、男がヤクを飼い女を養うのであるが、女は、経済的に生存が可能な最小単位の家族の規模を維持するために、二人またはそれ以上の兄弟と同時に結婚するのである。弟にとっては、家族を離れて自分で妻をめとることが理想なので、一妻多夫は次善の策にすぎない。[*3] 人間はコマドリやテナガザルとも違う。彼らは強いなわばり習性をもち、それぞれの一夫一妻のペアが一生を過ごすのに十分な行動範囲を守って暮らす。人間も庭に柵を作るが、家は、下宿人やマンションの他のオーナーと共有することが多い。また、仕事でも、買い物、旅行、レジャーでも、我々は生活のほとんどを他人といっしょに過ごす。人間は群れで生きているのだ。

とはいっても、こうした事実はあまり役に立たない。ほとんどの人間は一夫一妻の社会に暮らしているが、この事実が物語っているのは、通常、民主主義が我々に処方するものであって、人間の本性が何を求めているかではない。一夫多妻を禁じる法律を緩和すれば、一夫多妻は栄えるのである。ユタ州には、宗教的に一夫多妻を容認する伝統がある。そして近年、一夫多妻者への訴追が以前ほど厳しくなくなった結果、一夫多妻の風習が返り咲いている。人口の多い社会の大半は一夫一妻であるが、部族社会の四分の三近くが一夫多妻である。そして表向きは一夫一妻の社会でも、一夫一妻は有名無実である。歴史を通じて、法律上は一人の妻しかもてない場合であっても、権力のある男たちは、概して複数のパートナーをもっていたのがわかる。もっとも、これは権力者だけに限られる。たとえ一夫多妻が認められている社会であっても、大多数の男は一人の妻しかもたず、女たちはすべて実質的には一人の夫しかもたない。これでは我々人間はどの位置にもおさまらないことになる。人間は、状況に応じて一夫多妻にも一夫一妻にもなるのである。人間に単一の配偶システムがあるなどと論じることが、そもそも浅はかなのかもしれない。人間は、どんな機会があるかに応じてみずからの行動を適応させ、したいことをするのだ。[*4]

オスが襲い、メスが媚びるとき

進化学者たちは、ごく最近まで、配偶システムはオスとメスの基本的な相違に基づくというかなり単純な見解を示していた。権力のある男たちが自分の思いどおりにしたら、アザラシの社会よろしく、女たちはハーレムで暮らすだろう。これはまさに歴史の教訓である。ほとんどの女たちが自分の思いどおりにしたら、男たちはアホウドリのように忠実になるだろう。この推測は研究の進展により修正されたが、オスは一般的に誘惑するものであり、メスは誘惑されるものだというのは本当である。強引で一夫多妻的なオスと、恥ずかしがり屋で貞淑なメスというパターンは、人間に最も近い類人猿をはじめ、九九パーセントの動物に当てはまるが、人間もまたそのとおりである。

例えば、プロポーズについて考えてみよう。女性や、女性の家族がプロポーズをする社会が、地球上のどこにあるだろうか？　ヨーロッパ人のなかの最も進歩的な男女のあいだでさえ、男が申し込んで、女が承諾すると期待されている。閏日（うるうび）に女性が男性にプロポーズするという、主にイギリスでよく知られる風習があること自体、プロポーズの機会が女性にはほとんどないことを強調しているだけだ。女性が男性のような話題を口にできるのは、男性の一四六〇日に対して、一日にすぎない。現代の多くの男たちは、片膝をついてプロポーズをしたりはしない。恋人と対等に、結婚問題を「話しあう」のだ。だが話しあうにしても、問題を最初に提起するのはたいてい男である。そして、誘惑という行為においても、最初に行動するのはやはり男だとみなされている。女は媚びを売るかもしれないが、襲いかかるのは男なのだ。

なぜそうなのか？　社会学者は、条件づけのせいだというだろう。これには一理ある。だが十分な解答とはいえまい。一九六〇年代という人間にとって壮大な実験期に、多くの条件づけが拒否されたのに、このパターンは残っているからである。そもそも条件づけは、本能を踏みにじるよりむしろ、増強するものなのである。前章で述べたように、一九七二年のロバート・トリヴァースの考察以来、[*5]生物学者たちは、オスがメスよりも熱心に求愛するのはなぜなのかについてと、このルールに例外があるのはなぜなのかについて、満足のいく説明を手に入れている。人間にその解釈を当てはめてはならない理由は何もないだろう。子どもを産み育てることに最大限の投資をする性は、次の子どもを産み育てる機会のほとんどを犠牲にしているのであり、新たに別のセックスをしてもほとんど利益を得ない性である。オスのクジャクはメスに、わずかなお情けを与えるにすぎない。一回分の精子だけである。彼は、他のオスからメスを守ったりはしないし、えさを与えるわけでもなく、食物の供給を確保するわけでもない。卵を抱くのを手伝うわけでもないし、ヒナを育てる手助けもしない。メスがすべてを行うのである。つまり、クジャクのセックスは不公平取引なのだ。メスはオスに、あなたの精子を新しいクジャクにするために、私一人で最大の努力をします、という約束をするのであり、オスは、種付けというごくわずかな、しかし生産的な貢献をするにすぎない。メスは好みのオスを選ぶことができ、一羽しか選ぶ必要はない。採算面で、オスは寄ってくるあらゆるメスと交尾することでなんら失うものはなく、多くの利益を得る。一方メスは、そんなことをしても時間とエネルギーを浪費するだけだ。オスが新たなメスを誘惑するたびに、彼は、自分の息子や娘に対する彼女の投資という大当たりを当てる。メスが新たなオスを誘惑すれば、精子をもう少しもらえるだろうが、そんなものは多分必要ないだろう。オスが交尾相手の数にこだわり、メスが質にこだわるのには、なんの不思議もない。

もっと人間に引き寄せて言えば、男は、違う女とセックスすれば、そのたびに新しい子どもの父親になることができる。しかし女は、一度にたった一人の男の子どもしか産むことはできない。カサノヴァがバビロンの娼婦より多くの子孫を残したのも当然である。

異性間のこの根本的な不均衡は、精子と卵子の大きさの違いに直接帰因している。一九四八年に、イギリスの科学者、A・J・ベイトマンはショウジョウバエに自由に交尾をさせてみた。彼は、最も繁殖成功度の高かったメスは、最も繁殖成功度の低かったメスよりも特に多くの子を残したというわけではないが、一方、子孫を最も多く残したオスは、最悪だったオスよりも、はるかに多くの子を残したということを発見した。[*6] メス親による世話が進化するにつれて、この不均衡は増大し、哺乳類においてそれがピークに達した。メスの哺乳類は、胎内で長い時間をかけて養った巨大な赤ん坊を産むが、オスは数秒で父親になれる。女は、セックスの相手を増やしても子どもを多くもつことはできないが、男はそれができるのである。そしてショウジョウバエの法則が当てはまる。現代の一夫一妻制の社会でも、男が女より多くの子どもをもつ可能性は、はるかに大きい。例えば、二度結婚した男が、二人の妻とこしらえる子どもの数は、二度結婚した女が二人の夫とこしらえる子どもの数よりも多いのである。[*7]

不倫と売春は、当事者間に結婚の絆が成立しない一夫多妻の特殊ケースだ。そして男が子どもに対して行う投資という点では、妻と愛人は異なるカテゴリーに属す。二つの家庭を維持するための時間、チャンス、金を作れるように、仕事の手はずを十分に整えられる男はよほどの金持ちであり、滅多にいない。

フェミニズムとヒレアシシギ

〝どちらの性が複数の相手との配偶を試みるかは、親としての投資で決定される〟という法則を検証するには、変則的な例を調べてみればよい。タツノオトシゴのメスは、オスの体内に卵を注入するのに用いる一種のペニスをもち、通常の交尾方法とはまったく逆である。卵はオスの体内で育てられる。そして理論が予測するとおり、オスに求愛するのはメスのほうなのだ。ヒレアシシギやレンカクに代表される三〇種近い鳥類は、大きくて攻撃的なメスが小さくてうだつのあがらないオスに求愛するが、どの種も卵を抱き、ヒナを育てるのはオスである。[*8]

ヒレアシシギをはじめメスが誘惑する種は、法則の正しさを証明する例外である。私は、一羽のあわれなオスのヒレアシシギが、メスの集団全体から激しく迫られ、あやうく溺れそうになる光景を見たことがある。これはいったいなぜか？　オスはおとなしく卵を抱いているので、メスたちは次なる相手を探すしかほかにすることがないからである。オスが子どものために時間やエネルギーを費やすようになるほど、メスが求愛の主導権を握り、逆の場合はオスが求愛の主導権を握るのだ。[*9]

人間の場合、不均衡は実に明白である。九カ月の妊娠期間に対し、かたや五分の快楽（もちろん誇張である）。親としての投資のバランスが、誘惑における男女の役割を決定するのなら、女が男を誘惑するより、男が女を誘惑するケースが多いというのは、なんら驚くべきことではない。この事実から、一夫多妻の人間社会は男の勝利を意味し、一夫一妻の社会は女の勝利を意味していると示唆される。しかし、それは少し誤解を招く言い方だろう。一夫多妻の社会は、一人ないし数人の男だけの勝利を意味している。一夫多妻社会の大半の男は、独身を余儀なくされるのである。

いずれにせよ、進化からいかなる種類の道徳的結論も引き出すことはできない。子どもが誕生する前に、男女の性的投資に不平等があるのは人生の真理であって、それは道徳に反するわけではない。「自然」なのである。人間としては、男が女あさりをするのは当然だという偏見を「正当化する」から、こういった進化的シナリオを支持したいと思ったり、また、男女の平等を成し遂げようとする努力を「水の泡にする」から、これを拒否したいと思ったりする強い誘惑にかられるだろう。しかし、そのどちらでもないのだ。この事実は、何が善で何が悪かを物語っているのでは決してない。私は人間の本性を記述しようとしているのであって、人間に道徳を処方するつもりなどない。「自然」だからといってそれが正しいことにはならない。類人猿が日常的に殺害を行い、人類の祖先もそうであったようだという意味においては、殺人は「自然」である。偏見、憎悪、暴力、残虐。これらはすべて我々の本性の一部なのである。そしてしかるべき教育によってこれに逆らうことはできるのだ。本性は柔軟性に欠けているわけではなく、融通がきくのである。さらに、進化に関して最も自然なことは、ある種の本性は他の本性と敵対するということである。進化の行きつく先はユートピアではない。ある男にとって最善の状況は、他の男にとって最悪の状況、ある女にとって最善の状況は、ある男にとって最悪の状況という事態に導くのだ。どちらかが「不自然」な運命を余儀なくされるのである。これが赤の女王のメッセージの核心である。

ここから先は、人間性にとって何が「自然」かを繰り返し考察してみたい。私自身の道徳的先入観が希望的観測として時折現れてくるだろうが、それは無意識にそうなるのである。そして、人間の本性に関する私の考えがまちがっている場合でも、考察に値するそのような本性があるという点ではまちがっていないはずだ。

同性愛者が乱交をするわけ

売春をするのがほとんど女であるのは、娼婦の需要が、男娼の需要より大きいという単純な理由からだ。売春婦の存在が、男の性的欲求を赤裸々に暴いているとしたら、男の同性愛の現象もまた、そうにちがいない。エイズがはやる前は、同性愛の男たちは異性愛の男たちよりもはるかに乱交を行っていた。昔も今も、多くのゲイバーは、一夜限りのパートナーを見つける場所だと思われている。エイズ流行の兆しが見え始めたころ、サンフランシスコの浴場で、興奮剤を用いて乱交パーティーが行われているという話が公になり、世間は肝をつぶした。キンゼー協会は、サンフランシスコ・ベイエリアの男性同性愛者を調査し、七五パーセントが一〇〇人以上のパートナーを、二五パーセントが一〇〇〇人以上のパートナーをもっていると報告した。[*10]

これは、同性愛者のなかにも、異性愛者よりも乱交しない者はたくさんいたし、今でもいるという事実を否定するものではない。しかし、エイズの到来前は、異性愛者より同性愛者のほうが乱交を行っていたと、同性愛の活動家ですら認めている。これには単一の納得のいく説明は見当たらない。同性愛の活動家たちは、社会がそれを認めないことが乱交の大きな原因であると言うだろう。容認されない行為は、いったん行われると過剰に行われるようになる。男どうしがパートナーになるのは、法的にも社会的にもむずかしいために、安定した関係は数少ないのだろう。

しかしこれにはあまり説得力がない。乱交は、なにも密かに同性愛にふける者だけに限られてはいない。おまけに、異性愛でよりも同性愛でのほうこそ、不貞は深刻に受け取られており、社会の非難も、安定した同性愛関係よりも一夜限りの同性愛関係に対して厳しい。こういう議論の多くは、ゲイとはまったく対照的なレズビアンにも当てはまる。レズビアンは見知らぬ相手と性行為に走ることは稀で、長年にわたるパートナー関係を結び、不貞の心配はほとんどない。多くのレズビアンは、パートナーの数が生涯で一〇人に満たないのである。[*11]

カリフォルニア大学サンタバーバラ校のドナルド・サイモンズは、男の同性愛者が男の異性愛者や女の同性愛者よりも平均して多くのセックスパートナーをもつ理由は、女の本能で束縛されずに、男の性向、すなわち本能を行動に移しているからである、と論じ、次のように述べている。

「一般の人と同じく、同性愛者の男も夫婦のような親密な関係をもちたいと思っているのだが、そのような関係の維持はむずかしい。セックスのバリエーションを求める男性特有の欲望があること、男の世界でこの欲望を満たせるというまたとないチャンスがあること、性的嫉妬を感じやすいのが男の性向であることなどが大きな理由である。異性愛の男たちも同性愛の男たちと同様に、見知らぬ相手と頻繁にセックスし、公衆浴場での乱交パーティーに匿名で参加し、職場からの帰り道、公衆便所で五分間のフェラチオを求めるのではないかと私は考えている。もし女性がそういう行為に興味をもつのであれば[*12]」

これは同性愛者が安定した関係を望まないとか、多くの同性愛者が匿名のセックスによって道徳的に嫌悪されていると述べているのではない。サイモンズの論点は、生涯の伴侶と一夫一妻の関係を結びたいという願望と、見知らぬ相手とその場限りのセックスを楽しみたいという欲望は、矛盾した本能ではないということだ。旅行中の幸せな亭主族に、高値でセックスの気晴らしを提供するコールガールやデートクラブが繁栄している実態からもわかるように、そうした本能は異性愛の男の特徴だといえる。サイモンズは同性愛の男についてではなく、男性一般について論じているのだ。彼が言うとおり、同性愛の男はいっそう男らしく、同性愛の女はいっそう女らしくふるまっているだけなのである。[*13]

ハーレムと富

セックスのチェスゲームでは、男も女も相手の動きに応じなければならない。その結果、一夫多妻であれ一夫一妻であれ、引き分けや勝利よりむしろ手詰まりとなる。ゾウアザラシやキジオライチョウではこのゲームは、オスが相手の数のみにこだわり、メスが質のみにこだわるという状態に行き着いている。どちらも多大の犠牲を払うのである。オスは戦い、疲れ果て、いちばん優位なオスにならんがための空しい努力で死ぬこともある。メスは父方からの実質的な手助けはまったくなしに、子育てをすることになる。

アホウドリの場合、チェスゲームはまったく異なる手詰まり状態に陥っている。どのメスも模範的な夫を見つける。オスとメスは平等に子育てを行い、求愛さえもが共同事業である。どちらの性も交尾相手の数ではなく、質を求める。そして一羽のヒナだけがかえり、何カ月も大事に育てられ、甘やかされる。オスのアホウドリがオスのゾウアザラシと同じ遺伝的動機をもっているとしたら、なぜこうも行動が異なるのだろう?

この答えは、ジョン・メイナード＝スミスが初めて見抜いたのだが、ゲーム理論という経済学から借用した理論で得られる。ゲーム理論は他の理論形態とは異なり、取引の結果はしばしば他人が何をしているかで左右されるという観点から論を進める。メイナード＝スミスは、経済学者が異なる経済戦略を互いに戦わせるように、異なる遺伝的戦略を互いに戦わせようと試みた。この手法で多くの問題が一挙に解決されたが、その一つは、異なる動物が、なぜかくも異なる配偶システムをもつかという問題であった。[*14]

オスが一夫多妻で、子育てを手伝うために時間を割くことなどなかったアホウドリの先祖の個体群を考えてみよう。あなたはハーレムの主になる見込みのない若いオスだと仮定する。なんとか一夫多妻になろうとする代わりに、あなたは、一羽のメスと結婚して、彼女の子育てを手伝うことにしたとしよう。あなたは大当たりを当てることはできないが、野心的な兄弟たちよりは、おそらくははるかにましである。また、彼女がヒナにえさをやる手助けをすることによって、ヒナが生き延びるチャンスが大幅に増えたとしよう。そうなるとたちまち、群れのメスたちは、あなたのような忠実な相手を探すか、一夫多妻主義者を探すかという二つの選択肢に直面することになる。忠実な相手を探したメスは、いっそう多くの子孫を残すので、世代を経るにつれてハーレムに加わろうとするメスの数は減り、一夫多妻であることのメリットもそれにつれて少なくなる。かくしてその種は一夫一妻主義に「乗っとられる」のだ。[15]

逆の事態も起こりうる。カナダのカタジロクロシトドのオスは草原になわばりを作り、複数の交尾相手を引き寄せようとする。すでに相手のいるオスと夫婦になれば、メスはオスの父親としての能力を利用するチャンスを失う。しかしそのなわばりが隣人のなわばりよりも食物が十分に豊かであるなら、彼を選んでも、メスには見返りがある。そのオスのなわばりや遺伝子のために一夫二妻のオスを選ぶ利益が、オス親による子の世話のために一夫一妻のオスを選ぶ利益を上回れば、一夫多妻が広まるのである。このいわゆる「一夫多妻の閾値(いきち)モデル」は、北アメリカの沼沢(しょうたく)地帯に生息する多くの鳥類が、なぜ一夫多妻であるのかをよく説明しているように思われる。[16]

この二つのモデルは、人間にも容易に当てはめられる。若い父親が家族を養うことで生じる利益が、族長と結婚しないことで被る不利益を上回れば、私たちは一夫一妻になる。男性どうしのあいだに貧富の差があれば、私たちは、一夫多妻になるのだ。

「人気道化師ボーゾーの第一夫人よりも、ケネディの第三夫人になりたいと思わない女性がいるだろうか？」。これは女性の進化学者の言葉である。[17]

一夫多妻の閾値モデルが人間に当てはまるという証拠はいくつかある。ケニアのキプシギス族では、金持ちの男は家畜も妻もたくさんもっている。金持ちの妻たちはそれぞれ、貧乏人の一夫一妻の妻と少なくとも同じ程度の暮らしをしており、本人もそれを自覚している。キプシギス族の研究者、カリフォルニア大学デイヴィス校のモニーク・ボーガホフ・マルダーによると、女たちは喜んで一夫多妻を選んでいるという。キプシギスの女は、結婚の取り決めをするときに父親に助言を求めるが、たくさんの家畜をもつ男の第二夫人になるほうが、貧乏人の第一夫人になるよりも幸運だということは、彼女自身がいちばんよく知っている。妻たちのあいだには仲間意識があり、仕事を分かちあう。一夫多妻の閾値モデルは、キプシギス族にはきわめてよく当てはまっている。*18

もっともこの理論には二つの問題点がある。その一つは、第一夫人の見解に言及していない点である。第一夫人にしてみれば、夫や財産を他の女性と共有しても利益はほとんどない。ユタ州のモルモン教徒では、第一夫人が第二夫人の到着を嫌うことはよく知られている。モルモン教会は一世紀以上も前に、一夫多妻を公式に放棄したが、近年、数人の原理主義者が一夫多妻を復活し、承認を求める運動さえも積極的に始めている。ユタ州ビッグ・ウォーターの町長、アレックス・ジョゼフは、一九九一年に、九人の妻と二〇人の子どもをもっていた。妻たちの多くはキャリアウーマンで、それぞれが自分の境遇に満足していたが、みなの仲がよいというわけではない。「第一夫人は第二夫人が来るのを不満に思っています」。ジョゼフの第三夫人は、こう語っている。「そして第二夫人は第一夫人を無視しているわ。だから、けんかや悪感情はあるんです」[19]

第一夫人が、夫を共有することに異議を唱えるのであるなら、夫はこれにどうやって対処できるだろうか？　過去の多くの暴君のように、取り決めを受け入れるよう妻に強いることは可能だ。金品を贈ってなだめることもできる。第二夫人の子どもに比べて、第一夫人の子どもが有する正統性は、第一夫人をなだめるために使われる鼻薬（はなぐすり）である。アフリカのある地域では、第一夫人が夫の財産の七〇パーセントを受け継ぐと、法律に明記されている。

ところで、一夫多妻の閾値モデルから、次のような疑問がわく。我々の社会で一夫多妻が禁止されているのは、だれの利益のためなのだろうか？　我々は反射的に女性の利益のためだと考えてしまう。しかし、よく考えてみてほしい。現在でもそうだが、意志に反してむりやり結婚させるのは違法である。つまり第二夫人たちは、自発的にその境遇を選んでいるにちがいない。仕事でキャリアを追求しようとする女性は、三人での共同生活をむしろ好都合だと思うにちがいない。子どもの世話という日課を共有してくれるパートナーを二人もてるのだ。モルモン教の弁護士が最近述べたように、現代のキャリアウーマンたちにとって、一夫多妻を魅力的にしている「やむにやまれぬ社会的理由」があるのだ。[20]しかし男性への影響を考えてみるとどうか。多くの女性が貧乏人の第一夫人よりも金持ちの第二夫人になることを選ぶとしたら、未婚の女性が不足して、多くの男性は哀れにも独身を余儀なくされるのである。一夫多妻を禁じる法律は、女性を守るどころか、男性を守るために機能しているのだ。[*21]

配偶システム理論の四つの法則を打ち立ててみよう。第一の法則。メスが一夫一妻の忠実なオスを選ぶことで繁殖成功度が上がれば、一夫一妻が生じる。それは、オスがメスに無理強いはできないときに限る。これが第二の法則。メスが既婚のオスを選んでも繁殖成功度が下がらなければ、一夫多妻が生じる。これが第三の法則。しかし、すでに配偶したメスがオスの再婚を阻止できれば、一夫一妻が生じる。これが第四の法則である。ゲーム理論は意外な結果をもたらした。誘惑で積極的な役割を果たすオスが、結婚という自分の運命では受動的な傍観者になるのだ。

なぜセックスのモノポリーゲームを行うのか

しかし一夫多妻の閾値モデルは鳥類を中心にした見解である。哺乳類の研究者は、もっと違った見解をもっている。ほとんどすべての哺乳類は一夫多妻の閾値のずっと上に位置しているので、四つの法則は当てはまらないのだ。哺乳類のメスにとって、妊娠中はオスはほとんど役に立たないので、オスが既婚かどうかは関係ないのである。人間はこのルールにおける驚くべき例外だろう。人間の子どもは長期にわたり両親に扶養されるので、哺乳類の子どもというよりも鳥のヒナに近い。女性は、恋多きボスを選んでも、あらゆる仕事を単独で行わなければならないのであれば、子育てを手伝ってくれる未婚の弱虫を夫に選ぶほうが、おおいにうまくやれるのである。この点に関しては、次章で再び触れるつもりだ。今は人間のことは忘れて、シカについて考えてみよう。

メスのシカは、オスを独り占めする必要などほとんどない。オスは乳を出すことも、子どもに草を運んでくることもできないからだ。そこでシカの配偶システムは、オス間の闘争によって決定されるのだが、それはまた、メスがどのような分布を示すかによって決定される。メスが群れをなして暮らす場合（例えばアカシカ）、オスはハーレムの主になれる。メスが単独で暮らす場合（例えばオジロジカ）、オスはなわばりをもち、おおむね一夫一妻である。どちらの種も、メスの行動に基づいた独自のパターンをもつ。

一九七〇年代に、動物学者たちはこれらのパターンを調査し始め、種の配偶システムを決めるものは何かを探ろうとした。その過程で「社会生態学」という新しい言葉が生まれた。それが最も成功したのは、カモシカ類とサルの社会であった。カモシカ類と霊長類の配偶システムは、その生態からかなり確実に推測できるという結論が得られた。森に生息する小型のカモシカは、特定のものしか食べないので、その結果として単独で暮らすことになり、一夫一妻である。開けた疎林に生息する中型のカモシカは、小さな群れをなし、ハーレムを形成する。エランドやアフリカヤギュウのように大型で平原に生息するカモシカは、大群をなし、乱婚である。きわめて類似したシステムが、サルと類人猿にも当てはまるようにみえた。小型で夜行性のガラゴは単独で暮らし、一夫一妻である。葉を食べるインドリはハーレムを形成する。森林の周辺に生息するゴリラは、小型のハーレムを形成する。疎開林サバンナに生息するチンパンジーは大型の群れをなし、乱婚である。[*22] 草原に生息するヒヒは、大型のハーレム、または複数のオスからなる集団を形成する。

こうした生態学的要因は、何かを示唆しているように思われた。この背後にある論理は、メスの哺乳類は、食物と安全の確保を第一に、単独で暮らすか、小型の群れで暮らすか、大型の群れで暮らすかという分布のしかたを決定し、そこにはセックスは入っていないということである。オスはその上で、メスの群れを直接守るか、メスの生息するなわばりを守るかによって、できるだけ多くのメスを独占しようとする。メスが広範囲に散って単独で生活する場合、オスには選択の余地は一つしかない。一頭のメスの行動範囲を占有し、忠実な夫になるのである（例えばテナガザル）。メスが単独生活をしていても、それぞれのメスの行動圏がそれほど離れていない場合、オスは二頭またはそれ以上のメスの行動圏を占有できる（例えばオランウータン）。メスが小さな群れをなすときは、オスが群れ全体を占有し、ハーレムにするチャンスがある（例えばゴリラ）。メスの群れが大きい場合、オスは他のオスとそれを共有せざるをえない（例えばチンパンジー）。

この図式を複雑にしている要因が一つある。種がどのような配偶システムに帰着するかには、その種がたどってきた最近の歴史が影響を与えるのである。平たく言えば、どういうルートを取るかによって、同じ生態系でも、二種類の異なる配偶システムが生じうる。ノーサンブリアの荒れ地には、アカライチョウとクロライチョウが実質的に同じ生息地に住んでいる。クロライチョウは灌木地帯、羊があまり草を食べていない場所を好むが、その点を除けば、アカライチョウと生態的にきわめて近い。クロライチョウが春になるとレックに集まるようすは壮観である。すべてのメスが、最も感動的なディスプレーを行った一羽ないし二羽のオスと交尾をする。そしてオスの助けを得ずヒナを育てる。近くに生息するアカライチョウは、なわばりの習性をもち、一夫一妻である。オスはメスとほぼ同じくらいヒナの世話をする。この二種は、食物も生息地も、天敵も同じであるのに、配偶システムはまったく異なる。それはなぜか？　私の最も気に入っている見解と、彼らを研究した多くの生物学者の意見は一致している。それは、異なる歴史をたどったからということだ。クロライチョウは元来森に生息していた。そして母方の祖先が、なわばりの質よりも遺伝子の質に応じて相手を選ぶ習性を発展させたのは、まさに森においてだったのである。[*23]

狩猟者か採集者か

人間への教訓は明らかだ。我々の配偶システムを決定するには、我々の自然な生息地と過去を知る必要がある。人類が都市で暮らしてきたのは一〇〇〇年に満たないし農耕に従事してきたのも一万年に満たない。これは人類の歴史ではまばたきほどの一瞬にすぎない。それに先立つ一〇〇万年以上にわたり、人類とみなされている生物が、主にアフリカで狩猟採集者として、人類学者が最近好む表現を借りれば、採餌者として生活していたのである。したがって、現代的な都市に住む人間の頭蓋骨のなかには、アフリカのサバンナで小さなグループで狩猟と採集に従事するようデザインされた脳みそが詰まっているのである。当時の人間がどのような配偶システムをもっていたにしろ、そのシステムが現代人にとって「自然」なのだ。

ケンブリッジ大学の人類学者、ロバート・フォーリーは、人類の社会システムの歴史を再構築しようと試みてきた。彼はまず、すべての類人猿はメスが生まれた群れを去る習性をもっているのに対して、すべてのヒヒはオスのほうが生まれた群れを去る習性をもつことに着眼した。ある種が、メスの外婚からオスの外婚へ、またはその逆パターンへと転換することはきわめて困難に思われる。この点に関しては、人間は今日(こんにち)でも典型的な類人猿だといえるだろう。ほとんどの社会で、女性が男性のもとに嫁ぎ、男性は親族のそばにとどまろうとするからである。もちろん例外はある。男性が女性のもとに行く社会も応々にして見られるが、それは伝統的な古い社会ではない。

メスが外婚をするということは、類人猿のメスには、親族との連帯関係を打ち立てる手段がないことを意味している。若いメスのチンパンジーは、母親の群れを離れ、未知のオスが支配する他の群れに加わらなければならない。そのためには、その群れに前から住んでいるメスたちに気に入られなければならない。オスは対照的で、生まれた群れにとどまり、力のある親族の地位をのちのち継承せんがために、同盟を組むのである。

類人猿が人類に伝えた習性については、このくらいにしておこう。人類の生息地はどのようなものだったのだろうか？　中新世の末ごろ、つまりおよそ二五〇〇万年前、アフリカの森は縮小を始めた。草原、低木地帯、サバンナなど、乾燥して季節変化のある生息地が広がり始めたのである。七〇〇万年前ごろ、人類の祖先が、現在のチンパンジーの祖先から分かれ始めた。人類の祖先は、ゴリラはもとより、チンパンジーよりももっと乾燥した新しい生息地に移り住み、次第に順応していった。アウストラロピテクスという最も古いヒトに似た類人猿の化石から、彼らがエチオピアのハダールや、タンザニアのオルドワイなど、当時は森で覆われていなかった地域に生息していたのは明らかである。こうした比較的開けた生息地では、同じく開けた土地に住むチンパンジーやヒヒでもそうであるのと同様、大きな群れを作って生活するほうがよい。社会生態学者が再三発見しているように、生息地が開ければ開けるほど、群れは大型化する。大きな群れは、近づいてくる捕食者をより早く見つけることができるし、開けたところでは、食物がパッチ状に分布するからである。メスとオスの体格の大きさが非常に違うという理由から、おおかたの人類学者は、初期のアウストラロピテクスはゴリラや数種のヒヒのように一匹のオスを中心としたハーレムを形成していたと信じているが、その理由にはあまり説得力はない。[*24]

やがて三〇〇万年前ごろに、人類の系統は二つまたはそれ以上に分かれた。雨期と乾期がはっきりしてくるにつれて、乾期になると、果物、種子、そして昆虫の摂取がいっそうむずかしくなり、そのために猿人は元来の生活様式を維持できなくなったのだと、ロバート・フォーリーは推測している。一つの系統は、固い植物中心の食物に対処できるように、とりわけ頑丈な顎と歯を発達させた。かくしてアウストラロピテクス・ロブストス、別名「くるみ割り人」は食物の少ない時期を、固い種子や葉で生活を支えるようになった。解剖学的なわずかな手掛かりからすると、くるみ割り人はチンパンジーのように、複数のオスで集団をなして暮らしていたと、フォーリーは推測している。[*25]

もう一つの系統は、まったく異なる方向に向かった。「ホモ」と呼ばれる動物が肉食を始めたのだ。遅くとも一六〇万年前には、人間の真の祖といわれるホモエレクトスがアフリカに生息していたが、彼らはまちがいなく、霊長類のなかで肉食性の最も進んだ動物であった。彼らの野営地跡で発見された骨が、雄弁にそれを物語っている。彼らはライオンが殺した獲物をあさっていたのかもしれないが、道具を用いて自分自身で動物を殺し始めていたのかもしれない。やがてだんだんに食物のない時期にも、食用の肉を確保できるようになったのだ。フォーリーとP・C・リーが述べているように、「肉食に至った原因は生態であるが、その結果は分配と社会生活である」

狩猟するために、あるいはライオンが殺した獲物を探すために、ヒトは居住地から遠く出歩き、仲間と連携して協力し合わなければならなくなった。その結果かもしれないし、あるいは偶然かもしれないが、徐々にヒトの体は、一連の互いに関連のあるゆっくりした変化を遂げていったのである。頭蓋骨の形は、おとなになっても幼児期の形をとどめるようになり、脳はだんだん大きく、顎はだんだん小さくなった。成熟に達するのが徐々に遅くなり、それゆえ子どもはゆっくりと時間をかけておとなになり、いっそう長く親に依存するようになった。*26

その後の一〇〇万年以上、人類の生活様式にはさしたる変化はなかった。まずアフリカの草原や疎開林サバンナに生息し、やがてユーラシア大陸に広がり、最後にはオーストラリア大陸、アメリカ大陸へとしだいに生息範囲を広げていった。食用に動物を狩猟し、果実や種子を採集する彼らは、部族内では高度に社会的であったが、他の部族に対しては敵対的であった。ドン・サイモンズは、このような時間と場所の組み合わせを、EEA（進化的適応環境）と呼び、これが人間心理の中心にあると考えている。人間は現在や未来には適応できない。過去にのみ適応できるのだ。しかし、EEAにおいて人間がどのような生活を営んでいたかを的確に述べることはむずかしいと、サイモンズは認めている。人間の祖先は、きっと小さな群れをなして暮らしていたのだろう。おそらく遊動生活をしていたのだろう。肉と植物の両方を食し、現代の人間がもつすべての文化に共通する特徴を備えていたにちがいない。子どもを育てる制度としての結婚、ロマンチックな恋、嫉妬とセックスが原因の男どうしの争い、地位の高い男に対する女性の好み、若い女に対する男性の好み、部族間の戦いなどなど。男が狩猟に従事し、女が採集に従事するという性による労働の分業が存在したことはまずまちがいないが、これはヒトと数種の猛禽にのみ見られることである。パラグアイに住むアチェ族では、赤ん坊の世話に追われる女には取れない肉や蜂蜜などの食物を、男たちが獲得する。[*27]

ニュー・メキシコ大学のキム・ヒルは、一貫したEEAは存在しなかったと論じている。しかし、ヒトの生活に共通した特徴というものは存在したし、現在ではそれは姿を消していても、今に至る影響を残していると認めている。だれもが、人生で出会うほとんどすべての人と知人であったか、あるいは、その存在を知っていただろう。知らない人というのは存在しなかったのである。このことは、とりわけ物の交換や犯罪の予防にとってきわめて重要な事実だ。名を知られていない者がいないということは、イカサマ師やサギ師がめったに欺瞞を押し通せなかったことを意味する。

ミシガン大学の生物学者グループは、二つの論拠からEEA論の全体を否定している。第一の論拠は、EEAの最も重要な特徴が、今もなお残っている点である。それは他人の存在だ。我々の脳がこんなに大きくなったのは、道具を作るためではなく、互いの心理を読むためである。社会生態学が見いだしたことは、我々の配偶システムを決定するのは生態ではなく、他人、すなわち同性の人間および異性の人間だということである。相手を出し抜き、だまし、助けあい、教えあう必要性こそが、我々をいっそう知的にさせたのだ。そして第二の論拠は、我々がとりわけ適応性が高くなるように作られたという点である。目的を遂げるために、ありとあらゆる代替戦略をもつようデザインされているのだ。確かに今日でさえ、現存する狩猟採集社会は、生態的にも社会的にも実にさまざまである。しかしそうした狩猟採集民が人類の代表的な実例だとは言いがたいのであるまいか？　ほとんどの部族が、人間本来の生息地ではない森や砂漠に暮らしているからである。

現代人の時代はいうまでもなく、ホモエレクトスの時代でさえ、特殊な漁労文化、沿岸居住文化、狩猟文化、植物採集文化が存在したのではないだろうか。そのような文化のなかには、富の蓄積が可能で、一夫多妻が生じたものもあっただろう。アメリカ北西部の太平洋沿岸に住み、サケ漁に従事していたアメリカ先住民のなかには、高度な一夫多妻の農耕以前の文化が存在したことは記憶に新しい。地域の狩猟採集経済が一夫多妻を許せば、男は一夫多妻になり、女は既存の妻たちの反発を押しきって、ハーレムに加わることができる。そうでない場合は、男はよき父親に、女は嫉妬深い一夫一妻主義者になったのである。要するに、人類はそれぞれの環境に応じてさまざまな配偶システムをもつ可能性を秘めているのだ。[*28]

このことは、大型で、知的で、社会性のある動物のほうが、小型で知力に欠け、単独で暮らす動物よりも、概して配偶システムに柔軟性があるという事実からも支持される。チンパンジーは食物供給の状態に応じて、小さな採餌集団から大きな集団に移行する。シチメンチョウもそうである。コヨーテは、獲物がシカの場合は群れで狩猟し、ネズミの場合は単独で狩猟する。このような食物に帰因した社会のあり方自体が、少しずつ異なる配偶パターンを導くのである。

金銭とセックス

しかし、人類が柔軟性に富む種であれば、EEAはある意味で今の我々にも残っているのではないだろうか？　二〇世紀の社会に住む人間が適応的に行動するのも、権力が繁殖成功度を上昇させるのも、EEAにおいて形成された適応性が、いつ、どこで形成されたものであるにせよ、今も機能しているからではあるまいか？　都市型生活が技術に関して抱える問題は、更新世のサバンナでの生活が抱える技術に関する問題と大幅にかけ離れているかもしれないが、人間的な問題はそうではない。我々は、いまだに自分の知人や名前を聞いたことのある人々に関するゴシップに絶大な関心をもっている。男たちはいまだに権力欲に取りつかれ、男どうしの連合を形成し、そこで優位に立つことに夢中ではないか。人間の諸制度は、その内部での政治を把握せずして理解することはできない。現代の一夫一妻制は、数多くある我々の配偶システムレパートリーにおけるトリックの一つにすぎないのかもしれない。例えば古代中国のハーレム型一夫多妻制や、男たちは結婚を何年も待ち、老いぼれてから大ハーレムを堪能するという、現代オーストラリア原住民に見られる老人支配による一夫多妻制も、その一つであるのかもしれない。
もしそうであるなら、我々すべてがその持ち主であると自覚している「性衝動」は、我々が認識している以上に特殊化しているのかもしれない。男性はつねに恋あさりで繁殖成功度を高められるのに対し、女性はそうではないという事実から、次のような推測が成り立つ。男性は一夫多妻のチャンスを利用するよう行動的にデザインされており、男性がすることの一部は、それを目的としたものがあるのではないだろうか。
農耕が行われる以前、二〇〇万年にわたって解剖学的現代人が生息していたとされる更新世には、我々の祖先はたいてい、たまにしか一夫多妻になれない条件のもとで暮らしていたと、進化生物学者は考えている。現存する狩猟採集社会は、現代の西欧社会と大差はない。たいていの男は一夫一妻で、多くの男は不貞をはたらき、少数の男が一夫多妻になれるものの、極端な場合でも五人の妻をもつにすぎない。中央アフリカ共和国のアカ・ピグミー族は、網を用いて森で狩猟をしているが、男たちの一五パーセントが複数の妻をもつ。これは狩猟採集社会における典型的パターンである。[*29]
狩猟採集が一夫多妻を支えられない理由の一つは、技量よりも運が狩猟の成果を大きく左右するからである。最も腕ききの狩人でさえ、しばしば何も捕れず、仲間の射止めた獲物の分配を頼みにしている。狩猟した食物を公平に分かちあうのは人間の特徴で（他の狩猟を生業とする種は、無制限の自由競争である）、「互恵性」の習慣の最たる実例である。社会全体が互恵性に基づいているように思われるときもある。幸運な狩人は、自分が食べられる以上の獲物をしとめることができるので、仲間と肉を分けあってもあまり不利益はない。しかしこの次、猟に失敗したら、以前に肉を与えた仲間が恩返しをしてくれるので、利益は大きいだろう。こうした好意のやりとりは、貨幣経済の原型である。しかし肉の貯蔵はできず、運は続かないために、狩猟採集社会では富の蓄積は不可能であった。*30

農業の発明とともに、一部の男性が一夫多妻主義者になる機会が、どっと押しよせた。農耕は、一人の男が穀物にせよ家畜にせよ食糧の余剰を蓄え、その蓄えで他人の労働力を買うことによって、仲間より強大になる道を開いた。他人による労働力は、余剰をさらに増大させることになり、ここで初めて富をもっていることが、富を得る最上の手段になったのである。ある農夫が隣人より収穫が多い理由は、狩人の成果ほどは運に左右されない。農業はあっという間に、部族のなかで最も優れた農夫に食糧を大量に蓄えさせただけではなく、最も安定した食糧供給をも可能にした。彼は恩返しを受ける必要はないので、食糧を自由に分け与える必要もなくなった。ナミビアに住むガナ・サン族は、彼らの隣人のクン・サン族が行っている狩猟生活をやめて農業に移行したが、その結果、食糧を分かちあう風習は薄れ、部族内の政治的支配が強まった。いまや、最も肥沃な土地あるいは広大な土地を所有するか、他人より一生懸命に働くか、オス牛を一頭余分に飼うか、特殊な技術の職人になるかして、男性は隣人より一〇倍も金持ちになれるようになったのである。これにともない、妻の数も増やせるようになった。単純農業社会では、トップの男性が一〇〇人もの女のハーレムを所有するのがしばしばみられる。[31]

牧畜社会は伝統的に、ほぼ例外なく一夫多妻である。この理由を説明するのはむずかしくない。五〇頭の牛や羊の群れは、二五頭の群れと同じくらいやさしく管理できる。こういう経済では、富の蓄積をどんどん増やしていくことができる。この正のフィードバックにより、貧富の差はますます広がり、それが繁殖の機会の不平等を招く。ケニアのムコゴド族では、数人の男だけが他の男より繁殖成功度が高いが、その理由は金持ちだからである。金持ちであれば、早く、そして何度も結婚できるのだ。[32]

「文明」の到来までには（紀元前一七〇〇年のバビロンから紀元一五〇〇年のインカに至るまで）、地球上の六カ所で独立に、皇帝が数千人の女をハーレムに囲っていた。かつて狩猟の腕前と戦士としての技量が、男に一人ないし二人の妻を余分にもたせたとしたら、富は一〇人あるいはそれ以上の妻をもたせた。しかし富には他の利点もあった。妻を直接買えるだけではない。「権力」も買えたのである。ルネッサンス以前では、富と権力を区別するのがむずかしかったということは注目に値する。そのころまでは、権力機構から独立した経済分野というものは存在しなかったのである。男の生計は忠誠とセットで同じ社会的優越者の恩恵を被って成り立っていたのだ。[*33] 大ざっぱに言えば、権力とは命じたとおりに行動する味方を集める能力で、完全に富に依存している（暴力の助けを少し借りるが）。

権力の追求はあらゆる社会性哺乳類の特徴である。アフリカスイギュウは群れ内の階級で順位を上昇させ、それによって性的な報酬を得る。チンパンジーも、集団内で「優位のオス」になろうと努力し、そうなることで交尾回数を増やす。しかしチンパンジーは人間と同様に、力ずくのみでのし上がるわけではない。策略を用い、なによりも同盟を結ぶ。チンパンジーの群れどうしの闘争は、同盟関係を結ぼうとするオスの性向が原因であるとともに結果なのだ。ジェーン・グドールの研究によると、チンパンジーの群れのオスたちは、他の群れのオスに数で圧倒されたことを知り、敵の集団のオスが単独でいるところを襲うチャンスを意図的に探すという。オスの同盟は大きくて結束が強いほど、効力を発揮する。[*34]

オスの連合は多くの種で見られる。シチメンチョウは、オスが兄弟単位で、レックで競ってディスプレーをする。彼らが勝利すれば、メスはその中の兄と交尾するのである。ライオンの兄弟は協力して他のオスを追い払い、群れを乗っ取る。そして赤ん坊を殺してメスの発情を早め、兄弟すべてがあらゆるメスと交尾するという報酬を分かちあう。ドングリキツツキは兄弟の群れが姉妹の群れと自由恋愛の共同体で生活し、一本の「穀倉木」をもつ。穀倉木には穴が開けられ、越冬用のドングリが三万個も蓄えられている。若鳥たちは、息子や娘でなければ甥や姪にあたるわけだが、すべてが群れを離れ、兄弟姉妹の共同体を形成する。そして他の穀倉木からもとの持ち主を追い出し、乗っ取るのである。*35オスとメスの同盟は、血縁関係に基づくとはかぎらない。兄弟は血縁であるがゆえに、互いに助けあう傾向がある。遺伝子の半分を共有しているので、あるオスの遺伝子に有益なことは、その兄弟の遺伝子にも有益である。しかし利他主義が割に合うようにする別の手段がある。それは互恵性である。ある動物が他の動物から援助を受けたいと思うなら、将来恩返しをする約束をする。この約束が信頼できるものであるかぎり（みなが互いを個体識別し、負債を取り立てることができるほど長くいっしょに暮らすかぎり）、オスはセックスという使命において他のオスの援助を受けられる。これに該当するのがイルカらしいが、彼らの性生活はようやく明らかになり始めたばかりである。リチャード・コナー、レイチェル・スモーカーらの研究グループの努力で次のような事実が判明した。オスのイルカの群れは、独身のメスたちを誘拐し、脅し、バレエのようなアクロバットを披露してから、彼女らを性的に独占する。ひとたびメスが出産すると、オスのグループは彼女に興味を失い、彼女はメスだけのグループに戻ることができる。こうしたオスの同盟はおおむね一時的で、「君が僕を助けてくれるなら、僕も君を助けてあげる」を基盤に組織される。*36

知的な種であるほど、そして同盟が流動的であるほど、オスの野望が実力だけで達成されるとはかぎらなくなる。スイギュウやライオンは力比べをして権力を勝ち取る。しかし、イルカやチンパンジーは、権力を得るには力も必要だが、それよりいっそう頼りになるのは、勝利に導くオスの連合をまとめる能力である。人間においては、力の強さと権力には事実上なんの関係もない。少なくとも、投石器のような遠隔操作の武器が発明されてからはそうである。それは、ゴリアテが痛い目にあって学んだことだ。男たちは富、策略、政治手腕、経験をもとに権力を手中に収めた。ハンニバルからビル・クリントンに至るまで、男たちは味方の連合をまとめることによって権力を得ているのだ。人類においては、富がそのような権力同盟をまとめる手段になったのである。他の動物の場合、報酬は主に性的なものである。人間の場合は、いったい何なのだろうか?

セックスマニアの皇帝たち

一九七〇年代後半、カリフォルニアの人類学者ミルドレッド・ディックマンは、ダーウィンの理論の一部を人間の歴史と文化に応用しようと思い立ち、進化学者たちが他の動物に対して立てるような予測が、人間にも当てはまるかどうかを調査した。その結果、古代における東洋の高度に階層化した社会では、人々はまさに、生物の究極の目的ができるだけ多くの子孫を残すことだと知っていたかのように行動していたことが判明した。要するに、男たちは一夫多妻を求め、女たちは自分より身分の高い男と結婚しようとしていたの

である。彼女はまた、多くの文化的風習、例えば結婚持参金、女児殺し、処女性が失われないようにするために女性を閉じこめることなどは、このパターンと一致すると考えた。例えば、インドでは上流カーストのほうが下層カーストよりも多くの女児を殺していたが、それは、娘をさらに上のカーストに嫁がせるチャンスが少ないからである。結婚とは、男の権力と財産を女の生殖能力と交換する取引であったといってよいだろう。[*37]

ディックマンの研究と相前後して、ハーヴァード大学のジョン・ハートゥングが相続パターンの研究に着手した。彼は一夫多妻制社会では、金持ちの男または女は、娘よりも息子に多くの遺産を残すという仮説を立てた。金持ちの息子のほうが金持ちの娘よりも多くの孫を残せるからである。つまり、息子は複数の妻とのあいだに子どもを作れるが、娘は大勢の夫をもっても子どもの数を増やすことはできない。したがって社会が一夫多妻であればあるほど、男性に偏った相続が行われる傾向が強くなるだろう。彼は四〇〇の社会を調査し、圧倒的にこの仮説を裏づける証拠を得た。[*38]

もちろんこれは何かを立証しているわけではない。進化的議論の予測したことと同じことが、偶然起こっただけかもしれない。科学者たちに流布している警告的な逸話がある。ノミの耳は足についているという理論を実証するために、ある男がノミの足を切った。ノミに飛んでみろと言っても飛ばないので、ノミの耳は足についていたという自説は正しいと結論したのである。

それはともかく、進化学者は、人間の歴史も進化の光で解明されるにちがいないと考え始めている。一九八〇年代の中ごろ、ローラ・ベッツィグは、人間はいかなる状況に遭遇しても、それを性的に利用するように適応しているのではないだろうかという考えを検証しようとした。成功する自信はあまりなかった彼女は、この仮説を立証する最良の方法は、最も単純な予測を立てることだと考えた。すなわち、男たちにとって権力とは、それ自体が目的なのではなく、セックスと繁殖を成功させる手段なのではないだろうか？　現代の世界を見渡すと、それはあまり当てはまっていないようだった。ヒトラーからローマ法王に至るまで、権力者は概して子どもがいない。野望の成就で身をすり減らし、女あさりをしている時間はめったにないらしいのである。[*39]

だが歴史的記録を調べてみて、ベッツィグは仰天した。彼女の単純な推測が、繰り返し裏づけられたのである。単に過去数世紀の西欧でこれが成り立っていないにすぎないのだ。それだけではない。ほとんどの一夫多妻社会では、権力をもつ一夫多妻者が一夫多妻の跡取りを確実に残せるようにする、入念な社会機構が存在したのである。

六つの独立した古代文明（バビロニア、エジプト、インド、中国、アステカ、インカ）はどれも、礼儀正しさでよりも権力の集中のほうで注目に値する。いずれも男性、それもたいてい一人の男によって支配され、その権力は恣意的かつ絶対的であった。これらの男たちは専制者で、報復の恐れなしに臣民を殺すことができた。こうした巨大な権力の蓄積

は、例外なく、並外れた性的生産性を意味した。バビロニアの王ハムラビは、数千人もの奴隷「妻」を意のままにした。エジプトのファラオ、イクナートンは三一七人の愛妾と、「一群」の配偶者をもっていた。アステカの統治者モンテスマは四〇〇〇人の愛妾と交わった。インドの皇帝ウダヤマは、一万六〇〇〇人の妻たちを、宦官が守りを固めた館に住まわせ、館のまわりを火の輪で囲んだ。中国の皇帝、晋の武帝はハーレムに一万人の女を囲っていた。インカでは、冒頭で述べたように、国中に処女が用意されていた。

この六人の皇帝はそれぞれ、歴代の皇帝のなかで代表ともいえる存在だが、同じような巨大ハーレムをもっていただけではない。彼らは同じ手段を用いて女を調達し、ハーレムを防衛した。若い（一般的には初潮前の）女を駆り集め、防御万全で逃亡不可能な城砦に住まわせ、宦官に守らせ、わがままを許し、皇帝の子どもを産ませようとしたのである。ハーレムの出生率を高める方法も共通であった。女たちの授乳期を短くして、再び排卵させるために乳母がやとわれたが、その歴史は少なくとも紀元前八世紀のハムラビ法典までさかのぼる。シュメールの子守歌にすでに歌われているのだ。中国の唐の皇帝たちは、ハーレムの女たちの月経期間と受胎の日付を入念に記録させ、最も妊娠率の高い女とだけ交わった。唐代に限らず中国の皇帝は、一日に二人の女と性交するというノルマを果たすために、精液を節約する方法を教えられていたが、なかには面倒なセックスのお務めを嘆く皇帝さえいたのである。皇帝の遺伝子をまき散らすことを目的としたハーレムは、繁殖マ

シンとしてこれ以上入念な設計はないといえるであろう。[*40]

皇帝たちのやり方は、単に極端な例にとどまるものではなかった。ローラ・ベツィグは一〇四の自律した政治社会を調査し、「ほとんどすべての社会で、男のハーレムの規模はその権力から推測できる」という結論を得た。[*41] 小国の王は一〇〇人の女のいるハーレムを、大国の王は一〇〇〇人のハーレムを、皇帝は五〇〇〇人のハーレムをもっていた。何度も繰り返されてきた歴史が教えているのは、このようなことになるだろう。これまでの歴史観によれば、ハーレムとは、権力を追求する者が成功を収めたあかつきに手にできる多くの報酬の一つにすぎないと言われてきた。召使、宮殿、庭園、音楽、絹、贅を尽くした食事、観戦して楽しむスポーツなども同様である。しかし、女性はこのリストのかなり上位に位置するのである。ベツィグが主張するのは、権力者たる皇帝たちはみな一夫多妻であるということとは別に、それぞれの皇帝たちが乳母、受胎能力の監視、愛妾の隔離など、ハーレム内での繁殖成功度を高めるために、みな同じ方法を用いていたという点である。こうした事実は、男が過剰なセックスにどれほど興味をもっているかを示しているのではない。多くの子どもをもつことにどれほど興味をもっているかを示す尺度なのだ。

しかしながら、繁殖成功度が専制権力の特権の一つであったとしても、奇妙な特徴が一つ目につく。六人の皇帝はいずれも一夫一妻の結婚をしていたのである。つまり一人のパートナーを「皇后」として他の女たちの上位につけさせていたのだ。これは人間の一夫多

妻社会の特徴といえる。ハーレムが存在するかぎり、他の女たちとは待遇の異なる優位の妻が必ずいる。彼女らは一般に高貴な生まれで、ここが大事なのだが、彼女だけが嫡出の跡取りを産むことを許されるのだ。ソロモンにしても愛妾は一〇〇〇人いたが、妻は一人である。

ベッツィグはローマ帝国について研究し、ローマ社会の頂点から底辺に至るまで、一夫一妻的な結婚と、一夫多妻的な不貞の区別があることに気づいた。ローマの皇帝たちは、皇后を迎えたあとも、そのセックス武勇で名を馳せた。ユリウス・カエサルの女性関係は「過度であったとつねに表現された」（スエトニウス）。アウグストゥスについては、スエトニウスはこう記している。「女狂いだという非難がもっぱらで、初老になっても、妻が集めてきた娘たちの処女を奪う情熱をもち合わせていた」。ティベリウスの「犯罪的肉欲」は「東方の暴君にふさわしいものであった」（タキトゥス）。カリギュラは「ローマ中のほとんどすべての高貴な女を口説いた」（カッシウス・ディオ）。そのなかにはカリギュラの姉妹も含まれる。クラウディウスでさえ、妻が女をとりもち、「ベッドをともにするさまざまな侍女」を与えたのである（カッシウス・ディオ）。ネロはテヴェレ川を下ったとき、「川岸に臨時の売春宿を建てさせた」（スエトニウス）。中国ほど組織的ではないが、愛妾の主要な役割は、子どもを産むことであったのだろう。

皇帝だけが特別だったわけではない。紀元二三七年に皇帝マクシミヌスに反旗を翻した父親に協力した裕福な貴族（のちのゴルディアヌス二世）の死に際し、ギボンは彼を悼んでこう記している。

「二二人の愛妾と六万二〇〇〇冊におよぶ蔵書は、彼の性格の多様性を立証している。彼があとに残したものから見ても、そのどちらもただ誇示するためではなく、使用を目的としていたのである」

「ふつうの」ローマ貴族は数百人の奴隷を有していた。そこで、女奴隷は家のなかに仕事らしい仕事を割り当てられてはいなかったのに、若いときに売られると、高値がついた。男奴隷は独身を義務づけられていた。ではローマ貴族はなぜこんなに大勢の女奴隷を買ったのだろうか？　奴隷を産むためだと、ほとんどの歴史家は述べている。しかしそれだけならば、妊娠中の奴隷にこそ高値がついたはずだが、実際にはそうではない。奴隷が処女でないことがわかると、買い手は売り手を訴えた。それに、子どもを産むことが女奴隷の役目だとしたら、男奴隷に禁欲を強いたのはなぜか？　女奴隷は愛妾と同じであるとしたローマの著述家たちは、真実を語っていたにちがいない。ホメロス以来、ギリシア・ローマ文学は、無制限な性的対象としての奴隷の供給があったことを当たり前としている。現代の作家たちだけが、故意にそれを無視するようになったのだ。[*42]

それだけではない。ローマ貴族は多くの奴隷を怪しいほど若いうちに解放し、しかも怪しいほど多額の持参金をもたせた。これは経済的に分別のある計らいであろうはずはない。

解放奴隷は裕福で、数多くいた。ナルキサスはその当時最も裕福であった。ほとんどの解放奴隷は、主人の館で生まれていたが、鉱山や農場で生まれた奴隷が解放されることはほとんどなかった。ローマ貴族は、女奴隷の産んだ庶出の息子たちを解放したと考えてまちがいないだろう。*43

中世のキリスト教世界に目を転じたベッツィグは、一夫一妻的結婚と一夫多妻的関係という現象があまりにも隠されているので、一つ一つ暴いていかなければならなかった。一夫多妻はずっと内密に行われるようになったが、なくなったわけではない。人口調査による と地方の男女比は、中世には大幅に男に偏っていたが、それは大勢の女が城や修道院に「雇われて」いたからである。女たちはさまざまな種類の女中と同じような仕事を与えられていたが、実は彼女らはゆるやかなタイプのハーレムを形成しており、その規模は、明らかに城主の富と権力に応じていた。時として、歴史家や著述家は、城には「めしべ群」と呼ばれる城主のハーレムが密かな快楽のために存在したことを、はっきりと認めている。

文筆家で聖職者のランベール・ダンドルのパトロンであったボールドウィン（ボードゥアン）伯爵は、「二三人の庶子と一〇人の嫡出の子どもたちの参列のもとに埋葬された」。彼の寝室からは、召使の娘たちの宿舎と、階上のうら若き乙女たちの部屋に出入りができた。彼の寝室はさらに、乳飲み子たちの実質的な保育器である、「加温室にもつながっていた」。

その一方で、中世の農夫の多くは中年前に結婚できれば幸運で、密通のチャンスなどはめったになかったのである。[*44]

暴力の報酬

繁殖が、権力と富の報酬であり目的であったとしたら、しばしば暴力の原因と報酬であったとしても不思議はない。[*45]

ピトケアン島の事件を考えてみよう。一七九〇年、戦艦バウンティ号の九人の反乱者が、ポリネシア人の男六人と女一三人とともにピトケアン島に上陸した。最も近い人間の居住地から数千キロも離れ、世界にその存在を知られていなかった小さな島で、一行は生活を営み始めた。一五人の男と一三人の女という男女比のアンバランスに要注意だ。一八年後に島が発見されたとき、女のうち一〇人が生存していたが、男はたった一人であった。他の男のうち一人は自殺し、一人は病死。残りの一二人は殺されたのである。生存者は、性的競争が引き金となった暴力の嵐に打ち勝って生き残った最後の男だったのである。彼は自発的にキリスト教に改宗し、ピトケアン島社会に一夫一妻制をもたらした。この社会は一九三〇年代まで繁栄し、正確な家系図が残されている。それを研究すると、キリスト教的戒律が功を奏したことが判明する。ごくたまに姦通が行われたことを除けば、ピトケアンの島民は一夫一妻であったし、現在もそうである。[*46]

法律、宗教、あるいは罰則によって一夫一妻が施行されると、実際、流血をともなう男どうしの競争は減少するらしい。タキトゥスによると、ローマ皇帝を何人も悩ませたゲルマン民族は自分たちの勝利の一因を、一夫一妻社会であるために攻撃性を外に向けられたからだと考えていたそうだ（もっともこの説明は一夫多妻制のもとで繁栄したローマ人には当てはまらないが）。だれ一人として複数の妻をもつことを許されていなかったので、だれ一人として他人の妻を奪おうとして部族の仲間を殺す動機をもたなかったのである。社会制度としての一夫一妻制は、捕らえた奴隷にまで適用されるとはかぎらない。一九世紀のボルネオでは、イバン族という部族が島内の部族戦争に勝利した。イバン族は近隣の部族と違って一夫一妻であったので、すねた独身者が大量にいるということはなく、また同時に、ほうびに与えられる敵の女奴隷を目当てに、兵士たちは華々しい武勲を立てたのである。*47

人間が類人猿の祖先から受け継いだ性向の一つは、集団間の暴力である。一九七〇年代までは、霊長類学者たちは、類人猿は非暴力の社会に住む平和な生き物であるという世間一般の偏見を確認するのに忙しかった。やがて彼らは、チンパンジー社会の、ごく稀であるがより悲惨な面を観察し始めた。チンパンジーの「部族」のオスは、時として他の部族のオスに対して暴力行動を起こす。敵を探し出し、殺すのである。この習性は、他の動物のなわばり制とは大きく異なる。なわばりをもつ多くの動物は、侵入者を追い出すだけで満足するからである。チンパンジーは敵のなわばりを奪うこともあるだろうが、それはきわめて危険なわりには見返りが小さい。勝利を収めたオスの連合に用意された、もっと大きな見返りとは何か？　破れた群れの若いメスが彼らの群れに加わるということである。[*48]

もしも戦争というものが、メスをめぐるオスの類人猿のグループどうしの敵対心から直接受け継がれたものであり、領土は単にセックスを得るための手段にすぎないとしたら、部族民たちは領土よりも女性が目的で戦争に行くと考えられる。人類学者たちは長いあいだ、稀少な物質的資源、とりわけ頻繁に不足したタンパク源をめぐって戦争が行われると主張してきた。そこで、この伝統的見解に慣れ親しんでいたナポレオン・シャグノンは、一九六〇年代にヤノマモ族を研究するためにベネズエラに行って、ショックを受けた。「この部族の人間は、そのために戦うのだと私が教えられていた物、つまり乏しい資源をめぐって戦うのではない。彼らは女をめぐって戦うのだ」[*49]

少なくとも本人たちはそう語ったのである。人類学者には、人の言うことは信じるなという伝統がある。そのため、それを信じたシャグノンはあざ笑われた。また彼が言うように、「胃袋が戦争の原因だと認めることは許されても、生殖腺が原因だと認めることは許されなかった」のである。

何度も現地に赴いたシャグノンは、ついにたいへんなデータを手にした。他の男を殺した男（ウノカイ）は、殺人者にならなかった男たちよりも、その社会的地位とは独立に、多くの妻をもっていたのだ。[*50]

ヤノマモ族においては、戦争と暴力はともにセックスが第一原因である。隣接する二つの村のあいだに、婦人誘拐を目的に、あるいはその種の目的をもった攻撃に対する報復として戦争が起き、結果としていつも女たちが相手の手に渡る。村の内部で起きる暴力の最もありふれた原因の一つも、性的嫉妬である。小さすぎる村は女をめぐって攻め込まれるが、大きすぎる村は姦通が原因で結束が崩れる。ヤノマモ族では、女たちは男の暴力の代用通貨であり、報酬である。ヤノマモ社会では、暴力による死はありふれている。部族民の三分の二が四〇歳までに肉親を殺されているのだ。だからといって殺人の苦悩と恐怖が和らぐわけではない。森を去ったヤノマモ族にとって、常習的殺人を禁じる外界の法律世界で暮らすことは、奇跡であるとともに、このうえなく望ましいことでもあるのだ。同様にギリシア人も、アイスキュロスの『オレスティア』に描かれるオレステス裁判の伝説を通して、復讐が法律によって置き換えられたことを、画期的な出来事として記憶にとどめた。アイスキュロスによれば、オレステスは、アガメムノン殺しの報復としてクリュタイムネストラを殺す。だが女神アテナは復讐の女神たちを説得し、審判を受け入れ、血で血を洗う制度を廃止させた。[*51] 原始人の生活習慣を列挙したトーマス・ホッブスが、「暴力による死の絶えざる恐怖と危険」と表現したのは誇張ではない。とはいえ、それに続く、もっと有名な次の文章はそれほど正しいとはいえない。「かくして人生は孤独で、惨めで、危険で、残酷で、短かった」

今ではシャグノンは、人間が乏しい資源のためにのみ戦うという従来の考えは、問題の核心を見落としていると信じている。資源が乏しければ人間はその獲得のために戦い、乏しくなければ戦わない。彼は述べている。「マンガンゴの実を持っていればこそ女が手に入るのではない限り、なぜわざわざマンガンゴの実をめぐって戦うのか？　女をめぐって戦えばよいではないか」

ほとんどの人間社会は資源の限界に達していないと、彼は信じている。ヤノマモ族はもっとたくさんのプランテーンの木を育てるために森を切り開き、広大な畑を簡単に作ることができる。しかしそうしたらプランテーンの実が多すぎて食べきれないだろう。[*52]なにもヤノマモ族が特に変わっているというわけではない。各国政府が法律を施行する前に行われた文字使用以前の社会のすべての調査では、暴力行為が非常に頻繁に起きていたことは明らかである。ある研究では、その社会に住む男たちの四分の一が、他の男に殺害されたと推定された。その動機は何かといえば、圧倒的にセックスである。

西洋文明の基礎を成している神話、ホメロスの『イリアス』は、ヘレネという女性の誘拐をめぐる戦争が物語の発端である。歴史家たちは、トロイアによるヘレネの誘拐は、ギリシアとトロイアの領土的衝突を起こす口実であったと、長いこと考えてきた。しかし我々はそんなにお高くとまっていていいのだろうか？　ヤノマモ族はおそらく、本人たちが言うとおり、本当に女目当てに戦争に行くのである。ならばアガメムノンの部下のギリシア人たちもそうであったにちがいない。ホメロスもそう述べている。『イリアス』の物語の始めにあり、かつ最後まで影を投げかけるのは、アキレスとアガメムノンのいさかいであった。その原因は、アガメムノンがアキレスの愛妾のブリセイスをよこせと主張したからだった。それは、アガメムノン自身の愛妾であるクリセイスの父である神官が、アポロンの助力を得てギリシアに刃向かったため、アガメムノンは彼女を父親に返さなければならなかったからである。女をめぐるいさかいが原因で兵士間に生じたこの不和のために、ギリシア人は、やはり女をめぐるいさかいが原因で生じた戦争に、あやうく破れかけるのである。

農耕以前の社会では、とりわけ混乱した時代には、暴力は性的成功へと導く道筋であったのだろう。さまざまな文化において、戦争で捕虜になるのは男よりも女であった。その影響は現代にまで及んでいる。軍隊はしばしば愛国心や恐怖だけではなく、勝利によって得られるレイプの機会が励みになって、鼓舞されてきた。これに気づいた将軍たちは兵士のいきすぎた行動に目をつぶり、慰安婦を供給したのである。今世紀においてさえ、海軍の短期休暇の目的は、だいたいが娼婦買いであった。そしていまだにレイプは戦争につきものである。一九七一年、西パキスタン軍に九カ月占領された東パキスタン（現バングラデシュ）では、四〇万人もの女性が兵士にレイプされたといわれている。[*53] 一九九二年のボスニアでは、セルビア人兵士向けの組織的レイプ用施設に関する報告が無視できないほどの量に及んだ。カリフォルニア大学サンタバーバラ校の人類学者、ドン・ブラウンは、自らの軍隊時代をこう回想している。「男たちは昼となく夜となくセックスの話をしていた。軍事力について話したりはしない」*54

一夫一妻の民主主義者たち

要するに、人間の男の本性とは、一夫多妻的な関係のチャンスがめぐってくればそれをとらえ、セックスという目的を達成する手段として富、権力、暴力を用いて他の男たちと競いあうというものだ。もっとも、一般的には、そのために一夫一妻の安定した関係を犠牲にはしない。これは特に楽しい光景ではないし、一夫一妻、貞節、平等、正義、非暴力といったものをよしとする現代の道徳観におおいに反する本性を描いている。しかし私の仕事は記述することであって、処方箋を渡すことではない。そして人間の本性は避けられない運命ではないのである。映画『アフリカの女王』で、キャサリン・ヘップバーンはハンフリー・ボガートにこう言う。「本性というのはね、オールナットさん、この世で私たちがそれを克服するために与えられたものなのよ」

およそ四〇〇〇年前にバビロニアで始まった人間の一夫多妻制という幕間劇は、西欧ではやっと終止符を打とうとしている。公式の愛妾は非公式な愛人になり、愛人は妻たちからは隠される存在になった。一九八八年には、政治権力は一夫多妻への切符となるどころか、一片の不貞の疑惑によっても危険にさらされることとなった。かつて中国の武帝はハーレムに一万人の女を囲っていたというのに、地球上で最強国の大統領選に出馬したゲイリー・ハートは、女性が二人いたために許されなかったのである。

何が起きたのだろう？　キリスト教の影響か？　まずありえない。キリスト教は何世紀も一夫多妻と共存し、その制約は皮肉にも、俗人の制約と同じように利己的だったではないか。女性の権利のせいか？　だとしたら認められたのが遅すぎた。ヴィクトリア時代の女性は、中世の女性と同じように、夫の女性関係に対して発言権はまずなかった。何が変わったかを説明できる歴史家はまだ一人もいない。しかし王たちが国内に連合関係を必要とするようになったあまり、専制権力を放棄せざるをえなくなったという考えも推測の一つである。一種の民主主義が誕生したのだ。一夫一妻の男たちが、一夫多妻に反対投票するチャンスをひとたび手にするや（どんなに彼らの真似をしたいと思っても、競争者をやっつけたいと思わない人間がどこにいるだろう？）、一夫多妻主義者の命運は決した。

文明とともに誕生した専制権力は、再び影を潜めた。ますますそれは、人類史において常軌を逸したことのように見えてくる。「文明」が芽生える以前と、民主主義の誕生以来、男たちが権力を蓄え、最も成功した男が乱婚的暴君になることは不可能になった。更新世には、狩猟の腕前や政治手腕がとりわけ優れていたとしても、男たちがせいぜい望めたのは、忠実な妻を一人か二人もち、数回の情事を経験することであった。現代の男がせいぜい望めるのは、美人で年下の愛人をもち、一〇年ほどごとに献身的な妻を取り換えることである。我々は堅物に戻ったのだ。

本章は男性のみに焦点を絞って話を進めてきた。そのため、女性と女性の意思を無視し、権利を踏みにじったように見えるかもしれない。しかし農耕の誕生以来、男たちは幾世代にわたり、そうしてきたのである。農耕以前と同じように、民主主義の誕生以来、その手の女性蔑視は不可能になった。人類の配偶システムは、他の動物たちのそれと同様に、男と女の戦略のあいだに生まれた妥協であった。そして一夫一妻の結婚の絆が、専制的なバビロニア、好色なギリシア、乱交のローマ、不貞のはびこるキリスト教社会においても存続し、産業時代に家族の核として出現したのは、奇妙な事実である。人類史上、最も専制的で一夫多妻の時代ですら、人間は一夫一妻の結婚制度に忠実であった。他の一夫多妻の動物とはまったく異なるのである。暴君たちでさえ、妻は一人、愛妾はあまたという具合なのだ。一夫一妻の結婚に対する人間の嗜好を説明するには、男性の戦略を綿密に理解したように、女性の戦略を理解する必要がある。そうすれば、人間の本性に関する驚くべき洞察が得られるだろう。これが次章の狙いである。

第7章　一夫一妻と女の本性

羊飼い：木霊よ、私は木の教えに従おうと思うのだ。
おもしろく答えてくれ。聞いてもよいか？
木　霊：聞いてもよい。
羊飼い：女に情熱を表すにはどうしたらいい？
木　霊：笑わせる。
羊飼い：以前好きだった女に何と言おう？
木　霊：依然好きだ。
羊飼い：何が最も女の気を引くのかね？
木　霊：カネ。
羊飼い：愛する女が他の男にのぼせているのをさますものは何か？
木　霊：アイス。
羊飼い：音楽が岩を和らげるのなら、どうしたら彼女の心の竪琴は奏でる？
木　霊：撫でる。
羊飼い：教えてくれ、木霊よ。どうすれば尻軽な女を変えられる？

木　霊：女を買え。
——ジョナサン・スウィフト「女についての優しい木霊」

西欧で最近行われた画期的な研究で、次のような事実が判明した。既婚女性が好んで関係をもつ男性は、実力ある、年上の、肉体的な魅力をもつ、バランスのとれた容姿の妻帯者である。女性は夫が弱虫で、年下で、肉体的な魅力に欠けたり、アンバランスな容姿の場合に、情事にふける可能性が非常に大きいらしい。男性を二枚目に変身させる美容整形をすると、不倫のチャンスが倍増する。男性は魅力的であればあるほど、父親としての世話をしない。西欧で生まれる赤ん坊のおよそ三人に一人が、不倫の結果できた子どもである。

これらの事実に当惑したり、信じられなかったりしても、心配はご無用だ。この研究は人間について行われたものではない。夏場の数カ月、納屋や畑のまわりを可憐に旋回している、無邪気でさえずり上手な、二またに分かれた尾をもつ鳥、ツバメについて述べているのである。人間はツバメとはまったく異なる。いや、はたしてそうだろうか？[*1]

結婚という強迫観念

古代の暴君たちのハーレムは、男性が高い地位を利用して繁殖成功度を高める機会を作り出せるということを示しているが、人類の歴史のほとんどにおいて、そういうものが人間の境遇の典型とはなりえなかった。今日（こんにち）、ハーレムの主になるとしたら、新興宗教をおこし、潜在的な愛妾（あいしょう）たちにあなたがいかに神聖であるかを信じるよう洗脳するしかないだろう。いろいろな点で現代人は、古代社会よりも狩猟採集に従事していた祖先に近い社会システムで暮らしている。狩猟採集社会で一夫多妻はまれにしか実現できず、結婚という制度は事実上、普遍的である。人間は昔よりも大きな集団のなかで暮らしているが、その集団内で人間生活の要（かなめ）をなしているのは、男、妻、その子どもという核家族である。結婚とは子育ての制度なのだ。どこの社会であれ、たとえそれが食料の供給のみであっても、父親は少なくとも多少は子育てに加わる。ほとんどの社会で、男たちは一夫多妻であろうとするが、成功するのはごくわずかだ。遊牧民の一夫多妻社会でさえ、大部分の結婚は一夫一妻である。[*2]

　類人猿を含む他の哺乳類と我々を分け隔てているのは、一夫一妻がふつうであることであって、特別な場合に一夫多妻になることではない。他の四種類の類人猿（テナガザル、オランウータン、ゴリラ、チンパンジー）のうち、テナガザルだけが多少なりとも結婚らしいものを行う。テナガザルは東南アジアの森林で、忠実なカップルとして生息し、各つがいがなわばり内で自分たちだけで暮らす。

　前章で述べたように、男たちが心の底ではご都合主義的な一夫多妻派であるなら、どうして結婚などするのだろうか？ 男は気まぐれなくせに（「あなたは束縛されるのが怖いんでしょ？」これは女たらしのえじきになった女のせりふである）、いっしょに子どもを育てる妻を探すことにも興味をもち、不実であるくせに妻と離れずにいようとする（「私のために奥さんと別れてはくれないんでしょ？」これは典型的な愛人のせりふである）。

女たちが女房族と娼婦族にきっちり分かれるつもりがないので、この二つのゴールは矛盾してくる。女性は、前章で述べた暴君のハッスルぶりからうかがい知れるような受け身な奴隷ではない。女性は、セックスのチェスゲームにおける積極的な対戦相手であり、みずからの目的をもっている。女たちは現在も、そして過去においてもずっと、男たちに比べるとほとんど一夫多妻に興味をもっていない。しかしだからといって、彼女らがセックスのご都合主義者でないというわけではない。熱心なオスと恥ずかしがり屋のメスという理論は、次の単純な質問に答えることができない。女たちはなぜかくも忠実でないのか？

ヘロデ効果

一九八〇年代に、現カリフォルニア大学デイヴィス校のサラ・ハーディ率いる女性科学者グループは、次のような事実に気づいた。チンパンジーとサルのメスの乱交的行動は、親としての投資が大幅にメスに偏っている場合には、メスはオスを慎重に選ぶようになるというトリヴァースの理論に当てはまっていないのである。ハーディ自身のラングールの研究と、彼女の学生であったメレディス・スモールのマカクの研究から、進化理論の典型タイプではない、きわめて異なる種類のメスの存在が明らかになった。オスと逢い引きするために群れを抜け出すメス。さまざまなセックスパートナーを積極的に探すメス。オスと同じくらいにセックスをしかけるメス。好みがうるさいどころか、メスの霊長類はひどい乱交の主導者であるかのようだった。メスよりむしろ理論のほうに問題があるのではないかと、ハーディは考え始めた。一〇年後、突如としてそれは明らかになった。「精子間競争の理論」という一連の概念によって、メスの行動の進化にまったく新しい光が投げかけられたのだ。[*3]

ハーディの関心事に対する解答は彼女自身の研究のなかにある。インド北西部のラジャスターンのアブ山でラングールを研究したハーディは、身の毛もよだつような事実を発見した。おとなのオスザルによる赤ん坊ザルの殺害が日常茶飯事だったのだ。オスはメスの群れを乗っ取るたびに、群れ内の赤ん坊すべてを殺すのである。これとまったく同じ現象が、数年前にライオンにおいても発見されていた。メスの群れを勝ち取った兄弟のグループが最初に行うのは、子殺しである。その後の研究で明らかになったように、オスによる子殺しは、齧歯類（げっしるい）、肉食動物、霊長類においてかなり一般的である。我々に最も近いといわれているチンパンジーでさえ有罪なのだ。テレビのおセンチな動物番組で育てられたほとんどの博物学者は、これは常軌を逸した行動にちがいないと信じたがったが、ハーディとそのグループは別な推測をした。子殺しは一種の「適応」、つまり進化的戦略なのだ、と。継子を殺すことによりオスは、メスの乳の出を止め、メスが再び妊娠可能となる日を早めるのである。ラングールの優位のオスや、兄弟ライオンがトップの地位にあるのは、ほんの短期間なのだ。それゆえ子殺しは、その期間内に最多数の子をもうける手助けになるのである。*4

霊長類における子殺しの重要性を手掛かりに、学者たちは五種類の類人猿の配偶システムを徐々に解明していった。というのは、これがあるとたちまち、メスたちが一匹または一つのグループのオスに忠実である理由が生じるからだ。逆にオスたちには、ライバルの子殺しオスから自分の遺伝的投資を守る理由が生じるのである。大ざっぱに言えば、サルと類人猿のメスの社会パターンは、食糧の分布によって決定されるのに対し、オスの社会パターンはメスの分布によって決定される。メスのオランウータンが、限定されたなわばりのなかで単独で暮らすのは、乏しい食物資源を確保するためにはそのほうがよいからである。オスも単独で暮らし、何頭かのメスのなわばりを独占しようとする。オスのなわばり内に暮らしているメスたちは、他のオスが現われた場合に、「夫」が助けに飛んでくるだろうと期待しているのだ。

メスのテナガザルもまた単独で暮らす。オスのテナガザルはメス五頭分の行動圏を守ることが可能なので、オランウータンと同じように、一頭のオスがメス五頭のなわばりを巡回し、すべてのメスとつがうというパターンの一夫多妻を容易に行えるのである。しかもオスのテナガザルは、父親としてはあまり役に立たない。子どもにえさを与えることもせず、ワシから守るわけでもない。子どもたちにいろいろ教えることすらしない。ならばなぜ忠実に一頭のメスといっしょにいるのか？　父親のテナガザルがしてやれることは、他のオスによる殺害という大きな危険から子どもを守ってやることである。リヴァプール大学のロビン・ダンバーは、オスのテナガザルが一夫一妻なのは子殺しを阻止するためだと考えている。[*5]

メスのゴリラはテナガザルと同じくらい夫に忠実である。夫の行くところならば、どこにでもついて行って同じことをする。そしてオスもある意味ではメスに忠実である。何年もメスのそばにとどまり、自分の子を育ててくれるのを見守る。しかしテナガザルとは大きな違いが一つある。ハーレム内に複数のメスを住まわせ、いってみればそれぞれのメスに対して等しく忠実なのだ。ハーヴァード大学のリチャード・ランガムは、ゴリラの社会システムも主に子殺し防止を目的にデザインされているが、メスたちは群れることで安全を確保できるのだと主張している（果実を主食とするテナガザルの場合、なわばり内には一頭のメスを養うに十分な食物しかない）。そこで、オスはライバルのオスからハーレム全体を安全に守り、殺害の危険から守るという絶大な恩恵を、子どもたちに施すのである。[*6]

チンパンジーは、かなり異なる社会システムを作り出し、子殺し防止戦略にいっそう磨きをかけた。彼らは豊富になる果実を食べるが、それらはあちこちに散在している。また、彼らは開けた地上で過ごす時間が多い。そのために、彼らはもっと大きな群れを作って暮らす（大きな群れは小さな群れよりも目が行き届く）が、この大きな群れは、遊動に際して、つねに小さなグループに分かれる。こうした離合集散型グループは、一頭のオスが支配するには大きすぎるし、流動的である。オスのチンパンジーが政治的に最高位につく方法は、他のオスたちと同盟関係を作ることである。事実、チンパンジーの群れには大勢のオスがいる。つまりメスは大勢の危険な継父に付き従われているのだ。この事態を解決するために、メスは継父のすべてを父親にしてしまおうと、たくさんのオスと交尾する。この結果、目の前にいる赤ん坊が自分の子どもではないとオスのチンパンジーが確信する状況は一つしかなくなる。赤ん坊の母親を見たことがない場合である。かくして、ジェーン・グドールが発見したように、オスのチンパンジーは赤ん坊を抱えた見知らぬメスを攻撃し、赤ん坊を殺すのだ。子どものいないメスは襲わない。[*7]

ハーディの問題は解決した。サルと類人猿におけるメスの乱交は、子殺しを防ぐために大勢のオスを父親にする必要があることを考えれば説明がつく。しかしこれは人間にも当てはまるのだろうか？

手みじかに答えればノーである。継子が、実の親と暮らす子どもより六五倍も死亡率が高いというのは事実であるし、[*8]幼い子どもが新しい継父を非常に恐れ、それをなかなか克服できないというのはよくあることだ。しかし、これらは赤ん坊ではなく、もっと大きい子どもについていえることであって、当座の問題にはあまり関係はない。上の子どもが死んでも、母親が再び子どもを産めるようになるわけではない。

そもそも我々が類人猿であるという事実が誤解を招きかねないのだ。我々の性生活は類人猿のそれとはきわめて異なる。我々がオランウータンのようであるとしたら、女性は単独で、互いに離れて暮らすだろう。男性も一人で暮らすが、時折セックスのために複数の女を訪ねる（あるいは一人も訪ねない）。男二人が出遇っただけで、すさまじい闘争が繰り広げられるはずだ。もし我々がテナガザルだったら、とても考えられないような生活を送ることになる。それぞれの夫婦が数キロも離れて暮らし、決して自分たちの行動圏を離れない。だれかが侵入してくれば、死ぬまで戦うだろう。なかには社交嫌いな隣人というものもいるが、それは例外で、こんな振る舞いは我々の本来の暮らし方ではない。郊外の静かな家に退いた人々でさえ、そこにずっと住み続けるとは言わないだろうし、他人をかたくなに拒むこともありえない。我々は仕事にしろ買い物にしろレジャーにしろ、生活の多くを共有のテリトリーで過ごす。我々は集団性で、社交的なのだ。

我々はゴリラとも違う。もしもゴリラのようであったなら、我々はハーレムで暮らすだろう。ハーレムの主は巨大な中年男で、体重は女性の倍もあり、グループ内の女性すべてとセックスする権利を独占し、他の男たちを威嚇するだろう。セックスは聖人記念日よりなる。[*9]

も稀になり、名士ですら年に一回、他の男たちにとってはセックスが存在しないも同然になる。

もしも、我々がチンパンジーならば、我々の社会はある面ではかなりなじみ深いものになるだろう。家族単位で暮らし、とても社交的で、順位があり、グループがなわばりをもち、自分が属するグループ以外のグループに対しては攻撃的になるだろう。言いかえれば、家族に礎を置き、都市に住み、階級意識があり、民族主義者で好戦的。我々はまさにそのとおりである。おとなの男たちは、家族と過ごすよりも、社会のピラミッドをのぼりつめようとして多くの時間を費やす。しかしセックスに目を転じると、事情はきわめて異なってくる。まず、男は子育てにまったく加わらず、養育費さえ払わないだろう。結婚という絆はいっさい存在しないだろう。ほとんどの女がほとんどの男と交わり、一方、最も順位の高い男（大統領と呼ぼう）は最も妊娠しそうな女に初夜権を行使しようとするだろう。セックスはこま切れに行われる事柄であり、女性の発情期間中ははなはだ過剰に行われるが、妊娠中の女性や子育てに携わっている女性からは何年も完全に忘れさられるだろう。発情期になると、女性のピンク色をしてふくらんだ尻が全員に宣伝され、それを見た男性には悩ましいほど魅惑的である。男性はそうした女性を何週間か独占するために、「コンソート関係」を結んで、みんなから離れてどこかへ連れ去ろうとするが、いつも成功するわけではない。そしてふくらみがしぼむと、すぐに彼女に興味を失ってしまうだろう。カリフォルニア大学ロサンゼルス校のジャレド・ダイアモンドは、ある日悩殺的なピンクの尻で出社した女子社員が、平均的なオフィスに与える影響を考え、それがどれほど社会を破壊するかを推測した。[*10]

我々がボノボ（ピグミーチンパンジー）であったなら、チンパンジーとほとんど同じような群れをなして暮らすだろうが、優位な男性の群れが幾つかの女性グループを訪ねて、あうろつき回るだろう。その結果、女性たちはさらに多くの男性に父親の可能性を分けてあげなければならなくなる。確かにメスのボノボはひどく色情狂的な習性をもっている。ちょっとした誘いでセックスに応じ、バラエティー豊かなプレイをし（オーラルセックスや同性愛を含む）、長期にわたりオスにとって性的魅力のある存在なのだ。他の仲間が食事をしている木にやってきた若いメスのボノボは、まっ先にオスたち（これには少年も含まれる）と代わる代わる交尾し、それからおもむろに食事をするのである。交尾はまったく見さかいなく行われるというわけではないが、ともかくおおらかなのだ。

メスゴリラは一匹の赤ん坊が生まれるまでに約一〇回交尾するのに対し、メスのチンパンジーは五〇〇回から一〇〇〇回、そしてボノボにいたっては、三〇〇〇回にも及ぶ。メスのボノボは、若いオスと交尾しても、近くのオスから嫌がらせを受けることはまずない。あまりにも頻繁に交尾するので、めったに受胎には至らない。実際、ボノボにおいては、オスの攻撃性は体の作りからうすれている。オスは体がメスよりさして大きいわけではなく、ふつうのチンパンジーと比べると、順位の頂点に立つためにエネルギーを使うことも少ない。遺伝子の永続的継承に心血を注ぐオスのボノボにとって、最高の戦略は、野菜を食べ、よく眠り、長い長い昼間の情事に備えることである。*11

庶出の鳥たち

親戚筋の類人猿と比べると、大型類人猿のなかで最もありふれた存在である我々は、驚異的なトリックを編み出した。複数の男性を含む大きなグループを形成するという習性を失うことなしに、一夫一妻と父親による子の世話を復活させたのだ。テナガザルのように男性は一人の女性と結婚し、子育てを助け、父親であることの確信をもっているが、チンパンジーのように、女性は社会のなかで他の男性とつねに接触をもって暮らしている。この点に関してはどの類人猿とも異なる。しかしながら、鳥類にはこれとよく似たものがあるというのが私の主張である。多くの鳥類はコロニーで暮らすが、コロニー内で一夫一妻的な配偶をする。そして鳥類との類似性を考えると、女性がいろいろな相手とのセックスに興味をもつことに対して、まったく違った解釈ができるのだ。女性は子殺しを防ぐために多くの男性と交渉をもつ必要はない。しかし夫とは別に、よりすぐった一人の男性と性愛を分かちあうそれなりの理由はあるかもしれない。彼女の夫はまずまちがいなくそのあたりで最高の男性ではない。「どうやってあんな女と結婚できたんだろう?」といったタイプである。彼のとりえは一夫一妻主義であること、それゆえ自分の子育て努力を複数の家族のあいだに分割したりしないことである。しかしなぜ彼女は夫の遺伝子を受け入れるのか？　親としての責任だけ果たさせて、別の男性の遺伝子を受け入れてもよいのではないか？

人間の配偶システムを的確に描写するのはむずかしい。人間の習慣は、人種、宗教、富、そして生態によって非常に柔軟性に富む。それでもなお、いくつかの共通の特徴は存在する。第一に、女性は一般に、たとえ一夫多妻が認められている社会であっても、一夫一妻の結婚を求める。稀な例外はともかくとして、女性は念入りに相手を選びたがり、そしてパートナーが尊敬できる人物であるかぎり、一生独占し、子育ての助言を得、死ねば後追い自殺もしかねない。第二に、女性はセックスの多様性そのものを求めない。もちろん例外はあるが、小説のヒロインや現実の女性は、過剰性欲にはなんの興味もないと否定するのがつねで、それを信じない理由はない。名前も知らない男と一夜の情事にふけるのが好きな尻軽女は、男性ポルノ小説が作り出したイメージだ。男の本性による強制を受けないレズビアンは、突然フリーセックスにのめり込んだりはしない。それどころかきわめて一夫一妻的である。別に驚くべきことではない。動物のメスは機会主義的セックスからほとんど得るものはないのである。なぜならメスの繁殖能力は、交尾したオスの数ではなく、子どもを産むまでに要する時間によって限定されるからだ。この点では、男と女はまるで違う。

ところが第三に、女は時として不実である。すべての不倫は男性が引き起こしているわけではないのだ。売春男や見知らぬ男とのその場限りのセックスには、ほとんどあるいは決して興味をもたないかもしれない。しかし現実の女性もメロドラマのヒロインも、知り合いの男性に対して、たとえ「幸せな」結婚をしていても、誘いに乗ったり、自分から誘ったりすることができる。これはパラドクスである。これには、次に挙げる三つの方法のどれかで説明がつくだろう。誘惑者の口のうまさには、まったくその気のない女でさえも心を動かされてしまうのだといって、不倫を男のせいにすることもできる。これを「危険な関係」的説明と呼ぼう。あるいは現代社会のせいにすることもできる。現代生活にともなうフラストレーションや煩雑さや不幸な結婚が、自然のパターンをくつがえし、人間の女性に異質の習慣をもたらしたのだ。これをテレビドラマになぞらえて「ダラス」的説明と呼ぼう。あるいは、結婚生活を放棄することなしに、婚外セックスを求めることに、生物学的に根拠のある理由があるとも考えられる。セックスプランAがうまくいかない場合、プランBを選択させる本能が女性にあるのではないだろうか？　これを「ボヴァリー夫人」戦略と呼ぼう。

この章では、人間社会の形成に不倫が大きな役割を果たしてきたのではないかと論じていくつもりである。なぜなら一夫一妻の結婚の枠内において、夫または妻以外のセックスパートナーを求めることは、男にとっても女にとっても、しばしば利益をもたらしたからである。これは、現代社会と部族社会を含む人間社会のさまざまな研究および、類人猿や鳥類との比較研究から得た結論である。不倫が我々の配偶システムを形成した原動力であると述べたからといって、私は不倫を「正当化」しているわけではない。パートナーが不貞をはたらいたり、欺いたりした場合に、いやだと感じる性向を人間が進化させたというのは、きわめて「自然」なことである。それゆえ私の分析が、不倫を正当化するものだと解釈されたとしても、むしろ私の分析は不倫を防止するための社会的法的措置を正当化するためのものだ、という解釈のほうが、自明なものと見なされるはずである。私が言いたいのは、不倫も不倫を認めないことも、どちらも「自然」だということだ。

一九七〇年代に、イギリスの生物学者でのちにオーストラリアに移住したロジャー・ショートは、類人猿の体の構造に特異な点があることに気づいた。チンパンジーの睾丸は巨大であるのに、ゴリラの睾丸はたいへん小さい。ゴリラはチンパンジーの四倍も体重があるのに、チンパンジーの睾丸はゴリラの睾丸の四倍も重さがある。これはなぜかとショートは不思議に思い、配偶システムに関係があるのだろう、と推測した。つまり、睾丸が大きければ大きいほど、メスは多くのオスと配偶するのである。[*12]

この理由は簡単にわかる。メスが複数のオスと交尾すると、それぞれのオスの精子は卵子にいちばん先に到達するよう競争する。オスにとって自分に有利な試合展開にする最上の手段は、より多くの精子を生産し、競争者をのみこんでしまうことだ。ちなみに他の手段もある。オスのイトトンボはペニスを使って、前のオスが置いていった精子をすくいあげて捨てる。イヌやオーストラリアトビネズミのオスは、交尾のあとメスの体内にペニスを「ロック」し、しばらく離れられないようにするが、それは他のオスとの交尾を防ぐためだ。人間の男性は不良な「カミカゼ」精子を大量に放出し、これが一種の栓になって膣の扉を閉じ、あとからくる精子を侵入させないようだ。*13 すでに考察したように、チンパンジーは群れで暮らし、一頭のメスに何頭ものオスが関係するので、回数を多く、しかも大量に射精する能力が有利になる。なぜならそうするオスが父親になる確率が最も高いからである。この推測はあらゆるサルと齧歯類にも当てはまる。ゴリラのように、セックスを独り占めすることが確実であればあるほど睾丸は小さい。逆に、複数のオスが乱婚的なグループで暮らす場合、睾丸はより大きくなる。*14

ショートは、種の配偶システムを解き明かす解剖学上の手掛かりを発見したかに見えた。大きな睾丸はメスが多数のオスと交尾することを示す。研究の行われていない種の配偶システムを推測するうえで、これが役に立つのではないだろうか？　例えば、イルカとクジラの社会がどのようなものであるかはあまり知られていない。しかし、捕鯨のおかげで体の構造についてはかなり知られている。どちらも体の大きさを考慮したうえでも、巨大な睾丸の持ち主である。セミクジラの睾丸は一トンを超え、体重の二パーセントを占める。

そこで、サルのパターンを当てはめると、メスのクジラとイルカは一夫一妻ではなく、複数のオスと交尾すると考えるのが妥当だろう。知られているかぎりではこれは事実である。バンドウイルカの配偶システムはオスが流動的な同盟グループを作り、繁殖力のあるメスを強制的に「駆り集める」のである。時には二頭のオスが同時に一頭のメスを妊娠させることもあり、[*15] チンパンジーの世界よりも精子間競争が熾烈なケースといえる。ゴリラのようにハーレムに暮らすマッコウクジラは、比較的小さな睾丸をもっている。一頭のオスがハーレムを独占し、精子のライバルは存在しないからである。

今度はこれを人間に当てはめて考えてみよう。類人猿としては人間の睾丸は中型で、ゴリラの睾丸よりかなり大きい。チンパンジーのように、陰嚢（いんのう）のなかに収まって体外に出ている。製造された精子を低温で保存し、貯蔵寿命を伸ばしているのだ。[*16] こうした事実は、人間において精子間競争があることを証明しているように見える。

しかし人間の睾丸はチンパンジーの睾丸ほど大きいわけではない。しかもフルパワーで作動していないことを示す暫定的証拠もある（祖先の時代にはもっと大きかったのかもしれない）。組織一グラム当たりの精子製造率は人間においては一般に低い。全体として、女性はあまり相手かまわずのセックスはしないと結論していいだろう。それはまた、予想どおりのことでもある。[*17]

精子間競争に直面したときに大きな睾丸をもつのは、なにもサル、類人猿、イルカだけではない。鳥類もそうだ。そして人間の配偶システムを解明する決定的な手掛かりは、まさに鳥類から得られるのである。ほとんどの哺乳類は一夫多妻で、ほとんどの鳥類が一夫一妻であることは、動物学で以前から知られている。それは、卵を産むことで、オスの鳥には子の世話をする機会が哺乳類のオスよりもずっと早く訪れるためだと考えられてきた。オスの鳥は巣を作り、抱卵を分担し、子どもにえさを運んだりして忙しく働くことができる。オスにできないのは産卵だけである。この機会に乗じて、オスの若鳥たちは、メスに受精するだけではなく、親の代役を申し出ることができるのだ。スズメのように子どもにえさを与えなければならない種では、この申し出は受け入れられ、キジのように子どもにえさを与えない種では拒否される。

確かに、すでに述べたようにある種の鳥類においては、オスがこうした仕事を一手に引き受け、パートナーはたくさんの夫たちのために産卵というただ一つの仕事をすればよいのである。これとは対照的に、哺乳類ではたとえ望んだとしても、オスにできる助力はあまりない。妊娠中の妻を養い、間接的に胎児の成長に貢献することはできるし、生まれた子どもを運び、乳離れしたら子どもに食物を与えることもできるが、胎児をはらんだり、生まれた子どもに乳を与えることはできない。メスの哺乳類は文字どおり赤ん坊を抱えており、オスが何かを手伝えるチャンスはほとんどないので、次の配偶相手を見つけるためにエネルギーを使ったほうがよいことになる。さらなる交尾のチャンスがほとんどなく、オスの存在が赤ん坊の安全を増す場合のみ、テナガザルのようにオスはとどまるのである。この種のゲーム理論的議論は、一九七〇年代の中ごろまではどこにでも見られた。しかし一九八〇年代に鳥類の遺伝子の血液鑑定が初めて可能になると、動物学者たちは肝をつぶすような事実を発見した。ごくふつうの巣にいるヒナの多くは、父親の実の子ではなかった。オス鳥たちはそれぞれ、あきれるほどの率で他人の妻を寝取っていたのである。北アメリカ原産でかわいい小型の青い鳥、ルリノジコは忠実な一夫一妻に見えたが、平均的なオスが巣で養っているヒナのおよそ四〇パーセントが庶子であった。[*18]

動物学者たちは鳥類の営みにおける重要な部分を完全に過小評価していたのだ。そういう事実があることは知っていたが、これほどの率とは思っていなかった。これは婚外交尾(extra-pair copulation)、略してEPCと呼ばれるが、私は不倫と呼びたい。まさにそうだからである。ほとんどの鳥は確かに一夫一妻だが、決して相手に対して忠実ではない。

アンデルス・モラーはデンマークの生物学者で伝説的な行動力の持ち主である。彼については性淘汰のところですでに紹介した。モラーとシェフィールド大学のティム・バークヘッドは、現在のところ鳥類の不倫について知られている事柄をまとめて本に著したが、そのパターンは、人間を考えるうえにもよく当てはまることがわかった。彼らがまず証明したのは、鳥類の睾丸は配偶システムに応じて大きさが異なるという点であった。複数のオスが一羽のメスに受精させるという一妻多夫の鳥類では、睾丸が最も大きい。その理由は簡単だ。精子を最も多く射出するオスが、受精確率が最も高いからである。

これは別に驚くべきことではなかった。しかしキジオライチョウのようにレックを行う鳥類は、それぞれのオスが数週間のあいだに五〇羽ものメスに受精しなければならないのに、睾丸は一般的に小さい。この謎は、一羽のキジオライチョウのメスが、たった一回か二回、それもふつうは一羽のオスとしか交尾しないという事実を考えれば解ける。だからこそメスはレックで選り好みするのだ。したがって、いちばん順位の高いオスは多くのメスと交尾する必要はあっても、それぞれのメスに多くの精子を注入する必要はない。精子のライバルが存在しないからである。オスの鳥類において睾丸の大きさを決定する要因は、どれだけ頻繁に交尾するかではなく、どれだけ多くの他のオスと競争するかなのである。

一夫一妻の種は中間に位置する。かなり小さな睾丸をもつ種もいて、これは精子間競争がほとんどないことを意味する。また一妻多夫の鳥類と同じくらい大きな睾丸をもつ種もいる。バークヘッドとモラーは、大きな睾丸をもつ種は、だいたいがコロニーに生息する鳥類であることに気づいた。例えば海鳥、ツバメ、ハチクイ、スズメなどだ。こうしたコロニーでは、すぐ隣の巣からやってくるオスと姦通する機会をメスに与えるのである。メスが機会を逃さないのはいうまでもない。[*19]

「一夫一妻」とされている鳥類の多くで、オスのほうがメスよりも姿形（すがたかたち）が派手な理由は不倫で説明がつくと、ビル・ハミルトンは確信している。ダーウィンが示唆した伝統的な解釈によると、最も派手なオスや最もさえずるのがうまいオスは、最初に到着したメスとつがいになることができ、早く営巣を始めるほど繁殖成功度が高くなる。これは確かに事実だが、それではなぜ多くの種で、妻を見つけたあともオスはずっとさえずり続けるのかを説明できない。ハミルトンは次のように推論している。派手なオスは、クジャクのようにもっと多くの妻を探しているのではなくて、恋人を探しているのだと。僕は「浮気」のお相手ができますよと、宣伝しているのである。ハミルトンはこう述べている。「なぜボー・ブランメルは摂政時代のイギリスであのような服装をしたのだろう？　妻を探すためだったのか？　それとも情事を求めてだったのか？」[20]

ボヴァリー夫人とメスのツバメ

不倫は鳥類にとって何なのだろうか？　オスの場合は火を見るより明らかである。不倫をはたらくオスはより多くの子どもの父になれる。しかしメスの場合はなぜこうも頻繁に不貞をはたらくかは定かではない。バークヘッドとモラーは次のようないくつかの仮説は否定している。メスが不倫をするのはオスの不倫衝動がもたらす遺伝的副作用である。複数の源から精子を得ることで、受精した精子のいくつかは繁殖力があることを確実にする。恋をあさるオスにえさで釣られている（人間と類人猿の社会には一部当てはまりそうだが）。これらの仮説はどれも事実とは当てはまらない。メスが不倫をする理由が遺伝的多様性を求めているからだと考えるのも当を得ていない。現在以上に変異の多い子どもを得てもあまり意味はなさそうである。

バークヘッドとモラーは、遺伝的に一挙両得であるからメスの鳥が乱交で利益を得るのだと考えるしかないと結論した。結婚という枠組みのなかでボヴァリー夫人的不倫戦略を行っているのである。メスのツバメは子どもの世話を手伝ってくれる夫が必要である。しかし繁殖の現場にたどり着いたときには、優秀なオスはすべてだれかの夫に納まっているかもしれない。それゆえ平凡なオス、または立派な巣をもっているオスとカップルになり、かつ遺伝子的に優秀な隣人と関係をもつことが最上の作戦なのだ。この主張は次のような事実で裏づけられている。メスは夫よりも優れていて年上であるか、またはもっと「魅力的な」（長い尾羽で飾り立てられた）恋人を必ず選ぶ。独身者（おそらく他のメスにふられたオスだろう）とは関係をもたないが、他のメスの夫とは関係をもつ。時には愛人志望のオスたちを闘争に駆り立て、その勝者を選ぶ。モラーの研究では、人工的に長い尾羽をつけたオスのツバメは、ふつうのオスのツバメよりも一〇日早くパートナーを見つけ、二回めの営巣をするチャンスが八倍高く、隣人の妻を誘惑するチャンスも倍であった。[*21] おもしろいことに、メスのハツカネズミが「同棲」している相手以外のオスと交尾しようとするときは、病気に対抗する遺伝子が自分の遺伝子と異なるオスを選ぶのである。[*22]

要するに、コロニーをなす鳥類がごくあたりまえに不倫をする理由は、オスにとってはもっと多くの子どもをもうけ、メスにとってはもっと優れた子どもをもうけることが可能だからだ。

近年の鳥類の研究のなかで最も奇妙なものの一つに、「魅力的」なオスは怠慢な父親になるという発見がある。ナンシー・バーリーはキンカチョウを研究し、この事実を初めて指摘した。キンカチョウは足環の色によって、オスとメスが互いの魅力の高低を評価している。[*23]その後、アンデルス・モラーがツバメにもそうした事実があることを発見した。メスが魅力的なオスと配偶すると、オスは子育てをあまり手伝わず、メスはその分一生懸命に働く。あたかもオスは、優れた遺伝子をメスに供給してあげたのだから、その代わりにメスが巣で熱心に働いてお返しをするべきだとでも感じているようだ。そうなると当然のことながら、月並みでも働き者の夫を見つけ、隣の超絶倫オスと関係して彼の子どもを夫に育てさせようというメスの動機は増すことになる。[*24]

いずれにせよ、実直な男と結婚して自分の上司と密通をする、あるいは醜くても金持ちの男と結婚してハンサムな恋人をもつという原則は、人間の女性のあいだに知られていないわけではない。いわゆる一挙両得である。フロベールのボヴァリー夫人は、美男の恋人と立派な夫のどちらもつなぎとめようとした。その結果ヒ素をあおる破目になったのだ。

鳥類の研究は人類学の知識に乏しい人々によって行われてきた。それと同様に、一九八〇年代末期、イギリスの動物学者二人が人間に関する研究を行っていたが、彼らは鳥類での研究をほとんど知らなかった。リヴァプール大学のロビン・ベイカーとマーク・ベリスは女性の胎内で精子間競争が起きるかどうか、もし起きるのであれば、女性はそれを制御できるかどうかを解明しようとした。研究の結果、女性のオルガスムに対する驚くべき説明が得られたのである。

これから述べることは、性交にまつわるいくつかの詳細な点が進化的な議論に当てはまることを示した二人の著書から、ごく一部を借用するにすぎない。ベイカーとベリスはまず、射精中に男性が産出する精子の量を計測し、そこに何が起きるかから研究を開始した。膣内に残存する精子の量は、オルガスムに至ったかどうか、またそれがいつかに応じて変化することが判明した。女性がオルガスムを感じなかったり、射精が行われる一分以上前にオルガスムに達した場合、精子はほとんど膣内に残らない。射精が行われる直前一分以内か、射精後四五分までにオルガスムに達する場合、精子の大部分は胎内にとどまる。またそれは、女性が最後に性交渉をもってから経過した時間によっても変化する。時間が長いほど多くの精子がとどまるのである。これは、そのあいだに科学者が「非性交オルガスム」と呼ぶものがなければの話だが。妊娠の機会を高める唯一の要因は性交渉中における「持続性の高い」、すなわち「時間的にゆっくりとした」オルガスムである。

ここまではさして驚くようなことではない。こうした事実はベイカーとベリスが研究を行う前には知られていなかったが、それほど重大な意味があるわけではない（二人の研究は選ばれたカップルから収集したサンプルと、雑誌のアンケートに回答した四〇〇〇人の調査に基づく）。しかしベイカーとベリスはさらに大胆ともいえる調査を行った。被験者に婚外交渉について尋ねたのだ。夫に忠実な女性の場合、オルガスムの五五パーセントは持続性の高い（妊娠率の高い）タイプであった。不倫をしていた女性の場合、妊娠率の高いタイプのオルガスムは、夫との性交では四〇パーセントであるのに対し、恋人との性交では七〇パーセントであった。しかも意図的にしろ、そうでないにしろ、忠実でない女性は一カ月のうちでいちばん妊娠しやすい時期に恋人と交渉をもっていた。つまりこういうことである。被験者のうち、夫に忠実でない女性は、恋人との性交渉よりも夫との性交渉を倍もったとしても、それでも夫の子どもより恋人の子どもを妊娠する可能性がわずかに上回っていたのだ。

ベイカーとベリスは、こうした結果を、男女間の進化的軍拡競争、すなわち赤の女王ゲームの証拠であると解釈した。しかしそれは、女性が進化的に一歩先を行っているゲームである。男性はあらゆる方法で父親になるチャンスを増やそうとしている。多くの精子は卵子に受精しようともせず、その代わり、他の精子を攻撃したり通り道をふさいだりする。男性の性行動は、卵子に受精させるチャンスをあの手この手を用いて最大限にするようにデザインされているのだ。

しかし女性も、自分の望む条件でしか受胎しないように洗練されたテクニックを進化させた。とりわけ、思慮深いオルガスムによって、二人の男性のうちどちらの子どもを妊娠するかを実質的に決定できるのである。もちろん、女性は今までこのような事実を知らなかったし、したがってそうしようとしているわけではない。しかし、ベイカーとベリスの研究結果が真実であるとすれば、女性たちはそのとおりのことを、おそらくまったく無意識のうちにしているのである。これはもちろん、典型的な進化的説明である。そもそもなぜ女性はセックスをするのか？　意識的にそうしたいからである。しかしなぜ意識的にそうしたいのか？　セックスは繁殖に導くものであり、繁殖を行った人々の子孫であるということは、繁殖につらなることはなんでもしたいという人々のなかから選ばれた人間だということである。この論旨は次のようにも言いかえられる。女性の不貞とオルガスムの典型的パターンは、彼女らが夫と別れることなしに恋人の子どもを無意識に宿そうとしていると予測すれば、まさにそのとおりである。

ベイカーとベリスは、このようなことがありそうだということを示す、なんとももどかしい傍証以上のものを発見したとは言っていない。しかし彼らは人間における妻の不貞の程度を測定しようとした。リヴァプールのある集合住宅で遺伝子鑑定を行った結果、戸籍上の父親の実際の子どもであったのは、五人につき四人以下であった。残りは明らかに第三者が父親であった。これがリヴァプールだけの現象である可能性を考慮して、イギリス南部でも同様の鑑定を行った。はたして結果は同じであった。二人の先の研究から、オルガスム効果により、ほんの少しの浮気でも父親の違う子が産まれる可能性が高いことは明らかだ。鳥類と同じように女性もまったく無意識のうちに、夫とは別れずに、遺伝的にもっと優れた男性と不倫して、両方とも得ようとしているのかもしれない。

男性の場合はどうだろうか？　ベイカーとベリスはネズミで実験し、次のような発見をした。オスのネズミは、交尾しているメスがつい最近他のオスに近寄ったことを知ると、倍の精子を放出する。科学者たちは大胆にも、人間も同じであるかを即座に調べた。案の定そうであった。妻が一日中そばにいた男性は、妻が一日中外出していた男性より、ずっと少ない量しか射精しなかった。男性は、存在したかもしれない妻の不貞のチャンスを、無意識に埋め合わせしているかのようである。とはいえ、この特定の男女の戦いでは、女性のほうが一枚うわてである。なぜなら男性が（これもやはり無意識にだが）妻のオルガスム到達が早すぎるのは自分の子どもを妊娠したくないからだと考え始めたとしても、妻にはいつでもオルガスムを装うことで対処する用意がある。[*25]

不貞パラノイア

しかしながら、寝取られ男は自分の遺伝子が絶滅しかねない進化的運命をただ傍観し、それに甘んじているわけではない。鳥類のオスの行動の多くは、妻の不貞という恐怖に絶えずさいなまれていると仮定すれば説明がつくと、バークヘッドとモラーは考えている。

オスの第一の戦略は、妻に受胎能力がある期間中妻を防衛する（各産卵の一日か二日前）。多くの鳥類がこれを行う。オスはメスをどこまでも追いかけ、したがって巣作りを行っているメスは、どこへ飛んで行くときでも決して手伝ってはくれないオスにつきまとわれる。オスは見ているだけである。メスが産卵を終えると、オスは監視の目をゆるめ、自分自身が不倫のチャンスを探し始める。

オスのツバメはパートナーの姿が見えないと、たびたび大声で警戒音を発する。その声ですべてのツバメは空中に飛び上がり、進行中の不貞行為を効果的に妨害できるのだ。夫婦が離れていたあとに再会した場合や、見知らぬオスがなわばりに侵入し、それを追い出した場合、夫はしばしば、その後ただちに妻と交尾をする。あたかも自分の精子を侵入者の精子と競争させるためであるかのように。

おおむねこれは効を奏する。効果的な配偶者防衛を実践する種は不貞の率が低い。しかし配偶者防衛できない種もある。例えばサギや猛禽類は、一方が巣を守り、他方がえさを集めるので、夫婦は一日の大半を離れて過ごす。こうした種は、非常に頻繁に交尾するのが特徴である。オオタカは産卵ごとに数百回も交尾をするといわれている。これで不貞を阻止することはできないが、少なくとも効果を薄めることはできる。[*26]

サギやツバメと同じように、人間も一夫一妻のペアが巨大なコロニーに暮らしている。そしてこれが重要なの父親はたとえ食料や金銭を運ぶだけだとしても、子育てを手伝う。そしてこれが重要なのだが、人間の初期狩猟採集社会を特徴づけていた、性による分業のために（大ざっぱに言えば男は狩猟、女は採集）、男女は多くの時間を離れて過ごす。したがって女には不倫のチャンスが十分ある。男にはパートナーを監視する動機が、そして監視に失敗した場合は頻繁に性交する動機が十分ある。

不倫というものがイギリスに高層ビルが建つような異常事態なのではなく、人類の社会における慢性的な問題であることを立証するのは、逆説的に困難である。第一に、その答えはあまりにも明白なので、だれも研究しなかったからである。第二に、例外なく秘密にされるので研究はまず不可能だからである。鳥類を観察するほうがやさしいのだ。

それでもなお研究は試みられた。パラグアイのアチェ族は総勢五七〇人あまりだが、一九七一年まで一二の集団に分かれて住み、狩猟採集に携わっていた。やがて徐々に外界と接触をもつようになり、宣教師が管理する政府の居留地に移された。今日ではもはや狩猟した肉や採集した果物に依存することはなく、食物のほとんどを畑で育てている。しかし彼らがまだ食物の多くを男性の狩猟の腕前に頼っていた時代、キム・ヒルは興味深いパターンを発見した。アチェの男たちは自分がもっている余分な肉を、セックスしたいと思う女に贈るのである。彼らは、自分がもうけた子どもを扶養する目的で贈るのではなく、情事に対する単刀直入な謝礼として贈るのである。この事実を突きとめるのは容易ではなかった。ヒルはだんだんに自分の研究から、不倫に関する質問をはずさざるをえなくなっていった。

いった。アチェ族は宣教師の影響で、その手の話題にいっそう神経質になっていたからだ。族長と頭(かしら)たちがとりわけ話すのを嫌がった。彼らこそ、最も多くの情事をもっていたという事実を考えれば、これはまったく驚くには当たらない。それでもなお、ヒルはうわさ話を頼りに、アチェ族の不倫のパターンをまとめあげた。予想どおり、高い地位の男たちが最も関与していた。これはお馴染みの遺伝子的な一挙両得パターンと一致する。しかしながら鳥類とは異なり、不倫の相手は、低い地位の男の妻たちだけではなかった。アチェ族の姦夫が、愛人に肉を浴びせるほど贈ったのは事実だが、最も重要な動機は、アチェ族の女たちはつねに夫に捨てられる可能性を考え、それに備えていることであると、ヒルは考えた。彼らは代わりとなる関係を築いていたのである。しかも結婚生活がうまくいかないと、女はいっそう不実になる。これはもちろん両刃の剣である。情事が知れたら結婚は破綻しかねないからだ。[*27]

女の動機がなんであれ、ヒルたちは、不倫が人間の配偶システムの進化に与えてきた影響は、大幅に過小評価されてきたと考えている。狩猟採集社会では、男性があらゆる機会をものにしようとする傾向は、一夫多妻でよりも不倫でいとも簡単に満足させられてきた。狩猟採集社会で一夫多妻がごくふつうであったり、極端に発達していたりするところは、たった二つしか知られていない。その他の狩猟採集社会では妻を二人もつ男は稀で、三人以上の妻をもつ男はさらに稀である。この二つの例外が法則の正しさを示している。一つはアメリカ北西部の太平洋岸に住むアメリカ先住民である。豊富で信頼性の高いサケ漁に依存して暮らしており、余剰を蓄積する能力から見ると、狩猟採集者というより農民であった。もう一つの例外はオーストラリア先住民のとある部族である。老人支配による一夫多妻を行い、男たちは四〇歳までは独身であるが、六五歳までにはたいてい妻の数が三〇人に達する。しかしこの特殊なシステムは見かけとはまったく異なるものだ。老人にはそれぞれ若い補佐の男たちがいて、彼らの援助、庇護、経済的援助を受け、その代わり妻と男たちの情事には目をつぶるのである。役に立つ甥が若い妻の一人と浮気しても老人は見て見ないふりをするのだ。[*28]

狩猟採集社会では一夫多妻制は稀である。しかし探してみれば不倫はどこにでも存在する。一夫一妻でコロニーをなす鳥類と比較すれば、人間は配偶者防衛もしくは頻繁な性交を行っていると予測される。リチャード・ランガムは、人間は留守中の配偶者防衛を行っているのではないかと推測した。男たちは代理人を使って妻を監視しているのではないか。森で一日中狩りをしていても、妻が留守のあいだによからぬことをしたかどうかを母親や隣人に聞くことができるのである。ランガムの研究によると、アフリカのピグミー族は妻が不貞をはたらいているといううわさが流れると、夫は不貞を阻止するために、うわさを知っていることを妻にほのめかす。ランガムは、これが言語の存在なしには不可能であることに気づき、次のように推測した。他の類人猿と我々を分け隔てている最も基本的な三つの人間的な特性、すなわち性による分業、子育てを目的とした結婚制度、言語の発達は、互いに依存関係にあったのだ。[*29]

リズム法はなぜうまくいかないのか

言語によって代理人による配偶者防衛が可能になる前はどうしていたのだろうか？　身体的構造が興味深い手掛かりを与えてくれている。ヒトの女性の生理機能とチンパンジーのそれとでおそらく最も著しく異なるのは、ヒトでは、月経周期のいつごろ受胎するかを正確に特定するのは、だれにとっても、女性自身にとってさえも不可能だということである。医者や古女房やローマ・カトリック教会がなんと言おうとも、ヒトの排卵は目に見えるものではなく、予測も不可能である。チンパンジーはお尻がピンクになる。メス牛はオスに悩ましい匂いを放つ。メスのトラはオスを探し出す。メスのネズミはオスを誘惑する。哺乳類はおしなべて排卵日が大々的に公表されるのである。しかし人間は違う。女性の体温がわずかに変化するが、体温計の発明前はこれも知ることは不可能であった。たったそれだけの変化である。女性の遺伝子は排卵日を秘密にするほど極端に走ってしまったらしい。

排卵日が秘密なために、セックスへの興味はとどまることがない。女性は他の日よりも排卵日に、セックスを自分からしかけたり、マスターベーションを行ったり、恋人と不倫したり、夫とともに過ごしたりする。[*30] しかし、それでもなお男女を問わず人間が、月経周期のいかなるときでも、セックスに興味をもっているというのは事実である。男も女もホルモンの分泌とは関係なしに、気が向いたときにいつでもセックスする。多くの動物に比べ、我々は驚くほど性交に夢中なのだ。デズモンド・モリスは人間を「最も性的な霊長類」と呼んだ（ボノボの研究が行われる以前であった）。[*31] 頻繁に性交する他の動物、ライオン、ボノボ、ドングリキツツキ、オオタカ、シロトキは、精子間競争のためにそうするのである。ライオン、ボノボ、ドングリキツツキのオスは群れをなして住み、メスを共有しているので、いずれのオスもできるだけ頻繁に交尾しなければ、他のオスの精子が卵子に一番乗りしてしまう。オオタカとシロトキは、自分がえさを求めて留守にしているあいだに、メスがもらったかもしれない精子に打ち勝つために、そうするのである。人間が乱婚の種でないのは明らかである。きわめて入念に組織された自由恋愛の生活共同体でさえ、嫉妬と独占欲のためにほどなく崩壊する。したがって、シロトキのパターンが最も人間に近い。一夫一妻の動物がコロニーを形成するために、不倫の恐れが生じて頻繁な性交の習慣が出現したのだろう。もっともオスのシロトキは、各シーズンに産卵前の数日だけ、一日六回のセックスをすればよい。人間は週に二回のセックスを何年も続けなければならない。[*32]

しかし女性の排卵隠蔽が、男性の都合のために進化したわけではない。一九七〇年代末期、排卵隠蔽の進化的原因について、たくさんの理論的推測が浮上した。多くの概念は人間にのみ当てはまるものである。例えばナンシー・バーリーは次のように推測した。排卵が隠されていなかったはるか太古の時代、女たちは人間の出産が激痛をともない、それがきわめて危険な仕事であるために、受胎期にセックスをもたなくなったのではないか。しかしそうした女性は子孫を残さなかったので、排卵日を知りえなかった例外的な女性が人類の祖になったのだろう、と。しかし排卵の隠蔽は、いく種かのサルと少なくとも一種類の類人猿（オランウータン）にも共通して見られる。ほとんどの鳥類とも共通した特徴である。我々は滑稽なほど偏狭な人間中心主義によって、排卵隠蔽が特殊なことだと考えたにすぎないのだ。

それでもやはり、かつてロバート・スミスが人間の「生殖の不可解」と呼んだ事柄に関する仮説を考察してみる価値はある。それは、精子間競争の理論に興味深い光を投じたからである。仮説は二通りに分かれる。排卵隠蔽を、父親が子どもを見捨てることのないようにする手段とみなすものと、まったく逆の考え方をするものである。前者の議論は次のようなものである。夫は妻の受胎日を知らないので、妻のそばにいて、まちがいなく子どもをもうけるために頻繁に性交する。そうすれば夫は損害を被らず、妻のそばにとどまり子育てを手伝う。*33

後者の議論は次のようなものである。女性がパートナーの選択に際して目利きでありたいのならば、排卵を公表してもあまり意味はない。排卵がだれの目にも明らかであったなら、複数の男が引き寄せられ、彼女に受胎させる権利をめぐって争いが生じるか、彼女を共有することになる。女性がチンパンジーのように複数のオスを父親にするために乱交しようと望むならば（そのように作られているならば）、あるいはスイギュウやゾウアザラシのように、戦いを仕組んで最も優れた男が自分を勝ち得るようにと望むならば、排卵を公表しても利益になる。しかし理由はなんであれ、自分自身でパートナーを一人選びたいと望むのであれば、排卵を秘密にすべきなのだ。*34

この考えにはいくつかの変型がある。サラ・ハーディは、排卵隠蔽が子殺し防止に役立つと論じている。夫も恋人も、裏切られたかどうかがわからないからである。ドナルド・サイモンズは、女性がいつでもセックスできる能力を使って、恋あさりする男たちを誘惑し、贈り物を得たと考えている。L・ベンシューフとランディ・ソーンヒルは、排卵日が不明なために、女性は夫を捨てることも、夫に知られることもなく、こっそりすてきな男性と性交ができるのだと述べた。もしも女性よりも（すなわち女性の無意識な心理よりも）男性のほうが排卵に気づかないのなら、そしてそれはありうることだと思うが、女性は婚外交渉をさらに実り多いものにできるだろう。なぜなら、女性のほうが恋人といつセックスすべきかを「知る」可能性が高いが、夫はいつ妻が受胎するかを知らないからである。要するに、秘められた排卵は不倫ゲームの強力な武器なのだ。*35

興味深いことに、このために妻と愛人とのあいだに軍拡競争の可能性が生じてくる。排卵隠蔽の遺伝子が、不貞と貞節のどちらもたやすくしているのである。これは奇妙な発想で、正しいかどうかを知ることは今はできない。しかし遺伝的に女性どうしの一致団結はありえないだろうという事実を明確に引き立たせているのだ。女性はしばしば女性と競いあうのである。

スズメの闘争

男性が多くのパートナーをもつために用いる一般的な手段は、おそらく一夫多妻婚よりも不倫であっただろう。この理由を解く決定的な手掛かりを与えてくれるのが、メスどうしの競争である。カナダの沼沢地(しょうたくち)に生息するハゴロモガラスは一夫多妻である。条件のよいなわばりをもつオスは、複数のメスを呼び集め、自分のなわばり内に巣作りをさせる。しかし最も大きなハーレムをもつオスはまた、不倫にも最も成功している。隣人のなわばりで生まれるほとんどのヒナは彼の子どもなのだ。となると、このオスの恋人たちはなぜ妻にならないのかという疑問がわく。

テングマルムフクロウというフィンランドの森に生息する小型のフクロウがいる。ネズミが豊富な年には、オスのなかには二羽のパートナーを別々のなわばりに住まわせるものが現れる。一方、その他のオスには、一羽のパートナーも見つけられないものもいる。一夫多妻のオスと配偶したメスは、一夫一妻のオスと配偶したメスに比べて、明らかに育てるヒナの数が少ない。なぜそのような境遇に甘んじるのだろうか？　近くにいる独身のオスのもとに去らないのはなぜか？　フィンランドの生物学者は、一夫多妻者たちがメスを欺いているのだと考えている。求愛行動のあいだにオスがどれだけ多くのネズミを捕らえるかによって、メスは未来の花婿を判定する。ネズミがふんだんにいる年であれば、オスはいくらでもネズミを捕らえられるので、自分が優れたオスであるという印象を二羽のメスに同時に与えることができる。ふつうの年なら一羽に与える以上の量に相当するネズミを、それぞれに与えられるからである。[*36]

スカンジナヴィア半島の森には、ずるい姦夫が大勢住んでいるらしい。同様の習性をもつ、見るからに罪のなさそうな小鳥をめぐって、一九八〇年代に科学雑誌の誌上で、長期間にわたる論争が繰り広げられた。スカンジナヴィアの森に住むヒタキのオスの一部は、なわばりを二つもち、それぞれにメスを住まわせて一夫多妻を行っている。まるでフクロウか、トム・ウルフの小説『虚栄のかがり火』の主人公シャーマン・マッコイのようである。マッコイはパーク・アヴェニューに贅沢な妻を住まわせ、街の反対側の賃貸アパートに美人の愛人を住まわせている。二グループの学者がヒタキを研究し、それぞれ異なった結論を下した。フィンランドとスウェーデンの学者は、メスはオスにだまされて、未婚だと信じているのだと述べた。ノルウェーの学者は次のように反論した。妻がときどき愛人の巣を訪れ、追い出そうとしているのだから、愛人は幻想を抱いているはずはない。妻のために自分が捨てられるかもしれないという事実は認識していても、妻の巣で何か問題が起きれば（事実よく起きているのである）、オスが戻ってきて子育てを手伝ってくれると期待しているのだろう。二つのなわばりが十分に離れていて、妻が嫌がらせに愛人のいるなわばりをたびたび訪れるのが不可能な場合にのみ、オスは一夫多妻を知られずにすむ。言いかえると、ノルウェーの学者によれば、男は、情事について妻を欺いているのであり、愛人を欺いているのではない。[*37]

すると、妻と愛人の、いったいどちらが背信行為の犠牲者なのかよくわからなくなってしまう。しかし、一つだけ確かなことがある。重婚したオスのヒタキは、一シーズンに二かえりのヒナをもうけるという、ささやかな勝利を収めた。メスを犠牲にして重婚という野望を成し遂げたのである。妻と愛人はどちらも、夫を共有するより一人で独占したほうがよかっただろう。

夫を捨てて重婚の第二夫人になるよりも、忠実な夫を裏切って不貞をはたらくほうがよいという説を検証するために、ホセ・ベイガはマドリッドのコロニーで繁殖するイエスズメを研究した。そのコロニーではわずかに一〇パーセントほどのオスが一夫多妻であった。ベイガは何羽かのオスとメスを選んで取り除くことにより、なぜもっと多くのオスが複数の妻をもたないのかに関する、さまざまな説を吟味した。まず、オスが子育てに欠かせない存在であるということは否定された。重婚の夫をもつメスは、もっと忙しく働かなければならなかったにもかかわらず、一夫一妻の結婚をしているメスと同じ数のヒナを育てたのである。第二に、数羽のオスを取り除き、残されたメスがどのオスを再婚相手に選ぶかを観察したところ、メスが未婚のオスと結婚したがるという説が否定された。彼女らは、すでに結婚しているオスを喜んで選び、独身者をふったのである。第三に、オスが代わりのメスを見つけられないという説が消えた。二八パーセントのオスが前年に繁殖しなかったメスと再婚したのである。次にベイガは巣箱を近づけて置き、オスが同時に二つの巣を守りやすいようにしてみた。しかし一夫多妻を増やすことはまったくできなかったのである。この結果、スズメに一夫多妻が珍しい理由は一つしか残らなかった。古参の妻が重婚を許さないのである。オスの鳥類が配偶者を防衛するのとまったく同じように、メスのスズメは夫が選んだ第二のフィアンセを追い払い、いじめるのだ。カゴに収められたメスは既婚のメスに攻撃された。彼女らがそうするのは、おそらく、自力でヒナを育てることはできても、夫の全面的な協力が得られたほうがはるかに楽だからなのだろう。*[38]

人間はトキやツバメやスズメとほとんど同じだというのが、私の主張である。彼らは大きなコロニーに暮らす。男たちは序列をめぐって競いあう。ほとんどの男は一夫一妻である。妻は、夫の子育てに対する貢献が、他のメスのほうにも振り向けられるのを嫌うので、夫を他のメスと共有することを拒否し、一夫多妻が妨げられる。たとえ夫の協力なしで子どもを育てられるとしても、夫の給料は計り知れないほどありがたいのだ。しかし一夫多妻を禁じても、男たちが一夫多妻的な関係を求めることは阻止できない。不倫は広く見られる。それは、高い地位の男とあらゆる地位の女とのあいだに最も多い。不倫を防ぐために夫は妻を防衛しようとする。妻の恋人に対しては極度に暴力的になり、受胎時期でなくても妻と頻繁に性交する。

これは擬人化したスズメの生活である。スズメに模した人間の生活は、次のようなものになるだろう。この鳥類は部族または町と呼ばれるコロニーで暮らし、繁殖をする。オスは互いに競って資源を集め、コロニー内で地位を確立しようとする。これを「ビジネス」または「政治」と呼ぶ。オスは熱心にメスに求愛し、メスは他のメスと夫を共有することを嫌う。しかし多くのオス、とりわけ年長者は、妻をより若いメスと交換する。あるいは（みずからそう望んでいる）他のオスの妻と秘かに交尾して不貞をはたらく。

スズメの生活のこまごまとした部分がポイントではない。人間はスズメに比べてコロニー内での支配力、権力、資産の不平等がはるかに大きいという事実をはじめ、人間とスズメとのあいだには重大な相異がある。しかし、それでもなお人間は、コロニーをなすあらゆる鳥類と基本的な特性を共有している。それらは、一夫多妻というよりは一夫一妻（あるいは少なくとも子どもが育つまでの夫婦関係）プラス盛んな不貞である。高貴な野蛮人は、セックスの安定した均衡に満足して暮らすどころか、寝取られ男になるのではと誇大妄想し、逆に隣人を寝取られ男にしようとするのであった。あらゆる社会で、人間のセックスが個人的な事柄の第一のもので最重要とみなされ、人に内緒でしかセックスすることができないのはなんら不思議ではない。この事実はボノボには該当しないが、多くの一夫一妻の鳥類には当てはまる。鳥類の庶子率の高さがショックを招いた理由の一つは、二羽の鳥のあいだの不貞行為を目撃した博物学者がほとんどいなかったからである。鳥類もこっそり不倫するのだ。*39

緑の目をした怪物

他の男の子どもを育てさせられるかもしれないというパラノイアは、男性の心に深く根ざしている。ベールの使用、未婚の婦人の付き添いの婦人、イスラム教徒が女性の居室にかけるカーテン、女性の割礼、貞操帯などはすべて、男が裏切られることをひどく恐れていることの証拠であり、妻も潜在的な恋人たちもいかに信用がおけないかを示す証拠でもある（さもなければなぜ生殖器に傷をつけるのか？）。カナダ、マクマスター大学のマーゴ・ウィルソンとマーチン・デイリーは、人間の嫉妬という現象を研究し、それは進化的な解釈によく当てはまると結論した。嫉妬は人間にとって普遍的なものである。いかなる文化においても存在するのだ。嫉妬が有害な社会的圧力や、病理によって引き起こされた感情であることを証明するために、人類学者たちが躍起になって嫉妬のない社会を探し出そうとしたが、性的嫉妬は人間性の避けられない一部であるようだ。

悪魔め、嫉妬め、そのゴルゴーンのようなしかめ面
自分のものではない悦楽の甘美な花々をなぎ倒し
狂気のまなこをぎょろつかせ、おののき震える木立ちを抜けて
疑い知らぬ恋の女神につきまとう[*40]

ウィルソンとデイリーは、人間社会を研究すれば、人間の心理的傾向は細部においてはさまざまに異なるが、抽象化すれば一貫して同じであることがわかるだろうと考えている。例えば社会的に認知された結婚、不倫を財産の侵害とみなす考え、女性の貞操を高く評価すること、女性の「保護」を性的接触からの保護と同一視すること、不倫がことさらに暴力を誘発すること。要するに、いかなる時代でも、いかなる場所でも、男たちは妻の膣を自分が所有しているかのように行動しているのだ。[*41]

ウィルソンとデイリーは、恋をした人ならだれでも立証できるだろうが、愛情と嫉妬は一枚のコインの表と裏であるにもかかわらず、愛情が賞賛される感情であり、嫉妬が軽蔑される感情であるという事実を考察した。それらはどちらもセックスの所有権請求の一部だからである。現代の多くの恋人たちが知っているように、嫉妬が存在しなければ、関係

は安定するどころか、不安定の原因になる。例えば恋人が他の男か女に興味をもっても嫉妬しないパートナーは、関係を存続させることにもはや無頓着ということである。嫉妬しないカップルは、嫉妬するカップルよりも長続きしないと、心理学者は指摘している。

オセロが学んだように、裏切られたのではないかという疑いをもつだけで、男は、妻を殺すほどの激情に駆り立てられるのだ。オセロは仮空の人物だが、多くの現代版デスデモーナが夫の嫉妬のために命を代償にした。ウィルソンとデイリーは次のように述べている。「多くの配偶者殺しにおける衝突の主たる原因は、妻が不貞をした、または夫を捨てるつもりであるということを夫が知ったり、疑ったりしたためである」

嫉妬のあまり妻を殺した男が、法廷で精神錯乱を申し立てることがほとんどない理由の一つは、こうした行動を「道理をわきまえた人間の行為」とみなす法的な伝統が英米の慣習法にあるからだ。[*42]

嫉妬をこのように解釈することは、おそらく、驚くほど平凡に見えるだろう。要するに、だれもが日々の生活から知っていることに進化的見解を適用しているにすぎないのだ。しかし社会学者や心理学者には、異端的なごたくに聞こえるだろう。心理学者は嫉妬を、一般に恥ずべきことで、なくすべき病理であると考えてきた。それは、人間の本性を腐らせるために、つねに下劣な「社会」が押しつけてきた何物かであると。彼らによれば、嫉妬は自尊心の低さと、感情的な依存状態の表れだというのだ。事実そうである。そして進化理論もまったく同じことを予測するだろう。妻にあまり尊敬されていない男は、まさに裏切られる危険ありのタイプである。妻は子どものためにもっと優秀な父親を探す動機があるからだ。レイプの犠牲になった女性の夫たちが、妻がレイプの最中に負傷しなかったと知るともっとショックを受け、心ならずも妻を責めてしまうという、異常かつ今もって不可解な事実も、これで説明がつくかもしれない。身体的な傷は抵抗した証拠なのだ。夫たちは妻がレイプされたのではなく、自分から「求めた」のだと偏執狂的に邪推するように、進化によってプログラムされてきたのかもしれない[*43]。

不貞とは不平等な運命である。女性は夫が不貞をはたらいても遺伝子投資で失うものはない。しかし男性は知らず知らずに自分の子でない子を育てる危険がある。世の父親たちを安心させるかのように、調査から次の事実が判明した。人々は奇妙なことに、赤ん坊について、「この子は母親似だ」と言うよりも「この子は父親似だ」と言いがちである。しかも母親の親戚に特にその傾向が強い[*44]。とはいえ、女性のほうも夫の不貞を気にしなくてよいわけではない。夫が自分のもとを去るかもしれないし、愛人に時間と金を費やすかもしれない。あるいは悪い病気を拾うかもしれない。しかしこのことは、妻が夫の不貞を気にする以上に、夫は妻の不貞を気にするということを如実に示している。歴史も法律も、大昔からまさにこの事実を反映してきた。ほとんどの社会で妻の不貞は違法で、厳しく罰せられたのに対し、夫の不貞は大目に見られるか、穏便に扱われてきた。イギリスでは一九世紀まで、「姦通」で権利を侵害された夫が、姦夫に民事訴訟を起こすことができた。[45]一九二七年にブロニスワフ・マリノフスキが性的制約のない人々と賞賛したトロブリアンド島人でさえ、姦通を犯した女は死刑を宣告されたのである。[46]

こうした二重規範は、社会における性差別の最たる例であるにもかかわらず、つねに、それ以上のものではないと片づけられてしまう。しかも法律は、他の犯罪に関しては性差別をしない。女は窃盗や殺人で男より厳しく罰せられるわけではないし、少なくとも法典はそうであるべきだとは規定していない。なぜ姦通はこうも特殊な事例なのだろうか？男の名誉にかかわる問題だからか？　ならば姦夫も同じように厳しく罰するべきではないか。女を罰するのと同じくらい効果的に不貞を抑止できるだろう。男女の戦いで、男が結束しているからだろうか？　男は他のことでは結束しない。法律はこの点に関してきわめて明快である。これまでに研究したあらゆる法典は、姦通を「女性が結婚しているかどうかから規定しているのであり、姦夫自身が既婚かどうかは関係がない」。[47]そしてそうなっている理由は、「法が罰するのは姦通それ自体ではなく、他人の子どもが家庭内に入り込む可能性と、この点に関して生じる不確実性とである。夫による姦通はそうした結果をともなわない」[48]

トマス・ハーディの小説『テス』で、エンジェル・クレアは婚礼の晩に、結婚する前に放蕩したことを新妻テスに告白した。テスはほっとして、今度は自分の身の上話をする。

アレック・ダーバヴィルに誘惑され、彼の子どもを産み、その子どもが幼くして死んだことを。同じ程度の罪だと思ったからだ。

「あなたを許すから私を許して。あなたを許すわ、エンジェル」

「君は……、そうとも、君は許してくれ」

「私を許してはくれないの？」

「ああ、テス。許せるようなことじゃないよ。君は今までの君とはもう違う。なんということだ。それほど気味の悪い手品をどうやって許せというのか」

 クレアはその夜、テスのもとを去る。

宮廷風恋愛

 人間の配偶システムは富の相続という事実によって、非常に複雑になっている。親から富や地位を受け継ぐ能力は、なにも人間だけに特有なのではない。親元にとどまり、あとから誕生するヒナを育てる手伝いをして、親のなわばりを所有する権利を相続する鳥類もいる。ハイエナは母親から順位を受け継ぐし（ハイエナはメスが優位で、しばしば体もメスのほうが大きい）、多くのサルや類人猿もそうである。しかし人間はこの習慣を芸術にまで高めた。そして娘より息子に富を残すことにさらに大きな関心を寄せている。これは表面的には奇妙なことだ。ある男が娘に財産を残せば、やがて彼の孫娘の手に渡るのである。ある男が息子に財産を残せば、やがて彼の孫息子に渡るかもしれないが、別の者にいくかもしれない。いくつかの母系社会では、実際におびただしい乱交が行われていて、だれが実の父親かわからないところがあり、こうした社会では、伯父が甥に対して父親の役割を果たす。[*49]

実際、階層化の進んだ社会では、貧困者はしばしば息子より娘を大事にする。もっともこれは父親がだれであるかがはっきりわかるからではなく、貧しい娘は貧しい息子よりもたくさんの子どもを残す可能性が高いからである。封建時代、領主の家臣の息子は子どもをもてないことが多かったが、彼の姉妹は城に召され、城主の愛妾になってたくさんの子どもをもうけることができた。当然考えられるとおり、一五、六世紀のベッドフォード州では、小作農は息子より娘に多くの財産を残したという証拠がある。[*50] 一八世紀、ドイツのオストフリースラントでは、人口停滞地域の自作農は、家族構成がなぜか女性に偏っていたが、人口増大地域の自作農は男性に偏った家族構成であった。そこで次のような結論を引き出すのが必然となる。人口停滞地域では、新しい仕事を始める機会がなければ、第三子や第四子は一家の金食い虫であった。それゆえ誕生するとロべらしをされ、女性に偏った性比が生じたのだろう。[*51]

ところが社会の頂点では、これと逆のえこひいきが主流であった。中世の貴族は娘の多くを修道院に追い払った。[*52] 世界のいたるところで、金持ちの男はつねに息子を、それもしばしば一人の息子だけを偏愛してきた。裕福もしくは権力のある父親は、地位や、地位を得る手段を息子に残すことによって、息子が姦通に成功し、たくさんの庶子をこしらえる手段を残したのである。金持ちの娘にはこうした利点はありえない。

このことは奇妙な結果をもたらす。つまり男や女がなしうる最大の成功は、裕福な男の法定相続人をこしらえることなのである。こうした論理に従えば、見さかいのない恋あさりはすべきでない、ということになろう。最も優れた遺伝子をもつ女性や、最良の夫をもつ女性、すなわち最も成功する息子を産む能力を備えた女性を口説くべきなのだ。中世においては、これは芸術にまで高められた。女相続人や大貴族の妻と密通することが、宮廷風恋愛の洗練のきわみとみなされたのである。馬上槍試合は、恋あさりをもくろむ男たちが、貴族の女性に自己アピールする絶好の機会であった。エラスムス・ダーウィンが詩に歌ったように。

対するイノシシはエナメルの牙で突き
斜めの強打をば肩の盾でしのぐ
居並ぶ婦人らはかたずを飲み
勝者をば賞嘆のまなこで見やる
物語につづられしあまたの騎士は

誇り高き馬を駆り立て、伸ばせし槍を斜めに構え
向かうところ敵なしではなばなしき武勇をば打ち立て
至福は労苦をねぎらう黄金のほうびになりて
美しき婦人にひざまずき、微笑みをば受ける[*53]

大貴族の嫡出の長男が父親の富だけではなく、一夫多妻も受け継いだ時代には、そのような貴族の妻を寝取ることはまさにスポーツであった。トリスタンは、伯父であるコーンウォールのマルク王の王国を継承するはずであった。アイルランドで彼は、美しいイゾルデがマルク王から王妃になるように請われるまで、彼女の心遣いを無視していた。王位継承権を失うと考えてトリスタンは動揺するが、せめて息子をもうけて王位を継がせようと、突然イゾルデに言い寄るのであった……。とにかくローラ・ベツィッグは、このように物語を読みかえたのである。[*54]

ベツィッグによる中世史の分析のなかには、裕福な相続人をこしらえることが、教会と国家間の論争を招いた主な原因であったという考えもある。一〇世紀ごろ、一連の関連する事件が起きた。国王の権力が衰退し、地方の封建貴族の権力が増大した。その結果、貴族は嫡出の相続人をもうけて、称号を受け継がせることにしだいに多くの関心を寄せるようになり、貴族の長子相続制が確立した。貴族は子どもを産めない妻とは離婚し、長男にす

べてを残した。一方、再建されたキリスト教はライバルの宗教に打ち勝ち、北部ヨーロッパで最も有力な宗教になっていた。初期の教会は結婚、離婚、一夫多妻、姦通、近親相姦に、異常なほど干渉した。そのうえ一〇世紀になると教会は、修道士や司祭を貴族階級から募り始めたのである[*55]。

性に対する教会のこだわりは、聖パウロのそれとは大きく異なっていた。教会は、一夫多妻や庶子を大勢もうけることについては、どちらも広く行われ、教義に反していたのにもかかわらず、あまり口やかましくなかった。その代わり、教会は三つの点に固執した。第一に離婚、再婚、養子縁組。第二に乳母制、典礼が禁欲を求める時期の性行為。第三に七親等以内の結婚による「近親相姦」。どの三つの例においても、教会は貴族が嫡出の相続人をもうけることを阻止しようとしたようだ。一一〇〇年の時点で教会の教えに従ったとしたら、男は不妊症の妻と離婚するのは不可能で、もちろん妻の生存中に再婚することはできず、養子をあと継ぎに迎えることもできない。妻は女の赤ん坊を乳母に任せることはできず、それゆえ今度は息子でありますようにと願いつつ次の子どもを身ごもる態勢に入れない。男が妻と性交渉をもってはならないのは、「復活祭の三週間、クリスマスの四週間、聖霊降臨祭の第一週から第七週まで。さらに日曜日、水曜日、金曜日、土曜日。悔悛もしくは法話の日。およびさまざまな祝祭日」

そして七親等のいとこより近親の女性に嫡出の相続人を産ませることはできない。これでは四五〇キロ以内に住むたいていの貴族の女は除外されてしまう。こうした規定はすべて、相続人を産むことに対する教会側の連続攻撃なのだ。そして「相続や結婚をめぐって貴族と教会が戦いを始めたのは、教会の要職を支配階級の子弟たちが占めるようになってからであった」

聖職者（廃嫡された末の息子たち）は、教会自体の富を増やす目的で、あるいは自分自身のために財産と称号を奪還することさえも目ざして、性の道徳観を操作したのだ。ヘンリー八世の修道院解体は、息子を産まなかったアラゴンのキャサリンとの離婚をローマ法王が認めなかったために、ローマ教会と英国が決裂したのちに行われた。これは、教会と国家の関係がたどった全歴史を象徴する寓話である。[*56]

事実、教会と国家の争いは、富の集中をめぐる争いの数多い歴史的事例の一つにすぎない。長子相続制は、富と一夫多妻の可能性を、孫子の代まで損なわずに維持するための最良の手段なのだ。しかし他の手段もある。その一つは結婚それ自体である。女相続人との結婚はつねに、富を得る手っとり早い手段であった。もちろん政略結婚と長子相続制は、互いに相容れない。女子が財産を相続しないのであれば、金持ちの娘と結婚してもメリットは何もない。もっともヨーロッパの王朝は、そのほとんどが女子の王位継承を認めていたので（男子の継承者がいない場合）、望ましい結婚がたびたび可能であった。アキテーヌのエレアノールは、イギリス王にフランスの広範な国土をもたらした。スペイン継承戦争はまさに、政略結婚の結果、フランス王がスペイン王位を継承するのを阻止するために勃発したのである。時は下って、エドワード七世時代のイギリスでは、貴族たちがアメリカの新興成金の娘とこぞって結婚した。名門とブルジョワの結合が、富を集中する強力な武器になったのだ。

もう一つの手段は、同族結婚である。ニューメキシコ大学のナンシー・ウィルムセン・ソーンヒルは、アメリカ南部の奴隷を所有する名家のあいだでよく行われていた、そのような家系では男性がいとこと結婚することが非常に多いことを明らかにした。南部の四家族の系図を調べると、結婚の少なくとも半分が血族結婚か姉妹交換（兄弟が姉妹のそれぞれと結婚する）であった。これと対照的に、同時代の北部の家族の血族結婚はわずか六パーセントであった。この調査で特におもしろいのは、ソーンヒルが事実を発見する前に、この結果を予測していたことである。富の集中は、各家族ごとに浮き沈みの多い事業でよりも、稀少性によって価値が決まる土地でのほうが極端に働くのである。*57

ソーンヒルはさらに論じている。富を集中させる手段として結婚を利用する動機をもつ者がいれば、そうした人々を阻止する動機をもつ者もいる。とりわけ国王は、動機とみずからの願望を達成する権力の両方をもっていた。これで、もう一つの不可解な事実が解き明かされる。いとこどうしの「近親相姦」的な結婚に関する禁止が厳しい社会もあれば、そうした禁止のない社会もあることだ。どの場合でも、結婚を最も規制するのは階層化が進んだ社会である。平等主義者であるブラジルのトルマイ族では、いとこどうしの結婚はちょっと渋い顔をされるだけである。東アフリカのマサイ族は、富の不平等がかなり存在するが、そうした結婚は「厳しいムチ打ちの刑」で罰せられる。インカ帝国では、無謀にも親戚の女性（広義の親戚）と結婚した者は目玉をえぐり出され、四つ裂きにされたのである。皇帝はもちろん例外だ。王妃は実の妹であった。そしてパチャクテク帝は、異母姉妹すべてとも結婚する伝統を始めた。ソーンヒルは次のように結論した。こうした規則は近親相姦とはなんら関係がない。統治者が自分の一族でない一族に富が集中するのを防ごうとした証である、と。統治者が法律の適用から自分を除外したのはいうまでもない。*58

ダーウィン論的歴史学

この種の学問はダーウィン論的歴史学という名で通っている。本物の歴史家たちからは、予測されるとおり、嘲笑で迎えられてきた。彼らにとっては、富の集中はそれ以上の説明を必要としない。しかるに進化学者にとっては、富の集中はかつて（あるいは今もなお）、繁殖という目的を達成するための手段であった。自然淘汰において他の貨幣は通用しないのである。

キジオライチョウやゾウアザラシを自然な生息地で観察すると、彼らが長期的に見た繁殖成功を最大化しようとしていることがよくわかる。しかし同じ主張を人間に当てはめるのは、かなりむずかしい。人間は確かに何かのために努力している。しかしそれはふつう、財産、権力、安全、または幸福のためなのだ。人間がこうしたものを赤ん坊の数に換算することはないという事実が、人間の営みを進化的に研究しようとする試みすべてを否定する証拠として持ち出される。[*59] しかし、こうした要因が今日、繁殖成功度への切符であるなどと、進化学者は主張しているわけではない。かつてそうであったと述べているのだ。いや実のところ、かなりの割合で今でもそうなのである。成功した男は、不成功な男より、何度も、そして多くの相手と結婚する。それが避妊によって繁殖成功度には結びつかなくてさえも、裕福な人間は貧乏人と同じくらい、あるいはそれ以上の子どもをもうけているのだ。[*60]

しかしヨーロッパ人は、なるべく多くの子どもをもつことを避けたいと思っている。シカゴのノースウエスタン大学のビル・アイアンズはこの問題に取り組んだ。彼は、人間はつねに、子どもが人生で好スタートを切るようにしてやらなければならないと考えてきたとしている。子どもの質を犠牲にして子どもを多くもうけようという気構えはなかったのである。したがって、出産率が下がって人口転換が起こり始めたころ、高額な教育費が成功と繁栄の必要条件になると、人々はそれに適応して、子どもを学校に上げるために、出産する子どもの数を少なくすることができたのである。この理由はまさに、今日のタイで親の代よりも子どもが少ない理由として挙げられていることである。[*61]

我々が狩猟採集者であった時代から、遺伝的変化は生じていない。しかし現代人の男性の心には、狩猟採集者の単純なルールが奥深く潜んでいる。権力を手中に収め、それを使って相続人を産んでくれる女をおびき寄せよう。あるいは、富を手中に収め、それを使って庶子を産んでくれる他人の妻と関係をもとう。そもそもは、短い情事と交換に、男が釣った魚や集めた蜂蜜を魅力的な隣人の妻に与えたことから始まり、人気歌手がモデルをベンツに誘い込む現在に至っているのである。魚からベンツまで、歴史は綿々と続いている。あるときは獣皮とビーズ。あるときはスキと牛。あるときは剣と城……。富と権力は女性を手に入れる手段である。そして女性とは、遺伝子を継承させる手段なのだ。

同じように、現代の女性の心の奥底にも、まったく同じ狩猟採集者の計算高さが潜んでいる。これはあまりにも最近進化したものであるため、現在でもあまり変わっていない。子どもに食物を与え、世話をやく扶養者としての夫を捕まえてやろう。あるいは子どもに一流の遺伝子を与えてくれる恋人を見つけてやろう。両者が同一人物であるとしたら、その女性はとても幸運だといえる。そもそもは、女性が部族のなかで最も優れた未婚の狩人と結婚し、最も優れた既婚の狩人と関係をもったことから始まった。こうして子どもに十分な肉の供給を確保したのである。時は下り、裕福な首領（ドン）の夫人が身ごもった子どもは、成長するにつれて筋骨たくましい彼女のボディーガードに似てくる……。男たちは、親としての責任、富、遺伝子の提供者として利用される運命にあるのだ。

シニカルだって？　人類の歴史に関する大部分の記述の半分ほどもシニカルではないはずだ。

第8章　心の性鑑別

「なあ、もう泣かないでくれ」（ノー・ウーマン・ノー・クライ）

——ボブ・マーリー

おお悩みの種は、女の悩みの種は
何度も何度も繰りかえし言おう
カラマズーからカムチャッカまで
女の悩みの種は——男だ

——オグデン・ナッシュ／クルト・ワイル

マツネズミ、学名ミクロトゥス・ピネトルムは、一夫一妻のネズミである。オスはメスの子育てを手伝う。オスとメスのマツネズミはよく似た脳をもつ。とりわけ、オスとメスの海馬（かいば）（大脳辺縁系の古皮質に属する部位）はほぼ同じ大きさである。迷路を走らせると、オスとメスは同じ程度によくできることがわかる。一方ハタネズミ、学名ミクロトゥス・

ペンシルヴァニクスは、まったく事情が異なる。彼らは一夫多妻で、散在する複数の妻の巣を訪ねなければならないオスは、毎日メスよりも遠くまで移動する。オスのハタネズミはメスよりも大きな海馬をもち、迷路の道を探し、迷路を記憶するのもメスより得意である。オスは、そうした空間的作業により優れた脳をもっている。*1

ハタネズミと同じように、人間も男性のほうが女性よりも空間的作業を得意とする。異なる角度から見た二つの物体の形状を比較し、同じ形かどうかを判断する作業や、異なる形をした二つのコップに同量の液体が入っているかどうかを判断する作業など、空間的判断を必要とする作業においてはどれも、一般に男性のほうが女性よりも優れている。一夫多妻と空間的作業能力は、いくつかの種ではいっしょになっているらしい。

平等か同一か？

男性と女性は異なる肉体をもっている。この相違は進化による直接の所産である。女性の肉体は、子どもを産み育てるという必要性や、食物となる植物を採集するという必要性に合うよう進化した。男性の肉体は階層的社会のなかで台頭し、女をめぐって争うという必要性や、家族に肉を供給するという必要性に合うよう進化した。

男性と女性は異なる心をもっている。この相違は進化による直接の所産である。女性の心は、子どもを産み育てるという必要性や、植物を採集するという必要性に合うよう進化した。男性の心は、階層的社会のなかで台頭し、女をめぐって争うという必要性や、家族に肉を供給するという必要性に合うよう進化した。

最初の文章は平凡だが、二番めの文章は挑発的である。男性と女性が進化的に異なる心をもつという主張は、あらゆる社会学者や品行方正な人々に忌み嫌われる。しかし私は、二つの理由からこの主張は正しいと信じている。第一に非の打ちどころのない論理である。第6章と第7章で示したように、進化的に実に長期にわたって、男性と女性は異なる進化圧に直面してきたので、これに打ち勝った人々というのは、これらの圧力にうまく適応して行動するような脳をもった人々である。第二に、動かしがたい証拠がある。生理学者と心理学者は、おそるおそる、またいやいやながら、しかししだいに確信を強めて、男女の脳の相違を解明し始めた。しばしば彼らは、その差はまったく発見できないだろうと決めてかかって研究を行った。しかし、再三にわたってそうした相違があるという確かな証拠が得られたのだ。すべてが異なるというわけではなく、実際、ほとんどの部分は男女ともにまったく同じである。男女の相違に関する昔からの言い伝えの多くは、ご都合主義な性差別にすぎない。そもそも男女には、重なり合う部分が随分とある。男性は女性よりも背が高いというのは一般的にはそのとおりだが、大勢の人々のなかでいちばん背の高い女性は、いちばん背の低い男性よりも概して長身だ。同様に、たとえ平均的な女性が平均的な男性よりもある知的作業に適していたとしても、その仕事に最も適した男性よりも上手でない女性はたくさんいる。この逆もまた真なり。しかし平均的な男性の脳が平均的な女性の脳と、ある点で異なるという証拠は、今日ではきわめて否定しがたい事実なのである。

進化上の相違は、「遺伝子によるもの」と定義できる。だから男性と女性が遺伝的に異なる心をもつということをちらっとでも言うと、現代の良識を震えあがらせる。偏見を正当化するように思えるからだ。性差別を正当化するような「科学的」証拠が男性に与えられているならば、どうして平等な社会を建設できるだろうか？　男性に一センチの不公平を与えたら、彼らは一キロに拡大して主張するだろう。ヴィクトリア朝の人々は、男性と女性があまりにも違うので、女性は投票権をもってはならないと信じていたし、一八世紀には、女性は理性をもっていないと考えていた男性もいた。

こうした懸念はもっともである。しかし、過去において人々が男女の相違を過大視したからといって、相違が存在しないわけではない。男性と女性が同一の心をもっていると最初から想定すべきもっともな理由はないのである。また、同一の心をもっていないのならば、どんなに同一であれと願っても同一になるわけではない。相違イコール不平等ではないのだ。少年は銃に興味をもち、少女は人形に興味をもつ。それは条件づけのせいかもしれないし、遺伝子のせいかもしれない。しかし、どちらかが他方より優れているわけではない。人類学者のメルヴィン・コナーは次のように記している。

「男性は女性より乱暴で、女性は男性より、少なくとも赤ん坊と子どもに対しては愛情こまやかである。月並みな考えで恐縮だが、だからといって事実であることに変わりはない」[*2]

さらに、男性と女性の心理に相違があると仮定してみよう。その場合、相違がまったくないかのように行動するのが正当だろうか？　少年のほうが少女よりも競争心が強いと仮定してみよう。そうだとすると、少女を少年から離して教育したほうがよいとは考えられないだろうか？　女子校で教育を受けた少女のほうが、実際に成功を収めている率が高いという証拠がある。性別に頓着しない教育は不公平な教育であるかもしれない。

言いかえれば、男女が心理的に同一ではないという証拠があるのに、同一であると考えるのは、心理的に同一であるという証拠があるのに、男女は異なると考えるのと同じくらい不当なのだ。我々は、男女間に先天的な心理的相違があると信じる人々が、その証拠を提出する責任があると決めてかかっていた。これはまちがっているのかもしれない。

男性と地図解読

それはさておき、証拠を検討してみよう。進化が男性と女性のあいだに異なる心理を作り出したと考えられる理由は三つある。第一に男と女は哺乳類であり、哺乳類はすべて、その行動に雌雄の相違が見られる。チャールズ・ダーウィンが書いているように、「オスのウシとメスのウシ、オスのブタとメスのブタ、オスのウマとメスのウマとの性格が異なることはだれも否定しない[3]」

第二に男と女は類人猿である。そしてあらゆる類人猿においては、他のオスに対して攻撃的にふるまうオス、交尾のチャンスを探し求めるオス、そして赤ん坊に細心の注意を払うメスには多大の報酬がもたらされる。第三に男と女は人間である。そして人間は性による分業というきわめて珍しい特性をもつ哺乳類である。チンパンジーのオスとメスが同一の食料を探すのに対して、人間の男と女は、農耕以前のあらゆる社会において、異なる方法で食物を探していた。男性は可動的で、遠距離にあってどのくらい手に入るのか見当がまったく立たない食料（ふつうは肉）を探し求め、子どもを抱えた女性は不動で、身近にあってどのくらい手に入るのかだいたいわかる食料（ふつうは植物）を探し求めた[4]。

言いかえれば、人間は性による相違が少ない類人猿どころではなく、通常より相違の多い類人猿であるのかもしれない。事実、人類は性による分業が最も顕著で、両性間の心理的相違が最も大きい哺乳類であるのかもしれない。人間は、性的二型が生じるさまざまな原因にもう一つ、性による分業を付け加えたかもしれないが、それでも、父親による子の世話の効果は差し引いてしまった。

男女間で異なるといわれている多くの心理的特徴のうち次の四つは、あらゆる心理テストにおいて、繰り返し、真実かつ一貫したものとして立証されている。第一に、少女は言語的作業に優れている。第二に、少年は数学的作業にたけている。第三に、少年は少女よりも攻撃的である。第四に、少年はある種の視覚空間的作業にたけていて、少女は他の作業にたけている。乱暴な言い方をすると、男性は地図の解読が得意で、女性は性格と雰囲気を判断するのが得意である。もちろん概しての話だが[*5]（興味深いことに、これらの特徴のいくつかの点で、同性愛の男性は異性愛の男性よりも女性に似ている）[*6]。

視覚空間的作業の事例は興味深い。なぜなら本章の冒頭で述べたネズミのパターンに当てはめて、男性が元来一夫多妻的であるとする根拠として論じられてきたからだ[*7]。なるほど一夫多妻のネズミは、ある妻の巣から別の妻の巣に行く道を覚える必要がある。そして我々の親戚であるオランウータンをはじめ、多くの一夫多妻の動物は、オスが複数の妻のなわばりを含むエリアを巡回する。ある物体の図形を頭のなかで回転させて、他の図形と同じであるかどうかを判断する作業では、平均的な男性と同程度の成績を収める女性は、四人に一人ぐらいにすぎない。この相違は幼少期に芽生える。頭のなかで物体を回転させることは、地図解読の基本である。とはいえ、ネズミでそうだからといって、男性は地図解読にたけているから一夫多妻だと論じるのは、はなはだしい飛躍のように見える。

それに、女性のほうが男性よりも優れている空間的作業もある。トロントのヨーク大学のアーウィン・シルヴァーマンとマリオン・イールズは次のように推論した。男性が回転作業に優れているということは、一夫多妻で広いなわばりを巡回し、大勢のメスの巣を訪れるオスのネズミとの類似性を示しているのではなく、人類史におけるもっと特殊な事実を反映しているのではないだろうか。原始人がアフリカで一〇〇万年以上も狩猟採集民であった更新世には、男性は狩人であった。そこで、動く標的に武器を投げ、道具を作り、長旅の末ねぐらに帰る道を見つけるために、優れた空間的技能が必要だったのである。

これらのほとんどは従来から知られていたことだ。しかしシルヴァーマンとイールズはこう自問したのである。男性には不要でも、採集者の女性に必要などんな特殊な空間的技能があったのだろうか？ 彼らが予測したことの一つは、女性は、根、キノコ、果実、その他食べられる植物を見つけるために、ものによく気がつかなければならず、さらに探す場所を特定するために、地形の特徴を覚える必要もあっただろうということである。こうしてシルヴァーマンとイールズは一連の実験を行った。学生にさまざまな物体が描かれた絵を見せ、あとで何が描かれていたかを思い出させてみた。あるいは、ある部屋に三分間座らせ、何がどこに置かれていたかを言わせてみた（学生たちはまったく別の実験のために呼ばれたのであって、用意ができるまでその部屋で待つように言われただけだった）。物体記憶と位置記憶のあらゆる実験で、女子学生は男子学生より六〇〜七〇パーセントも優れていた。女は物がどこに置いてあるかをよく知っているのに、男は家のあちこちで物を置き忘れ、そのつど女に尋ねるという古いジョークは真実である。こうした相違は思春期ごろに出現する。女性の社会的言語的技能が男性をしのぐようになるのも、まさに思春期である。*8

車に乗った家族が道に迷った場合、女性は車を止めて道を聞こうとするが、男性はあくまでも地図や地形を頼りに道を探そうとする。これは、あまりにも陳腐でどこにでもあることなので、そこには真実が含まれているにちがいない。そしてそれは、我々が男女について知っているほかのこととも一致する。男性にとって車を止めて道を聞くのは、敗北を認めることなのだ。地位を気にする男性が、なんとしても避けたがる行動なのである。それに対して、女性にとって聞くのは常識で、自分の社会的作業能力を使うだけのことである。

氏か育ちかではなく……

こうした社会的技能も、その起源は更新世までさかのぼるのかもしれない。女性は社会的な洞察力と技能を頼り、部族内で味方を作り、男性をうまく操縦して手伝わせ、潜在的配偶者を評価し、子どもをもつという大目的を前進させるのである。ところでこのことは、男女の相違が純粋に遺伝的なものだということではない。男性が地図のほうをよく読み、女性が小説のほうをよく読むのは（私の結婚生活ではそうである）、真実だろう。ならば、おそらくすべては訓練の問題なのかもしれない。女性は他人の性質についていっそうよく考えるので、脳がその訓練をするようになるのだ。ではその好みはどこから生じるか？多分、条件づけだろう。女性は、地図よりも人間に興味のある母親を真似ることを学習したのだ。では、母親はその興味をどこで得たのか？　自分の母親からか？　たとえ最初の女イヴが、アダムよりも、人間の性質というものに興味をもつことに勝手に決めただけのことだと考えたとしても、遺伝的変化を無視することはできない。なぜならイヴの末裔たちは、お互いの性質を観察することに専念し、性質と気分を判断する技能に比例して成功を収めたのだろうし、その結果、性質と気分を判断する能力が優れている遺伝子が広がったからである。また、そうした能力が遺伝子の影響を受けているとしたら、人間は、遺伝的に得意な物事を選択するという遺伝子の影響を避けられないだろうし、さらに文化的な条件づけが遺伝的相違を強化することになったのだろう。

人間が自分の得意なものに専門化し、自分の遺伝子に適した環境を作り出すという現象は、ボールドウィン効果という名で知られている。一八九六年に、ジェイムズ・マーク・ボールドウィンという人が初めてこの現象を記載したからである。そこから、意識的な選択と技術とは、どちらも進化に影響を及ぼしうるという結論が導かれる。ジョナサン・キングドンは、その近著『自分をつくり出した生物』[*9]のなかで、この考えを詳しく検討した。たとえ高度に条件づけられた習性であっても、生物学的な根拠ぬきでは存在しえないということは否定できないし、その逆もまた真である。教育はつねに本性を強化するのであって、それと相争うことは稀である（例外は攻撃性だろう。両親が何度いさめても少年にはこれが発達していく）。アメリカでは、殺人犯の八三パーセントと飲酒運転者の九三パーセントが男性である。[10] その原因が社会的な条件づけだけであるとは、私にはとても信じられない。

一九七〇年代末に、ドン・サイモンズのような人たちがこれらの考えの意味するところを初めて論じ始めたとき、それがいかに革命的であったかを認識するのは、科学者でない人間にはむずかしいだろう。[11] サイモンズは次のように論じた。男と女が異なる心理をもつ理由は、進化的に異なる野望をもち、異なる報酬を得たからである。これはもちろん常識と一致する。しかし、人間の性に関する社会学者の研究の大部分は、心理的な相違はないという前提のもとになされていたのだ。今日に至っても、多くの社会学者は、あらゆる相違は、まったく同じ脳が両親や仲間から学んだことで生じたのだと推測している（結論ではない、推測である）。例えば、リアム・ハドソンとバーナディーン・ジャコットの著書『人間の思考方法』の一節を紹介しよう。

「男性心理の中心部には傷がある。幼い男の子が母親の愛情から身を隔て、みずからを男として確立していく際に経験する、発育上の一大危機である。これによって男たちは抽象的な概念に練達するようになるが、無感覚、女性嫌悪症、倒錯に陥りやすくもなる」[12]

原因は幼少期の経験にあるにちがいないという仮定に基づき、著者らは人間の四九パーセントが「傷ついた」異常者であると決めつけている。幼少期の傷についてのたとえ話を述べるよりも、男女の相違をあるがままに受けとめて、それが動物本来の姿であると考えれば、心理学者たちは、もっと広い推測ができるはずだ。なぜなら、男も女も経験に対してそのように発達していく進化的傾向をもっているからである。男女の会話スタイルについて、デボラ・タネンは『わかりあえる理由　わかりあえない理由』という魅力的な本を書いた。男女の性質はたいがい生まれつき異なるという可能性には触れていないが、それでも、性による相違を非難したり、人格のせいにしたりするよりも、理解し受け入れることのほうが大切だと、勇気をもって論じている。

「意思を通わせようという真摯な試みが膠着状態に陥り、愛するパートナーが理性のない頑固者に見えたとき、男性と女性が話す言葉の違いが二人の人生を根底から揺るがしかねない。相手の話し方を理解することは、男女のコミュニケーションギャップを一気に飛びこえ、意思疎通の道を開く大きな一歩となる*[13]」

ホルモンと脳

それでもなお、性差を厳密に遺伝子に帰することはできないというのはもっともなことだ。例えば、更新世のある男に、貧弱な社会的洞察力をもたらす遺伝子と交換に、方向感覚にたけた遺伝子が現れたとしたら、彼にとっては利益であっただろう。しかし息子だけでなく、娘たちも彼からその遺伝子を受け継ぐのである。娘たちにとっては、その遺伝子のおかげで社会的洞察力の低い人間になるのであるから、明らかに不利益だ。したがって遺伝子の総体的な効果は、時がたつにつれて中立となり、広がらないだろう。[*14] となれば、広まっていく遺伝子とは、男か女かのシグナルに反応する遺伝子である、ということになる。男性ならば方向感覚を改良し、女性ならば社会的洞察力を改良するのである。そして、まさにそのとおりなのだ。異なる脳をもたらす遺伝子が存在するという証拠はない。しかし男性ホルモンに反応して脳を部分的に変える遺伝子が存在するという証拠は山ほどある（歴史的偶然のおかげで、「通常の脳」は男性化されないかぎり女性の脳である）。男女の心理的相違は、テストステロンに反応する遺伝子によって引き起こされるのである。

ステロイド系ホルモンのテストステロンが以前本書に出てきたのは、魚類や鳥類で、テストステロンのために装飾が誇張され、寄生虫の攻撃を受けやすくなると述べたところであった。近年、テストステロンは装飾や体の作りだけではなく、脳にも影響を及ぼすという証拠が次々に発見された。テストステロンは非常に古くから存在する化学物質で、あらゆる脊椎動物においてまったく同じ形で見られる。濃度が高いと攻撃性に影響を与える。それでヒレアシシギのように雌雄の役割が逆転した鳥や、メスが優位であるハイエナの群れにおいては、血液中のテストステロンレベルが高いのはメスのほうである。テストステロンは体を男性化する。それがなければ、遺伝子がどのようなものであれ、体は女性のままである。そしてテストステロンは脳をも男性化するのだ。

鳥類においては、さえずるのは一般にオスだけである。キンカチョウは血液中に十分なテストステロンが存在しなければ、さえずらないだろう。テストステロンの刺激で、脳のなかでさえずりを作り出す特別な部分が大きくなり、鳥はさえずり始めるのである。メスのキンカチョウも、誕生の初期にテストステロンを与え、さらに成鳥になってからもう一度テストステロンを与えれば、さえずるようになる。要するにテストステロンは、幼いキンカチョウの脳に働きかけるので、成長してからテストステロンに反応するようになり、さえずる傾向を発達させるようになるのである。キンカチョウに心があると言って差しつかえなければ、ホルモンは気分を変えるドラッグである。

ほぼ同じことが人間にもいえる。その証拠は、一連の自然または不自然な実験である。自然界にはホルモンの分泌量が異常な男女が存在する。また、一九五〇年代に医者たちは、妊婦にある種のホルモンを注射し、ホルモンの分泌量がふつうでない状況を作り出した。ターナー症候群と呼ばれる症状の女性は生まれつき卵巣をもたないが、卵巣をもった女性よりもさらに血液中のテストステロンレベルが低い(睾丸ほどではないが卵巣もテストステロンを分泌する)。この種の女性は行動が極端に女性的で、たいていは、赤ん坊、衣服、家事、ロマンチックな物語などにとりわけ関心を示す。血液中のテストステロンレベルが通常より低い男性(例えば宦官(かんがん)など)は、容貌と態度が際立って女性的である。胎児のときにテストステロンの刺激が通常より少なかった男性(例えば母親が糖尿病患者で、妊娠中に女性ホルモンの投与を受けていた場合）は、内気で、優柔不断で、軟弱である。テストステロンが多すぎる男性は、けんかっ早い。一九五〇年代に、流産を防ぐためにプロゲステロンを注射された女性の娘は、若いときにおてんばだったと、のちに本人が語っている。プロゲステロンもテストステロンと同じような効果をもたらすのである。副腎性器症候群または先天性副腎過形成と呼ばれる異常をもって生まれた少女も、やはりおてんばである。この疾患のために、腎臓の近くにある副腎が、通常分泌するコルチゾールではなく、テストステロンのような効果をもたらすホルモンを分泌するのである。[*15]

まるでキンカチョウのように、男の子には、テストステロンレベルが上昇する時期が二度ある。子宮内で受胎後およそ六週めからと、思春期である。アン・モアとデイヴィッド・ジェセルの共著『脳の性別』の表現を借りれば、ホルモンの第一波が写真をネガに焼きつけ、第二波が現像するのだ。[*16]これはホルモンが肉体に影響を与える方法とはまったく違う。子宮内でどのような影響を受けたにしろ、体は思春期に睾丸から分泌されるテストステロンによって男性的になるのである。しかし心は違う。心は、子宮内で（女性ホルモンに比べて）十分な濃度のテストステロンにさらされていないかぎり、テストステロンの影響を受けないのである。男女のあいだに行動の性差がまったくない社会を作り出すのは簡単だろう。すべての妊婦に、しかるべき量のホルモンを注射すれば、肉体は通常の男女の姿でも、みんな同じ女性的な脳をもつ男と女が生まれるはずだ。そうすれば、戦争、レイプ、ボクシング、カーレース、ポルノ、ビール、ハンバーガーは、まもなく遠い過去の話になるだろう。フェミニストのパラダイスが出現するにちがいない。

砂糖とスパイス

男性の脳に対するテストステロンの二度にわたる集中射撃は、劇的な効果をもたらす。最初の投与によって、この世に生を受けた瞬間から、女の赤ん坊とは心理的に異なる赤ん坊が作られるのだ。女の赤ん坊はよく笑い、意思を伝えることや、人間に対していっそう興味をもつ。男の赤ん坊は、動作と物に興味を示す。散乱した絵を見せると、男の子は物の絵を、女の子は人間の絵を選ぶ。男の子はすぐに物を解体し、集め、破壊する。物を欲しがり、むやみにねだる。女の子は人間に夢中で、人形を人間の代理として扱う。それゆえ、幼児の心的傾向に適するように、それぞれの性にふさわしいオモチャが作られたのだ。我々は男の子にはミニチュアのトラクターを、女の子には人形を与える。我々は、幼児がすでにもっている固定観念を助長しているのであって、固定観念を作り上げているのではない。

このことは親ならだれでも知っている。親は、あらゆる棒きれを剣や銃に変えてしまう息子をあきらめ顔で見守る一方、娘のほうはというと、生命が宿っていないほとんどの物を、まるで人形のように抱いたりする。以下は一九九二年一一月二日付の『インディペンデント』紙に載った、ある女性の投稿だ。「学識のある読者のどなたかにぜひ理由を教えていただきたいのです。双子の子どもがオモチャに手を伸ばすようになってから、男の子用と女の子用のオモチャを混ぜて並べ、いっしょに二人をカーペットに座らせると、男の子は必ず車や汽車を、女の子は人形やぬいぐるみを選びます」

遺伝子の影響は否定できない。とはいえ、銃あるいは人形を好む遺伝子はもちろん存在しない。男性の行動を真似するように男の本能を方向づけ、女性の行動を真似するように女の行動を方向づける遺伝子だけが存在するのである。ある育て方には反応し、他の育て方には反応しない本性があるのだ。

少女に比べると、少年は学校で落ち着きがない。きかん坊で、注意散漫、学習も遅い。多動症の二〇人の子どものうち、一九人が少年である。少年の失読症と学習不適応児は、少女の四倍に達する。「学校教育は、男子生徒の適性と性向に対する陰謀である」。心理学者のダイアン・マクギネスはこう書いているが、[*17]学校時代の思い出が残っているほとんどの男性は、この意見に我が意を得たりと思うだろう。

しかし、学校では別の事実も明らかになってくる。少女は言語がかかわる学習が得意で、少年は数学と空間的作業が得意である。少年のほうは抽象的で、少女は文学的である。X染色体が一つ余分な少年は（ふつうはＸＹだがＸＸＹ）、他の少年より話が得意である。ターナー症候群の少女（卵巣がない）は他の少女よりも空間的作業に劣るが、言語的作業は同じくらい得意である。子宮内で男性ホルモンにさらされた少女は空間的作業を得意とする。女性ホルモンにさらされた少年は空間的作業が不得意である。教育機関はこうした事実を論議したあげく、故意に見ないふりをしてきた。そして、男子と女子に学習能力の差異はないと主張し続けている。ある研究者は、こうした抑制が男子にも女子にも百害あって一利なしであると指摘している。*18

そして脳自体も不思議な相違を示し始める。脳の機能は少女においては拡散するが、少年の頭のなかでは特定の場所を占める。少年においては左右の半球の差は広がり、専門化されていく。両半球を結んでいる脳梁（のうりょう）は少女のほうが大きくなる。あたかもテストステロンが少年の右半球を、左半球にある言語能力の侵略から分離させるかのようである。

こうした証拠はあまりにも乏しく、また体系的ではないので、脳で実際に何が起きているかを推測するヒントとしかみなされない。しかし言語獲得が果たす役割は決定的にちがいないのだ。言語は最も人間的で、他の類人猿には見られない特徴である。それゆえ我々の知的技能のなかでは最も遅く芽生えたものである。言語はまるでゴート族のように脳を侵略し、他の技能に取って代わる。そしてテストステロンはこれに抵抗しているようだ。実際に何が起こっているにせよ、次の事実は明白である。五歳の平均的な少年が初めて学校にあがる日、平均的な少女とは非常に異なる脳をもっているのだ。

しかし五歳では、平均的な少年のテストステロンレベルは、平均的な少女と同程度であり、誕生時に比べるときわめて少ない。子宮内でのテストステロンの第一波は遠い記憶となり、男女のテストステロンレベルは、その後一一歳か一二歳までほとんど変わらない。学校の成績でも初めて少女と同等になり、興味の対象もさほど離れてはいない。実は、一一歳の少年は、それ以前やそれ以後に比べると、同年齢の少女にはるかに似ている。ホルモンが幼少時に引き起こした相違にもかかわらず、この年ごろの人間は精神面において典型的な男にも典型的な女にも成長しうるという、医学的な証拠が一つある。それは、ドミニカ共和国で記録された、きわめて稀な先天的疾患の三八症例である。５α還元酵素欠損症と呼ばれる疾患をもつ男性は、誕生前のテストステロンの影響に異常なほど反応しない。その結果、こうした人々は女性の生殖器をもって生まれ、少女として育てられる。ところが思春期に突如としてテストステロンレベルが上昇し、ほぼふつうの男性に変化するのである（最大の相違は、ペニスの付け根にある穴から射精することである）。ところが、幼少期を少女として過ごしたにもかかわらず、こうした男性の大部分は、社会で男性が果たす役割に難なく順応した。それは、たとえ生殖器は男性化されていなくても、脳は男性化されていたか、脳は思春期になってもなお順応できるかのどちらかであることを示唆している。*[19]

思春期とは、少年にとってはホルモンの落雷のようなものである。睾丸が下がり、声は変わる。草のようにすくすく背が伸び、体は毛深くなり、引き締まる。こうしたことはすべて、睾丸から分泌されるテストステロンの洪水が原因である。いまや、血液中のテストステロンの濃度は同年齢の少女の二〇倍にも達する。このため、子宮内での投与によって頭のなかに焼きつけられ、置いておかれた精神という写真が現像され、少年の心がおとなの男の心に変わるのだ。[*20]

性差別とキブツの生活

異なる六つの文化圏の男性に、どのような人間でありたいかと聞いたら、みんながほぼ同じような答えを返した。彼らは、現実的で、狡猾で、自己主張し、支配的、野心的、批判的、そして自己抑制のきく人間でありたいと答えた。なによりも彼らは、権力と自主独立を求めた。同じ文化の女性たちは、誠実で、情愛深く、一途で、思いやりがあり、寛大な人間でありたいと答えた。なによりも社会に奉仕したいと思っていた。[*21] 男の会話を研究すると、次のような特徴が見られる。人前での会話に優れ（男は家では貝になる）、傲慢、野心的、地位に執着し、他人の関心を引きたがり、事実を重んじる。そして知識と能力を表すようにデザインされている。女の会話は個人的で（女は大きなグループのなかでは貝になる）、協調的、社交的、やすらぎを与え、感情移入し、平等主義、そして取りとめがない（おしゃべりのためのおしゃべりを含む）。[*22]

もちろん例外もあれば、部分的には重複してもいる。男性より背の高い女性がいるように、自己主張を強くしたい女性もいれば、思いやりを大切にしたいという男性もいる。しかし、男性は女性より背が高いと一般化するのが妥当なように、先に記した形容詞の数々は男女の本性を典型的に物語っているといってよいだろう。そのいくつかは、狩猟と採集の相違に関係があるはずで、性差のなかで最も人間的なものだ。例えば、男性が女性よりも狩猟や釣りを楽しみ、肉を好物とするのが単なる偶然であるとは考えにくい。また、あるものはごく最近できたもので、同年齢仲間からの圧力や教育を通じて、男女がみずからに課す社会的規範を反映しているのだろう（教育は、今日とは違って、必ずしも性別に頓着しなかったわけではない）。例えば、自己抑制のきく人間になりたいという男性の願望は現代的な特徴で、抑制を必要とするような本性をもっていることを本人が自覚しているからなのかもしれない。ほかのものはもっと古く、ヒヒにはないがすべての類人猿に共通して見られる基本パターンを反映しているのかもしれない。例えば、一般に女性は結婚すると自分のグループを離れ、それまでは他人であった人々のあいだで子どもを産んでいっしょに暮らす。一方、男性は親族のあいだで暮らす。その他の本性はさらに古く、すべての哺乳類と多くの鳥類にも共通して見られるのかもしれない。例えば、女性は赤ん坊を育て、そのあいだに男性は女性の獲得をめぐって他の男性と競いあう。男性が序列のなかでの地位に固執するのと、オスのチンパンジーが厳格な順位序列のなかでの地位をめぐって争うのとが、偶然の一致であるはずがない。

イスラエルのキブツ組織は、男女の役割分担が執拗に存在し続けることを示す大規模な実験であった。当初キブツでは、男も女もあらゆる男女の役割を捨てることを奨励された。髪型と服装は男女の区別がなかった。少年は平和的で敏感であるよう望まれ、少女はおてんばのように扱われた。男性は家事をこなし、女性は仕事に出かけた。しかし三世代が経過すると、試みの大部分は放棄され、キブツの暮らしは、イスラエルの他の地域よりもずっと性差別のひどいものになってしまった。人々は月並みな生活に戻ったのだ。男性は政治に携わり、女性は家を守る。少年は物理を学んでエンジニアになり、少女は社会学を学んで教師や看護婦になる。女性がキブツの風紀、健康、教育を管理し、男性は財政、安全、ビジネスを管理する。ある人々にとっては、これは容易に説明がつく。人々は単に、親たちがお膳立てをした風変わりな生活パターンに反抗したのだ。しかしこれは相手を見下した説明である。彼らはみずからの本性に則して、みずからそのような生活パターンを選んだのだろう。キブツで女性が家の掃除をするのは、世界中のどこの女性もそうであるように、どうせ男性はちゃんと掃除をしないだろうと思っているからである。キブツで男性が家の掃除をしないのは、世界中のどこでもそうであるように、どうせ掃除をしても、ちゃんと掃除をしていないと妻が言うだろうと思っているからである。[*23]

キブツだけが特別なわけではない。開放的なスカンジナヴィア諸国でさえ、家族の食事を作り、衣類を洗い、子どもの世話をするのは女性である。女性が仕事に進出しても、いまだに男の砦ともいえる職種がある（例えば修理工、航空管制官、自動車教習所教官、建築家など）。一方で女性の砦になった職種もある（例えば銀行の金銭出納係、小学校の教員、秘書、通訳など）。最も平等主義が徹底している西欧社会において、女性が社会の偏見のために修理工になれないなどと主張するのは、ますます説得力がなくなってきている。修理工になりたいと思う女性はごく稀だ。女性が修理工になりたいと思わないのは、修理工の世界が女性には居心地の悪い「男の世界」で、魅力を感じないからである。ではなぜ男の世界なのか？　男性が自分たちの性格に合うように作り上げた仕事だからである。そして男の性格と女の性格は違っているからである。

フェミニズムと決定論

男女の本性が異なるという主張で奇妙なのは、それが徹底してフェミニスト的主張であるという点である。フェミニズムの本質には、一つの矛盾が潜んでいるのだが、ほとんどのフェミニストはそれに気づいていない。男性と女性があらゆる仕事に等しく適していると述べた者が、舌の根も乾かないうちに、女性が仕事をすればやり方が違うなどと言うことはできない。つまりフェミニズムとは人類平等主義にほかならない。もっと多くの女性が仕事をとりしきるようになれば、もっと配慮のある価値観が生まれるだろうと、フェミニストたちははっきりと論じている。彼らは女性は異なった本性をもつ存在であるという仮定から出発しているのだ。女性が世界を治めたら戦争はなくなるだろう。女性が企業を経営したら、競争ではなく協調が社訓になるだろう。こうした主張は、明白かつ断固とした性差別である。女性はその本性と性格において男性とは異なると言っているのだ。もしも女性が異なる個性の持ち主であるなら、ある種の仕事では男性より優れたり劣ったりしているのではないだろうか？　相違というものは、好都合ならば受け入れられ、不都合ならば拒否されるものではない。

また、性格が異なる原因を社会的圧力のせいにしても、あまり助けにはならない。社会学者が我々に信じさせようとしているほどに、社会的圧力が強力だとしたら、一人の人間の本性には意味がなく、人物の経歴のみが問題だということになるからだ。そこで、崩壊した家庭の出身で、犯罪を重ねてきた男は、そうした経験の産物であり、魂のなかには更正するにふさわしい「本性」のかけらすらないということになる。もちろんこんな話はナンセンスだ。その人物は経歴と本性の両方の所産である。性差についても同様である。西欧の女性たちが男性ほど数多く政界に入らないのは、政治が男性の仕事であるという考えに慣らされてきたからだと主張するのは、女性に恩着せがましいというものだ。政治はステータス追求の野心にほかならず、多くの女性は健全にも、これに対して皮肉な考えをもっている。女性は女性なりの心をもっているのだ。社会が何を言おうと、政界に入りたいと思うならそう決心できるのである（西欧社会は現在むしろ女性の進出を奨励している）。

政界を魅力のないものにしている理由の一つは、女性の周囲にいる人々の性差別であるにちがいない。しかしそれだけが原因だと断定するのはばかげている。

男性と女性は異なるのであり、その違いの一部は、男性は狩猟し、女性は採集したという過去の進化に由来すると私は述べてきた。そこで私は、女性は家にいて、男性は一家の稼ぎ手として働くのだという議論に危険なほど接近している。しかしこうした結論は、ここで述べてきた論理からはまったく導かれない。オフィスや工場に働きに行くという行為は、サバンナに暮らしていた類人猿の心理にとっては、まったく異質で新しいものである。それは、男性にとっても女性にとってもまさに異質なのだ。更新世に、男性は住みかを離れ長い狩りの旅に出、一方、女性は植物を採集するためにもっと近くに出かけたとしたら、男性のほうが心理的に長距離通勤に適しているのかもしれない。しかし男性も女性も一日中デスクに向かい電話で話をしたり、一日中工場の椅子に座ってネジを締めたりすることには、進化的になんら適していないのである。「仕事」が男性のものに、「家庭」が女性のものになったのは、歴史の偶然だ。牛の家畜化と鋤の発明によって、食糧採集は男性の筋力が役に立つ作業になったのである。手作業で土地を耕す社会では、作業の大部分を女が行う。産業革命がこの傾向に拍車をかけた。しかしポスト産業革命、つまり近年のサービス業の発展が、その傾向をまた逆転させている。女性は再び「仕事に出かける」のである。更新世にイモや果実を探しに行ったように。[*24]

それゆえ、男は稼ぎ、女は男のソックスを繕うべきだという概念に対する、進化生物学的な正当化はいっさい存在しないのである。修理工や猛獣ハンターのように、男性のほうが女性よりも心理的に適した職種もあるだろう。同様に、医者や子守りのように、女性のほうが生まれつき得意な職種もある。しかし生物学的には、職業に関する性差別を一般的に支持する証拠は何もない。

奇妙なことに、人類平等主義の哲学よりも、進化的な見方のほうが、差別撤廃を正当化するものである。女性は異なる能力というよりはむしろ、異なる野心をもっていると考えられるからである。男性の繁殖成功度は、幾世代にもわたって政治的な序列をのぼることに依存していた。女性がその種の成功を求める動機はほとんどなかった。女性の繁殖成功度は他の要因に依存していたからである。それゆえ進化的な見方をすると、女性はめったに政治階段をのぼろうとはしないだろうと予測できる。しかし、女性が参加したらどれほどうまくやるかについては何も言っていない。トップにのぼりつめた女性の数が（多くの国で女性首相がいる）、トップより下のランクに位置する女性の数と不釣り合いなのは、偶然ではないと私は考えている。イギリスでは女王の統治によって、王の統治でよりも卓越し堅実な歴史が作り出されていることも偶然ではあるまい。これらの証拠は、女性が平均すると男性よりも国を治める能力にわずかに優れていることを示している。また女性は、直観力、性格判断、自己崇拝の欠如といった女性的な特徴をこれらの仕事に持ち込んでいるという、フェミニストの主張を支持するものでもある。男性には羨むしかない特徴である。企業にしろ、福祉団体にしろ、政府にしろ、あらゆる組織が崩壊する元凶は、それらが、能力よりも狡猾な野心に報いるからである（巧みにトップにのぼる人間は必ずしもその仕事がいちばんできる人間とはかぎらない）。そしてそうした野心は女性よりも男性につきものなので、女性を重視して昇進を案配するのは、きわめて好ましいのである。偏見を是正するためではなく、人間の本性を正すために。

そしてもちろん女性の見解を代表させるために。女性は異なる関心をもっているので、男性と釣り合う人数の女性が国会議員になる必要があると、フェミニストたちは確信している。女性が生まれつき異なっているのなら、それは正しい。女性が男性と同じなら、男性が、男性の利益と同じくらい上手に女性の利益を主張しない理由はなに一つないにちがいない。男女の平等を信じることは正当である。しかし男女が同じだと信じることはきわめて奇妙で、フェミニストらしからぬ態度なのだ。

この矛盾を認識しているフェミニストは、そんなことに悩んでいることを物笑いの種にされる。カミーユ・パリアは文芸批評家で、口うるさい人物だが、フェミニズムが、女性の本性は不変だと主張しておきながら男性の本性を変えるという、とんでもないトリックをたくらんでいるのを見抜いている数少ない一人である。彼女は、男性は隠れ女ではない、女性は隠れ男ではないと論じる。「目を覚ましなさい。男と女は違うのよ」と、彼女は叫んでいるのだ。[*25]

男性同性愛の原因

男性が女性に対する性的好みを発達させるのは、脳がある方法で発達するからである。脳がある方法で発達するのは、遺伝的に決定された睾丸がテストステロンを分泌し、このテストステロンが母親の子宮内において、脳を部分的に変え、のちに思春期になって、再びテストステロンに反応するように仕向けるからである。睾丸を形成する遺伝子、子宮内でのテストステロンの集中射撃、思春期のテストステロンの集中射撃、これら三つのうち一つが欠けても、典型的な男子にはなれない。同性への嗜好を発達させる男性というのはおそらく、睾丸の発達に影響を与える遺伝子が異なっているのか、あるいは、脳がホルモンに反応する方法に影響を与える遺伝子が異なっているのか、思春期にテストステロンの集中射撃を受けているあいだに異なる学習経験をしたかなのだろう。このうちの複数が原因とも考えられる。

同性愛の原因に関する研究は、脳がテストステロンに反応して発達する方法の解明に大きな道を開いた。一九六〇年代までは、同性愛は完全に教育の問題だと考えるのが主流であった。しかし残酷なフロイト流嫌悪療法をもってしても同性愛を直せないことがわかると、今度はホルモン説が有力になった。しかしゲイの男性の血液中に男性ホルモンを注入しても異性愛者にはならない。性欲が亢進するだけである。セックスの嗜好は、成人する前にすでに決定しているのだ。それから、一九六〇年代に、東ドイツの医師ギュンター・デルナーがネズミを使った一連の実験に着手し、子宮内で男性同性愛者の脳は、女性の脳に特有のホルモン、黄体形成ホルモンを分泌しているらしいことを示した。デルナーは、同性愛の「治療方法」を研究しているように見えたので、研究の動機がしばしば疑われたが、オスのネズミを成長のさまざまな段階で去勢し、女性ホルモンを投与していた。早い段階で去勢したネズミほど、他のオスのネズミにセックスを求める傾向が強かった。イギリス、アメリカ、ドイツで行われた研究のどれもが、生まれる前にテストステロン不足に見舞われると、男性が同性愛になる可能性が増すことを確証している。X染色体が一つ多い男性や、子宮内で女性ホルモンにさらされた男性は、ゲイになるか男らしさに欠ける場合が多い。そして男らしさに欠ける少年は事実、ふつうの少年よりも成長してからゲイになる率が高いのである。興味深いことに、極度の非常時（例えば第二次大戦末期のドイツ）に受胎、出産された男性は、他の時期に生まれた男性よりもゲイが多い（ストレスホルモンのコルチゾールは、テストステロンと同じ原料から作られる。おそらくコルチゾールのために使い尽くされて、テストステロンを作る原料がほとんどなかったのだろう）。ネズミでも同じことがいえる。母親が妊娠中にストレスを受けたネズミは、同性愛行動に走りがちである。男性の脳が一般に得意な物事を、ゲイの脳はしばしば不得意とする。この逆も真実である。ゲイは異性愛者よりも左利きである場合が多いのだが、これはある意味では道理にかなう。右利きになるか、左利きになるかは、成長過程において性ホルモンの影響を受けるからである。しかしちょっと奇妙でもあるのは、左利きの人間は通常、右利きの人間よりも空間的作業に優れていることだ。遺伝子、ホルモン、脳、技能のあいだの関係を、我々はいまだにおぼろげにしか知らないということを、このことはよく示している。[*26]

しかしながら、同性愛の原因は出生後の異変にあるのではなく、子宮内でホルモンの影響のバランスがなんらかの異常をきたしたためであることは確かである。この事実は、性的嗜好の心的傾向が出生前の性ホルモンの影響を受けるという考えをさらに支持している。これは、同性愛が遺伝的に決定されるというさまざまな証拠とも矛盾がない。「ゲイ遺伝子」については次章で述べるが、その正体は、ある種の組織のテストステロンに対する感受性に影響を与える一連の遺伝子ではないか、という見解が圧倒的である。[*27]本性と育ち方がともに関与しているのだ。

それは身長を決定する遺伝子と変わらない。遺伝子の異なる二人の男性は同一の食物で育っても同じ身長にはならない。一卵性双生児は異なる食物で育つと、身長に差異が生じる。本性は長方形の一辺で、育ち方はもう一方の辺なのだ。身長を決定する遺伝子は、発育過程において栄養状態に反応する遺伝子にすぎない。[*28]

なぜ金持ちの男は美人と結婚するのか？

同性愛が子宮内におけるホルモンの影響で決定されるのなら、おそらく異性愛の嗜好も同じようにして決定されるのだろう。進化の歴史において男性と女性は異なるセックスの機会と制約に遭遇してきた。男にとって見知らぬ女とのその場限りのセックスは、病気の感染と妻に知られることという、ごく小さなリスクしかともなわずに、莫大な報酬を得られる可能性がある。自分の遺伝子の継承のために、たやすくもうひとりの子をつけ加えられるのだ。こうしたチャンスをとらえた男は、チャンスをとらえなかった男よりも、確実に大勢の子孫を残した。したがって、我々は確かに不妊者の子孫ではなく、多産な祖先の子孫であるのだから、現代の男性にセックスのご都合主義的な傾向があってもなんら不思議はない。確かに、あらゆる哺乳類のオスと鳥類にはその傾向があり、ほとんどの一夫一妻の種においてもそうである。これはなにも、男性が救いがたいほど乱婚的であるとか、あらゆる男性が強姦魔の資質を備えていると述べているのではない。男性は女性よりも、その場限りのセックスのチャンスに性欲をそそられやすいという意味である。

女性は違うらしい。見知らぬ男性とセックスをもった更新世の女性は、その男性が子育てを手伝うという約束をとりつける前に、妊娠する可能性があっただけではない。夫がいる女性であれば復讐されたかもしれない。夫のいない女性であれば独身を余儀なくされたかもしれないのだ。こうした莫大なリスクを相殺する大きな見返りはなに一つなかったのである。彼女が一人のパートナーに忠実であり続けても、妊娠する可能性は同じだけあるが、夫の協力を得られなければ、子どもを失う可能性はそれより大きい。したがってその場限りのセックスに応じる女性は、子どもを多く残すのではなく、少なくしか残さなかったのである。こうして現代女性は、その種のセックスに不信感を抱きがちなのだ。

このような進化の歴史をぬきにして、男女のセックスに対する心理の違いを説明するのは不可能である。そうした相違を否定したり、女性がきわどい男性ポルノ雑誌を買わないのは社会の抑圧のせいだとか、男性優位の誇大妄想が社会的に男性を乱交に駆り立てているのだと主張するのは、現代のはやりである。しかしそれでは、現代の男女に性差はないと考えたり、最少限に見積もったりするように、巨大な社会的圧力がかかっていることを無視することになる。現代の女性は、性的に無節操であれという圧力を男性から受けているが、他の女性からも同じ圧力を受けているのだ。同様に、男性はもっと「責任」をもち、感受性が強く、忠実であるようにという圧力を絶えず受けている。女性からも、他の男性からも。おそらく道徳心よりもねたみから、男性は女性と同じくらいプレイボーイに批判的なのだろう。それに関しては女性よりも口うるさいこともしばしばだ。男性が性の略奪者であるとしたら、それを抑止しようとする社会的圧力を幾世紀もしのいできたことになる。ある心理学者の言葉を借りれば、「我々の抑圧された衝動は、いかなる点から見ても、それを抑制しようとする力と同様に人間的である」[*29]

ところで男女のセックスに関する心理の相違はいったいなんなのだろうか？　前の二章で私は次のように述べた。繁殖における利害が男性のほうが大きいため、男性は互いに競いあう傾向が強く、したがって男性は権力を行使し、富を支配し、名声を追求するようになる。その結果、女性は、男性が妻にそれらを求めるよりも、夫に権力、富、名声を求めることによって、報酬を得てきたのだろう。したがって、そういう女性はおそらく、現代女性のなかにより多くの子孫を残したのだ。となると進化的に考えれば、女性は金持ちで権力のある男性を潜在的配偶者として高く評価するということになる。これを別の角度から見るとしたら、子どもの数と健康を確保するために、女性は夫に何を求めたら最も実り多いかを考えればよい。答えはより多くの精子ではない。十分な金。十分な牛。十分な部族内の味方。あるいは価値のあるなんらかの財産、である。

これとは対照的に、男性は自分の精子と金銭を使って赤ん坊を産んでくれるパートナーを求めている。その結果、パートナーに若さと健康を求める絶大な動機をつねにもっていた。二〇歳の娘より四〇歳の女性との結婚を望む男性は、子どもをもうけるチャンスは少なく、もてたとしても一人か二人である。しかも前夫との子どもを山ほど引き受ける可能性は大であった。思春期後半の売り手市場の娘のなかで、いちばん若い娘を探し求めた男性に比べ、残した子孫の数は少なかったのである。そこで、女性は富と権力のシグナルに注意を払い、男性は健康と若さのシグナルに注意を払うと予測される。

ナンシー・ソーンヒルの次の言葉が、あたりまえすぎるように響く。「男性が若くて美しい女性を望み、女性が裕福で地位の高い男性を望むことを、いまだかつて疑問に思った人間は一人もいないのではないだろうか？」[*30]。社会学者たちは疑問に思っている、というのがソーンヒルの疑問に対する答えである。最近の研究に対する社会学者の反応から判断して、彼らは最も厳密な証拠がなければ納得しないだろう。ミシガン大学のデイヴィッド・バスは、アメリカの学生多数にパートナーとして最も望む資質をランキングさせてみた。男性は優しさ、知性、美貌、若さを好み、女性は優しさ、知性、富、ステータスを好む。この結果はアメリカの傾向であって、人間の本性の共通した一面ではないだろう、と彼は反駁された。

かくしてバスは三三ヵ国の三七集団で研究を繰り返し、一〇〇〇〇人にアンケート調査をして、まったく同じ結果を得た。男は若さと美貌にこだわり、女は富とステータスにこだわるのだ。これに対して、社会学者はこのように答えた。女性がことさら富に注目するのは当然で、男性が富を支配しているからである。女性が富を支配していたら、配偶者に富を求めないだろう。バスは資料を再分析し、次のことに気づいた[*31]。平均より収入の多いアメリカ女性は、平均収入の女性よりも、未来の配偶者の富に注目しないのではなく、なおさら注目する。専門職の女性は、低所得の女性よりも、夫の収入能力を重視しないのではなく、より重視するのである。フェミニスト運動の女性リーダーである実力者一五人でさえ、自分よりもっと実力のある男性を望んでいることがわかった。バスの同僚ブルース・エリスが述べているように、「パートナーに対する女性の性的嗜好は、女性の富、権力、社会的地位が向上するにつれて、差別的でなくなるどころか、ますます顕著になっている」[*32]

バスに対する批判の多くは、彼が状況をまったく無視していると論じている。文化が異なり、時代が異なれば、パートナー選択の異なった基準が生まれるだろう。バスは単純な類比を使って次のように反論している。平均的男性の筋肉量は環境に大いに依存する。アメリカの若者は、イギリスの若者よりも肩の周辺に筋肉がついている。原因はおそらく食事がよいためと、彼らの好むスポーツが機敏さよりも投球力を際立たせるからだろう。とはいえ、この事実が「男性は女性よりも肩に筋肉がついている」という一般論を否定するわけではない。したがって、ある地域のほうが他の地域よりも、女性が男性の富に注目する度合いが強いという事実が、女性は男性よりも、未来のパートナーの富に注目するという一般論を否定するわけではない。[*33]

バスの研究で最も問題があるのは、配偶者として選んだパートナーと、情事のために選んだパートナーを区別していない点である。アリゾナ州立大学のダグラス・ケンリックは、四段階の親密度に応じて、パートナーのさまざまな特質を、学生たちに順位づけさせてみた。結婚相手を探す場合は、男女ともに知性を重視する。一晩限りのセックスパートナーを探す場合、とりわけ男性にとっては知性はほとんど問題でなくなる。男性も女性も、残りの人生をともに過ごす相手には、優しさ、協調性、知恵を重視するだけの分別を明らかにもち合わせているのだ。*[34]

性的嗜好を判断するうえで障害になるのは、それが妥協の産物だという点である。年老いた醜い男性は、何人もの若くて美しい女性とは交渉をもたない（よほどの金持ちでないかぎりは）。同世代の忠実な妻で我慢するのである。若い女性は、金持ちのドンの忠実な妻にはならない。男性ならだれでもよいというわけではないが、おそらくちょっと年上で、金はあまりなくても堅実な仕事をもった男を選ぶだろう。人間は自分の年齢、容貌、財産に応じて望みを下げるのだ。男女のセックスに対する心理がいかに違うかを知るためには、対照実験を行う必要があるだろう。平均的な男性と平均的な女性を選び、なじみのパートナーと忠実な結婚生活を送るか、見知らぬ美男または美女と次々に乱交を重ねるかという、二者択一を行わせてみるのだ。この実験はいまだ行われていない。また、この実験のために資金が取れるとも思えない。しかし実験には及ばないだろう。なぜなら、人間の頭のなかをのぞき、どんな空想をしているかを調べれば、実質的にこの実験を行えるからである。

ブルース・エリスとドン・サイモンズはカリフォルニアの三〇七名の学生を対象に、セックスの妄想に関するアンケート調査を行った。もし被験者がアラブ人やイギリス人であったならば、社会学者たちはこの研究をあっさりと無視しただろう。どんな性差が現れても、彼らの文化の背景にある性差別が社会的圧力をかけたからだといえるからである。しかし、カリフォルニアの大学生ほど、男女の心理上の相違はないという品行方正なイデオロギーに染まった人間など、いまだかつて、どこにも存在したことがない。そこで明らかになった相違は、どう低く見積もっても、人間という種に特有の相違とみなすことができる。

エリスとサイモンズは、二つの事柄に関しては男女の相違がまったくないことに気づいた。第一は、妄想に対する学生の態度である。罪の意識、自尊心、無頓着が、男子学生においても女子学生においても一般的であった。そして男女ともに妄想にふけっているあいだ、妄想上のパートナーの顔をはっきりと思い描いていたのである。他のあらゆる項目では、男女間に大きな相違が見られた。男性はセックスの妄想にふける頻度が高く、空想するパートナーの数も多い。三人に一人の男性が、それまでに一〇〇〇人以上を空想したと回答した。それほど多くのパートナーを空想したのは、女性ではわずか八パーセントである。女性のほぼ半数が妄想中にパートナーを交換したことはないと回答し、男性の場合はそれがわずか一二パーセントであった。男性にとっては、パートナー（たち）の視覚的イメージが、触覚、相手の反応や感情、情緒よりも重要であった。女性の場合はこれと逆だ。相手の反応よりも自分自身の反応に妄想をめぐらせる女性は、男性の二倍いた。しかも女性は圧倒的に、なじみの相手とのセックスを空想するのだ。[35]

これらの結果は孤立しているわけではない。セックスの妄想に関する他の研究はすべて次のように結論している。「男性のセックス妄想は所かまわず、頻繁で、視覚的で、性的に特定されていて、乱交的で、能動的な傾向が強い。女性のセックス妄想は状況がより明確で、情緒的で、親密で、受動的な傾向が強い[36]」

こうした調査だけに頼る必要はない。二つの業界が男女のセックス妄想を容赦なく食い物にしているのだ。ポルノと恋愛小説の出版である。ポルノはほぼ完全に男性を対象にし、世界中どこの国でもおおむね基本パターンは同じである。「ソフトポルノ」は挑発的なポーズをしたヌードまたはセミヌードの女性の写真満載。この手の写真は男性を刺激するが、(不特定の)男性ヌードの写真は特に女性を刺激するわけではない。「女性が男性ヌードを見ただけで興奮する性向であれば、乱交が流行するだろうが、そんなものは女性にとっては繁殖的に何も得るところがなく、失うもののみが大きい[37]」

実際の性行為を描写した「ハードポルノ」はまず例外なく、好きもので、興奮しやすい、いろいろなタイプの肉体的に魅力的な女性たちによって男性の性欲を満たすものである(ゲイポルノの場合、演技者は男性である)。そこには、なんの文脈も、話の筋も、駆け引きも求愛もなく、前戯すらほとんどない。二人の関係に関する話はまったくなく、性交している二人は、見知らぬ者どうしという設定が多い。二人の科学者たちが、異性愛者の学生たちにポルノ映画を見せてその反応を観察したところ、きわめて常識的と思われる首尾一貫したパターンを発見した。第一に、男性は女性よりも興奮する。第二に男性は、異性愛の一組のカップルの映画よりもグループセックスの描写でいっそう興奮し、女性はその逆であった。第三に、男性も女性もレズビアンのシーンには興奮したが、男性同性愛者のセックスシーンには興奮しなかった（学生はすべて異性愛者であることに注意）。ポルノを見る際に、男女ともに女優のほうに関心を示した。しかし、ポルノは本来、女性のためではなく男性のために作られ、男性を客筋とし、男性が求めるものなのだ。*38

これとは対照的に、恋愛小説は完全に女性読者に狙いを定めている。そして女性のキャリア願望に合わせることとセックス描写を大胆にするようになったこと以外では、あきれるほど変わりばえのない虚構の世界を描いている。作家たちは、出版社に指示されたお決まりのストーリー展開をかたくなに守っているのだ。この種の小説では、セックス描写は脇役である。内容の大半は、愛、責任、家庭生活、教育、さまざまな人間関係の形成についてである。乱交や、変化に富んだ性行為はめったに描かれず、セックスは主に、男性がヒロインに対して行った行為（特に触感的なもの）に対する彼女の情緒的な反応を通して描かれ、男性の体についての詳細な描写はない。男性の性格は、しばしば微に入り細に入り描かれるが、肉体の描写は熱心にされないのだ。

エリスとサイモンズは、恋愛小説とポルノ映画は男女それぞれの空想のユートピアを具現化しているのだと論じている。カリフォルニアの学生がどのようなセックスの妄想をもっているかというデータは、この主張を証拠立てているようだ。男性ポルノを女性用に焼き直した雑誌の相次ぐ失敗や（『プレイガール』の読者層の多くは男性ゲイである）、乱交をあからさまに描いた男性向け小説を空港で売るというニュービジネスも、先の主張を裏づけているように思われる。どこの書店にも男性向け雑誌が置いてある。その表紙は女性の写真が飾り、ことさらに内容に期待させる。そして女性向けの恋愛小説は、これまた表紙は女性の写真が飾り、男性向けセクシー小説もまた、女性が表紙を飾る。一般的な通念ではなく、市場を頼りに生き延びている出版業界が、男女のセックス観の違いを把握していることは明らかだ。

エリスとサイモンズは次のように述べている。

「ここに報告したセックス妄想に関するデータ、セックス妄想に関する科学文献、……消費者によって自由市場にかけられる選択力（歴史的に、男性指向のポルノ、女性指向の恋愛小説という動かしがたい相違を作り出した）、人間の性衝動に関する民族学的記録、人間という種に関する進化的観点からの必然の解釈、これらすべてを総合すると、セックスの心理におけるきわめて大きな性差の存在が浮かび上がってくるのである」*39

女性がヌードやポルノで男性ほど興奮しない理由は、彼女らが抑圧されているからだと理由づけるのは、「政治的に正しい見解」の人々のあいだに見られる、ひどく狭隘（きょうあい）な仮定であるが、エリスとサイモンズの見解は、それよりもずっと多くの洞察を与えてくれる。

選り好みする男たち

ここにはパラドクスがあるようだ。男性は心の奥底では、そして妄想のなかではだれとでもセックスするご都合主義者である。だれとでもセックスするご都合主義者はあまり選り好みをしないだろうと、人は考えるだろう。ところが男性は、女性が男性の容貌にこだわる以上に、女性の容貌にこだわるのである。スポーツカーと多額の預金口座が、女性のために醜男を王子様に変身させてくれるが、金持ちの女は醜女であるわけにはいかないのだ（美容整形が可能な今のご時世では美しくなる手段を時として買えるが）。情事をもくろむ男性は、自分が美人だと思う女性だけに相手を限定すべきではないのだが、ふつうは美人を選り好みする。これはどちらかというとふつうではない。オスのゴリラやキジオライチョウは容貌でメスとの交尾を拒んだりはしない。容姿にかかわらず、与えられたあらゆる機会をとらえるのである。古代の一夫多妻の暴君は乱交的だったかもしれないが、それでもなお選り好みをした。ハーレムの女性たちは必ず、若くて、処女の美人から選ばれたのだ。

このパラドクスには説明がつく。どちらかの性の動物が選り好みをする度合いは、そのオスなりメスなりが親の世話に投資する度合いとまさに相関している。精子しか投資しないクロライチョウはメスに似てさえいれば何とでも交尾しようとする。ぬいぐるみの鳥や模型でもよいのだ。[*40] オスのアホウドリは、一羽のメスが産むヒナの養育に最善の努力を注ぎ込むのだが、念入りに品定めをして選び、そこにいるなかで最高のメスをめぐって争うのである。したがって男性の選り好みは、男性が夫婦の絆を形成し、子どもに投資をするという事実を、またしてもよく反映しており、相手を選り好みしない何種かの類人猿の親戚とは違うのだ。これは過去の一夫一妻が残した遺産である。上手に選ばなければ、それが一生で唯一のチャンスかもしれないからだ。事実、男性が女性の若さに対して魅惑されて止まないのは、ペアの絆が終生続くことを示しているのだと論じられる。この点で我々は他の哺乳類とはまったく異なる。チンパンジーは、発情期でありさえすれば、年寄りのメスでも若いメスと同じくらい魅力的に感じるのである。男性が二〇歳の娘を好むという事実は、更新世の男性が現代の男性と同じように、一生妻と連れ添ったという仮説に、もう一つの証拠をつけ加えている。

人類学者のヘレン・フィッシャーは、自然な結婚の期限というものが存在し、それが結婚四年後に離婚率がピークに達する理由であると論じた。四年というのは、生まれた子どもが完全な依存状態から抜け出すまで育てるのに十分な期間なので、子どもが四歳になると、更新世の女性は次の子どもを産むために新しい夫を探したのだろうと、フィッシャーは考えている。それゆえ離婚は自然である、というのが彼女の見解だ。しかし彼女の主張にはいくつかの問題点がある。四年めのピークというのは単に統計学者が最頻値と呼んでいるものにすぎず、特に重要な指標ではない。離婚率は結婚後何年めかの年にいちばん多いところがあるにはちがいないのだ。しかも、男性が一貫して若い女性を好むという事実と、夫たちは子どもが四歳になったあともずっと子育てに貢献するという事実とは、彼女の説にはそぐわないのである。それぞれの子どもが誕生して四年後に夫と離婚する女性は、そのつど出会う新しい男性にとって魅力が薄れていくだろう。年を取るからだけではなく、育ちざかりの継子(ままこ)をぞろぞろと連れてくるからである。男性が若いパートナーを好むことは、終生の絆を暗示している。*[41]

新聞の個人広告にざっと目を通すだけでも、だれもが知っていることが確認できる。男性は自分よりも若い妻、女性は自分よりも年配の夫を求めている。一〇年かそこらでほぼ確実に死別するというのに。デイヴィッド・バスの調査によると、男性は二五歳前後の女性を理想としている。二五歳というのは、女性の最大潜在繁殖価をわずかに過ぎているが(繁殖年齢をすでに数年逃がしている)、最大繁殖期には近い。しかしながら、バスの調査に関する二つのコメントが指摘したように、この結論は誤解を招くものであるかもしれない。第一に、ドン・サイモンズが指摘したように、現代の二五歳のヨーロッパ人は、二〇歳の部族の娘と同程度にしかくたびれて見えない。どんな女性を好むかと聞かれたら、ヤノマモ族の男性はためらうことなくモコ・デュデと答えるだろう。思春期から第一子を産むまでの女性のことである。他の要素が同じであれば、これはヨーロッパ人の男性の理想でもある。*42

人種差別と性差別

本章は男女の相違についてばかり述べてきたが、人種の相違については触れなかった。しかし現代の偏見は、しばしばこの二つをいっしょにして目の敵にしている。男女の相違を主張することは人種の相違を主張することでもあるという、突拍子もない等式があるのだ。性差別は人種差別の兄弟だ。正直なところ私はこの考えに当惑している。証拠からすれば、人種が違う男性どうしの本性の相違はささいなもので、同一人種の男女の本性の相違のほうが大きいのだということは容易に理解できるし、また論理的でもあると私は思う。人種と文化の相違が存在しえないと言っているのではない。白人が黒人とは肌の色が違うように、精神的にもなんらかの相違があるかもしれない。しかし進化についての知識からすれば、それはあまりありそうにはない。人間の心を形成した進化的圧力（主に血族、部族内の味方、性のパートナーとの競争関係）は、現在も、そして過去においても白人と黒人にとって同じものであった。そしてそれが主に作用したのは、一〇万年前に白人の祖先がアフリカを去る以前であった。肌の色は気候その他の影響を受け、とりわけアフリカと北欧でその相違が著しい。一方、精神の形態は、どのような獲物を狩猟するか、どのようにして暑さや寒さから身を守るかといった人間以外の問題によってはほんのわずかにしか影響を受けない。もっとずっと重要なのは、同胞といかにかかわるかであり、これは世界中どこでも変わらない問題である。どこに住む男性にとっても、どこに住む女性にとっても事情は同じである。しかし男と女にとっては同じではない。

これが人類学と生物進化理論の基本的な相違である。人類学者たちは、都市に暮らすヨーロッパ人は、習慣においても、思考法においても、部族民のサン族とは非常に違い、その相違は、それぞれの人間とその妻との相違よりはるかに大きいと主張する。事実、そうであるというのが人類学という学問の基盤である。なぜなら人類学は人間のあいだの相違を研究する学問だからだ。しかしそれによって人類学者は、いわば目の中の〝人種間の相違〟というちりを過大視し、同一性という梁を無視するに至ったのである。男性は世界のいたるところで戦い、競い、愛し、誇示し、狩りをしている。なるほどサン族は槍と棒きれを武器に戦い、シカゴ市民は銃と訴訟を武器に戦う。サン族は族長になろうと努力し、シカゴ市民は社長になろうと努力している。伝統、神話、手工芸品、言語、儀式といった人類学の中身は、私にとっては表面に浮く泡にすぎない。その下には、どこにおいても変わることのなく、男と女のそれぞれに特徴的な人間性という大いなるテーマが存在するのだ。火星人の目から見たら、人種の相違を研究する人類学者は、自分の畑で小麦の苗の一本一本の相違を調べる農夫のようなものだろう。火星人は典型的な小麦の苗にもっと多くの関心をもっているのだ。本当に興味をかき立てられるものはまさに、人間の普遍性であって、相違ではない[43]。

こういった普遍性のなかで、最もよく現れるものの一つは、性役割である。エドワード・ウィルソンは次のように述べている。

「さまざまな文化圏で男性は追求し獲得し、一方、女性は保護され、物々交換される。息子たちは放蕩し、娘たちは凌辱の危険にさらされる。性が売買されるとき、買い手は一般に男である[44]」

ジョン・トゥービーとレダ・コスミデスはこの普遍的パターンを文化的に解釈することに対して、なおいっそう果敢に挑んだ。

「女性の部隊が村々を襲い、夫にする男性をさらうとか、親たちが娘ではなく、息子の貞操を守るために修道院に閉じ込めるとかの報告があったり、肉体的な魅力、収入能力、適齢期などに関する好みが、一方向に偏った文化と同じくらいたくさん、他方に偏った文化もあることが判明した場合には、人間の多様性は文化で説明できるという主張を真剣に取り上げる必要があるだろう[45]」

ここに紹介した証拠を目の前にして男女の相違を否定するのが愚かであるように、相違を過大視するのもまた愚かである。例えば知性に関しては、男性のほうが女性より愚鈍であるとか、あるいはその逆であるとする理由はなにもない。進化的な見解においても、それを示唆するものはなに一つないし、その主張を検証しているデータもないのである。先に述べたように、男性は抽象的作業と空間的作業にたけ、女性は言語的作業と社会的作業にたけているらしいことを、データは示している。そのために性別に中立であるようなテストを作ろうとする仕事が、非常に複雑になってくる。実際、普遍的で単一の知性が存在するというばかげた概念は、捨ててしまったほうがよいだろう。

性差が存在すると言ったからといって、なにかの言い訳になることもない。アン・モアとデイヴィッド・ジェセルの表現を借りると、「我々は、生物学的に事実だからといって、自然を崇拝するわけではない。例えば、男性は殺人と乱交の性向を生まれつきもっているが、それは社会が幸福に存続していくためには、よいものではない[*46]」

人間は「である」という言葉と「すべきである」という言葉が異なることを忘れがちである。男女の性による心の相違を、政策によって是正しようと思うなら、自然に逆らうことになる。しかしそれは、殺人を違法であるとするのが自然に逆らうのと同じことだ。しかし我々は相違を是正しようとしているのであって、同一性を見つけようとしているのではないということは明らかにするべきだ。男女は同じであるという希望的観測は単なるプロパガンダにすぎず、どちらの性にも恩恵を施さないだろう。

第9章　美の効用

泣くな、ご婦人方よ、嘆くでない
男は偽りあざむくもの
海へ一足　陸へ一足
一つのこととて誠実ならず

——シェークスピア『から騒ぎ』第二幕第三場

一九九〇年代の初めごろ、「ゲイの遺伝子」がX染色体上に見つかったというニュースが興味をにぎわしたことがある。もとの研究結果がなかなか再現されないことがわかり、当初の興奮は醒めていった。しかし、双生児研究によれば、同性愛が遺伝するものであることは明らかで、いつの日か、男性をゲイに導く遺伝子が発見されるかもしれない。おそらくそれは、母親の子宮の中で発現する母方の遺伝子によるものだろう。

このことは、第一に政治的な意味を持つ。ゲイの息子を持ちたくないと望んだ母親が、そういう赤ん坊を選択的に中絶する可能性が出てくるということはあるものの、ゲイは遺伝子によるという理論は、近年、同性愛の活動家たちのあいだではおおいに歓迎されてきた。その理由は、もっと頑固な反対者たちに対して、同性愛というのは彼らがそのように生まれついた状態なのであり、好んでやっているわけではないということを納得させられるだろうと活動家たちが考えるからだ。同性愛を認めない異性愛者から見れば、そうであれば、彼らの性的傾向について、彼ら、彼らの両親、および彼らの教育を責めるわけにはいかなくなる。それはまた、息子が熱をあげていたロックグループがたまたま同性愛者のバンドだったからとか、思春期に同性愛者から誘いをかけられたからということで、息子が同性愛者になったのではないかと苦悩していた両親をも解放してくれる。

第二に、倫理的な意味合いもある。ゲイの遺伝子は、とうとう、ある状態が起きたのは生まれつきの本性にあるという説明よりも、育ちや環境のせいだとする説明のほうが「良い」もので、邪悪さが少ないという神話を打ち砕くことになるだろう。フロイト流の育て方理論のもとで、かつては、同性愛は回避反応療法で治療されていた。男性の性的イメージに対して電気ショックや嘔吐をもよおす薬を与えるのである。

ゲイ遺伝子に関して最も注目に値する新証拠は、同じ母胎で成育し、同じ家庭で育った二卵性双生児が、ゲイの習慣をともにもつ確率がわずか四分の一にすぎないことである。一方、同じ環境で育ち、同じ育ち方をした一卵性双生児が、同じゲイの習慣を共有する確率は二分の一である。一卵性双生児の片われがゲイなら、彼の兄弟もまたゲイである可能性は五〇パーセントなのだ。また、ゲイ遺伝子は父方からではなく、母方から受け継がれるという十分な証拠もある。[*1]

ゲイの男性は一般に子どもを残さないのに、そうした遺伝子はどうやって存続できたのだろう？　考えられる答えは二つある。その一つは、ゲイ遺伝子を女性が受け継いだ場合には、女性の繁殖力が増加し、男性が受け継いだ場合の繁殖上のマイナスを相殺するというものである。第二の可能性はもっと興味深い。オックスフォード大学のローレンス・ハーストとデイヴィッド・ヘイグは、ゲイ遺伝子はそもそもX染色体上にはないのではないかと推測している。X遺伝子だけが母系から受け継がれるわけではない。第4章で述べたミトコンドリア遺伝子も母系から受け継がれる。そしてゲイ遺伝子をX染色体の領域に結びつける証拠は、まだまだ統計的に不確実である。もしもゲイ遺伝子がミトコンドリアのなかに存在するとしたら、へそ曲がりなハーストとヘイグは、さっそく陰謀説を唱える。ゲイ遺伝子は、多くの昆虫に見られる「オス殺し」遺伝子のようなものかもしれない。それは男性を実質的に不稔(ふねん)にし、富の継承を女系親族に向けるのである。その結果、そうした女系親族の子孫たちの繁殖成功度が高まり（少なくとも最近までは）、ゲイ遺伝子が広まったのだろう。

男性ゲイの性嗜好が遺伝子によって大きな影響を受けるとしたら（完全に決定されるわ

けではない)、異性愛者の性嗜好もまたそうである可能性がある。そして我々の性本能が遺伝子によってこれほど濃厚に決定されるとしたら、性本能は自然淘汰と性淘汰によって進化してきたことになり、進化の過程におけるデザインの痕跡をとどめていることになる。それは適応的なのだ。美しい人間が魅力的であることには理由がある。彼らが魅力的なのは、美しい人間を魅力的だと思う遺伝子をもつ人間が存在するからだ。人間がそうした遺伝子をもったのは、美の尺度を用いた人々が、そうでなかった人々よりも多くの子孫を残したからである。美は恣意的なものではないのだ。進化生物学者の洞察は、性的魅力に対する我々の見方を変えようとしている。なぜ我々がある容貌を美しいと思い、他の容貌を醜いと思うかが、ついにおぼろげにわかり始めたからである。

普遍的特性としての美貌

ボッティチェリのヴィーナスやミケランジェロのダヴィデは、どちらも美しいとみなされている。しかし新石器時代の狩猟採集者や日本人、あるいはエスキモーは美しいと認めるだろうか？　我々の曾孫たちは美しいと思うだろうか。性的魅力というのは、流行に左右され、はかないものなのか？　それとも永続的で不変なものなのか？

一〇〇年前のファッションや美しい物は、いかにも時代遅れで、およそ魅力に乏しい。一〇〇〇年前のものはなおさらである。これはだれもが知っている。ダブレットにタイツ姿の男性を、今でもセクシーだと思う人はいるだろう。しかしフロックコート姿の男はまちがってもセクシーには見えない。何が美しくてセクシーかに関する我々の感覚は、そのとき広まっている流行を好むように微妙に調整されているという結論が導かれる。ルーベンスはツウィッギーをモデルには選ばなかっただろう。さらに、美貌は、明らかに相対的なものである。

それでもなお、この柔軟性はある範囲内にとどまっている。異性を見ずに何ヵ月も過ごした囚人ならば、だれでも立証できるだろう。一〇歳の少女や四〇歳の女性が、二〇歳の娘より「セクシー」だとみなされた時代はない。男の太鼓腹が女性にとって本当に魅力的だったり、長身の男が小柄な男より不格好だと思われたりするとは考えられない。顎の線のはっきりしない男女が評判の美男や美女であったとは、とても想像できない。美貌が流行に左右されるのであれば、シワの寄った皮膚や白髪、毛深い背中、長大な鼻がただの一度も「流行」にならなかったのはなぜだろう？　物事が変われば変わるほど、本質は変わらないのだ。有名なネフェルティティの頭部像は、三三〇〇年の歳月を経た今もなお、イクナートンが初めて本人に求愛したときのように、目を見張るほど美しい。

ところで、異性は互いに何に対して性的魅力を感じるのかを扱う本章で私が扱う例は、すべて、ヨーロッパ白人、特に北ヨーロッパ人から収集したものである。だからといって、ヨーロッパ白人の美の基準が完全で、優れているとほのめかしているわけではない。詳細に述べられるほど私が知っているものは、それしかないというだけのことである。黒人や東洋人やその他の人々が用いている美の基準を、個々に調査する余裕はない。それでも、私が基本的に興味をもっている問題は、万人に共通のものである。美の基準は文化的な気まぐれか？　本質的な傾向か？　何が柔軟性に富み、何が持続するのか？　この章では、性的魅力がどのように進化したかを理解することによってのみ、文化と本能の混合の意味を理解することができるのであり、流行とともに流される魅力もあれば、とどまる魅力もあるのはなぜかを理解できるだろうということを論じていく。最初の手掛かりは、近親相姦の研究から得られる。

フロイトと近親相姦タブー

実の姉妹と性交渉をもつ男性は、めったにいない。カリギュラやチェーザレ・ボルジアが悪名高いのは、その例外だ（といううわさを立てられた）からだ。母親と性交渉をもつ男性は、我々がそうした強い願望をもち合わせているとフロイトが論じているにもかかわらず、さらに少ない。父親が実の娘をレイプするケースのほうがざらだろう。しかし、それでもなお稀なのだ。

これらの事実に対する二通りの説明を比較してみよう。最初の説明は、人間は密かに近親相姦を望んでいるが、社会のタブーと規則のおかげで、その欲望を克服できるというものである。第二の説明は、人間はごく近しい身内に対して性的興奮を覚えないのであって、タブーは人間の心のなかにあるというものである。最初の説明はジクムント・フロイトのものである。彼によると、我々が最初に感じる最も強烈な性的興味は、異性の親に向けられる。それゆえあらゆる人間社会は、近親相姦を厳しく明確に禁じるタブーを国民に課してきた。タブーは「人間の心理の内には見いだせないゆえに、厳格な禁止を必要とする」のだ。そうしたタブーがなければ、近親交配がおびただしく行われ、遺伝的異常が生じるとフロイトは論じた。*2

フロイトの説には正当化されない仮定が三つある。第一に、彼は魅力と性的魅力を同一視している。二歳の女児は父親を愛しているからといって、父親に欲情するわけではない。第二に、彼は証拠を挙げずに人間には近親相姦の欲望があると決めてかかった。そうした欲望を口にする人間がめったにいないのは、欲望が「抑圧されている」からだとフロイト派の学者たちは主張しているが、これではフロイト説は反駁不可能となってしまう。第三に、いとこどうしの結婚に関する社会の規則は「近親相姦タブー」であったと論じている。ごく最近まで、科学者もしろうともフロイトに従って、いとこどうしの結婚を禁じる法律は近親相姦と近親交配を防ぐために存在すると信じていた。それは、そうではないかもしれない。

この分野におけるフロイトのライバルは、エドワード・ウェスターマークであった。彼は一八九一年に、男性が母親や実の姉妹と性交渉をもたないのは、社会規制のせいではなく、いっしょに育った女性にはまったく興奮しないからであると述べた。ウェスターマークの考えは単純明快だった。ヒトの男性も女性も、見た目だけから目の前の人が自分の身内かどうかはわからない。したがって近親交配を防ぐ手だてはない（不思議なことにウズラは違う。離れて育っても兄弟や姉妹を認識できる）。しかし近親相姦を防ぐために、九九パーセント有効に働く簡単な心理的ルールを用いることができる。幼少時代によく知っていた人々との性交渉を避けるのである。近しい身内に対する性的忌避がこのようにして生じる。まったくのところ、これではいとこどうしの結婚は防げないだろう。しかしいとこどうしの結婚は別段悪いことではない。そうした結びつきで、有害な劣性遺伝子が現れる確率は低く、互いどうしが提携して働くように適応した遺伝子連合体を保存するような遺伝子の連合を作り出すという利益のほうが大きくなるだろう（ウズラは赤の他人よりもいとことの交尾を選ぶ）。ウェスターマークは、もちろんこうした事実は知らなかった。しかし、この事実は彼の議論を補強するものである。というのは、人間が本当に避けなければならない近親相姦は、兄弟と姉妹、親と子どものあいだの交渉だけであることを示唆しているからだ。[*3]

ウェスターマークの説から、簡単な予測がいくつか成り立つ。義理の兄弟姉妹は別々に育てられたのでないかぎり、まず結婚しないはずである。幼年時代に非常に親しかった友人どうしも結婚しないはずだ。この事実を裏づける格好の証拠が二種の資料から得られる。

イスラエルのキブッと中国古来の結婚制度だ。キブッでは、子どもたちは血縁関係のない仲間といっしょに託児所で育てられる。終生の友情は培われるものの、キブッの仲間どうしはめったに結婚しない。また台湾では、シンプア結婚と呼ばれるものに従う家系があるが、それは、女児をあらかじめ決められたいいなずけの家族が育てる制度である。つまり実質的には、いっしょに育った義理の兄弟といずれ結婚するわけだ。こうしたカップルは子どものいないケースが多いが、その原因は主に、パートナーが互いに性的魅力を感じないからである。*4 これとは逆に、別々に育った兄弟姉妹は、適齢期に出会うと、意外なほど恋に陥りやすい。

これらの事実はすべて、幼年時代に頻繁に出会った人間のあいだには、性的抑制が生じるということを示している。ウェスターマークが示唆したように、兄弟姉妹間の相姦は、彼らが互いに示す本能的忌避によって、阻止されるのである。しかしウェスターマークの説からは、次のような予測も成り立つ。近親相姦が起きるとしたら、それは親と子、とりわけ父親と娘との相姦であろう。父親は、親密さが異性に対する性的忌避を生じさせるような年齢を過ぎており、また、セックスをしかけるのは一般に男性のほうだからである。もちろん、これが最もよくある近親相姦のパターンである。*5

これは、近親相姦のタブーが存在するのは、人間に近親相姦を禁ずる必要があるからだとするフロイトの考えとは相矛盾する。実際、フロイトの説では、進化的圧力によっては、近親相姦を防止するメカニズムは作られてこなかったというだけでなく、進化が、非適応的な近親相姦本能を現実に助長してきたということになり、タブーがこれを抑止する。フロイト派の学者たちは、ウェスターマークの説では、そもそも近親相姦タブーなど不必要なものになってしまう理由から、この説をたびたび批判してきた。しかし現実には、核家族内の結婚を禁じる近親相姦タブーはめったに見られない。フロイトが問題にしたタブーは、主にいとこ間の結婚を禁じるものであった。ほとんどの社会では、核家族内の近親相姦を禁じる必要はないが、それは、そうしたことが起きる可能性がまずないからだ。[*6]

ならばなぜタブーが存在するのか？　クロード・レヴィ＝ストロースは「連帯理論」という異なる学説を打ち立てた。女性を部族間の取引材料として用いることの重要性に焦点を当て、それゆえ女性を部族内の男性と結婚させないようにするという説である。しかしレヴィ＝ストロースがここで実際に何を意味していたのかについて意見が一致する人類学者は二人といないため、この説の検証はむずかしい。またナンシー・ソーンヒルは、いわゆる近親相姦タブーというのは、権力者の男性が、ライバルがいとことの結婚で富を蓄積するのを阻止するために作り出した結婚風習であると論じている。問題は近親相姦なのではなくて、権力なのだ。[*7]

老ズアオアトリに新しい技を教える

近親相姦の話は、本性と育ちの相互依存性をみごとに立証している。近親相姦回避メカニズムは社会的に誘発される。幼年期に兄弟姉妹に性的忌避を覚えるようになるのである。その意味では、遺伝的要因は何もない。しかしそれでも遺伝的なのである。教えられるわけではないからだ。それは脳のなかで発達していくのだ。幼年期の仲間と性交渉をもたないという本能は人間の本性だが、幼年期の仲間を認識する手だてとなる特質は、訓育のたまものである。

親しい人間との性行為を忌避する性向は、のちの人生で新しく出会った人に対してはなくなる、ということがウェスターマークの説にとって非常に重要である。そうでなければ、人間は結婚して数週間のうちに配偶者との性行為を拒むようになるだろうが、もちろんそのような人はいない。これを生物学的に調整するのはそうむずかしくはない。動物の脳で最も驚くべき特徴の一つは、発達過程の「臨界期」だろう。臨界期に何かを修得すると、学習成果は消えず、他のものに取って代わられることはない。コンラート・ローレンツは、ヒヨコやガチョウの子には初めて目にした動くものに対して「刷り込み」がなされ、それ以来好んでそれらのあとを追うことを発見した。もっとも、刷り込みの対象はふつうは母ドリであって、ローレンツの場合のようにオーストリアの動物行動学者であることはめったにないが。しかし生後数時間のヒヨコには刷り込みがなされないし、生後二日のヒヨコも同様である。刷り込みに最も敏感なのは、生後一三時間から一六時間のヒナである。その感応期に、ヒヨコは好みの親のイメージを脳裏に焼きつけるのだ。

ズアオアトリのさえずりの学習にも同じことがいえる。他のズアオアトリのさえずりを聞かないと、彼らはズアオアトリの典型的なさえずり方を習得しない。おとなになるまで仲間のさえずりをまったく聞かないと、正しいさえずりを学習することはなく、弱々しい中途半端な歌を歌う。そして、生まれてから数日後のときだけ仲間のさえずりを聞いた場合も、やはりさえずりを習得しない。臨界期（生後二週間から二カ月のあいだ）に仲間のさえずりを聞いた場合にのみ、正しいさえずりを学習する。臨界期を過ぎると、真似をしてさえずりを直すことはできなくなる。*8

人間の臨界期学習の実例は、難なく見つけられる。二五歳を過ぎた人間はふつうは違った訛りが身につかなくなる。たとえアメリカからイギリスに移住しても。しかし一〇歳か一五歳で移住したら、たちまちイギリス訛りを身につけるだろう。まるで、生後二カ月のときに住んでいた土地訛りでさえずるという、ミヤマシトドのようだ。*9 同じように、子どもは外国語を耳にするだけで覚えるのがとてもうまいが、おとなは苦労して学ばなければならない。我々はヒヨコでも、ズアオアトリでもないが、それでもやはり、その時期に身につけた嗜好や習慣は容易に変えられないという臨界期をもっているのだ。

この臨界期というものが、ウェスターマークの唱えた近親相姦回避本能の背後にあるものなのだろう。臨界期にいっしょに育った人間に対して、我々は性的に無関心になるのだ。

臨界期を構成する要素がなんであるかははっきりとはわからないが、およそ八歳から一四歳まで、つまり思春期前までと考えてよいだろう。常識からしても、性的傾向はこのようにして決定されるにちがいない。遺伝的な性向が、臨界期に実例に遭遇するのである。ズアオアトリのヒナの運命を思い出してみよう。生後六週間は、ズアオアトリのさえずりの習得に敏感である。しかしその敏感な六週間のあいだに、あらゆる種類の音も耳にするのだ。例えば私の庭なら、車のエンジン音、電話のベル、芝刈り機の音、雷鳴、カラス、犬、スズメ、ムクドリの鳴き声……。しかし真似をするのはズアオアトリのさえずりだけである。ズアオアトリのさえずりを学習する先天的性向があるのだ（ツグミやムクドリならば、実際他の音を真似ることもできる。イギリスのある鳥は、電話のベルの音を真似て、庭で日光浴する人々を大あわてさせたことがあった）[*10]。学習には、しばしばこうした傾向が見られる。一九六〇年代のニコ・ティンバーゲンとピーター・マーラーの研究以来、動物は何かを丸ごと学ぶわけではないことは、よく知られている。脳が「学びたい」ことを学ぶのだ。男性は遺伝子とホルモンの相互作用のおかげで、本能的に女性に魅了される。しかしその性向は臨界期に出会った、役割モデル、仲間からの圧力、そして自由意思によって大きな影響を受ける。確かに学習の成果は大きいが、あらかじめ決められた性向というものもあるのだ。

異性愛の男性は、思春期になったときには、あらゆる女性に対して一般的な性的嗜好をもつ以上のものをもっている。彼は美しいものと醜いものに関して特定の観念をもっている。あるタイプの女性にはどぎまぎしても、他の女性には無関心である。性的嫌悪を感じる女性さえいる。これもまた、遺伝子、ホルモン、社会的圧力の混交物によって獲得した何かなのではないだろうか？　そうにちがいない。しかし気になるのは、それぞれの要因が占める割合である。社会的圧力がすべてだとしたら、映画、書物、広告、実例を通して我々が若者に与えるイメージと教訓は、決定的に重要である。そうでないとしたら、男性が例えば細身の女性を好むという事実は、遺伝子とホルモンで決定されているということになり、ふとした気まぐれではないのだ。

あなたが火星人で、ウィリアム・ソープがズアオアトリを研究したように、人間の研究に興味をもっているとしよう。男性がいかにして美の基準を学ぶかを知りたいと考えている。そこで少年を檻に閉じ込め、そのうちの何人かには、太った男女が互いに賞賛しあう一方で、やせた男女は嫌われるという映画を繰り返し見せる。他の少年たちは、女性との接触がまったくない環境に置き、二〇歳になって初めて女性の存在を知り、ショックを覚えるようにする。

火星人の実験結果がどのようなものになるかを推測するのは、意義が深い。なぜならこれから述べることは、多くのもっと質の低い実験と事実から、同じ結論をまとめようとする試みだからである。女性を一度も見たことのない男性は、初めて女性を見たショックから立ち直ったあかつきには、いったいどのようなタイプの女性を好むだろうか？　年取った女性？　若い娘？　太った女性？　やせた女性？　太っていることは美しいと教えられて育った男性は、はたしてスリムなモデルよりも太った女性を選ぶだろうか？

ここでは男性の嗜好のみを考察している理由を覚えていてほしい。前章で述べたように、女性が男性の肉体的特質にこだわる以上に、男性は女性のそうした特質にこだわり、それにはもっともな理由がある。若さと健康は、女性の妻としての、そして母親としての価値を判断するうえで、男性の価値を判断するよりもよい手掛かりとなるからだ。女性も若さと健康に無関心なわけではないが、他の特質に対して男性以上の関心を示すのだ。

やせっぽちの女たち

しかし流行は変わる。美が流行に支配されるのなら、いかに専制的な美であってもそれは変わる。美の定義が近年劇的に変わった事実を考えてみればよい。今やスリムが美の条件だ。

ウインザー公爵夫人は、「女性は金持ちすぎたり、やせすぎたりすることはできない」と言ったそうだが、しかしその彼女でさえ、ガリガリにやせた現代の平均的なモデルを見たら、さぞびっくりなさるだろう。アメリカの歴史家、ロバータ・シードの言葉を借りれば、スリムとは「一九五〇年代には偏見の的、一九六〇年代には神話、一九七〇年代には強迫観念、そして一九八〇年代には宗教」[*11]になったのだ。絶食して今風のスリムな体型になろうとするニューヨークの女たちを評して、トム・ウルフは「歩くX線」なる造語を作った。ミス・アメリカの体重は年ごとに確実に軽くなっている。『プレイボーイ』のカバーガールたちもしかり。どちらの女性たちも、同年齢の女性の平均体重を一五パーセント下回っている。[*12]ダイエット食品の広告は新聞紙面にあふれ、いかさま商売も盛んである。過度のダイエットで拒食症や過食症に陥り、廃人になったり死亡したりする若い女性がいるのだ。

痛ましいほど明白な事実が一つある。並みの人がより好まれるというのはありえないのである。豊富で、安価で、良質の食物のせいで、現代の平均的な女性は一〇〇〇年あるいは二〇〇〇年前のふつうの女性よりも太るだろうという事実を考慮すれば、女性は、アシのようなすてきな体型になるためには、極端な努力をしなければならないはずだ。また、男性がいちばんやせた女性を選ぶことが、良識的なことだったことは一度もない。更新世と同じく今日(こんにち)でも、これは繁殖能力の低い女性を選ぶ確かな方法だ。女性は、正常値よりもわずか一〇～一五パーセント脂肪が減少するだけで、不妊になりうるのである。さらに言えば、若い女性が体重をひどく気にするのは、早すぎる妊娠を避けたり、男が身を固めると明言する前に妊娠するのを防ぐ、進化上の戦略であるという（こじつけ）論もある。しかしこれでは、明らかに適応性がないと思われる男性のスリム嗜好を説明できない。[*13]

男性のスリム嗜好が奇妙であるとしたら、スリム嗜好が新しい現象に見える事実はもっと変である。ルネッサンスの時代にまでさかのぼれば、美人とはふくよかな女性であったことが、彫刻や絵画を見ればよくわかる。もちろん例外はある。ネフェルティティの胸像は、彼女がスリムでエレガントな女性であったことをしのばせる。ボッティチェリのヴィーナスも太りすぎではない。そしてヴィクトリア朝時代には、細くびれたウエストが賛美された。ウエストを細くするために、多くの女性がコルセットをきつく締め、ウエストをさらに細くするために、あばら骨を二本除去する者さえあったのだ。リリー・ラングトリーはその四五センチのウエストを両手で囲むことができた。現代の最もスリムなモデルでさえウエストは五五センチである。しかし、太った女性がやせた女性よりも魅力的でありうるという証拠を、なにも我々の文化圏のみから探す必要はないだろう。世界中の部族社会のあいだでは、太った女性が好まれ、はっきりとそう認められているし、多くの自給自足社会では、やせた女は忌み嫌われる。

ミシガン大学のロバート・スマッツが論じたように、やせすぎはかつてあまりにもありふれており、相対的に貧困の印であった。現代では、貧困ゆえのやせすぎは、第三世界に限られている。しかし工業国では、裕福な女性は低脂肪の食物を買い、フィットネスにお金を費やすことができる。やせていることは、太っていることに取って代わり、ステータスの証になったのだ。

スマッツはさらに、男性の嗜好は、いかなるステータスの印が現れてもそれに合わせて変わるのだと論じている。おそらく連想のスイッチで切り替わったのだろう。今日の若者は成長するにつれて、とりわけファッション業界から、スリムと富の相互関係を示す広告の洪水にさらされている。臨界期に、無意識のうちにスリムと富を結びつけて考えるようになり、理想の心的女性像を描くときがくると、スリムな体型を思い描くようになるのだろう。*14

ステータス意識

具合の悪いことに、先の説は、前章の結論とまっこうから対立する。どこかで折り合いをつけなくてはならない。未来の配偶者のステータスに対して特に敏感なのは男性ではなく、女性だからである。社会生物学者は、男性が女性の外見に注目する理由は、それが女性の富の証なのではなく、潜在的繁殖能力を知る手掛かりだからだと考えている。しかし男は、預金残高を知る手掛かりとして、女性のウエストに注目し、積極的に病弱な不妊症の女を求めているらしいのだ。

美人と金持ちの男性の結婚は、美男と金持ちの女性との結婚よりもはるかに多いという結論が、いくつかの研究から明らかである。ある研究によると、女性の肉体的魅力は、本人自身の社会経済的ステータスや知性、学歴などよりも、その女性が結婚している男性の職業的ステータスのほうをよく予測する指標である。職業、階級、学歴が同じような相手と結婚する人々がほとんどであることを考えたら、これはかなり驚くべき事実だ。[*15] 男性がステータスの指標として外見にこだわるのなら、なぜステータスの情報自体を判断材料にしないのか？

女性のスリムさと違って、男性のステータスシンボルは概して「正直」である。そうでなければステータスシンボルであり続けるわけがない。金銭を湯水のように使うふりをしたり、功績や地位を長いあいだ偽りおおせたりするのは、よほど巧妙なペテン師だけだろう。スリムさは、もっと油断がならない。なぜなら、貧乏で地位の低い女性が、裕福で地位の高い女性よりも簡単にスリムになれるとひとたび気づいたら……。今日でさえ、貧しい女性はジャンクフードしか買えないのに、裕福な女性はわざわざレタスを食べるのである。スリムな女性はすべて裕福で、太った女性はすべて貧しいと論じるのはむずかしい。[*16]

つまり、ステータスとスリムを結びつける主張は、説得力がないのである。細さは富を判断する手掛かりとしてはあまりにも頼りなく、そしてどのみち、男性は女性のステータスや富にはさほど興味をもっていない。実をいうと、先の主張は循環論法なのである。社会的地位と細さとは、男性のスリム嗜好があるために、相関するのだ。男性が女性のステータスを判断する手掛かりとして、細さに反応するという解釈は、私としては納得できない。

困ったことには、その代わりにどう論じていいのか、私にはわからない。ルーベンスの時代には、男性は太った女性を好み、今日ではやせた女性を好むというのが事実だと仮定しよう。ルーベンスが描いた太った夫人たちと、「女性がやせすぎることなどできない」時代のウォリス・シンプソンのあいだに、男性が最も太った女性や、ぽっちゃり型の女性を好むのをやめ、できるだけ細い女性を好み始めたと仮定しよう。ロナルド・フィッシャーの性淘汰理論から、男性がやせた女性を好むのは適応だったのではないだろうかと考えられる。やせた女性を好むことにより、男性はやせた女性を娘にもつことができ、そういう娘たちは地位の高い男性の注目を集めたのだろう。なぜなら他の男性もまた、やせた女性を好むからである。言いかえれば、たとえやせた妻は太った妻よりも多産でないとしても、娘は良縁に恵まれることが多い。そして良縁に恵まれれば、もっと多くの子を産んで立派に育てる経済的余裕ができる。したがってやせた女性と結婚した男性は、太った女性と結婚した男性よりも、たくさんの孫に恵まれるのだ。今度は、文化的に決められた性嗜好が模倣によって広まり、若い男性は他人の行動を見て、やせイコール美なのだと学習すると考えてみよう。その行動自体が適応なのだ。男性が流行に乗り遅れないようにする方法の一つだからである（パートナーを選ぶ際に、クロライチョウのメスが真似をしあうのが適応であるように）。太った女性、あるいはやせた女性に対する文化的嗜好を無視すると、オールドミスの娘をもつ危険性があるのだ。ちょうどメスのクロライチョウが、短い尾羽のパートナーを選ぶと、独身の息子をもつ危険性があるように。つまり嗜好が文化的で、嗜好される形質が遺伝的であるかぎり、フィッシャーの「流行は専制的である」という洞察は成立する。[*17]

しかし、正直にいって私はこうした考えに納得してはいない。流行が専制的であるなら、やすやすと変わるはずはないだろう。不可解なのは、男性が望ましい子どもをあきらめることなく、いかにして太った女性を好むのをやめられたか、である。女性のふくよかさに対する男性の好みの変化は、適応的なものではないと結論するしかないだろう。男性の好みが自発的に、さしたる理由もなく変化したのか、または、男性はとびきりスリムな体型を、つねに理想として好んでいたのかだろう。

なぜウエストが問題か

この謎に対する答えは、独創的な心理学者として知られるインドのデヴェンドラ・シン(現在オースチンのテキサス大学)の研究から得られるかもしれない。彼は女性の体が、男性の体とは違って、思春期から中年のあいだに、著しい変化を二度遂げることに注目した。一〇歳の少女の顔立ちは、四〇歳になったときの顔立ちとさほど変わらない。ところがスリーサイズは突如として変わるのだ。まず、バストとヒップの寸法に対するウエストの比率が急激に下がる。バストの形が崩れ、ウエストのくびれがなくなるにつれて、三〇歳ごろまでにこの比率は再び上昇する。バストとヒップに対するウエストの比率は、決定的に重要な統計として知られているだけではない。ごくたまに短期間そうでない場合もあったろうが、流行がつねに他のなにものにもまして重要視してきた特徴でもある。ウエストニッパー、コルセット、スカートの張り骨、腰当て、硬布のペチコートは、バストとヒップに比べてウエストを細く見せるために存在したのだ。ブラジャー、豊胸手術、肩パッド（これもウエストを細く見せる）、きついベルトは今日、同じ役割を果たしている。『プレイボーイ』のカバーガールたちは体重がどんなに変化しようとも、ウエストサイズとヒップサイズの比率だけは変わらないことにシンは気づいた。ミシガン大学のボビー・ロウの主張を思い出してみよう。腰と胸についた皮下脂肪は、腰骨を広く、乳腺組織を豊かに見せ、細いウエストはそうした特徴が脂肪に帰因するものではないように見せかけているという議論だ。シンの理論とはわずかに異なるが、驚くほど似ている。シンは、常識の範囲であるかぎり、いかなる体重の女性でも、ウエストがヒップよりも大幅に細いかぎり、男性にとっては魅力があると論じている。*18

これがばかばかしく聞こえるなら、シンの実験結果をよく考えてほしい。彼はまず、上腹部のあいた上着にショートパンツ姿の若い女性が映った同じ写真を、四通りに変えて男性に見せた。それぞれの写真は微妙に修正を施し、ウエスト・ヒップ比を〇・六、〇・七、〇・八、〇・九と変えてあった。男性はつねに、いちばんウエストの細い写真を最も魅力的だと答えた。それ自体は驚くことでもなんでもないが、彼は、被験者たちのあいだに驚くべき一貫性があることを発見したのである。次に、体重やウエスト・ヒップ比がさまざまに異なる女性のデッサン集を見せてみた。すると、スマートでウエスト・ヒップ比が高い女性よりも、体重が重くてウエスト・ヒップ比の低い女性のほうが概して好まれたのだ。理想の体型は、最も胴の細い体型なのではなく、ウエスト・ヒップ比の低い体型なのである。

シンは拒食症や過食症、やせているのにダイエットに熱中する女性に関心を寄せている。十分やせた女性はダイエットをしてもウエスト・ヒップ比にはほとんど効果はなく、効果が出るとすれば、ヒップが細くなって比率が上がるだけだと彼は考えている。したがって彼女らは、魅力的になったとは永久に感じられない運命なのだ。

なぜウエスト・ヒップ比が問題なのか？ シンによると、ヒップに脂肪が多く、ウエストに少ないという「女性型」脂肪配分は、女性の繁殖能力に関連したホルモンの変化に必要なものである。反対に腹部に脂肪が多く、ヒップは薄いという「男性型」脂肪配分は、たとえ女性においても、心臓病のような男性型疾患の兆候をともなう。しかしどちらが原因で、どちらが結果なのか？ 体型とホルモンの効果はどちらも、男性がそういう体型を好んだからというよりも、男性が幾世代にもわたり性淘汰してきたものであるように私は思う。なぜならそれが、ホルモンがうまく働くように作られる唯一の方法だからである。

女性のウエストが砂時計のようにくびれているのは、比較的短い期間であるが（一五歳から三五歳までか？）、これは性淘汰の現象である。それは、他のどんな生物学的必要よりも、男性を引きつける競争に帰因している。男性は無意識のうちに、女の育種家として行動してきたのだ。

男性がウエスト・ヒップ比の低い女性を好むのは、腰幅の広い女性を選ぶと、より多くの子どもをもてるからではないかと、ロウは推論している。ほとんどの類人猿は、脳が半分しか発達していない赤ん坊を産む。人間の赤ん坊の脳は誕生時に三分の一完成している。人間の寿命から考えると赤ん坊は哺乳類としては子宮内で過ごす時間がふつうよりもはるかに短い。理由は明らかだ。我々が生まれてくる骨盤の穴（産道）が今よりも広かったら、世の母親たちは歩けないだろう。人間の腰は、ある幅まで達するとそれ以上は広がれない。脳は成長し続けるのだから、早期出産は我々の種に残された唯一の道だったのだ。このプロセスで、女性の腰幅にどれほどの進化圧がかかったか想像できるだろう。男性にとっては、できるだけヒップの大きい女性を選ぶことが、つねに賢い選択だったのだ。幾世代も、数百万年にわたって。ところが、腰幅はある程度に達するともはや広くならなかった。しかし、男性の好みは変わらない。したがってくびれたウエストはヒップを大きく見せたので、そのような女性が代わりに好まれたのだ。*19

この説を信じていいものかどうか、私にはわからない。論理的な欠陥は見当たらない

（初めて読む人は欠陥だらけに思うだろうが）。しかし私は、男性が細いウエストの女性を好むもっと明白な理由があると考えている。更新世には、流産や子どもの死亡はよくあることだった。おとなの女性は、人生の多くを妊娠や授乳に費やし、そのあいだは受胎不能であった。受胎可能になるとすぐにまた妊娠したのだろう。つまり受胎可能な女性は珍しかったのである。男性は、図らずも継子を育てることのないように、ウエストが少しでもふくらんだ女性を避ける性向を発達させたにちがいない。太いウエストは、妊娠初期の可能性があるからだ。

若さイコール美か？

男性は女性の年齢を直接言い当てることはできない。外見や行動、うわさから年齢を推測するのである。女性美の魅力の多くが年齢とともに急速に衰えるというのは興味深いことだ。みずみずしい肌、ふっくらした唇、澄んだ瞳、張り切ったバスト、くびれたウエスト、細い脚。ブロンドの髪でさえ、化学的処理を施さなければ、二〇代になっても美しさを保つのはむずかしい。もっとも北欧の血が濃い場合は別だが。こうした特徴は、第5章で述べた概念から言うと、正直なハンディキャップである。美容整形、化粧、ヴェールの助けなしには偽ることのできない年齢を、如実に物語っているのだ。

ヨーロッパ人が、女性のブロンドの髪を、茶色や黒の髪よりも美しいとみなしてきたことはよく知られている。古代ローマでは、女性は髪をブロンドに染めた。中世のイタリアでは、絶世の美女といえばブロンドの髪であった。イギリスでは「ブロンド」と「美しい」は同義語であった。[*20] おとなのブロンドの髪は性淘汰された正直なハンディキャップなのかもしれない。ちょうどツバメの長い尾羽のように。ヨーロッパ人のあいだでは、子どものブロンドはかなりふつうに見られる遺伝子である（不思議なことにオーストラリア原住民でもそうである）。そこで、それほど遠くない過去に、例えばストックホルムあたりで突然変異が起き、ブロンドの髪が成人するまで維持されるようになったのだろう。しかしその変異は二〇代前半までしか続かなかったため、遺伝的にブロンド女性を好む男性は、若い女性としか結婚しなかったのだ。しかし、厚着がふつうな文明では、ブロンドに執着しなかった男性もいただろう。そこで、ブロンド女性と結婚した男性はいっそう多くの子孫を残し、ブロンド嗜好が広まったのだろう。その結果、ブロンド自体も普及したのだ。女性の繁殖能力の正直な指標だったからである。かくして紳士はブロンドがお好きなのだ。[*21]

もちろん男性の好みが遺伝的なものだという部分はつけ足しで、たとえ話と呼んでもいいだろう。北欧の男性のブロンド嗜好は、もしあるとしたら文化的形質で、ブロンドと若さとの連想から、無意識のうちに男性の脳裏にしみ込んだものである可能性が高い。ついでながら、化粧品業界は、この連想を急速に打ち壊そうとしている。しかし、結果は同じである。性的な好みによって遺伝子の変化がもたらされるからだ。代替仮説は、ブロンドの髪が適応的である自然淘汰上の理由があると考えることである。例えばブロンドの髪には白い肌がともなう。そして白い肌は紫外線を吸収し、ビタミンDの欠乏を防ぐ。しかしスウェーデン人の場合、肌が白いのはブロンドより黒髪のほうである。実は、白い肌は赤毛にともなうものであって、ブロンドではない。

ごく最近まで、性淘汰というのは、「環境」による自然淘汰の説明が挫折した際に最後の手段として持ち出される論法であった。しかしなぜそうでなければならないのか？　バルト諸国の人々がブロンドなのは、性的嗜好による淘汰だと論じるよりも、ビタミンD欠乏による淘汰だと論じるほうがなぜ妥当なのか？　人類は高度に性淘汰された種であるという証拠が集まり始めている。人種によって、毛深さ、鼻の高さ、髪の長さ、髪の巻き具合、ヒゲの濃さ、瞳の色などが非常に異なる理由は、これで説明がつくだろう。こうした相違は、気候や肉体的な要因とはほとんど関係がないのである。中央アジアには、四六の野生のキジの個体群が隔離されているが、それぞれの個体群によってオスの羽根飾りの組み合わせ、白い首、緑の頭、青い臀部、オレンジ色の胸、が異なる。これと同じように、人間にも性淘汰が作用しているのだ。*22

男性が若さに執着するのは、人間の特徴である。すでに研究がなされた動物で、これほど若さにこだわる種はほかにはいない。オスのチンパンジーは、発情期にありさえすれば中年のメスでも若いメスとほぼ同じくらい魅力的に感じるのだ。これは明らかに終生続く結婚と、長く続く子育てという人間らしい習性に帰因している。男性が一生を妻に捧げるとしたら、これから先何年も子どもを産む能力が妻にあるかどうかを知らなければならない。臨時の短い関係を重ねて一生を過ごすつもりなら、パートナーが若いかどうかは問題ではなくなるだろう。要するに我々は、パートナーに若い女性を選び、他の男性よりも地上に大勢の息子や娘を残した男たちの子孫なのだ。*23

一〇〇〇隻の船を進水させた脚

女性美の構成要素の多くは年齢を解く鍵でもある。これはどんな女性も、化粧品会社も知っている事実だ。しかし美には若さ以上のものがある。多くの若い女性が美しくない理由は一般的に二つある。太りすぎかやせすぎ、あるいは容貌が我々の美のイメージにそぐわない。美とは、若さ、スタイル、容貌の三位一体なのだ。

一九七〇年代のあるポップソングに、「脚はイカしてるのに顔は残念」という無慈悲なほど性差別的なフレーズがある。規則正しく左右対称な容貌が重視されるのは、ちょっと妙である。単に鼻が低いとか、二重顎だとかいう理由で、若くて繁殖能力のある女性との結婚をなぜ男たちは棒に振るのか？

容貌は、遺伝子または育ちの質、または人格や個性を知る手掛かりである可能性はある。左右対称の顔は、発達過程における遺伝子の優秀性、または健康の証である可能性もある。*24

「顔は体のなかで最も情報が密集した部分だ」と、ドン・サイモンズがある日私に語った。そして左右対称でない顔ほど魅力に欠ける。しかし、左右対称が醜さの共通した理由ではない。完璧に均整のとれた顔でありながら、それでもなお醜い人は多い。美貌のもう一つ注目すべき特徴は、平均的な容貌は極端な容貌より美しいという点である。一八八三年にフランシス・ゴルトンは、数人の女性の顔を合成した写真は、合成に使用したどの個人の顔よりも美しいとみなされるということを発見した。[*25] 最近になって同種の実験が、女子大生の写真をコンピュータで合成して行われた。イメージに投入する顔が多ければ多いほど、美しい女性が出現するのである。[*26] 確かにモデルの顔は、驚くほど記憶に残らない。雑誌の表紙で毎日お目にかかったとしても、ほとんどのモデルの顔は覚えられないのだ。政治家は美貌で知られているわけではないが、その顔はもっとずっと記憶に残る。「個性満載」の顔は、定義上、平均的な顔ではまずない。個々の要素が平均的で、欠点のない顔ほど美しいが、そうであるほど持ち主の個性を語らない。

鼻は高からず低からず。瞳は近寄りすぎず、離れすぎず。あごは突出しすぎず、後退しすぎず。唇はふくよかに。しかしふくよかすぎず。頬骨ははっきりと、しかし出すぎず。顔は平均的で卵型。長すぎず、幅広すぎず。こうした平均への関心は、文学作品のあちらこちらに、女性美のテーマとして顔を出す。これには第5章の「クジャク物語」で触れたフィッシャーのセクシーな息子効果が作用しているように思われる。もっとももこの場合はセクシーな娘と言うべきだが。美貌が重要視されるとすると、ある男性が醜女をパートナーに選ぶと、その娘たちは晩婚か、二流の男性と結婚することになるのだ。人類の歴史を通じて、男性は娘の容貌を通じて野望を遂げてきた。社会的な流動がほとんどない社会では、絶世の美女はつねに玉の輿に乗ることができたのだ。[*27] もちろん女性は母親からだけではなく、父親からも容貌を受け継ぐ。したがって女性も並みの容貌の男性を選ぶべきなのだが、事実、大概の女性はそうしている。

フィッシャー効果が生じるために必要なのは、男性が平均的な容貌を好む性向を見せることだけであり、そうすればすぐにランナウェイが働く。平均嗜好を逸脱した男性は、その娘が平均よりも美しくないとみなされ、孫の数が減るか質が劣ることになる。なんとも残酷で横暴な風潮ではないか。聡明で、優しく、洗練された多くの女性を、たまたま美しくないという理由で切り捨てることにより、無慈悲な論理を押し進めていく。そして、一夫一妻制に向けての人口変化によって、皮肉にもなおさら悪く作り変えられてきた風潮。中世ヨーロッパや古代ローマでは、権力者はあらゆる美女をハーレムに駆り集め、ふつうの男性は慢性的な女性不足に悩まされた。つまり醜女は、醜女と結婚するほどせっぱつまった男性とめぐり会うチャンスに恵まれていたわけだ。これはあまり公平に思えないかもしれない。しかし、性淘汰の結果が正義であることなどめったにないのだ。

人格

男性が女性のどこに引かれるかという話は、これくらいにしよう。女性がある男性に引かれるのはなぜか？　男性美も女性美と同じように、容貌、若さ、スタイルの三位一体で決定される。しかし相次ぐ研究では、こうした要因は人格や地位ほどは重要ではないと、女性は口をそろえて述べている。男性は、女性に関して、人格や地位よりもつねに肉体的特徴を重視する。女性は、男性に関しては、そのようなことはない。*28

唯一の例外は背の高さだろう。女性はどこでも、背の低い男性よりも背の高い男性を魅力的だと思う。男女交際斡旋の業界では、男性は女性よりも長身であるべきだという原則は絶対で、「パートナー選択の第一原則」と呼ばれている。銀行に預金口座を開いたカップル七二〇組のうち、女性が男性より背の高いカップルはわずか一組であった。全住民からランダムにカップルを選んだとしても、同じようなデータが得られるだろう。人間は背の高さが「釣り合うように」連れ添うのだ。男性は自分より小柄な妻を探し、女性は自分より長身の夫を探す。これはなにも男性だけの責任ではあるまい。男女のスケッチを見せ、その絵にふさわしいストーリーを書かせてみると、男性の背の高さにいっさいこだわらないと主張した女性たちでさえ、描かれた男性が女性より背が低い場合には、不安げで軟弱な男性のストーリーを書いたのだ。「彼は大者だ」といった賛美の比喩は多くの文化圏で見られる。現代アメリカでは、二・五センチの背の高さの違いが、年俸六〇〇〇ドルに相当するという見積もりがなされている。[*29]

ブルース・エリスは、男性にとって人格がいかに大切かという証拠をまとめあげた。一夫一妻制の社会では、パートナーが「ボス」になるチャンスをつかむかなり前に、女性は相手を選ぶケースが多い。そこで女性は、過去の業績だけで判断するよりも、将来の可能性を知る手掛かりを探さなければならないのだ。冷静沈着、自信、楽天性、能率のよさ、忍耐力、勇気、決断力、知性、野心。こうしたものは、男性が仕事でトップにのしあがるための要因である。そして偶然ならずも、女性はこうした資質に魅力を感じる。未来のステータスの手掛かりなのだ。この自明の理を証明する一つの実験で、三人の科学者は、性別を特定しない人物二人がテニスの試合に参加し、甲乙つけがたい対戦成績であるという話を、被験者たちに聞かせた。一人はたくましく、競争心旺盛。支配的で意欲的。もう一人は堅実で、勝ち負けよりも楽しんでプレーするタイプ。強いライバルにはすぐおじけづき、競争心に欠ける。この二人の人物の性格をまとめるように求められると、男女ともに同じような回答をした。しかし女性が、支配的な人物のほうが性的魅力があると答えたのに対し（その人物を男性だと仮定した場合）、男性は支配的な人物のほうが魅力的だとは答えなかった（その人物を女性だと仮定した場合）。[*30]

同様に科学者たちは、俳優がインタビューを受けている光景をビデオに収めた。一方のビデオでは、俳優は顔をうつむかせ、扉近くの椅子におとなしく座り、インタビュアーの質問にうなずいている。もう一方のビデオでは、リラックスし、ふんぞり返り、自信に満ちた態度である。二本のビデオを見た女性は、支配的な態度の男性俳優のほうが、デート相手に望ましく、性的魅力があると答えた。一方男性は、俳優が女性の場合はそうではないと答えた。ボディランゲージは男性の性的魅力には欠かせないのだ。[*31]

女性が男性よりも、人格を基準にパートナーを選ぶとしたら、第8章で述べた事実と関連があることになるだろう。女性のほうが性格判断にたけていることは、多くのカップルが知っている。性格判断が得意な女性は、不得意な女性よりも多くの子孫を残し、性格判断が得意な男性は、不得意な男性より優れてはいなかったのだ。

親しみのもてる有名な男性スターと、ほとんど知られていない美人女優のコンビが映画を大ヒットさせると、ハリウッドのプロデューサーたちは信じている（そして、それに応じてギャラを払う）。性格の重要性を考えれば、これは納得できるだろう。ショーン・コネリーやメル・ギブソンなど、男性スターは少しずつ評判を築きあげてきた。ジュリア・ロバーツやシャロン・ストーンのように、女性スターは一本の作品でスターダムにのしあがる。ボンド映画の製作法は完璧であった。作品ごとに女優は新人、しかしボンドはつねに健在なのだ。男性はある種のオスの哺乳類ほどではないにしろ、「クーリッジ効果」を発揮する。新しいメスがオスの性衝動を活気づけるのだ。クーリッジ効果の名は、カルヴィン・クーリッジ大統領夫妻が、農場を視察した際の有名な逸話に由来する。雄鶏が一日に数十回も交尾できると知った夫人は「大統領にその話をしてやって」と言った。話を聞いた大統領は「いつでも同じ雌鶏とか？」と尋ねる。「いいえ大統領、相手はいつも違います」。すかさず大統領は言った。「そのことを家内に伝えてくれ」[*32]

女性が男性のステータスを、直接的な手掛かりで見極めるという証拠は歴然としている。適齢期に結婚するアメリカ人男性は、適齢期に結婚しない同年齢の男性の一・五倍収入がある。二〇〇におよぶ部族社会を調査した科学者二人は、男性の魅力は外見よりも技量と武勇で判断されることを確認した。男性の支配的地位を、女性は例外なく魅力的だとみなすのだ。デイヴィッド・バスは三七の社会を研究し、女性は、男性の経済的な将来性をことさら重視すると結論した。男性が女性のそうした資質を評価する以上に、である。ブルース・エリスが最近の総説で述べたように、「肉体的な特性よりも、ステータスと経済的な成功が、男性の魅力を推し計る最適なバロメーターだといえるだろう」[*33]

ステータスを判断する手掛かりとは何か？　服装と持ち物が手掛かりのセットの一つだと、エリスは述べている。アルマーニのスーツ、ロレックスの腕時計、BMWは、海軍大将の袖章やスー族族長の羽根飾りに負けず劣らず、露骨に地位を表している。ファッションが最近までいかに階級闘争の問題であったかを著した本のなかで、クウェンティン・ベルは次のように述べている。

「ファッションの歴史は、階級闘争と結びついている。最初は貴族階級に対するブルジョアジーの戦いであった。その後、もっと広範囲な人々のあいだに広まるが、それは労働者階級が中産階級と競う能力を得たことに起因する。こうしたことすべてには、金銭的な価値基準に支えられた服装道徳体系が潜んでいる」[*34]

ボビー・ロウは数百の社会を調査し、男性の装身具は、まず例外なく地位と順位を表していると結論した。円熟、年功、武勇、残忍性、そして並外れた消費能力を表している。これに対して女性の装身具は、既婚か未婚かを示す印であったり、時として夫の財力の証であったりする。なるほどヴィクトリア朝時代の公爵夫人は、階級を区別するドレスによって、自分の財力ではなく夫の財力を誇示したものだ。こうした事実は古代の部族社会だけではなく、現代の都市型社会にも当てはまる。ベンツのフロントについた円形マークが、ニューヨークのハーレムで麻薬を密売する人間のあいだでいかにステータスシンボルになったかを最初に指摘したのは、トム・ウルフである。

ここまでくると、進化学者のなかには、女性はBMWに感動する能力を進化させたと主張するような、危ない橋を渡りかけている者がいるのではないかと思われる。しかしBMWはたかだか人間の一世代しか存在していないのだ。進化がおそろしく早く起こっているか、あるいは何かがまちがっているのだろう。この難問を切り抜けるには、二通りの考え方がある。その一つはミシガン大学で、もう一つはカリフォルニア大学サンタバーバラ校で支持されている考えだ。ミシガンの科学者たちなら次のように述べるだろう。女性はB

MWに感動する能力を進化させてはいないが、柔軟性に富み、自分が育った社会の社会的圧力に適応する能力を進化させたのだと。サンタバーバラ派はこう言っている。行動それ自体が進化してくることはほとんどない。進化するのは基本的な心的傾向である。更新世に進化した心理メカニズムをもつ現代女性は、男性のステータスに相関しているものは何かを読み取り、そのような手掛かりを望ましいと感じるのだ。

ある意味では両者は同じことを述べている。女性は、ステータスのシグナルであればなんにでも感動するのだ。おそらくある時点で、BMWと財力との関係を学習するのだろう。それはむずかしいことではない。*35

ファッション業界

またもやお馴染みのパラドクスだ。進化論者や美術史家は、流行とはステータスのことであると認めている。女性は男性よりも服装の流行を追う。ところが、女性はステータスの手掛かりを探すが、手掛かりは流行につれて変わる。男性は多産性の手掛かりを探すが、これは流行に左右されない。男性は、女性がなめらかな肌をして、スリムで若くて健康で、年ごろでありさえすれば、どのような服装かをあまり気にすべきではない。一方、女性は男性の服装をおおいに気にするべきである。経歴、財産、社会的ステータス、野心さえも雄弁に物語るからである。それならば、なぜ女性は男性よりも貪欲にファッションを追うのか？

この答えはいくつか考えられる。第一に、理論がまちがっていて、男性はステータスシンボルを好み、女性は容姿を好むのかもしれない。それもありえるが、それでは、おびただしい数の確かな証拠とまっこうから対立する。第二に、女性のファッションはステータスではない。第三に、現代の西欧社会は二世紀におよぶ逸脱から、ようやく立ち直りかけている。イギリスの摂政時代、ルイ一四世治下のフランス、中世のキリスト教社会、古代ギリシア、あるいは現代のヤノマモ族においては、男性は女性顔負けにファッションを貪欲に追っていた。鮮やかな色を好み、優美なローブ、宝石、贅沢な用具、豪華な軍服、そして装飾を施した光り輝く甲冑。騎士が救い出す貴族の娘は、彼女に恋をささやく男たちほどはきらびやかな衣装ではなかった。ヴィクトリア朝時代になって初めて、死んだような画一的な黒のフロックコートが流行し、その陰鬱な子孫ともいうべき灰色の背広が、男性を汚染しているのだ。そして今世紀になってやっと、女性のスカート丈はヨーヨーのように上がったり、下がったりし始めたのだ。

この事実から第四の、そして最もおもしろい説明が成り立つ。女性はことさら服装にこだわり、男性はさほどではない。しかしそうすることで異性に影響を与えているのではなく、自分自身により多くの影響を与えているのだ。つまり男性も女性も、みずからの好みに基づき行動しているのである。さまざまな調査によると、男性は、女性が実際に容姿にこだわる以上に容姿にこだわると考えている。女性は、男性が実際にステータスにこだわる以上にステータスにこだわると考えている。つまりそれぞれの性は、本能的に異性も自分と同じことを好むという信念のもとに行動しているにすぎないのだ。

男性も女性もみずからの好みと異性の好みを取り違えているという考えを裏づけると思われる実験が一つある。ペンシルヴェニア大学のエイプリル・ファロンとポール・ロジンは、学生約五〇〇名に水着姿の簡単な男女のスケッチ四枚を見せた。それぞれのスケッチはスリムさの度合いが違うだけである。そして被験者たちに、自分の現在の体型、理想の体型、異性が最も魅力的だと思う体型、異性のなかで最も魅力的だと思う体型を選ばせた。男性が選んだ現在の体型、理想の体型、魅力的な体型はほとんど一致した。男性は概して、自分の体型に満足していたのだ。女性は予測どおり、自分の体重よりずっと軽い体型が、男性を魅了する体型だと答えた。理想の体型となると、これよりさらに軽い。ところがおもしろいことに、男女ともに、異性が最も好む体型については判断を誤ったのである。男性は、女性が自分たちが好むよりもガッチリした体型を好むと考え、女性は、男性が自分たちが好むよりもスリムな体型を好むと考えていた。[36]

しかし、このような混乱は、女性がなぜ流行を追うかの完全な説明にはならない。ファッションにかかわりのない魅力については当てはまらないからだ。例えば、女性は男性よりもことさらみずからの若さにこだわるが、ほとんどの女性は若いパートナーを求めているわけではない。

さらに、民主主義時代の我々は、ファッションはステータスであるという考えを不快に感じる。その代わり、ファッションは体型を最も美しく見せるためのものだというふりをする。華やかなモデルがまとったニューファッションを女性が買うのは、美しく見えるのはモデルのせいではなくドレスのせいだと無意識に考えるからだろう。周知の事実が調査で明らかになっている。肌を露出し、ぴったりした、きつい服装の女性に、男性は心を奪われる。女性はそのような服装の男性にあまり心を引かれない。ほとんどの婦人ファッションは、多かれ少なかれ美しさを際立たせるようデザインされている。大きなクリノリンペチコートは、コントラストによってウエストを細く見せた。女性は自分の顔立ちや髪の色に「似合う」服装を念入りに選ぶのである。しかも多くの男性は服を着た女性を見て育ち、服を着た女性を見て臨界期を過ごすので、彼らの理想の女性にはヌードの女性も服を着た女性も含まれている。ハヴロック・エリスがある少年のエピソードを語ったことがある。絵画『パリスの審判』の前に立っていた少年は、どの女神が美しいかと尋ねられ、こう答えた。「わからないよ。だって服を着てないんだもん」*37

しかしファッションの最たる特徴は、少なくとも現代では、斬新さに対する極度のこだわりであろう。すでに述べたように、流行の作り手たちが陳腐な模倣から逃れようとするにつれて、この風潮が生じたとベルは論じている。女性ファッションの鍵は斬新さだとロウは述べた。「目立つ服装はなんであれ、流行の流れを読み取る才能の証であり、女性のステータスを推し計る手掛かりである」[*38]

流行の最先端をいくことは、女性にとって確かにステータスシンボルなのだ。ものの絶えざる陳腐化を促す能力がなかったら、ファッションデザイナーは今ほど金持ちではないだろう。

このことはまた、美の文化的基準が流砂のように変化することに立ち戻る。人間のような一夫一妻の種においては、美人はどこにでもいるものではないから、目立つ存在であるにちがいない。男性に審美眼があるのは、たった一度か、あるいはせいぜい二度しか結婚するチャンスに恵まれないので、並みではなく、可能なかぎり最もすばらしい女性を探すように、いつも心掛けているからなのだ。全員が黒の服をまとった女性の群集のなかでは、赤い服をただ一人まとった女性は、スタイルや容貌にかかわらず必ずや男性の目を引くだろう。

ファッションという言葉そのものは、かつては集団的統一と習慣のあいだにあるなにものかを意味したが、いまやそれは斬新さとモダンさを意味している。禁欲的な社会で、痛々しいコルセットや、偽善的に襟ぐりの開いた服装がもてはやされた理由を評して、クウェンティン・ベルは次のように述べた。「流行を批判する論調は、つねに強烈である。それならばなぜ、それは効果のある評決をもたらさないのか？　なぜ世論や法的規則が例外なく無力化されるのか？　服装習慣は、法的な束縛なしに課せられる規則からなり、驚くほど従順に守られているが、その規則は不合理で気まぐれ、しばしば残酷ですらある」[*39] 私は現在の進化的、社会学的枠組みのなかでは、この謎は解けないような気がする。流行は変化であり、みんなが同じようなかっこうをしようとすることによってもたらされる陳腐化である。ファッションとはステータスであるが、ファッションに固執する性は、ステータスにほとんどこだわらない異性を感服させようとしているのだ。

性的完全主義の愚かさ

性的魅力を決定するものがなんであれ、ここでも赤の女王は作用している。人類の歴史のほとんどにおいて、美人と優位な男性のカップルが、ライバルたちよりも多くの子どもをもうけたとしたら、世代ごとに、女性は少しずつさらに美しく、男性は少しずつさらに優位になっただろう。彼らは必ず多くの子どもをもうけたはずである。なぜなら優位な男性は美人を選び、二人そろってライバルたちの労苦を食いものにしたであろうから。しかしライバルたちもそうしたのだ。成功を成し遂げた同じカップルの子孫だからである。そこで基準もまた上がった。美人は新しい空の下で傑出するためには、なおさら燦然と輝かなければならない。そして優位な男は野望を達成するために、なおさら威張りちらしたり、無慈悲に行動を運んだりする必要があったのだ。我々の感覚は、たとえそれが他の場所あるいは他の時代では例外的であったとしても、ひとたび平凡になればすぐ飽きる。チャールズ・ダーウィンが述べたように、「女性たちがみな、〝メディチ家のヴィーナス〟像のように美しくなったら、我々はしばらくは魅了されるだろう。しかし我々はすぐに変化を求めるのだ。そして変化がもたらされるとすぐに、現存する一般的基準を越えて少し誇張されたある種の個性を女性に求めるにちがいない[*40]」

この主張は偶然にも、優生学は決してうまくいかないということをきわめて簡潔に述べた文章でもある。先の文章の一ページ後に、ダーウィンは西アフリカのウォロフ族について述べている。醜い女を故意に奴隷に売り出し、美人ぞろいで有名になった部族だ。確かにこのようなナチス的優生学は、部族内の美人の基準を徐々に上げたであろう。しかし男性の主観的美の基準もまた同じ速さで上がるのである。美というのは完全に主観的概念であるから、ウォロフ族は永遠に満足することはなかったのだ。

ダーウィンの洞察には意気消沈させられる側面があるが、それは、美は醜さぬきでは存在しえないことを示している点である。赤の女王流の性淘汰は必然的に、不満足、むだな努力、個人の不幸のもとといったものの原因になるのだ。人はだれでも身近にいる美女や美男よりも、もっと美しい女性や男性を探し求めている。しかしこれまたパラドクスをもたらす。男性は美人との結婚を望み、女性は裕福な権力者との結婚を望むというのはそれでよい。しかしそのチャンスに恵まれる者はごくわずかである。現代社会は一夫一妻制である。したがってほとんどの美人はすでに社会的に優位な男性と結婚している。平均的な男性と女性はどうなるのか？　独身を通すわけではない。二番めに望ましいパートナーで我慢するのだ。クロライチョウは、メスが完璧主義者、オスは無差別である。一夫一妻の人間社会では、どちらの性も完璧主義者にも無差別主義者にもなれない。「ミスターふつう」は十人並みの女性を選び、「ミスふつう」は軟弱男を選ぶ。いうなれば、理想主義の嗜好を現実主義でなだめるのだ。人間は結局のところ、われ鍋にとじ蓋で落ちつく。学園祭の女王はフットボールのヒーローと。野暮な男性はメガネの女性と。並みの見込みしかない男性は並みのルックスの女性と。これがあまりにもふつうであるため、例外が異様に目立つのである。「彼のいったいどこがいいの？」。つまらない、うだつの上がらない夫について、モデルをしている妻に我々はこう尋ねる。あたかも我々が見落とした夫の価値を知る糸口がどこかにあるにちがいない、といった口調で。「彼女、どうやって彼をつかまえたんだろう？」。醜女と結婚した前途有望な男について、こううわさする。

要するに、ジェーン・オースティンの時代に、人々が階級制におけるみずからの地位をよくわきまえていたように、我々は自分の相対的価値を本能的に知っているのだ。ブルース・エリスは、我々がこの「われ鍋カップル」パターンをいかに成し遂げるかを示す方法を提示してくれた。エリスは学生三〇名に番号をふったカードを渡し、額につけさせた。相手の番号はわかるが、だれも自分の番号が何番かわからない。番号が最も高い相手を見つけてペアを組むようにと、エリスは告げた。たちまち30番のカードをつけた女子学生のまわりに学生が集まった。すると彼女は望みをつり上げ、だれともペアを組むのを拒み、結局20番台の高い数字をつけた相手で落ち着いたのである。一方、1番をつけた学生は、30番の学生に自分の価値を納得させようと試みたあと、照準を下げた。少しずつ数字を下げ、それにつれて自分の低い地位をはっきりと自覚した。結局、彼に初めてオーケーを出した者とペアを組んだのだ。おそらく2番の学生だろう。[*41]

なんとも不愉快な現実味をおびたゲームだが、我々が自分の相対的価値をいかに他人の反応で判断するかがよくわかる。繰り返し拒否されると、我々は照準を下げる。次から次へと誘惑が成功しているさまを目のあたりにすると、勇気をふるって狙いをちょっと上げたくなる。しかし、振り落とされる前に、赤の女王の踏み車から降りたほうが身のためだ。

第10章　知的チェスゲーム

もしも私が（つらい経験を経た末に、奇妙で異様な生き物である
人間の一人にすでになってしまったが）
自由な心でみずからの領分を選べるとしたら
いかなる血肉の覆いをも喜んでまとおう
犬であれ　サルであれ　クマであれ　何であれ
理性を鼻にかけるあの動物のほかなら何でも
彼らの感覚はあまりにも粗野で
五感を否定するために第六感を作り出す
そして本能より先に選ぶであろう
一度に五〇回は誤る理性を

――ロチェスター伯、ジョン・ウィルモット

時――三〇万年前。場所――太平洋の真っただ中。出来事――バンドウイルカの会議。

議題は彼ら自身の知性の進化について。参加者が会議の合間に漁ができるように、大洋の三一平方キロにおよぶ海域が会場にあてられた。それはイカの季節であった。会議は、招かれた演者が延々と一人でまくしたてたあとに、太平洋バンドウイルカ語のキーキー語で解説をするという手順で進められた。大西洋からやってきたガーガー語圏のイルカたちは、夜になってから通訳が暗記していた内容を聞いた。論じられていた問題は単純で、なぜバンドウイルカは、他の動物に比べてこんなに大きな脳をもつのか、ということだった。なにしろバンドウイルカの脳は、他の多くのイルカの二倍も大きいのだ。最初の発言者は、すべては言語とかかわっていると論じた。自己表現するための概念や文法を頭のなかにしまっておかなければならないので、イルカは大きな脳が必要なのである。続くコメンテーターは一様に述べた。クジラは複雑な言語をもっている。しかしクジラがどれほど愚かかは、情け容赦のないものだった。言語理論からはなんら解答は得られないと、コメンテーターイルカならだれでも知っているではないか。会議のわずか一年前、バンドウイルカたちはザトウクジラ語で不倫のうわさをささやき、まんまと老ザトウクジラに親友を襲わせることができたのだ。次のキーキー語の演者はオスで、イルカの知性はだますことを目的としていると述べたために、もっと好意的に受け入れられた。

「我々はペテンと策略にかけては世界一ではないかね？」キーキーキー。

「我々はメスのイルカを手に入れるために、お互いを出し抜こうとたくらんで、ほとんどの時間を過ごしているのではないのか？　我々は個体間同盟で、三者関係を築くことで知られた、唯一の種ではないのか？」

三番めの発言者が答えて言った。「それはみんな結構なことだ。しかしなぜ我々が？　なぜバンドウイルカに知性が発達したのだ？　なぜサメやネズミイルカではないのだ？」

ガンジス川出身の、脳がたった五〇〇グラムしかないイルカが会場に居合わせた。ちなみにバンドウイルカの脳は一五〇〇グラムである。

「そうじゃないよ」と彼は答えた。「地球上のあらゆる動物のなかで、バンドウイルカの食物が最も変化に富み、順応性がある。それが答えを解く鍵だ。バンドウイルカは、イカも食べれば魚も食べる。およそ魚と名のつくものならなんでも食べる。食物の多様性は柔軟性を必要とし、柔軟性は学習できる大きな脳を必要としたのだ」

その日最後に発言したキーキー語のイルカは、先の発言者たち全部をせせら笑うかのように述べた。

「社会の複雑さが知性を要求するなら、地上の社会性動物に知性がないのはなぜだ？」

彼は、脳がイルカとほぼ同じ大きさの類人猿がいることを耳にしていたのだ。体の大きさからすれば、むしろイルカより脳は大きい。その類人猿は群れをなしてアフリカのサバンナに暮らし、道具を用い、食用に肉の狩猟と植物の採集を行っていた。一種の言語さえも用いていたが、キーキー語のような複雑さはない。

「連中は魚を食べていないのさ」。かの発言者はおどけてキーキーのたまった。[*1]

成功した類人猿

およそ一八〇〇万年前、アフリカには一〇種以上の類人猿が住み、他の多くの種がアジアに生息していた。それから一五〇〇万年のあいだに、彼らのほとんどは絶滅した。三〇〇万年前にアフリカを訪れた火星の動物学者なら、類人猿はサルとの戦いで衰退した動物の旧式モデルで、いずれは歴史に埋もれる運命だと結論しただろう。チンパンジーに近縁で、二足歩行で直立姿勢の類人猿が一種存在することに、たとえ彼が気づいたとしても、たいした将来性はないと推測しただろう。

直立歩行のその類人猿は、体の大きさはチンパンジーとオランウータンのあいだで、今では科学者たちにはアウストラロピテクス・アファレンシスの名で、一般の人々には「ルーシー」の名で知られている。[*2] 脳の大きさは「ふつう」だ。およそ四〇〇立方センチで、現代のチンパンジーより大きく、現代のオランウータンよりは小さい。その姿勢は明らかに人間的であるが、頭の形は違う。気味が悪いほど人間的な脚部と足を除けば、類人猿であると認識するのになんら困難はなかっただろう。しかし次の三〇〇万年のあいだに、ルーシーの子孫たちの頭部は、大きさが激変した。最初の二〇〇万年で脳容積は二倍になり、次の一〇〇万年でさらに約二倍となり、現代人の一四〇〇立方センチにまで達したのだ。

チンパンジー、ゴリラ、オランウータンの頭はだいたい同じにとどまった。ルーシーの種の他の子孫たち、いわゆる頑丈なアウストラロピテクス属（くるみ割り人）にも変化は生じず、彼らは菜食のスペシャリストになったのである。

なぜこの一種の類人猿の頭部が、急激に目覚ましく拡大したのだろうか？　その変化から、さらにさまざまな変化が生じたのである。なぜ一種の類人猿にのみ生じ、他の種には生じなかったのか？　驚異的な変化のスピードと、そのスピードが加速された理由は何なのだろう？　こうした質問は、本書の論旨とはなんら関係がないように思えるかもしれない。しかしこの答えはセックスのなかにあるのかもしれない。もしも新しい説の数々が正しいとしたら、人類の頭が大きく進化したのは、同性どうしのあいだの赤の女王流セックスコンテストの結果なのである。

あるレベルでは、人類の祖先における頭部拡大の進化は簡単に説明がつく。大きい頭の持ち主は、そうではない人間よりもたくさんの子どもをもうけた。したがって大きい頭を受け継いだ子どもは親の世代よりもさらに大きい頭をもった。このプロセスは、ときどき思い出したように進行し、場所によって速度は異なっただろうが、最終的には人類の脳容積を三倍に至らしめた。他の方法では生じえなかったはずだ。ここで興味がわくのは、脳の大きい人間が、脳の小さい人間よりも子どもをたくさんもうけたのはなぜか、である。なにしろチャールズ・ダーウィンからシンガポール元首相のリー・クアンユーに至るまで、さまざまな賢察の士たちが残念そうに述べたとおり、賢い人間が必ずしも愚かな人間よりも多産であるということはないからである。

時間旅行のできる火星人ならば時間をさかのぼり、アウストラロピテクスの三つの重要な子孫、ホモハビリス、ホモエレクトス、そしていわゆる古いホモサピエンスを調べてくることができる。彼は脳の大きさが着実に増加していることを指摘し（我々もそれだけは化石から知っているが）、より賢い者たちが、より大きな脳をなんのために用いているかを教えてくれるだろう。これに似たことは現代の我々でも簡単に行える。現代人が、脳をなんのために用いているかを観察すればよいのだ。しかし困ったことに、人間に特有とみなされている知性のあらゆる特徴は、他の類人猿にも当てはまるのである。我々の脳のかなりの部分は、視覚のために用いられている。しかしルーシーが突如として遠い親類たちよりもよい視覚を必要としたとは、とうてい考えられない。記憶、聴覚、嗅覚、顔の認知、自己認識、手の器用さ。このどれをとっても、チンパンジーの脳より人間の脳で占めるスペースは大きい。それでも、これらの要因のどれ一つでも、なぜチンパンジーよりも、ルーシーにたくさんの子どもをもうけさせる原因になったのかは、理解するのがむずかしい。類人猿から人間になるには質的な急変が必要である。それは量よりむしろ、性質の相違であり、その急変が人間心理を変容させ、大きな脳を初めて優れた脳に作り変えたのだ。

人間を他の動物と異ならせたものは何か？　これを定義するのは、かつては簡単であった。人間は学習し、動物は本能をもっている。人間は道具を用い、意識、文化、自己認識をもつが、動物はそうではない。だがこうした相違は徐々に不明瞭になっていったか、または、質の相違よりむしろ、程度の相違であることがわかるようになったのである。カタツムリは学習する。フィンチは道具を用いる。イルカは言語を使う。犬は意識をもつ。オランウータンは鏡に写る自分の姿を認識する。ニホンザルは文化的伝達をする。ゾウは仲間の死を悼む。

これは、あらゆる動物が、それぞれの作業を人間と同じくらい上手にやってのけるということではなく、人間がかつて動物たちより優れていたわけでもない。それなのに、突然の圧力のもとで、人間はこれらのことにみるみる上達していき、他の動物はそうではなかった。よく勉強した人文科学者なら、こんな詭弁をすでにあざ笑っているだろう。人間だけが道具を作り、それを用いる。人間だけが語彙だけではなく、文法を使いこなせる。人間だけが情を感じ、感情移入する……。これはまったく手前勝手なごたくのように聞こえる。人文科学の本能的傲慢さはまったく説得力に欠けると、私は思っている。その砦の多くは、すでに動物たちの手に落ちているからだ。陣地から陣地へと撃退されるたびに、人文科学者たちは、陣地を死守する気など初めからなかったとうそぶき、撤退は戦略だと定義し直している。意識に関するほとんどの論文は、意識が人間独自の特徴であると最初から仮定しているが、ふつうの犬が夢を見、喜びや悲しみを感じ、人間を認知することは、犬を飼ったことのある人ならだれもが知っているだろう。犬を意識のないロボットと呼ぶのは、つむじ曲がりというものだ。

学習の神話

この時点で人文科学者は学習という最強の砦に引きこもる。彼らは、人の行動は、比類なく柔軟性に富んでおり、高層ビルであれ、砂漠であれ、炭鉱であれ、ツンドラであれ、同じようにやすやすと適応すると言う。それは、人間が動物よりもはるかに多くを学習し、本能にあまり頼らないからである。単に生存のための完璧なプログラムを携えて現地に赴くよりも、どのような世界であるかを学習するほうが、優れた戦略であるが、それには大きな脳がいる。したがって人間の大きな脳は、人間が本能から学習に移行したことを反映している。

こうしたことを考えたことのある人たちと同じように、私もこの論理は非の打ちどころがないと思っていた。カリフォルニア大学サンタバーバラ校のレダ・コスミデスとジョン・トゥービーが著した書物『適応した心』のなかの一章を読むまでは、である。[*3] 心理学や他のほとんどの社会科学を何十年にもわたり支配してきた常識に、彼らは戦いを挑んだのだ。本能と学習はスペクトルの両端に位置するとみなされていた。本能に頼る動物は学習に頼らない。学習に頼る動物は本能に頼らない。これは明らかに事実ではない。学習は可塑性を意味し、本能は準備を意味する。例えば、子どもは母語の語彙を学習する際に、ほぼ無限に柔軟性をもつ。牛という言葉は、英語ならばカウ、フランス語ならばヴァッシュだと学習できるのだ。そしてまた、ボールが顔をめがけて飛んできたら、まばたきするか、よけるのだと知るときには、子どもはまったく柔軟性を必要としない。そうした反射作用を学ばなければならないとしたら、さぞ苦痛だろう。つまりまばたきという反射作用は準備されたもので、脳における語彙の蓄えは、可塑性をもつのである。

しかし、子どもは語彙の蓄えが必要であると学ぶわけではない。物の名前を学習したいという旺盛な好奇心とともに、〝語彙の蓄えが必要である〟という知識を生まれながらにもち合わせているのだ。それだけではない。カップという言葉を学ぶときには、その言葉がカップ全体の総称だとか、中身や取っ手のことではないとか、あるいは初めて見た特定のカップのことではないとか教えられなくても、あらゆる種類のカップをカップと呼ぶのだと知っている。「全体像仮定」と「分類仮定」という先天的な二つの本能がなかったら、言語学習はもっとずっとむずかしくなるだろう。子どもというのは、しばしば伝説上の探検家と同じ境遇にいるものだ。見たことのない動物を指さして、探検家は現地ガイドに尋ねる。「あれは何?」。ガイドは答える。「カンガルー」。現地語では「知りません」という意味だ。

要するに、この二つの仮定をあわせもたずに（準備せずに）、人間が、いかに学習できるかを（柔軟性をもてたかを）想像するのはむずかしいのである。柔軟性と準備性は相反するという古い概念は、明らかにまちがいだ。心理学者ウィリアム・ジェイムズは一〇〇年前に、人間はより多くの学習能力と、より少ない本能をもっているのではなく、より多くの学習能力と、より多くの本能をもっているのだ、と述べた。そのため彼は嘲笑されたが、彼は正しかったのだ。

　言語の例に話を戻そう。科学者たちが言語を研究すればするほど、ますます言語の非常に重要な側面がわかってきた。例えば文法や、そもそも話そうとする欲求は、模倣によって学習されるのでは決してない。子どもは単に言語を発達させるのだ。これはとんでもないことに思えるかもしれない。人との接触なく育てられた子どもは、イギリスのジェイムズ一世がそうであればいいと望んだように、成人してヘブライ語を話すわけではないからだ。どうして、そんなことができるだろう。子どもは語彙、抑揚の特殊ルール、母語特有の構文法を学習しなければならない。そのとおりである。しかし、ほとんどの言語学者が、今日（こんにち）ではノーム・チョムスキーの説を支持し、あらゆる言語に共通した「深層構造」が存在し、それは学習されるよりむしろ脳のなかにプログラムされていると考えている。つまり、あらゆる文法が同様の深層構造に則している理由は（例えば、語順か抑揚を用いて、一つの名詞が目的語か主語かを表す）、あらゆる脳が同じ「言語器官」を有するからである。明らかに子どもは脳のなかに、「言語器官」を備えており、規則が適用されるのを待っている。教えられなくても文法の基本ルールを推測するのだ。これはコンピュータの能力をしのぐ作業である。コンピュータは事前になんらかの情報を与えられていなければ、そうした作業はこなせない。

一歳半から思春期直後まで、子どもは言語の学習に夢中になるし、おとなよりはるかに簡単に数ヵ国語を学べる。叱咤激励の量にかかわりなく、話すことを学ぶのである。子どもは少なくとも自分のまわりで話されている言語の文法は、教わる必要はない。予知するのだ。聞こえてくるさまざまな妙な例を物ともせずに、ルールを学び（例えば「人間が与えた」ではなく「人は与えるた」であっても）、絶えず概括化しているのである。ルールの適用を要求する脳の準備に、語彙の柔軟性を加えて、見ることを学ぶのと同じ方法で、話すことを学ぶ。乳をもつ大きな動物は牛と呼ばれるのだと脳は教えられなければならない。しかし、畑にたたずむ牛を見るとき、脳の視覚部分は、目でとらえる画像に、一連の洗練された数学的フィルターをかける。これはすべて無意識的で先天的なもので、教えられるわけではない。これと同じように、脳の言語部分は、乳をもつ大きな動物を意味する言葉が、動詞のようにではなく、他の名詞のように文法的に機能することを、教わらなくても知っている。[*4]

要するに、言語学習性ほど「本能的」なものはないのである。実質的には教えることはできない。それは備わっている。学ぶのではない。それは、忌まわしいことだが、遺伝的に決定されているのだ。それでも、言語学習性がみずからに当てはめる語彙と構文法ほど、可塑性に富むものはない。言語の学習能力とは、他のほとんどすべての人間の脳の働きのように、学習に対する本能なのだ。

もし私が正しくて、人間というものが通常以上に訓練可能な本能を備えた動物にすぎないとしたら、私は本能的行動の言い訳をしているように聞こえるかもしれない。男性が他人を殺したり、女性を誘惑しようとするのは、ただ本性に正直なだけなのだ。なんとも悲しく、反道徳的なメッセージだろう。人間心理のなかには、それ以上の、自然に備わった道徳基盤が必ずやあるのではないだろうか？　一〇〇年におよぶルソー派とホッブス派の論争、人間は堕落した高貴な野人か、それとも文明的な人非人かというのは、的外れな論争であった。証拠はホッブスを支持している。我々は天性の人非人で、道徳的によからぬ本能もある。もちろん、もっとずっと道徳的な本能もある。そして利他主義と寛容に対する人間のはかりしれない能力は、つねに社会をまとめてきた接着剤であり、いかなる利己と同じくらい自然なのだ。しかし利己的な本能も確かにある。例えば男性は女性に比べ、はるかに本能的な殺人傾向と乱交傾向がある。しかし、本能は学習と結びつくのだから、ホッブスの主張には意味はないのだ。我々の本能で回避できないものはないし、克服できないものもない。道徳は決して本性に基づくものではない。道徳というものは、人間が天使であるとか、道徳観念が人間に命じる物事は自然にやってくるとか仮定しているわけではないのだ。「汝、殺すべからず」というのは、優しい忠告ではない。もち合わせているかもしれない本能すべてを克服せよ、さもなければ罰が下るだろうと、人間に厳しく命じているのだ。

訓育は必ずしも本性の正反対にあらず

人間は物事を学ぶ本能をもつというジェイムズ流の概念は、たったの一撃で、学習対本能、本性対訓育、遺伝子対環境、人間性対文化、先天性対後天性というあらゆる二分法と、ルネ・デカルト以来、心理に関する研究を苦しめてきたあらゆる二元論を、粉々に打ち砕いている。もしも脳が、きわめて特異かつ複雑にデザインされていながら、内容は柔軟性に富む進化したメカニズムで成り立っているならば、行動が柔軟性に富むという事実を示しても、行動が「文化的」であるという証拠とはならない。人体を構築する遺伝子の機能のなかに、詳細な言語獲得装置を含むように、その能力が装備されているという意味においては、言語は遺伝的能力である。また、言語の語彙と構文法が任意のもので習得されるという意味においては「文化的」である。そしてさらに、言語獲得装置が誕生後に育ち、周囲で目にする実例から情報を得るという意味においては、発達的である。言語は誕生後に習得されるからといって、文化的であるということにはならない。歯にしても誕生後に生えるではないか。

「親知らず（第三大臼歯）の遺伝子がないように、攻撃性の遺伝子もない」。スティーヴン・ジェイ・グールドはこう記し、行動は文化的であって、「生物学的」ではないとほのめかした。[*5] もちろん彼は正しい。しかしそれゆえまさに彼の主張は誤りなのだ。親知らずは文化的所産ではない。確かに親知らずは青春期後半に生え始める。そして、「親知らずよ、伸びなさい」と呼びかける遺伝子はたった一つしかないわけではないだろうが、それでも遺伝子によって決定されているのだ。「攻撃性の遺伝子」という言葉を用いて、グールドは人間Aと人間Bにおける攻撃性の相違は、Xという遺伝子の相違に帰因すると述べている。しかし、あらゆる種類の環境的相違（栄養や、かかっている歯科医など）が、Bよりも Aに大きな親知らずをもたせる原因になりうるように、あらゆる種類の遺伝的相違（顔がどういうふうに発育するか、体がどういうふうにカルシウムを吸収するか、どの順番で歯が生えるかなどに影響を及ぼす）が、BよりもAに大きな親知らずをもたせる原因になりうる。攻撃性にもまったく同じことがいえるのだ。

教育のどこかしらで、我々は気づかないうちに、本性（遺伝子）と訓育（環境）は相反するもので、我々はこのどちらかを選ばなければならないという考えをもつようになる。環境決定論を選ぶとしたら、万人の人間性は、一枚の紙きれのようにまっさらなもので、文化がそこに書き込みを入れていくと信じることになる。それゆえ人間は完璧になりうるし、生まれつき平等となる。遺伝子決定論を選ぶとしたら、人種間と個人間の消し去りがたい遺伝的相違を支持することになる。運命論者とエリート主義者に分かれるわけだ。遺伝学者はまちがっていると、心から願わない人間がいるだろうか？

このジレンマを「原罪と人間の完全性の闘争」と呼んだ人類学者、ロビン・フォックスは、環境決定論のドグマを次のように表現した。

「このルソー主義の伝統というのは、ルネッサンス後の西欧の想像力に驚くほど深く浸透している。この考えぬきでは、我々は、社会進化論者から人種改造論者、ファシスト、新右翼に至るまでの、雑多な悪党どもの反動的信念のえじきになるだろうと懸念されている。この極悪非道をかわすために、人間は生まれたときはまったくの白紙状態（精神の無垢状態、タブラ・ラサ）か、生まれながらに善良であって、悪しき環境が、人間に不正な行動をとらせるのだと主張しなければならない、と論じられるのだ[*6]」

タブラ・ラサという概念は、ジョン・ロックまでさかのぼるのだが、知的ヘゲモニーの極致に達したのは、今世紀になってからである。社会進化論者や人種改造論者のたわごとに反応して、一連の学者たち、初めは社会学者、次に人類学者、最後に心理学者が、立証責任を訓育から本性に、しっかりと転嫁してしまった。そうでないという証明がなされないかぎり、文化が人間の本性の産物だというのではなく、人間こそが文化に創られたのだとみなされなければならなくなったのである。

「社会科学は、人間とは白い石版で、文化がその上に文字を記すのであると仮定しなければばならない」。一八九五年、社会学の父、エミール・デュルケームは、こう主張して脚光を浴びた。それ以来、この概念はどちらかといえば三種類の頑固な仮定に固まった。第一に、文化間で異なる物事はすべて、生物学的にではなく文化的に獲得されたにちがいない。第二に、誕生時に完全に形成されて現れるのではなく、発達する物事はすべて、学習されたにちがいない。第三に、遺伝的に決定された物事はすべて、柔軟性に欠けるにちがいない。そうだとすれば、人間行動のなかに「生得的」なものは何もないという概念に、社会科学が救いがたいほど固執しているのも不思議ではない。実際、物事は文化間で大きく異なり、誕生後に発達し、明らかに柔軟性に富むのである。したがって人間心理のメカニズムは、生得的なものであろうはずがない。すべてが文化的である。男性が年取った女性よりも若い女性に性的魅力を感じるのは、若者を好めと文化が巧みに教えるからなのだ。先天的に若い女性を好む祖先が、多くの子孫を残したからではない。[*7]

次は人類学の番であった。一九二八年にマーガレット・ミードの『サモアの思春期』が出版されると、規則は変わった。ミードは性的文化的な多様性はほぼ無限で、したがって育ちの所産であると主張した。彼女は、育ちが優先することの立証はほとんど行わなかった。ミードが実証的証拠として提出したものは、今にしてみれば大部分が希望的観測だった。[*8] しかし彼女は立証責任を転嫁したのである。人類学の主流は今日に至っても、人間本性としては白紙が存在するだけであるという見解に固執している。[*9]

心理学の改宗はもっと徐々に行われた。フロイトは、例えばエディプス・コンプレックスといった人間精神の共通特性を信じた。しかし彼の後継者たちは、個人の幼少期における影響に則して、すべてを説明することに腐心し、かくしてフロイト主義は、自分の本性がそうである理由として、自分の育ちを非難するということになったのだ。心理学者たちはまもなく、おとなの心でさえも万能学習装置であると信じるようになった。この研究方法はB・F・スキナーの行動主義において頂点に達した。彼によれば、脳は原因と結果を結びつける単なる装置にすぎないのである。

一九五〇年代までは、ほとんどの生物学者は、ナチズムが自然という名のもとに犯した行為を振り返り、人文科学の同僚たちの主張に異議を唱えようという気分ではなかった。しかし厄介な事実がすでに見えてきていた。人類学者たちは、ミードが約束した性的文化的な多様性を発見することはできなかった。フロイト主義者たちはほとんど何も説明できず、初期影響説に固執していた。行動主義は、異なる種の動物は異なる種類のことを学習する、というような、生得的な嗜好があることを説明できなかった。例えば、ネズミはハトよりも迷路を走るのが得意である。少年非行の原因を、説明はおろか正すこともできない社会学の無能ぶりは、困惑ものであった。一九七〇年代に、数人の勇気ある「社会生物学者」が、次のような問いかけを始めた。他の動物が本性を進化させたのなら、なぜ人類は例外なのか。彼らは社会科学界で、あしざまに中傷され、アリの観察に戻れと言われた。

しかし彼らが問いかけた疑問は、消え去ったわけではない。[*10]

社会生物学に対する敵意の主な理由は、偏見を正当化するように思われたからである。しかしそれは単なる混同にすぎない。人種差別の遺伝論や階級差別論をはじめ、あらゆる種類の○○イズムは、普遍的な本能に基づく人間性が存在するという概念と、なんら共通点はないのである。それどころか基本的に対立している。片や普遍的特性を信奉し、片や人種的な相違あるいは階級の特性を信奉しているからである。遺伝子がかかわっているという理由だけで、遺伝的相違があると決めつけられたのだ。なぜそうでなければならないのだろう？　二人の人間の遺伝子が同一であるわけがないではないか？　ボーイング七四七型旅客機二機の尾翼に描かれたロゴマークは、それぞれ所有する航空会社のマークである。しかしその下の尾翼は本質的に同じである。同じ工場で、同じ金属から作られたのだ。異なる航空会社が所有するからといって、二機の旅客機が異なる工場で製造されたとは、だれも考えないだろう。ならばフランス人とイギリス人の言葉が違うからといって、遺伝子の影響をまったく受けていない脳をもつにちがいないと、なぜ考えなければならないのか？　フランス人の脳もイギリス人の脳も遺伝子、しかも異なる遺伝子ではなく、同じ遺伝子の産物である。人間に共通した言語獲得装置というものがあるのだ。それは人間共通の腎臓や、共通した七四七型の尾翼構造があるのと同じである。

今度は、純粋環境決定論の全体主義的含意について考えてみよう。かつてスティーヴン

・ジェイ・グールドは、遺伝子決定論者の見解を次のように揶揄した。「もし我々が現在あるがままの姿にプログラムされているとしたら、さまざまな特徴は不可避ということになる。せいぜい切り替えることができるくらいで、変えることは不可能だ」[*11]

彼は遺伝的プログラムについて述べたつもりだが、同じ論理は環境的プログラムにもなおいっそう当てはまる。数年後に彼はこう記している。「文化的決定論は、例えば自閉症などの重度の先天性疾患を、親の愛情が多すぎたの少なすぎたのというわけのわからぬ心理的説明で片づけてしまい、まったくもって無慈悲である」[*12]

なるほど、もし我々が育ちの所産であるなら（幼少時の影響が不可避であることをだれが否定できるだろうか？　誂りがいい証拠だろう）、現在あるがままの姿になるように、さまざまな教育によってプログラムされたことになる。金持ち、貧乏人、乞食、泥棒……、すべて変えられないのだ。ほとんどの社会学者が支持する類の環境決定論は、彼らが攻撃する生物学的決定論と同じくらい、残酷で恐ろしい信条である。幸いなことに、我々は遺伝子と環境の、分けることのできない、しかし柔軟性のある混合物であるというのが真実だ。我々が遺伝子の所産であるということは、すべての遺伝子は、発達し経験によって調整される遺伝子であるということになる。例えば、目は物体の明暗部分のあいだにある端を探すのを学び、心は語彙を学ぶ。我々は環境の所産であるということは、我々のデザインされた脳がそこから学ぶように選び取るのが、環境だということである。人間は、働きバチが一部の幼虫を女王バチにするために与える「ロイヤルゼリー」には反応しない。そしてハチは、母親の笑顔が幸せのもとであるとは学ばない。

心理プログラム

一九八〇年代になると、人工知能の研究者たちが、心理メカニズムを研究している人々の列に加わり、彼らも、人間の脳はコンピュータのような連想装置であるという行動主義者の仮定から出発した。彼らはすぐに、コンピュータはそのプログラムと同じ能力をもつにすぎないことを発見した。言語処理用プログラムをもっているのでなければ、だれもコンピュータをワープロとして使ってみようなどとは夢にも思わないだろう。同じようにコンピュータに物体認識、動作認知、医療診断、あるいはチェスをさせるには、「知識」を用いてそのようにプログラムしなければならない。一九八〇年代末期の「ニューラル・ネット」信奉者たちでさえ、総合的な連想的学習装置を発見したという主張は誤りであったと、すぐに認めたのだ。ニューラル・ネットは、到達すべき答えや、発見すべきパターンをあらかじめ教えられていることが決定的に重要だ。特殊任務用にデザインされているか、学習のもととなる確実な実例を与えられているかにかかっているのだ。ニューラル・ネットにあまりにも高い望みを託した「結合主義者（コネクショニスト）」は、一世代前に行動主義者がはまった罠に、はまり込んでいた。教育を施されていない結合主義的ネットワークは、英語の過去形すら習得することができないことがわかったのである。[*13]

「認識」アプローチは、結合説やそれ以前の行動主義に代わって用いられた手法で、心理の内的メカニズムの発見に用いられるようになった。それは、一九五七年に出版された書物『文法の構造』のなかで、ノーム・チョムスキーが述べた主張とともに最初に花開いた。それは、多目的結合学習装置は、会話から文法の規則を推測する問題は解くことができない、というものである。[*14] それには、何を探すかという知識を装備したメカニズムが必要なのだ。言語学者たちはチョムスキーの主張をしだいに受け入れるようになった。一方、人間の視覚を研究していた人々は、マサチューセッツ工科大学の若きイギリス人科学者、デイヴィッド・マーが唱えた「計算法」アプローチによる研究が効果的だと気づいた。マーとトマソ・ポギオは、目で形成される画像のなかの立体的物質を認識するために脳が用いる数学的トリックについて、次々と解明していった。例えば目の網膜は、画像のなかで明暗のコントラストがはっきりしているあいだの部分に、とりわけ感応するようにできている。錯覚は、人間がそうした端を用いて物体の輪郭を描いていることを証明している。脳における言語や視覚、その他のメカニズムは「生得的」で、それぞれの作業に特異的であるが、おそらく実例を経験して初めて完璧になるのだろう。万能な手引きはここにはいっさい存在しないのだ。[*15]

現在では、言語や知覚を研究しているほぼすべての科学者は、脳が文化から「学ぶ」のではなく、世界にさらされることによって発達していくようなメカニズムを備えていることを認めている。知覚したシグナルを解釈するよう特殊化したメカニズムである。トゥービーとコスミデスは「より高度な」心理メカニズムにも同じことがいえると論じている。進化によって「デザイン」された専門のメカニズムが心のなかに存在し、顔を認識し、感情を読み取り、子どもに優しくし、ヘビを恐れ、ある一部の異性に魅力を感じ、気分を察し、語義を推測し、文法を習得し、社会状況を把握し、ある仕事に適した道具のデザインを感知し、社会的義務を判断するのである。このような各種「モジュール」には、その作業の遂行に必要な領域知識が装備されている。ちょうど人間の腎臓が、血液を濾過するようにデザインされているのと同じである。

我々は、顔の表情を読み取るための学習モジュールをもっている。脳のある部分はそれのみを学び、ほかには何も学ばない。ヒトは生後一〇週間で、物体が立体であることを認知し、二つの物体が同時に同じ場所を占めることはできないことを推測する。この推測は、のちにマンガ映画をいくら見ても抹消されることはない。二つの物体が同じ場所を占めていると見せかけるトリックに、赤ん坊はびっくりするのだ。生後一八カ月で、赤ん坊は遠隔操作のようなものは存在しないことを推測する。つまり接触させずに物体Bで物体Aを動かすことはできない。同じ年ごろに、オモチャを色で分けるよりも、機能に応じて分けることに興味をもつ。そして実験によると、人間はネコのように、自ら動く物体は生き物であることを推測する。機械万能の社会のなかで、我々はそんなことなどごく部分的にではあっても、忘れ去っているのだ。[16]

車に囲まれていながら、我々の頭のなかでいかに多くの本能が、世の中が更新世のままであるという想定のもとに発達しているかを、先の文章は物語っている。ニューヨークの幼児には、車の危険のほうがはるかに大きいにもかかわらず、車の怖さを知るよりも、ヘビの怖さを知るほうがはるかにやさしい。人間の脳はヘビを恐れる性向をあらかじめ与えられているのだ。

ヘビを恐れ、自発的な動きは動物の印であると推測するのは、人間におけるのと同じくらい、サルにおいてもよく発達した本能なのだろう。同様に、おとなが子どものときにいっしょに暮らした人との性行為を嫌うのも（近親相姦回避本能）、人間だけの特性ではない。ルーシーがそうした物事を処理するために、犬が必要とするより大きな脳は必要なかったのである。

ルーシーが必要としなかったことは、ほとんど何もないところから出発し、世代ごとに新しく世界を学んでいくようなことである。文化はルーシーに、視覚の周辺を見つけることを教えられなかった。文法の規則も教えなかった。ヘビを恐れることなら教えられただろう。しかしなぜわざわざそんなことをするのか？　なぜヘビを恐れる本能を備えて、ルーシーを誕生させてやらないのだろうか？　進化的見解を有する者には、なぜ学習がかくも貴重なものとみなされなければならないのかが理解しかねるのだ。学習が、本能を高め、鍛えるよりも、本当に本能を置き換えるのであれば、我々はサルが自動的に知っている物事を、再学習して人生の半分を過ごすことになるだろう。例えば、不実なパートナーには裏切られる危険ありといった事実を、なぜわざわざ学ばなければならないのか？　なぜボールドウィン効果で、それを本能に変え、青春という厄介な仕事にもっと少しの時間しかさかないようにしないのか？　コウモリが、ソナー飛行の能力を成長につれて発達させるのではなく、親から使い方を学ばなければならないとしたら、あるいはカッコウが冬にアフリカへ渡る道を、出発前に「知っている」のではなく、学ばなければならないとしたら、世代ごとにもっと多くのコウモリが死に、もっと多くのカッコウが迷子になるだろう。自然は、コウモリには反響定位本能を、カッコウには移動本能を与えることに決めているのだ。学ばせるよりもずっと効果的だからである。確かに我々は、コウモリやカッコウよりもずっと多く学習する。数学を学び、一万語の語彙を学び、人間の性格がどのようなものかを学ぶ。しかしこれは、我々がコウモリやカッコウよりも備えている本能が少ないからではない。そうした物事を学ぶ本能を（数学だけは例外かもしれない）、我々が備えているからなのだ。

道具製作者神話

他の動物と違って、人間はなぜ大きな脳を必要としたのか？　一九七〇年代の半ばまでは、こうした疑問を問いかけたのは、古代人の骨と道具を研究する人類学者と考古学者だけであった。ケネス・オークレーはこの答えを、一九四九年にその著書『道具の作り手としての人間』のなかで簡潔にまとめた。人間は道具の使い手であり、優れた作り手であり、その目的のために大きな脳を発達させたのである。人間の歴史を通じて、道具が精巧さを増し、頭蓋骨の変化にともない、技能が急激に進歩したのだし、ハビリスからエレクトスへ、エレクトスからサピエンスへ、ネアンデルタール人から現代人へというように見ていくと、この見解はある程度理にかなっていた。しかし問題点が二つある。第一に、動物、とりわけチンパンジーが道具を作り、用いる能力を備えていることが、一九六〇年代に発見されたのだ。その能力は、ホモハビリスの基本的道具を見劣りさせるほどのものであった。第二に、オークレーの議論には注意すべきバイアスがある。考古学者が石器を研究するのは、石器が保存されて発見されるからである。一〇〇万年後の考古学者は、我々の時代をコンクリート時代と呼ぶだろう。それも無理からぬことだ。しかし本、新聞、テレビニュース、服飾産業、石油ビジネスはもとより、自動車産業の存在さえも、まったく知らないかもしれない。痕跡はすべて消え去っているだろうからだ。そしてこう推定するのだ。我々の文明は、コンクリートの要塞で、裸の人間たちが白兵戦を繰り広げるのがその特徴であると。これと同じように、新石器時代が旧石器時代と区別されるのは、おそらく道具によってではなく、言語の発達、結婚習慣、身内びいきなどの化石として残らない特徴によるのである。人間の生活のなかに、木は石よりも大きな意義をもっていただろう。しかしいかなる木製用具も形をとどめないのだ。[17]

しかも道具から得られる証拠は、人間の絶え間ない工夫の力を示唆するどころか、とてつもなく退屈な保守的傾向を物語っている。最初の石器、ホモハビリスのオルドワン文化は、二五〇万年前にエチオピアで現れたのだが、確かにきわめて単純である。荒削りした石ころにすぎないのだ。そして続く一〇〇万年のあいだ、ほとんど改良はなされず、試行錯誤するどころか、徐々に規格化されていったのである。そしてそれらは、ホモエレクトスの手おのと涙珠状石器からなるアシュール文化に取って代わられた。再び一〇〇万年以上にわたりなんら変化は見られず、二〇万年前ごろようやく、ホモサピエンスの出現と相前後して道具の種類と精巧さに、急激かつドラマチックな発展が見られたのだ。それ以来、ひたすら進歩した。金属が使用されるまで、道具はいっそうの変化と完成を遂げたのである。しかしこの変化が生じたのはあまりに遅く、大きな脳を説明することはできない。頭は三〇〇万年前からずっと肥大していたのである。[18]

エレクトスが用いた道具を作ることは、特にむずかしくはない。おそらくだれでもできるだろう。だからこそアフリカ全土で作られたのだ。創意工夫や独創性はいっさい見られない。一〇〇万年のあいだ、彼らは同じなまくらの手おのを作っていたのだ。しかし彼らの脳は、類人猿の基準からすればすでに非常に大きくなっていた。手先の器用さ、形状認識、機能から形への逆行分析の本能は、彼らにとって明らかに有益だったのだ。しかし脳の肥大化を、こうした本能の発達にのみ駆り立てられた結果とみなすのは、どうも信じがたいのである。

道具製作者論の最初のライバルは「人類狩猟人」論である。一九六〇年代レイモンド・ダートの研究に端を発し、人類は生きる術として、肉食と狩猟を始めた唯一の類人猿であったという概念が脚光を浴びた。狩猟をするには先見の明、狡猾さ、協調性、そしてどこで獲物を発見できるか、あるいはどうやって獲物に近づくかといった技能を習得する能力が必要だった、というのがこの議論の骨子である。すべて真実だろうが、すべてがまったく月並みである。セレンゲティ国立公園で、ライオンがシマウマを狩猟する映画を見た人ならだれでも、先に述べた作業をライオンがいかに巧みにこなすかを知っているはずだ。人間のグループと同じくらい注意深く忍び寄り、待ちかまえ、協力し、獲物を欺くのである。ライオンは大きな脳を必要としない。ならばなぜ我々には必要だったのか？　人類狩猟人説の流行は女性採集者説に道をゆずったが、論旨は同じだ。地面から塊茎を掘り起こすために、哲学や言語を発達させる必要はないのである。ヒヒは女性と同じくらい上手に掘り起こす。[*19]

とはいえ、一九六〇年代に、ナミブ砂漠のクン・サン族に関する輝かしい研究から、驚くべき事実が判明した。その一つは狩猟採集に従事する人々が、膨大な量の民間伝承を蓄積していることである。いつ、どこで、どの動物を狩猟するか、足跡をどのように読むか、どこでどのような植物を採集するか、雨期のあとにどの種類の食物が手に入るか、どの植物に毒があり、どの植物に薬効があるか。クン族についてメルヴィン・コナーは、「野生植物と動物に関する彼らの知識は、本物の植物学者や動物学者を驚嘆させ、逆に教えられるほど深くて広い」[*20]と記している。

この知識の積み重ねがなかったら、人類はかくも豊かで変化に富んだ食事を発達させるのは不可能だっただろう。なぜなら試行錯誤の結果は累積されず、世代ごとに再学習しなければならないからだ。我々は塊茎やキノコなどは食べようとせず、食物は果実とレイヨウの肉に限られていただろう。アフリカのミツオシエは人間を蜂の巣に導き、人間が去ると残った蜂蜜を食べる習性がある。ミツオシエと人間のこの驚くべき共生関係は、ミツオシエが蜂蜜のありかに案内してくれることを、人間が教えられ、知っていることで成り立つ。知識の蓄積を増やし、伝えるには、豊かな記憶力と高度の言語能力が必要だった。つまり大きな脳が必要とされたのだ。

この主張は、しごくもっともである。しかしこれもまた、アフリカの草原に暮らすあらゆる雑食動物にも同じように当てはまる。ヒヒは、いつどこで採食するべきか、ムカデやヘビを食べていいかどうかを知っているだろう。チンパンジーは実際に、腸内寄生虫の薬になる特別な植物を探すし、木の実の割り方について文化的な伝統を有する。世代が重複し、群れをなして暮らす動物は、自然史にまつわる知識を積み重ね、模倣によってそれを伝えていくことができる。先の解釈は、人間だけに当てはまるというわけではないのだ。[*21]

赤ん坊類人猿

人文科学者は、こうした論調に少し欲求不満を感じていることだろう。とどのつまり我々は大きな脳をもち、それを用いている。ライオンやヒヒが小さな脳で切り抜けているからといって、我々が脳の助けを借りていないわけではない。我々はライオンやヒヒより上手に切り抜けているのだ。我々は都市を建設し、彼らは建設しなかった。我々は農業を発明し、彼らは発明しなかった。我々は氷河期のヨーロッパに移住し、彼らは移住しなかった。我々は砂漠や雨期の森に住める。彼らはサバンナを離れられない。それでも先の主張は、まだかなりの説得力をもっている。なぜなら大きな脳はただでできるわけではないからだ。人間が毎日消費するエネルギーの一八パーセントは、脳の運営にあてられる。農業を発明するためだけにしては、体のてっぺんにつけておくにはずいぶんと高価な飾りである。ちょうどセックスが、革新をもたらす場合に備えてのめり込むにはあまりにも高価な習性であるように(第2章参照)。人間の脳は、セックスとほぼ同じくらい高価な発明品なのだ。つまりその利点はセックスの利点がそうであったのに劣らず、直接的で、大きなものであるにちがいない。

この理由から、いわゆる知性の中立進化論を退けるのは簡単だ。それは近年、主にスティーヴン・ジェイ・グールドによって普及させられたものである。[*22]彼の主張を理解する手掛かりは「幼形成熟（ネオテニー）」――未熟な特徴がおとなになっても維持されるという概念である。人間の進化においてつねに起こってきたことであるが、アウストラロピテクスからホモへ、ホモハビリスからホモエレクトスへ、さらにはホモサピエンスへの変遷にともない、人体の発達が長引き、緩慢になり、その結果、完全に成熟を遂げても赤ん坊のように見える体が出現した。相対的に大きな頭蓋、小さな顎、スリムな手足、体毛のない皮膚、回転しない足の親指、細い骨、そして女性の外性器さえもが、我々を赤ん坊の類人猿のように見せているのだ。[*23]

チンパンジーの赤ん坊の頭蓋骨は、チンパンジーのおとなの頭蓋骨や人間の赤ん坊の頭蓋骨よりも、人間のおとなの頭蓋骨に似ている。猿人から人間への変化は、単におとなの特徴の発達速度に影響を与える遺伝子を変化させることであった。そのため、我々の成長が止まり、繁殖を始める時期になっても、我々はまだ赤ん坊のように見えるのだ。「人間は生まれたのち、他のいかなる動物よりも長く未熟のままでとどまる」と、アシュレー・モンタギューは一九六一年に記した。[*24]

ネオテニーの証拠はたくさんある。人間の歯は決められた順序で顎から生えてくる。第一臼歯は六歳で生える。チンパンジーは三歳で生える。このパターンは、あらゆる種類の他の事柄を知るうえで、格好の目安になる。なぜなら歯は、顎の発達と関連して最適時期に生えなければならないからである。ミシガン大学の人類学者、ホリー・スミスは、二一種の霊長類において第一臼歯が生える年齢と、体重、妊娠期間、乳離れの年齢、出産間隔、性的成熟度、寿命、そして特に脳の大きさとには密接な相互関係があることを発見した。スミスは化石人類の脳の大きさを知っていたので、次のように推測した。ルーシーは、チンパンジーのように、第一臼歯が三歳で生え、寿命は四〇歳。一方、平均的なホモエレクトスはおよそ五歳で臼歯が生え、寿命は五二歳ぐらいだろう。[*25]

ネオテニーは、人間に限られるわけではない。数種類の家畜、とりわけ犬の特徴でもある。ある種の犬は、オオカミの発達でいえば初期段階で、性的に成熟する。短い鼻づら、柔らかい耳、そしてオオカミの子どもが見せるような行動。例えば、投げたものをもって帰る行動だ。他の犬はさまざまな段階にとどまる。例えば牧羊犬のように、より長い鼻づら、半分立った耳をもち、追いかけっこをする。さらに他の犬は、オオカミと同程度の狩猟、攻撃能力と、長い鼻づら、ぴんと立った耳をもつ。例えばシェパードだ。[*26]

しかし、犬がまさしくネオテニーで、若年で繁殖し、オオカミの子どものように見えるのに対し、人間は特殊である。確かに類人猿の赤ん坊のように見えるが、繁殖するのはずっとあとになってからである。頭部の形状における緩慢な変化と、若年期の長さは、人間がおとなになっても、類人猿としては驚くほど大きな脳をもつことを意味する。確かに、猿人を人間に変化させたメカニズムというのは、遺伝子のスイッチが、発達の時計を減速しただけなのである。スティーヴン・ジェイ・グールドは、言語のような特質に関して、適応的な説明を探すよりも、そうした特質は、ネオテニーによる大きな脳の完成にともなう「偶然」の、しかし有益な副産物とみなすべきだろうと論じている。言語のようにすばらしいものが、単に大きな脳と文化の所産でありえるなら、より大きな脳がなぜ必要だったかを、ことさら説明する必要はない。メリットは明らかであるからだ。[*27]

その議論は誤った前提に基づいているのだ。チョムスキーや他の学者たちが十分に示したように、言語は考えられるかぎりで最も高度にデザインされた能力の一つであり、大きな脳の副産物などではありえない。きわめて特殊なパターンを有するメカニズムで、子どもにおいては教えられなくても発達する。ちょっと考えてみれば、明らかに進化上のメリットを備えていることがわかるだろう。例えば、再帰（従属句）という方法がなかったら、最も単純な物語でさえ話すことはできない。スティーヴン・ピンカーとポール・ブルームは、「大きな木の前からのびている道をたどって、はるかかなたの地域へ行くのと、前方に大きな木がある道をたどって行くのでは、大きな違いがある。その地域に人間が食用にできる動物がいるのと、人間を食用にする動物がいるのとでは、違いがある」と述べている。

再帰法は、更新世の人間が生き延び、繁殖するには大きな手助けになったにちがいない。ピンカーとブルームは、「言語とは、進化圧に応じて神経回路に課せられたデザインである」[*28]と結論している。心理マシンの驚くべき副産物などではないのだ。

ネオテニー論には長所が一つだけある。類人猿やヒヒが、なぜ人間のあとを追って大きな脳に至る道を歩まなかったかについての、可能性の高い理由を示しているのだ。ネオテニーの突然変異は、親戚の霊長類には生じなかったのかもしれない。あるいは、もっとおもしろく解釈すれば、その突然変異は起きたかもしれないが、普及する理由がなかったのだろう。これについてはあとで述べるつもりだ。

ゴシップの支配力

人類学の門外漢たちは、人類道具製作者説や、知性に関する他の解釈に、さして敬意を表さなかった。ほとんどの人々にとって、知性の利点は明らかだったのだ。そのため多くの学習と少ない本能という概念に至り、行動は可塑性が高くなるほどに進化の報酬を受けたと解釈した。この主張が欠陥だらけで、いかに擦り切れているかは、すでに考察した。学習は、柔軟性に富む本能のうえに個人が背負いこむ荷物であり、両者はまっこうから対立することはない。人類は学習する類人猿ではない。経験によって変化しうる本能を、いっそう多くもつ賢い類人猿なのだ。こうした問題を考察する学問、とりわけ哲学は、先の論理の欠陥に気づいておらず、奇妙なことに知性に関する問題全体に対する関心を欠いている。哲学者たちは、知性と意識には明らかな利点があることを前提として、意識とは何かということを真剣に論じているのだ。なぜ知性はよいものなのか？　一九七〇年代以前には、哲学者がこの明白な進化論的疑問を呈したという証はほとんどない。

そのため一九七五年に、個別に研究を進めていた動物学者二人が突然この問題を提示すると、とてつもない刺激を与えたのだ。ミシガン大学のリチャード・アレクサンダーがその一人である。赤の女王の伝統にのっとり、チャールズ・ダーウィンが「敵意に満ちた自然の力」と呼んだものが、知的精神を進化させるに十分な挑戦相手であったかどうかについて、彼は懐疑を示した。石器や塊茎が与える問題は、ほとんどが予測可能である。幾世代にもわたり石のかたまりから道具を削りとるのは、あるいはどこで塊茎を探すかを知るのは、そのたびごとに同レベルの技能を必要とする。しかし経験があれば、どんどんやさしくなる。ちょうど自転車に乗るのと似ている。自転車はひとたび乗り方を覚えれば、自然に乗れる。確かに「無意識」になるのである。あたかも意識的な努力はそのたびごとに必要でないように。これと同じように、ホモエレクトスも、においをかぎつけられないように、風下からシマウマに忍びよるべきであるとか、例の塊茎はあの木の下にあることを、そのたびごとに意識して考える必要はなかった。自転車に乗るのが自然になるように、彼にとっては自然になったのだ。序盤の手しかもっていないコンピュータとチェスをすると考えてみよう。優れた手であっても、ひとたび負かす方法を知ったら、何度対戦しても、同じ駒の進め方ができる。もちろんチェスの醍醐味というのは、それぞれの手に応じて、対戦者が多くのさまざまな方法から一つを選べることにあるのだ。

アレクサンダーが、知性を増大させる人間環境の重要な特徴は他人の存在であると論じたのは、次のような論理にのっとっていた。世代から世代へと、ある家系がいっそう知的になったとしても、別の家系もそうなる。どんなに速く走っても、他人と比べれば同じ場所にいる。人類はみずからの技能ゆえに生態的に優位となり、それゆえ人類の唯一の敵は人類になったのだ（寄生者は除いて）。「人類がこのように進化しなければならなかったような挑戦を引き起こしたのは、人類自身にほかならない」とアレクサンダーは述べている。[*29] しごく当然である。しかし、スコットランド産のブユやアフリカゾウは、あらゆる潜在的な敵に数で勝るか、上位にあるという意味では「生態的に優位」である。しかし、どちらも相対性理論を理解する能力を発達させる必要はなかった。そもそも、ルーシーが生態的に優勢であったという証拠がどこにあるのか？　だれに聞いてもルーシーという種は、乾燥した灌木性サバンナの動物相のなかで、ちっぽけな存在でしかなかったのだ。[*30]

ケンブリッジ大学の若き動物学者、ニコラス・ハンフリーは、アレクサンダーとは別に研究を進め、同じような結論に達した。彼はこの問題に関する論文を、ヘンリー・フォードの逸話から始めている。フォードはかつて重役たちに、T型フォードのパーツのなかでどれが全然壊れないかを発見するように頼んだ。キングピンは壊れないという答えがもたらされた。そこでフォードは経費節約のために、キングピンの質を落とすように命じたのである。ハンフリーは記している。「自然は確かに、少なくともヘンリー・フォードと同じくらい注意深いエコノミストである」[*31]

したがって、知性には目的があるにちがいないのだ。高価なぜいたく品であろうはずはない。知性とは、「証拠から有益な推論をし、それに基づき行動を変化させる」能力であると定義したハンフリーは、実用的な発明のために知性が生まれたという論理は、ワラ人形論法の役にも立たないほど壊れやすいものだと論じた。「逆説的に言えば、生存のための技術が知性を必要とするのではなく、生存のための技術は知性の代替物になってしまっている」

ゴリラは動物にしては知的である。しかしゴリラは想像できるかぎりおよそ技術を要さない生活を営んでいる。身のまわりで豊かに茂る葉を食べるのである。しかしゴリラの生活には社会的問題がたくさんある。その知的努力の大部分は、支配し、服従し、他のゴリラの気分を察し、その生活に影響を及ぼすことに費やされるのである。

同様に、ロビンソン・クルーソーの孤島での生活は、技術的にはかなり単純であったと、ハンフリーは述べている。「クルーソーにとって事態がまさに困難になったのは、フライデーが登場してからである」

人間は、主に社会的な状況のなかで知性を用いると、彼は示唆したのだ。「計略と逆計の社会的ゲームは、知識の蓄積に頼るだけでは実行できない。それはチェスのゲームと同じである」

人間は自分自身の行動の結果と、他人が取りそうな行動を推定しなければならない。そのため、同じような状況下で、どのような考えが他人の心に去来するかを推測するために、少なくとも自分自身の動機をはっきり知る必要があったのだ。そして意識性を増大させたのは、まさしくこの自己認識の必要であった[*32]。

ケンブリッジ大学のホレス・バーロウが指摘したように、我々が意識する物事は主に、社会行動にかかわる心理的な出来事である。我々は無意識のまま、物を見、歩き、テニスのボールを打ち、文字を書く。軍隊の階級制のように、意識は「知る必要」をポリシーに機能しているのだ。「人は他人に報告可能な物事は意識し、報告不可能な物事は意識していない。私はこのルールの例外を一つとして思いつかない[*33]」。東洋哲学に特別な興味を寄せている心理学者、ジョン・クルックも、ほぼ同じ主張をした。「注意が認識を意識のなかに移動させ、認識は言語的表現に変えられて、他人に報告される[*34]」

ハンフリーとアレクサンダーが述べたことは、基本的に赤の女王流のチェスゲームである。人類は速く走れば走るほど、なおさら知的になり、なおさら同じ場所にとどまった。

なぜなら人々が心理的に支配しようとする人々はみずからの身内――すなわち幾世代も綿々と続いてきた、他にぬきん出て知的な人々の子孫であったからなのだ。ピンカーとブルームが述べたように、「知的能力がほぼ等しく、時にその動機が悪意に満ちた生物と交流するには、膨大かつ絶えず増大する認識が要求される」[*35]

トゥービーとコスミデスの心理モジュール説が正しければ、この知的チェスゲームによって容積を増やすように選ばれたモジュールのなかで、「心の理論」モジュールは、言語モジュールを通して我々の思考を表現する手段であるだけではなく、我々に互いの思考を読むことを可能にさせるモジュールでもある。[*36] まわりを見れば、この概念を裏づける格好の証拠が山ほどあるだろう。ゴシップは人間習慣のなかで最も共通した習慣の一つである。従業員、家族、旧友など、互いによく知っている人々のあいだの会話は、そのグループに居合わせない（あるいは居合わせた）他人の行動、野心、動機、性格の弱さ、そして不倫以外の話題で長続きすることはほとんどない。テレビのメロドラマが、人々を楽しませる効果抜群の手段である理由は、そこなのだ。[*37] これはなにも西欧だけの習慣ではない。メルヴィン・コナーがクン・サン族との体験を次のように記している。

「サン族と二年あまりを過ごした私は、人類史の更新世を（我々が進化を遂げた三〇〇万年のあいだ――原文ママ）果てしなく続くマラソン療法集団であると考えるようになった。我々が彼らの村の一つで、草ぶきの小屋に寝ているとき、幾晩も幾晩も、その薄い壁を通して、火を囲む輪から争う声が漏れ聞こえてきた。感情の素直な吐露。論争が始まり、ほの暗い明かりが灯され、明け方まで続くのである」[*38]

あらゆる小説や戯曲は、たとえ歴史小説や冒険小説の体裁をとっていても、実質的に同じ主題を扱っている。人間の動機を理解したかったら、フロイトや、ピアジェや、スキナーではなく、プルーストか、トロロープか、トム・ウルフを読むとよい。我々は他人の心理に夢中なのだ。「直感と常識に基づく我々の心理は、その視野と的確さで、いかなる科学的な心理学をもはるかにしのいでいる」と、ドン・サイモンズは記した。[*39] ホレス・バーロウは、偉大な文学的心とは、偉大な読心力をもつ心である、と指摘した。シェークスピアは、フロイトよりも格段に優れた心理学者であった。ジェーン・オースティンはデュルケームよりも格段に優れた社会学者であった。我々は天性の心理学者であるからこそ、そしてそうであるかぎりは、賢いのだ。[*40]

こうしたことに最初に気づいたのは、確かに小説家たちである。ジョージ・エリオットの小説『急進主義者フィーリクス・ホルト』に登場するホルトが、アレクサンダーとハンフリーの説を簡潔に要約するような、こんな台詞を述べている。

「チェスの駒すべてが多少とも卑劣でずる賢い情熱と知性をもち合わせていたら、チェスのゲームはどれほど突飛なものになるでしょう。相手の駒が何を考えているか見当がつかないだけではなく、自分自身の駒の考え方にも少しも自信がもてないとしたら……。傲慢にも数学的思考力に頼り、情熱的な駒の動きを侮れば、あなたは必ずや打ち負かされるでしょう。でもこの仮想チェスは、男性が仲間を手先に使って、他の仲間を敵に回して戦わなければならないゲームと同じものなのです」

マキャベリ仮説として広く知られているアレクサンダー－ハンフリー説[*41]は、どちらかというと当然のように聞こえる。しかし、一九六〇年代に行動研究において「利己的」革命が唱えられる以前は提示されることはなかったし、社会科学の道に邁進しているいかなる人によっても提出されることはなかった。それは動物のコミュニケーションに対してシニカルな見解が必要だからである。一九七〇年代の半ばまで、動物学者たちは、情報伝達の見地からコミュニケーションを考察していた。メッセージが明快で、誠実で、有益であることが、伝達人と受け取り人双方の利益であると解釈したのだ。しかしマコーレー卿はかつてこう述べている。「雄弁の目的は、真実のみにあらず。説得もまた目的なり」[*42]

一九七八年に、リチャード・ドーキンスとジョン・クレブスは、動物は情報を伝達するよりむしろ、主に互いを操るためにコミュニケーションを用いていると指摘した。鳥は、メスを説得して夫婦になるために、あるいはライバルのなわばり侵入を防ぐために、長々と情感たっぷりに、さえずるのである。単なる情報伝達なら、あれほど凝ったさえずりをする必要はない。ドーキンスとクレブスによると、動物のコミュニケーションは、航空会社のタイムテーブルよりも、人間の広告業に似ているのだ。母親と赤ん坊のコミュニケーションのように、互いに最も有益なものでさえ、純然たる操作である。相手が欲しいばかりに、死に物狂いで泣く赤ん坊に夜中起こされた母親ならば、だれでも知っているだろう。科学者たちは、ひとたびこのように考え始めると、動物の社会生活をまったく新しい視点から考察するようになった。*[43]

コミュニケーションにおける、欺瞞の役割を裏づける顕著な証拠の一つが、スタンフォード大学でのレダ・コスミデスの実験と、ザルツブルク大学でのゲルト・ギーゲレンツァーらによる実験から得られている。ウェイソン・テストと呼ばれる単純な論理パズルがあるのだが、人間はなぜか不得意である。まずテーブルの上に四枚のカードを置く。それぞれのカードは、片面に文字が、裏に数字が記されている。目下、カードはD、F、3、7の面が出ているとしよう。「片面にDと記されたカードは、裏に3が記されている」という規則が成り立っているかどうかを証明するのに必要なカードだけを、裏返さなければならない。

このテストを受けたスタンフォードの学生のうち、正解者は四分の一以下だった。これは平均的な結果である（ちなみに正解はDと7のカードである）。しかし設定が異なると、人々はウェイソン・テストをもっと巧みにこなすことが、数年前から知られている。例えば、問題を次のように設定してみよう。

「諸君はボストンバーの用心棒で、次の規則を守らせないと失職する。ビールを飲んでいる人間は、二〇歳以上でなければならない」「ビールを飲んでいる」「コークを飲んでいる」「二五歳」「一六歳」である。学生の四分の三が、「ビールを飲んでいる」と「一六歳」のカードを裏返し正解した。しかし、問題は最初のテストと論理的に同じなのだ。おそらくボストンバーにおけるなじみ深い設定が、人々に好成績をあげさせるのだろう。しかし他の同程度になじみ深い設定では、結果はかんばしくない。なぜある種のウェイソン・テストが、他のウェイソン・テストより簡単なのかという不思議は、心理学における長いあいだの謎の一つであった。

コスミデスとギーゲレンツァーの実験は、この謎を解き明かしたのである。単にこういうことなのだ。その論理がいかにやさしくても、行うべき規則が社会的な契約でなければ、問題はむずかしい。ところが「ビール飲み」の例のように、規則が社会契約ならば、問題はやさしくなる。ギーゲレンツァーの実験の一つでは、「諸君が年金を受けているなら、勤続一〇年にちがいない」という規則が守られているかどうかについて、被験者たちに、雇用者の立場で考えるようにと告げると、「勤続八年」と「年金受給」のカードの裏に何が書かれているかを知りたがり、よい成績を収めた。ところが、従業員の立場で考えるように告げ、同じ規則を適用すると、裏返したカードは「勤続一二年」と「年金未受給」だった。雇用者を欺いても、この規則に違反しているわけではないと論理は明らかに示しているのに、被験者たちは雇用者を欺こうとしているかのようである。

一連の実験を通して、コスミデスとギーゲレンツァーは、人々がパズルを単なる論理の問題として扱っているのではないことを証明した。人々は、それを社会契約であるとみなし、裏切り者を探しているのである。人間の心理はあまり論理に向いているようではないと、二人は結論した。しかし、社会的取引の公正さと、社会的提案の誠実さを判断するにはよく適している。この世は、信用できないマキャベリ的社会なのだ。*44

セント・アンドリュース大学のリチャード・バーンとアンドリュー・ホワイテンは、東アフリカでヒヒを研究中、ある事件を目撃した。若いオスのポールは、おとなのメス、メルが大きな根っこを探し当てたところを目撃した。彼はあたりを見回し、鋭い叫び声をあげた。その声でポールの母親が駆けつけた。メルが息子から食物を奪ったか、脅しているのだろうと「想像」したのだ。そしてメルを追い払った。ポールはまんまとその根っこを食べた。若いヒヒのこの社会的欺瞞は、多少の知性を要するものである。叫べば母親が来るという知識。母親が何が起こったと「想像」するかという推測。そして、そうなれば自分が食物を手にするという予測。これはまた、だますことに知性を用いることなのだ。バーンとホワイテンはさらに、打算的な欺瞞の習慣は、人間ではありふれたもので、チンパンジーではときどき、ヒヒでは稀で、他の動物ではほとんど見られないことを、主張している。つまり欺瞞と欺瞞の発見は、知性が発達したいちばんの理由なのだろう。彼らによると、大型類人猿は、別の可能性としてはどういうことがありうるかを想像する能力を、欺瞞を成し遂げる手段として使う特殊能力を獲得したのだ。[*45]

ロバート・トリヴァースは次のように論じている。動物が他者をうまく欺くには、まずみずからを欺かなければならない。そしてこの自己欺瞞の特質は、意識的なものを無意識に押しやるというバイアスをもったシステムである。したがって欺瞞とは、潜在意識を作り出す原因と言えるのだ。[*46]

しかしバーンとホワイテンが報告したヒヒの事件は、マキャベリ論の誤りの核心を突いている。それはあらゆる社会性動物に当てはまる。例えば、チンパンジーの群れの生活記録を読めば、我々には彼らの織り成す「計略」の先が読めすぎて痛々しいほどである。ジェーン・グドールが報告している、成功したオス、ゴブリンのこんなエピソードがある。ゴブリンは、まず群れ内のそれぞれのメスに挑戦し、これを打ち負かし、次にハンフリー、ジョメオ、シェリー、サタン、エヴェレッドと、オスを一頭ずつ負かすことにより、年若くして自信満々に序列をのぼった。「フィガン［優位のオス］」だけは除外された。実は、ゴブリンが自分より年上で経験豊かなオスたちに挑戦できた理由は、フィガンとの関係にあったからである。フィガンがそばにいなければ、まず挑戦はしなかったはずだ」

人間の読者には、次に何が起きるかは火を見るより明らかだろう。

「我々はしばらくのあいだ、ゴブリンがフィガンに反抗するだろうと期待した。他のすべての面では社会的にあれほど如才ないフィガンが、ゴブリンを支持することで生じる必然的な結果を、なぜ予測できなかったのか？　私には今もって謎である」*47

計略は多少の曲折を経たものの、なんら驚くことはない。フィガンは間もなく打倒された。マキャベリは彼の王子に、少なくとも背後の警戒を怠るなと警告した。ブルータスとキャシアスは、ジュリアス・シーザー（ユリウス・カエサル）に陰謀が知れないように細心の注意を払った。もし彼らのむき出しの野心が見えたなら、暗殺を決行できなかっただろう。人間ならば、最も権力に目がくらんだ独裁者でも、フィガンのように不意を突かれたりはしない。もちろんこれは、人間がチンパンジーより賢いことを証明しているにすぎない。別に驚くことではないのだ。しかしそれはなぜなのか、という疑問をはっきり提示しているのである。もしフィガンが大きな脳の持ち主であったら、次に何が起きるかに気づいただろう。要するに、ニック・ハンフリーが同定した進化圧は、チンパンジーやヒヒにも存在するのだ。社会的パズルを解き、心理を読み、反応を予測することがますます巧みになることである。スタンフォード大学の心理学者、ジェフリー・ミラーが指摘したように、「あらゆる類人猿とサルは、コミュニケーション、操作、欺瞞、長期の関係で満ちた複雑な行動を示している。このような社会の複雑さから生じるマキャベリ流知性に対する淘汰を考えれば、他の類人猿やサルが、今よりもはるかに大きな脳をもってしかるべきだと言わざるを得ない」[*48]

この謎の答えはいくつかあったが、どれも完全には説得力がない。最初はハンフリー自身の説で、人間社会は、若者が人間という種の実用的技能を学ぶ「専門学校」が必要なので、類人猿社会よりも複雑であるというものだ。私には、これは単に道具製作者論に戻っただけのように思える。第二の説は、血縁関係のない個人のあいだに築かれる同盟は、人間における成功の鍵である、そしてこの複雑な状況が、知性に対する報酬を大幅に増大させたというものである。が、すぐにここで疑問が生じる。イルカはどうなるのだ？　イルカ社会は、オスとメスの流動的な同盟に基づくという証拠が固まりつつある。例えばリチャード・コナーは、二頭のオスが受胎能力のあるメスを誘拐した他のオスグループに遭遇したところを観察した。メスをめぐって彼らと戦う代わりに、二頭は去り、仲間を見つけて戻ってきた。そして数にものをいわせて、メスをグループから奪ったのだ。[*49]チンパンジーにおいてさえ、オスが第一位の地位を獲得し、その地位を維持することができるかどうかは、仲間の忠誠を操作する能力で決定される。[*50]そこで、同盟論は一般的すぎていて、人間の知性が突然に増大した理由を、やはり説明できないように思われるのだ。しかも、ほとんどのこの種の説と同様に、言語、戦略的思考、社会的交流などについては説明しているが、人間が精神的エネルギーの多くを捧げる物事のいくつかを説明していない。例えば、音楽やユーモアについてを。

才気煥発とセクシーさ

マキャベリ論は、少なくとも人間の脳に、脳がいかに賢くなろうとも、その賢さに匹敵するような対戦者を提供してくれる。人間が私利追求に際していかに無慈悲かは、少し考えればすぐわかることだ。ちょうどチェスでうますぎるということがないように、賢すぎるということはないのだ。勝つか負けるか、どちらかしかない。幾世代にもわたる進化トーナメントにおいてそうであるように、たとえ勝って、さらにうまい相手と対戦することになっても、ますますうまくなれというプレッシャーは決して止むことはない。人間の脳が加速的に大きくなっていったようすは、そうした種内での軍拡競争が行われていることを暗示している。

まさにその点についてジェフリー・ミラーが論じている。知性に関する従来の説に欠陥があることを解明したのち、彼は驚くべき方向転換をした。

「脳の新皮質は本来、道具製作、二足歩行、火の使用、戦争、狩猟、採集、サバンナの捕食者を撃退するためなどの専門装置ではないと、私は考えている。ここに提出されたこれらの機能はどれ一つをとっても、我々の種においては爆発的進歩が生じ、他の近しい種においては生じなかった理由を説明できないのである。新皮質は主に、性のパートナーを引きつけ、自分のもとにとどめておくための求愛装置である。その特殊な進化的機能は、他人を刺激し、楽しませ、他人の刺激努力を値踏みすることなのだ」[*51]

彼の見解によると、進化圧が突如として気まぐれに、ある種族において十分に維持され、その器官を通常サイズよりもはるかに大きくする方法は、性淘汰しかないのである。「クジャクのメスが、オスの視覚的に華麗な尾羽のディスプレーでまさしく満足するように、ヒト科のオスとメスは、精神的に優れ、魅力的で、自己主張できる、楽しいパートナーでまさしく満足するようになったのだろう」

ミラーがクジャクを例に用いたのは意図的である。動物の世界のどこでも、並外れて誇張され、大きな装飾が見られるが、それは、ランナウェイやセクシーな息子説、つまり強烈な性淘汰をもたらすフィッシャー効果によって説明がつく（あるいは、第5章で述べた、同じように力強い優良遺伝子効果によって）。すでに考察したように、性淘汰というのは、自然淘汰とはその効果がきわめて異なる。生き残るための問題を解決するどころか、いっそう困難にするからである。メスの選り好みが原因で、クジャクのオスの尾羽は重荷になるまで長くのびた。しかし選り好みは、さらに長くのびるよう求めているのである。もっともミラーは、メスは決して満足しないと、誤った記述をしている。そこで、急激な装飾の変化をもたらす力が何であるかがわかったのに、脳の急激な拡張を説明しようとする際に、この事実を無視するのは、片意地ではないだろうか。

ミラーは、自分の見解を裏づける状況証拠をいくつか例証として挙げている。調査によると、男女の望ましい特質リストでは、つねに富や美貌といったものよりも、知性、ユーモアのセンス、独創性、興味深いキャラクターが上位にランクされる。[*52] ところが、こうしたものは、若さ、ステータス、多産性、親としての能力をまったく予知できない特質である。そのため進化論者たちは無視しがちなのだが、そうした特質は現実にリストの上位に位置しているのである。クジャクの尾羽は、父親としての能力を示す道しるべではないが、専制的な「流行」が、流行を尊重しないクジャクに不利に働くのである。これと同じように男も女も、最も機知に富み、独創的で、自己主張できる人間をパートナーとして選択し、あえて踏み車から降りないのだろうと、ミラーは考えている(テストで判定される型にはまった「知性」を、彼が問題にしているのではない点に注意)。

同様に、性淘汰が生まれつき備わっている感覚偏向を気まぐれにとらえるやり方は、類人猿が生まれつき「好奇心旺盛、陽気、飽きやすい、刺激に敏感」であるという事実と矛盾しない。夫を長くつなぎとめ、子育てを手伝わせるために、女性はできるだけ変化に富み、独創的な行動をとる必要があったのだと、ミラーは述べている。彼はこれをアラビアン・ナイトにちなみ、シエラザード効果と呼んでいる。シエラザードは、サルタンが他の愛妾に心変わりして彼女を捨てる(そして処刑する)ことがないように、千と一つの物語を聞かせてサルタンを魅了した。同じことは、女性を引きつけたい男性にも当てはまる。ミラーはこれを、ギリシアのダンスと音楽、陶酔、誘惑の神にちなみ、ディオニソス効果と呼んでいる。きっとミラーは、ミック・ジャガー効果とも呼びたかったのではないだろうか？　気取った中年のロックスターがなぜ女性たちをあれほど魅了するのか理解しかねると、彼は私に告白したことがある。この点に関してドン・サイモンズは、部族の首長たちが、ずばぬけた語り部であると同時に、たくさんの妻をもっていることに注目をしている。*[53]

ミラーは、脳が肥大化すればするほど、長期間の夫婦の絆が必要になったと述べている。人間の赤ん坊は無力で未熟な状態で生まれる。誕生時に類人猿と同じくらい育っているためには、子宮内で二一ヵ月過ごさなければならない。*[54] しかし人間の骨盤は、それほど大きな頭部の子どもを生むことなどできないので、九ヵ月で誕生し、次の一年間は無力な、子宮外の胎児として扱われるのである。世の中に出てしかるべき年齢になるまで、歩き始めることさえない。この赤ん坊の無力がなおいっそう、男性をつなぎ止め、子どもを養う手伝いをさせようと、子どもを抱えた女性に圧力をかけるのだ。これがシエラザード効果である。

ミラーは、シエラザード効果に対する最も一般的な反対意見は、ほとんどの人間がウィットと独創性に欠け、鈍感で月並みであるということだと気づいた。しごくもっともである。しかし何と比べてそうだというのか？　もしもミラーが正しければ、我々が楽しいと判断するその基準も、我々のウィットと同じ速さで進化を遂げたのだ。

「身長が一メートル二〇センチ、かなり毛深く、胸の平たいヒト科のメスが、似たような姿のヒト科のメスよりもセクシーだなどとは、男性読者には想像もつかないのだろうと思う」。ミラーは私に宛てた手紙にこう記している（彼がここで触れているのはルーシーのことだ）。「我々の意識はなまくらになっている。性淘汰によってすでに遠くまで押しやられ、我々が通過したポイントのどれをとっても、いかに進歩的であったかを、もう認識できないからである。五〇万年前ならば、悩ましいほどセクシーとみなされた特徴に、我々はげんなりするのだ*55」

ミラーの説は、他の説では説明がなされていない幾つかの事実に注目している。ダンス、音楽、ユーモア、前戯はすべて、人間だけに見られる特徴である。トゥービー＝コスミデスの論理に従えば、こうしたものは「社会」が押しつけた文化的習慣にすぎないとは論じられない。リズミカルなメロディーを聞きたいという欲求、ジョークで笑いたいと思う欲求は、明らかに生得的に発達するものだ。ミラーに従えば、こうした欲求は、目新しさと技巧に執着するのが特徴で、若者に多く見られる。ビートルズマニアからマドンナに至るまで（遠くさかのぼればオルフェウスまで）、音楽の創造力を備えた若者は、いやがうえにも性的魅力がある。人間の普遍的特性なのだ。

人類がことのほかパートナーを精選するという事実は、ミラーの説にとって決定的に重要である。確かに類人猿のなかで、人間だけが両性ともにたいへん選り好みをする。ゴリラのメスは、自分のハーレムの「主」ならばだれとでも喜んで交尾する。ゴリラのオスは、発情したメスを見つければだれであっても交尾する。チンパンジーのメスは、群れのなかで大勢のさまざまなオスと交尾したがる。チンパンジーのオスは、発情したどのメスとも交尾する。しかし人間の女性は、性交相手を特に念入りに選ぶのである。実は男性もそうなのだ。なるほど男性は美人の若い娘とすぐにベッドをともにしたくなる。しかしここがまさに肝心な点なのだ。ほとんどの女性は若いわけでも、美人なわけでもないし、見知らぬ男性を誘惑したいわけでもない。この点において人間がどれほど特殊かは、強調しすぎるということはない。イエバトやハトのように[*56]一夫一妻の鳥類では、オスは念入りに気を配ってメスを選ぶ。しかし他の多くの鳥類は、精子間競争の理論のくだりで証拠として示したように（第7章参照）、通りがかりのどのメスとも喜んで浮気する。男性は女性以上に変化を好むのかもしれないが、動物のオスにしては、きわめて性的に選り好みをするオスなのだ。

どちらか一方の性による選り好みは、性淘汰には不可欠である。そして前章まで述べたように、それ以上のものなのだ。それは、性淘汰が働いていることを知らせる確実な前兆なのである。フィッシャーのセクシーな息子に至るランナウェイプロセスや、ザハヴィ－ハミルトンの優良遺伝子効果は、ひとたびどちらかの性が選別を始めれば、避けられない。したがって、性淘汰の単純な帰結として、人間になんらかの性質の誇張が表れると予測されるのである。[*57]

ところで、ミラーの議論は性淘汰についての見過ごされがちな特徴に注意を喚起している。性淘汰は選ばれる性と選ぶ性の双方に影響を及ぼしうるのである。例えば、クロムクドリモドキにおいては、メスが大型の種は、オスもまたさらに大型である。多くの哺乳類や鳥類でも同じことがいえる。ライチョウ、キジ、アザラシ、シカにおいては、オスとメスの体型の比率は、大型の種になるほど大きくなる。最近の分析では、これは性淘汰に帰因すると結論されている。種が一夫多妻であるほど、オスは大型であるほうが有利である。オスが大きくなるように淘汰されるほど、必然的に大型化の遺伝子が息子にだけでなく娘にも受け継がれる。その遺伝子は「伴性性」であることもできるが、ふつうは不完全な形でしか表れない。あるいは、娘が効果を受け継ぐと大きな不利益がある場合にのみそうなる。例えばメスの鳥類が派手な羽をもつような場合である。したがって、オスがメスの大きな脳を性淘汰すると、両方の性に大きな脳がもたらされるのである。[*58]

若さへのこだわり

ミラーの議論は、ネオテニー論をひとひねりしたものだと私は信じている（もっとも本人は納得していない）。ネオテニー論は、人類学者たちのあいだでは十分に定着している。そして人間が一夫一妻で子どもを育てるということは、社会生物学者のあいだでは十分に定着している。しかしこの二つをいっしょにして考えた者は、まだどこにもいない。男性が若く見えるパートナーを選び始めると、女性においておとなの形質の発達速度を遅くする遺伝子はみな、どの年齢においても彼女をライバルよりも魅力的に見せるだろう。その結果、彼女は多くの子孫を残し、同じ遺伝子を子孫が受け継ぐ。ネオテニー遺伝子はみな容貌を若く見せるのである。ネオテニーとは、いうなれば性淘汰の結果なのだろう。そしてネオテニーは、（成人時に脳の大きさを拡大することによって）我々の知性を増大すると考えられるから、我々の強大な知性は、性淘汰に帰因すると考えるべきだろう。

この考えは初めは理解するのがむずかしいだろう。思考実験を行ってみるとよい。原始時代の女性が二人いて、一人はふつうに成長し、もう一人は余分なネオテニー遺伝子をもっている。したがって後者は毛深くなく、大きな脳と小さな顎をもち、成熟が遅く、長命である。二五歳で二人とも寡婦になり、それぞれ前夫との子どもを一人抱えていた。部族の男性は若い女性を好むが、二五歳は若いとはいえない。つまりどちらの女性も再婚のチャンスはあまりないわけだ。しかし妻を見つけられない男性が一人いた。二者択一をせまられ、彼は若く見えるほうの女性を選んだ。彼女はさらに三人の子どもをもうけたが、一方、ライバルはすでにいた子どもをやっとのことで育てるだけである。

物語の細かい部分は問題ではない。要点はこうだ。男性がひとたび若さを好み始めると、老化の特徴を遅らせる遺伝子が、ふつうの遺伝子を犠牲にして栄えるものなのだ。そしてネオテニー遺伝子は、まさにそのような遺伝子なのである。遺伝子はその女性の娘だけではなく、息子の外見も幼形成熟したように見せるだろう。その効果が女性に特定される理由はないからだ。こうして人類全体がネオテニー化されるのである。

ロンドン経済大学のクリストファー・バドコックは、進化に対する興味とフロイトに対する興味を結びつけているのだが、同じような考えを提出している。ネオテニー（あるいは幼形成熟）の特徴は、男性の選り好みよりむしろ、女性の選り好みによって出現したと彼は示唆した。かつて若い男性のほうが狩りのパートナーとしては協力的だった。そのため肉が欲しい女性たちは、若く見える男性を選んだ。要点は同じである。ネオテニーの発達は、片方の性におけるネオテニー嗜好の結果なのだ。[*59]

これはなにも大きな脳自体が、マキャベリ的知性や言語、誘惑に利益をもたらしたことを否定するわけではない。実際、こうした利益がひとたび明らかになると、若く見える女性を選ぶことに特にこだわる男性は、最も成功を収める。なぜなら彼らはときどき、ネオテニーで大きな脳をもつ女性を選び、なおさら知的な子どもに恵まれるからである。しかしこの考えに立てば、なぜそれがヒヒに起きなかったのかという疑問をかわせると思われるのだ。

しかしながら、ミラーの性淘汰論は、ほぼ致命的な欠点が一つある。性淘汰は、どちらか一方の性による性的選り好みを前提とするのだということを思い出してみよう。しかしその選り好みの原因は何か？　おそらく、男性が子どもの世話の一部を分担するようになり、そのため女性は、父親を一人の男性に限定する動機が生じ、男性は父親であると確信できるかぎりは、長期の夫婦関係を結ぶ動機が生じたことだろう。ならばなぜ男性は子どもの世話を分担したのか？　そうすることによって、新しいパートナーを探すよりも、子どもが生き残るチャンスが増えたからである。この理由は、人間の子どもが類人猿の赤ん坊としては異例にも、成熟するのに長い時間を要し、そのため男性は、妻が子育てしているあいだは、妻のために肉を狩猟し手伝えたからである。なぜ人間の子どもは成熟するのに時間がかかったのか？　大きな頭をもっていたからだ！　これでは議論がもとに戻ってしまう。

このことは致命的ではないのかもしれない。優れた主張というのは、フィッシャーのランナウェイ性淘汰論のように、時として循環しているのだ。卵が先か、ニワトリが先かは、循環している。ミラーは実際に、自分の主張の循環性をむしろ誇りに思っている。進化とは、前進させる手段を用いてみずからの能力を向上するプロセスであることを、我々がコンピュータシミュレーションから学んだと、彼は信じているからである。単一の原因と結果などありえない。結果は原因を増強するからである。ある鳥が種子を割るのが得意だと気づいたら、その鳥は種子を割ることに特殊化し、その結果、種子割り能力にさらなる圧力がかかり、進化する。進化とは循環なのだ。

手詰まり

我々の脳は神経版のクジャクの尾羽（性的ディスプレーを目的にデザインされた装飾）であり、算術から彫刻に至るまで、我々のあらゆる技能は、人を魅了する能力の副産物にすぎないというのは、居心地の悪い考えだ。居心地は悪いし、説得力抜群というわけでもない。人間心理の性淘汰は、本書で述べてきた多くの進化理論のなかで、最も実証性に欠け、もろい理論であるが、他の説と特に違った考え方をしているわけではない。私は本書の冒頭で次のような問いかけをした。人間はなぜこうも似ており、かつなぜこうも異なるのか？　そしてこの答えはセックスというユニークな錬金術のなかにあるだろうと述べた。個人がユニークなのは、疾病との永続的なチェストーナメントにおいて、有性生殖が作り出す遺伝子の多様性のためである。個人が同質な種の一員であるのは、その多様性が人間の遺伝子というプールのなかで絶え間なく混合されているからである。私は本書を、セックスがもたらした最も不可思議な帰結で終えようと思う。パートナー選びにおける人間の選り好みは、人間心理を、ウィット、妙技、創造性、個性は他人を酔わせる、という以外になんの理由もなく、熱狂的な拡張の歴史へと駆り立てたのである。これは人間の存在理由として、宗教的見解のように精神を高揚させるものではないが、むしろ人を解放させる見解でもある。個性的であるべし。

エピローグ　自己家畜化された類人猿

汝自身を知れ、神が判ずると夢々思うなかれ
人類のおあつらえの典型は男なり
中流の境遇という地峡に位置し
陰険にも賢く、みだらにも偉大な生き物
無神論者の尊大さを知りつくし
ストア学派の自尊心を愛しすぎ
男は迷っている、行くべきか、止まるべきか
みずからを神とみなすか、獣とみなすか
心を選ぶか、体を選ぶか
死ぬためにのみ生まれ、誤るためにのみ論じ
知らぬがごときその理性は
考えなしか、考えすぎか

——アレクサンダー・ポープ『人間論』

目下のところ人間性の研究は、人間のゲノムの研究と同じような段階にある。ヘロドトスの時代に、世界地図を作ろうとしていたのと似たようなレベルだ。わずかな断片については詳しいが、他のもっと大きい部分についてはおおまかに知っているだけだ。まだまだ思いもよらない事柄が、我々を待ちうけており、当分、試行錯誤の連続である。氏か育ちかの無益な独断的な論争から逃れることができれば、未知の部分を少しずつ解明していくことができるだろう。

しかし、メルカトルが経度と緯度を用いた投影図法を考案するまで、ヨーロッパとアフリカの相対的な大きさを正確に把握できなかったのと同様に、人間の本性を研究するには、他の動物の研究からの投影が不可欠である。ヒレアシシギ、キジオライチョウ、ゾウアザラシ、チンパンジーの社会生活を分離して理解することはできない。もちろん、それぞれの動物を逐一詳細に描写することはできる。彼らはそれぞれ、一妻多夫、レック、ハーレム、離合集散型グループである。しかし進化という視点から見て初めて、なぜかという理由を正しく理解できる。そうして初めて、親としての投資をする機会の違い、生息地の違い、食物の違い、系統的遺産の違いが、彼らの本性の決定において果たした役割を認識できるのだ。人間だけが学習する生き物で、気ままにみずからを再創造するのだという傲慢な信念から、他の動物と人間の比較をかたくなに拒むのは、まったくのナンセンスである。だから私は、本書であえて動物と人間を取り混ぜて述べたことを弁解するつもりはない。

文明の力をもってしても、我々の偏狭な独りよがりを解き放つには十分ではない。我々は、犬や牛と同じくらいに、いや、それ以上に家畜化されているというのは真実である。我々は更新世には我々の本性の特質だったであろう本能のあらゆるものを、取り除くよう繁殖してきた。ちょうど人間が、牛を品種改良して更新世の原牛が有していた形質の多くを取り除いたように。しかし、牛も一皮むけば、その下は原牛なのだ。乳牛の群れを森に放てば、まもなく一夫多妻の群れになり、オスは地位をめぐって争うだろう。犬たちを自由気ままにさせたら、集団でなわばりをもち、優位な犬たちが繁殖を独占するのだ。イギリス人の若者グループをアフリカのサバンナに置き去りにしても、祖先と同じ生活方法に立ち戻りはしない。それどころか餓えて死ぬだろう。つまり我々は何千年にもわたり、食物をどこで見つけるか、いかにして生きるかということを、文化的伝統に依存してきたのだ。しかしそうした人間でも、完全に非人間的な社会規則を作り出すことはないだろう。オレゴン州のラジニーシプーラムをはじめ、自由気ままな共同体でのあらゆる実験が立証したように、人間の生活共同体はつねに階級制を作り出し、いつも性的エゴがむき出しとなり、拡散する。

人類は自己家畜化の動物である。哺乳類である。類人猿である。社会性類人猿である。オスが求愛の主導権を握り、メスは一般に生まれた社会を去る類人猿である。オスは捕食者で、メスは食物となる植物を探す類人猿である。オスは総じて順位制をなし、メスは総じて平等主義の類人猿である。オスはパートナーと子どもに食物を提供し、保護し、そばにとどまり、子どもの育成に多大な投資をする類人猿である。一夫一妻の結合が通常だが、多くのオスが情事にふけり、時には一夫多妻を成し遂げるオスもいる類人猿である。低い地位のオスと結婚したメスは、より高い地位のオスの遺伝子を獲得するために、しばしば夫を裏切る類人猿である。雌雄相互に非常に強い性淘汰を受け、その結果メスの多くの形質（唇、胸、ウエスト）と雌雄の知力（歌、競争心、ステータス願望）が、パートナーをめぐる争いで用いられるようにデザインされた類人猿である。連想によって学習し、言語でコミュニケーションし、伝承によって伝える新しい本能を、驚くほど発達させた類人猿である。しかし、それでもやはり類人猿なのだ。

本書に記した考えの半分は、おそらく誤りだろう。人間科学の歴史はさして力づけられるものではない。ゴルトンの優生学、フロイトの無意識、デュルケームの社会学、ミードの文化人類学、スキナーの行動主義、ピアジェの早期学習、ウィルソンの社会生物学。振り返ってみれば、どれもがまちがいだらけで、誤った見解に満ちていた。赤の女王流のアプローチも、このまちがいだらけの物語の一章にすぎなくなるのは確かだ。赤の女王を政治的に応用すれば、既得の利権と対立することになり、人間の本性を理解しようとした過去の試みに対してなされたのと同様の損害を引き起こすだろう。政治的正当性を旗印にかかげる西洋の文化革命は、例えば、男女の心理的な相違に対する研究のような、聞きたくない研究を抑圧するにちがいない。

我々は決してみずからを理解できない巡り合わせなのではないだろうか、と私はときどき思う。我々の本性の一部は、あらゆる探求を野心的、非論理的、操作的、宗教的など我々の本性の表現にと変えてしまうことだからだ。「私の『人間の本性論』ほど不幸な文学的試みはなかった。出版されることなく死産したのである」。デイヴィッド・ヒュームはこう述べた。

しかし考えてみれば、我々はヒューム以後にどれだけ多くの進歩を遂げたのだろうか。人間の本性を完全に理解するというゴールに、昔よりもどれだけ近づいたのだろうか。我々がゴールに到達することは決してないのだろう。そして、そのほうがおそらくよいのだ。それでも「なぜか？」と絶えず問い続けているかぎり、我々には崇高な目標があるのである。

訳者あとがき

本書は、もともと一九九五年に翔泳社からハードカバーで出版されたのだが、このたび早川書房から文庫版で再出版されることになった。この翻訳のもとになった原書は、一九九三年に出版されたのであるが、その後、二〇〇三年にリプリントが出版されており、それ以後の研究の進展を反映して内容が多少改変された。今回の文庫版の再出版にあたり、リプリントを参照して翻訳にもいくらか手を加えた。

本書は、英国の一流の科学ジャーナリストによる進化生物学の啓蒙書である。性というものがなぜ進化したのか、そして、性の進化がヒトの進化にどのように影響しているかを、昨今の研究成果をつなぎあわせて解説している。著者のマット・リドレーは、このほかにも、『やわらかな遺伝子』や『徳の起源』など、評価の高い啓蒙書を著しているが、この『赤の女王』も、今読み返しても名著であると思う。

ちまたには、進化の理論をめぐって誤解・曲解が満ちあふれている。一般的に言われている進化に関する話の数々は、まさに玉石混交と言ってよいだろう。それはさておき、自然淘汰という概念は、誤解・曲解に満ちているにせよ、少なくとも人々に知られている。それに引き換え、性淘汰という概念は、ほとんど知られていないのではないだろうか？　しかし、雄と雌があるのはなぜか、そして、雄と雌が出現したことによって生じた新たな進化の舞台がどんなものであるのかは、自然淘汰で自明に説明できるものではなく、実に興味津々の領域なのである。本書は、その性淘汰についての、非常によい解説書でもある。

雄と雌は、繁殖に関する利益と損失の質が大きく異なる。そのすべては、雄が生産する精子は小さくて数が多く、雌が生産する卵は大きくて数が少ないという、もともとの配偶子のアンバランスに端を発する。これは、有性生殖という繁殖様式が進化したごく初期に生じた違いだ。ところが、その後、雄という個体と雌という個体は、このアンバランスをもとに、互いに繁殖のために相手を必要とはするものの、まったく異なる戦略を進化させていくことになった。

この違いは、単に狭い意味での「繁殖の形質」にとどまらない。この繁殖戦略の違いは、めぐりめぐって雄と雌の形態、行動、生態、死亡率、死亡原因、寿命のすべてに影響を及ぼす。だからこそ、雄のシカは大きな角を生やし、雄のクジャクは大仰な羽を誇示し、闘争と求愛に明け暮れて短命な一方、雌のシカも雌のクジャクも地味で、雌どうしで互いに闘争するよりは、どの雄が一番いいかを見極めているのである。

性淘汰は、おそらく、普通に考えられている以上に、動物たちの行動その他のあらゆる形質のあり方に影響を及ぼしている。そして、ヒトもその例外ではない。

本書の最大の論点は、性淘汰という概念を用いて、ヒトの本性の解明にせまることである。ヒトとはどんな動物なのか、ヒトはなぜ脳がこれほど大きいのか、この脳を使って何をしているのか、この脳を使えば何ができるのか？　脳は、誰かが万能の情報処理装置として設計したものではなく、動物の臓器である。ヒトの脳も同じ。脳にも性淘汰は及んでおり、脳の活動も性ホルモンの影響を大いに受ける。

一般的に言って性淘汰が動物の雄と雌をかくも異なる生き物に作り上げたのなら、ヒトの男性と女性の繁殖戦略は異なるものであり、それらの間には、繁殖上の利害の不一致と対立があるはずだ。それはどんなものであり、ヒトの社会にどんな影響を及ぼしているのだろうか？　本書はまさに、これらの点を明らかにしようとするために、単細胞生物の性の進化から説き起こしているのである。

ヒトの性差について論じるのは難しい。それは、「差異」の話が容易に「差別」の話に結びつくからである。フェミニズムは、男女の「差別」をなくそうとする理想のために、そもそも「差異」は本質的には存在しない、それはある特定の文化が作り出しただけのものだ、と論じてきた。本書は、一九九三年当時のそのような雰囲気を反映して、それに対する一つのアンチテーゼを提供しようとしている。生物学的に「差異」があるとしても、それは「差別」の根拠にはならないのだ、と。

あれから二〇年以上がたち、状況は少しは変わった。しかし、「差異」の議論と「差別」の議論との間の緊張感は今でも鮮明に残っている。「差異」がある、という言明は、「差別」の正当化の論理とは別物である。「差異」があるから「差別」があっても仕方がない、という論理は成り立たない。それはその通りなのだが、科学者たるもの、自分の研究結果が社会にどのように受け取られるかについて、まったく無関心でいられることはないだろう。では、どうしたらよいのか。

それが、一九九五年に私が本書を訳したときに苦慮していた事柄である。当時、私は、まだ自分自身でヒトの行動や心理の進化的基盤についての研究を開始していなかった。やりたいのだが、今述べたような問題について、自分で確固とした答えを持っておらず、どうやってヒトの問題に切り込んでいけばよいのか、決心がついていなかった。今は、私自身の人間心理と行動の進化的研究も進み、考え方も進展したが、一方、「科学の成果に関する倫理的、法的、社会的問題」に対する一般的な関心や理解もずいぶん進んだと感じている。

「差異」というと、一〇センチと一二センチの違い、五個と六個の違いのように、同じ形質の量的差異をイメージする。「性差」という表現も同じで、「男性の方が攻撃的だ」という言い方をすると、「攻撃性」そのものの性質は男女で同じだが、その量が異なる、というように聞こえる。そこで、男女が同じであるべきだという理想にそって考えると、この量的表現を同じにするべきだ、ということになる。

しかし、それは違う。雄と雌は戦略自体が異なるのだ。隊列を組んだ重装歩兵軍団で戦うか、軽量装備のゲリラ戦術で戦うかは、戦略そのものが異なる。「倒した敵の数」というアウトプットでみれば、もちろん「差異」が出るだろう。しかし、その差異を表面的に見て、同じ数にしようなどと言ってみても始まらない。そもそも戦略が違うのだから。さまざまな動物の雄と雌の戦略の中身の詳細がどのようになっているのかは、まだすべてが解明されているわけではない。研究が進めば、また新たな知見が付け加わっていくだろう。しかし、「戦略が違う」ということだけは確かだ。

本書が有性生殖そのものの進化から、ヒトの本性や社会の問題まで広げて述べているのは、「戦略の違い」という観点から性の問題を見てみようということではないか。そういう見方で見れば、戦略の違うものどうしがそれぞれ心地よく暮らせる、よりよい社会を作るには何をしたらよいのか、また別の視点が開けるのではないかと思う。

長谷川眞理子

本書は一九九五年一月に翔泳社より単行本として刊行された作品を文庫化したものです。

Wilson, E. O., 1975, *Sociobiology: The New Synthesis*, Harvard University Press, Cambridge, Massachusetts（『社会生物学』伊藤嘉昭監訳、思索社　1983～85 年）

— 1978, *On Human Nature*, Harvard University Press, Cambridge, Massachusetts（『人間の本性について』岸由二訳、思索社　1980 年）

Wilson, M. and Daly, M., 1992, 'The Man Who Mistook His Wife for a Chattel', *The Adapted Mind*, ed. J. H. Barkow, L. Cosmides and J. Tooby, Oxford University Press, New York, pp.289-322

Wolf, A. P., 1966, 'Childhood Association, Sexual Attraction and the Incest Taboo: A Chinese Case', *American Anthropologist*, 68:883-98

— 1970, 'Childhood Association and Sexual Attraction: A Further Test of the Westermarck Hypothesis', *American Anthropologist*, 72:503-15

Wrangham, R. W., 1987, 'The Significance of African Apes for Reconstructing Human Social Evolution', *The Evolution of Human Behavior: Primate Models*, ed. W. G. Kinzey, SUNY Press, New York, pp. 51-71

Wright, S., 1931, 'Evolution in Mendelian Populations', *Genetics*, 16:97-159

Wynne-Edwards, V., C., 1962, *Animal Dispersion in Relation to Social Behaviour*, Oliver and Boyd, London

Yamamura, N., Hasegawa, T. and Ito, Y., 1990, 'Why Mothers Do Not Resist Infanticide: A Cost-benefit Genetic Model', *Evolution*, 44:1346-57

Zahavi, A., 1975, 'Mate Selection–a Selection for a Handicap', *Journal of Theoretical Biology*, 53:205-14

Zinsser, H., 1934, *Rats, Lice and History*, Macmillan, London（『ネズミ・シラミ・文明——伝染病の歴史的伝記』橋本雅一訳、みすず書房、1991 年）

Zuk, M., 1991, 'Parasites and Bright Birds: New Data and a New Prediction', *Ecology, Behavior and Evolution of Bird-parasite Interactions*, ed. J. E. Loye and M. Zuk, Oxford University Press, Oxford, pp.317-27

— 1992, 'The Role of Parasites in Sexual Selection: Current Evidence and Future Directions', *Advances in the Study Behavior*, 21:39-68

— (in press), 'Immunology and the Evolution of Behavior', *Behavioral Mechanisms in Evolutionary Biology*, ed. L. Real, University of Chicago Press, Chicago

— Thornhill, R., Ligon, J. D. and Johnson, K., 1990, 'Parasites and Mate Choice in Red Junglefowl', *American Zoologist*, 30:235-44

Ward, P. I., 1988, 'Sexual Dichromatism and Parasitism in British and Irish Freshwater Fish', *Animal Behaviour*, 36:1210-15

Warner, R. R., Robertson, D. R. and Leigh, E. G. 1975, 'Sex Change and Sexual Selection', *Science*, 190:633-8

Weatherhead, P. L. and Robertson, R. J., 1979, 'Offspring Quality and the Polygyny Threshold: "The Sexy Son Hypothesis"', *American Naturalist*, 113:201-8

Webster, M. S., 1992, 'Sexual Dimorphism, Mating System and Body Size in New World Blackbirds (Icterinae)', *Evolution*, 46:1621-41

Wederkind, C.,1992, 'Detailed Information about Parasites Revealed by Sexual Ornamentation', *Proceedings of the Royal Society of London*, B 247:169-74

Weismann, A., 1889, *Essays Upon Heredity and Kindred Biological Problems*, Translated by E. B. Poulton, S. Schonland and A. E. Shipley, Clarendon Press, Oxford

Werren, J. H., 1987,'The Coevolution of Autosomal and Cytoplasmic Sex Ratio Factors', *Journal of Theoretical Biology*, 124:317-34

— 1991, 'The Paternal-sex-ratio Chromosome of Nasonia', *American Naturalist*, 137:392-402

— Skinner, S. W. and Huger, A. M., 1986, 'Male-killing Bacteria in a Parasitic Wasp', *Science*, 231:990-92

Westermarck, E. A., 1891, *The History of Human Marriage*, Macmillan, New York（『人類婚姻史』江守五夫訳、社会思想社　1970 年）

Westneat, D. F., Sherman, P. W. and Morton, M. L. 1990, 'The Ecology of Extra-pair Copulations in Birds', *Current Ornithology*, 7:331-69

White, F., 1992, 'Eros of the Apes', *BBC Wildlife Magazine*, August 1992:39-47

Wiener, P., Feldman, M. W. and Otto, S. P., 1992, 'On Genetic Segregation and the Evolution of Sex', *Evolution*, 46:775-82

Williams, G. C., 1966, *Adaptation and Natural Selection: A Critique of Some Current Evolutionary Thought*, Princeton University Press, Princeton

— 1975, Sex and Evolution, *Monographs in Population Biology*, Princeton University Press, Princeton

— and Mitton, J. B., 1973, 'Why Reproduce Sexually?', *Journal of Theoretical Biology*, 39:545-54

Descent of Man, ed. B. Campbell, Aldine-Atherton, Chicago, pp.136-79
— 1985, *Social Evolution*, Benjamin-Commings, Menlo Park, California（『生物の社会進化』中嶋康裕、福井康雄、原田泰志訳、産業図書　1991年）
— 1991, 'Deceit and Self-deception: The Relationship between Communication and Consciousness', *Man and Beast Revisited*, ed. M. H. Robinson and L. Tiger, Smithsonian, Washington, DC, pp.175-91
— and Willard, D., 1973, 'Natural Selection of Parental Ability to Vary the Sex-ratio of Offspring', *Science*, 179:90-91
Troy, S. and Elgar, M. A., 1991, 'Brush Turkey Incubation Mounds: Mate Attraction in a Promiscuous Mating System', *Trends in Ecology and Evolution*, 6:202-3
Unterberger, F. and Kirsch, W., 1932, 'Bericht über Versuche zur Beeinflussung des Geschlechtsverhäsltnisses bei Kaninchen nach Unterberger', *Monatsschrift für Geburtshife und Gynäkologie*, 91:17-27
van Schaik, C. P. and Hrdy, S. B., 1991, 'Intensity of Local Resource Competition Shapes the Relationship Between Maternal Rank and Sex Ratios at Birth in Cercopithecine Primates', *American Naturalist*, 138:1555-62
Van Valen, L., 1973, 'A New Evolutionary Law', *Evolutionary Theory*, 1:1-30
Veiga, J., 1992, 'Why Are House Sparrows Predominantly Monogamouse? A Test of Hypotheses', *Animal Behaviour*, 43:361-70
Vining, D. R., 1986, 'Social Versus Reproductive Success: The Central Theoretical Problem of Human Sociobiology', *Behavioral and Brain Science*, 9:167-87
Voland, E., 1988, 'Differential Infant and Child Mortality in Evolutionary Perspective: Data from Late 17th to 19th Century Ostfriesland (Germany)', *Human Reproductive Behavior*, ed. L. Betzig, M. Borgehoff Mulder and P. Turke, Cambridge University Press, Cambridge, pp.253-61
— 1992, 'Historical Demography and Human Behavioral Ecology', paper delivered to the fourth annual meeting of the Human Behavior and Evolution Society, Albuquerque, New Mexico, July 22-6, 1992
Wallace, A. R., 1889, *Darwinism*, Macmillan, London（『ダーウィニズム——自然淘汰説の解説とその適用例』長澤純夫、大曾根静香訳、新思索社　2009年）

— and Sauer, P., 1992, 'Genetic Sire Effects on the Fighting Ability of Sons and Daughters and Mating Success of Sons in a Scorpionfly', *Animal Behaviour*, 43:255-64

— and Thornhill, N. W., 1989, 'Evolution of Psychological Pain', *Sociobiology and Social Sciences*, ed. R. J. Bell and N. J. Bell, Texas Tech University Press, Lubbock, pp.73-103

Thorpe, W. H., 1954, 'The Process of Song-learning in the Chaffinch as Studied by means of the Sound Spectrograph', *Nature*, 173:465-9

— 1961, *Bird Song: The Biology of Vocal Communication in Birds*, Cambridge University Press, Cambridge

Tiersch, E. R., Beck, M. L. and Douglas, M., 1991, 'ZZW Autotriploidy in a Blue and Yellow Macaw', *Genetica*, 84:209-12

Tiger, L., 1991, 'Human Nature and the Psycho-industrial Complex', *Man and Beast Revisited*, ed. M. H. Robinson and L. Tiger, Smithsonian, Washington, DC, pp.23-40

— and Shepher, J., 1977, *Women in the Kibbutz*, Penguin, London（『女性と社会変動——キブツの女たち』荒木哲子、矢沢澄子訳、思索社　1981年）

Tooby, J., 1982, 'Pathogens, Polymorphism and the Evolution of Sex', *Journal of Theoretical Biology*, 97:557-76

— and Cosmides, L. M., 1989, 'The Innate Versus the Manifest: How Universal Dose a Universal Have To Be?', *Behavioral and Brain Sciences*, 12:36-7

— and Cosmides, L. M., 1990, 'On the Universality of Human Nature and the Uniqueness of the Individual: The Role of Genetics and Adaptation', *Journal of Personality*, 58:17-67

— and Cosmides, L. M., 1992, 'The Psychological Foundations of Culture', *The Adapted Mind*, ed. J. H. Barkow, L. Cosmides and J. Tooby, Oxford University Press, New York, pp.19-136

Traill, P. W., 1990, 'Why Should Lek Breeders Be Monomorphic?', *Evolution*, 44:1837-52

Tripp, C. A., 1975, *The Homosexual Matrix*, Signet, New York

Trivers, R. L., 1971, 'The Evolution of Reciprocal Altruism', *Quarterly Review of Biology*, 46:35-57

— 1972, 'Parental Investment and Sexual Selection', *Sexual Selection and the of Bird-parasite Interactions*, ed. J. E. Loye and M. Zuk, Oxford University Press, Oxford, pp.389-98

Stearns, S. C., 1987, *The Evolution of Sex and Its Consequences*, Birkhauser, Basel

Stebbins, G. L., 1950, *Variation and Evolution in Plants*, Columbia University Press, New York

Symigton, M. M., 1987, 'Sex-ratio and Maternal Rank in Wild Spider Monkeys: When Daughters Disperse', *Behavioral Ecology and Sociobiology*, 20:421-5

Symons, D., 1979, *The Evolution of Human Sexuality*, Oxford University Press, Oxford

— 1987, 'An Evolutionary Approach: Can Darwin's View of Life Shed Light on Human Sexuality?', *Theories of Human Sexuality*, ed. J. H. Geer and W. O'Donohue, Plenum Press, New York, pp.91-125

— 1989, 'The Psychology of Human Mate Preferences', *Behavioral and Brain Science*, 12:34-5

— 1992, 'On the Use and Misuse of Darwinism in the Study of Human Behavior', *The Adapted Mind*, ed. J. H. Barkow, L. Cosmides and J. Tooby, Oxford University Press, New York, pp.137-59

Tannen, D., 1990, *You Just Don't Understand: Women and Men in Conversation*, William Morrow, New York（『わかりあえる理由　わかりあえない理由——男と女が傷つけあわないための口のきき方　8章』田丸美寿々訳、講談社　2003年）

Tayor, P. D. and Williams, G. C., 1982, 'The Lek Paradox is not Resolved', *Theoretical Population Biology*, 22:392-409

Thornhill, N. W., 1989a, 'Characteristics of Female Desirability: Facultative Standards of Beauty', *Behavioral and Brain Sciences*, 12:35-6

— 1989b, 'The Evolutionary Significance of Incest Rules', *Ethology and Sociobiology*, 11:113-29

— 1990, 'The Comparative Method of Evolutionary Biology in the Study of the Societies of History', *International Journal of Contemporary Sociology*, 27:7-27

Thornhill, R. and Thornhill, N. W., 1983, 'Human Rape: An Evolutionary Analysis', *Ethology and Sociobiology*, 4:137-83

Florida

Short, R. V., 1979, 'Sexual Selection and Its Component Parts, Somatic and Genital Selection, as Illustrated by Man and the Great Apes', *Advances in the Study of Behaviour*, 9:131-58

Silk, J. B., 1983, 'Local Resource Competition and Facultative Adjustment of Sex Ratios in Relation to Competitive Abilities', *American Naturalist*, 121:56-66

Sillen-Tullberg, B. and Møller, A. P., 1993, 'The Relationship between Concealed Ovulation and Mating Systems in Anthropoid Primates: A Phylogenetic Analysis', *American Naturalist*, 141:1-25

Silverman, I. and Eals, M., 1992, 'Sex Differences in Spatial Abilities: Evolutionary Theory and Data', *The Adapted Mind*, ed. J. H. Barkow, L. Cosmides and J. Tooby, Oxford University Press, New York, pp.523-49

Simpson, M. J. A. and Simpson, A. E., 1982, 'Birth Sex Ratios and Social Rank in Rhesus Monkey Mothers', *Nature*, 300:440-41

Slagsvøld, T., Amundsen, T., Dale, S. and Lampe, H., 1992, 'Female-female Aggression Explains Polyterritoriality in Male Pied Flycatchers', *Animal Behaviour*, 43:397-407

Slater, P. J. B., 1983, 'The Buzby Phenomenon: Thrushes and Telephones', *Animal Behaviour*, 31:308-9

Small, M. F., 1992, 'What's Love Got to Do with It?', *Discover Magazine*, 13:46-51

— and Hrdy, S. B., 1986, 'Secondary Sex Ratios by Maternal Rank, Parity and Age in Captive Rhesus Macaques (*Macaca mulatta*)', *American Journal of Primatology*, 11:359-65

Smith. R. L., 1984, 'Human Sperm Competition', *Sperm Competition and the Evolution of Animal Mating Systems*, ed. R. L. Smith, Academic Press, Olando, pp.601-59

Smuts, R. W., 1993, 'Fat, Sex, Class, Adaptive Flexbility and Cultural Change', *Ethology and Sociobiology*, (in press)

Spandrel, S., (unpublished), 'How the Genome Learnt Mendelian Genetics, or You Scratch My Back, I'll Stab Yours'

Spurrier, M. F., Boyce, M. S. and Manly, B. F. J., 1991, 'Effects of Parasites on Mate Choice by Captive Sage Grouse', *Ecology, Behavior and Evolution*

Mate Guarding', *Journal of Zoology*, 211:619-30
— Rands, M. R. W. and Lelliott, A. D., 1984, 'The Courtship Display of Feral Peafowl', *Journal of the World Pheasant Association,* 9:20-40
Rosenberg, N. and Birdzell, L. E., 1986, *How the West Grew Rich: The Economic Transformation of the Industrial World*, Basic Books, New York
Rossi, A. S., ed., 1985, *Gender and the Life Course*, Aldine, Hawthorne, New York
Ryan, M. J., 1991, 'Sexual Selection and Communication in Frogs', *Trends in Evolution and Ecology*, 6:351-5
Sadalla, E. K., Kernick, D. T. and Vershure, B., 1987, 'Dominance and Heterosexual Attraction', *Journal of Personality and Social Psychology*, 52:730-38
Schall, J. J., 1990, 'Virulence of Lizard Malaria: The Evolutionary Ecology of an Ancient Parasite-host Association', *Parasitology*, 100:S35-S52
Schmitt, J. and Antonovics, J., 1986, 'Experimental Studies of the Evolutionary Significance of Sexual Reproduction IV. Effect of Neighbor Relatedness and Aphid Infestation on Seedling Performance', *Evolution*, 40:830-36
Scruton, R., 1986, *Sexual Desire: A Philosophical Investigation*, Weidenfeld & Nicolson, London
Searcy, W. A., 1992, 'Song Repertoire and Mate Choice in Birds', *American Zoologist*, 32:71-80
Seger, J. and Hamilton, W. D., 1988, 'Parasites and Sex', *The Evolution of Sex*, ed. R. E. Michod and B. R. Levin, Sinauer, Sunderland, Massachusetts, pp.139-60
Seid, R. P., 1989, *Never too Thin: Why Women Are at War with Their Bodies*, Columbia University Press, New York
Shaw, M. W., Hewitt, G. M. and Anderson, D. A., 1985, 'Polymorphism in the Rates of Meiotic Drive Acting on the B-chromosome of *Myrmeleotettix Maculatus*', *Heredity*, 55:61-8
Shellberg, T., 1992, 'Tall Bishops and Genuflection Genes', paper delivered to the fourth annual meeting of the Human Behavior and Evolution Society, Albuquerque, New Mexico, July 22-6, 1992
Shepher, J., 1983, *Incest: A Biosocial View*, Academic Press, Orlando,

of Theoretical Biology, 128:195-218
— 1990, 'How to Find the Top Male', *Nature*, 347:616-17
— and Guilford, T., 1990, 'Mating Calls', *Nature*, 344:495-6
— Iwasa, Y. and Nee, S., 1991, 'The Evolution of Costly Mate Preferences I: Fisher and Biased Mutation', *Evolution*, 45:1422-30
Posner, R. A., 1992, *Sex and Reason*, Harvard University Press, Cambridge, Massachusetts
Potts, R., 1991, 'Untying the Knot: Evolution of Early Human Behavior', *Man and Beast Revisited*, ed. M. H. Robinson and L. Tiger, Smithsonian, Washington, DC, pp.41-59
Potts, W. K., Manning, C. J. and Wakeland, E. K., 1991, 'Mating Patterns in Semi-natural Populations of Mice Influenced by MHC Genotype', *Nature*, 352:619-21
Pratto, F., Sidanius, J. and Stallworth, L. M., 1992, 'Sexual Selection, and the Sexual and Ethnic Basis of Social Hierarchy', *Social Stratification and Socieconomic Inequality: A Comparative Analysis*, ed. J. Ellis, Praeger, New York
Pruett-Jones, S. G., Pruett-Jones, M. A. and Jones, H. I., 1990, 'Parasites and Sexual Selection in Birds of Paradise', *American Zoologist*, 30:287-98
Rands, M. R. W., Ridley, M. W. and Lelliott, A. D., 1984, 'The Social Organisation of Feral Peafowl', *Animal Behaviour*, 32:830-35
Rao, R., 1986, 'Move to Stop Sex-test Abortion', *Nature*, 324:202
Ray, T., 1992, 'Evolution and Optimization of Digital Organisms', unpublished manuscript, University of Delaware
Regalski, J. M. and Gaulin, S. J. C., 1992, 'Whom are Mexican Babies Said to Resemble? Monitoring and Fostering Paternal Confidence in the Yucatan', paper delivered to the fourth annual meeting of the Human Behavior and Evolution Society, Albuquerque, New Mexico, July 22-6, 1992
Ridley, M., 1978, 'Paternal Care', *Animal Behaviour*, 26:904-32
Ridley, M. W., 1981, 'How Did the Peacock Get His Tail?', *New Scientist*, 91:398-401
Ridley, M. W. and Hill, D. A., 1987, 'Social Organization in the Pheasant (*Phasianus colchicus*): Harem Formation, Mate Selection and the Role of

Press, Cambridge
Olsen, M. W., 1956, 'Fowl Pox Vaccine Associated with Parthenogenesis in Chicken and Turkey Eggs', *Science*, 124:1078-9
— and Marsden, S. J., 1954, 'Natural Parthenogenesis of Turkey Eggs', *Science*, 120:545-6
— and Buss, E. G., 1967, 'Role of Genetic Factors and Fowl Pox Virus in Parthenogenesis in Turkey Eggs', *Genetics*, 56:727-32
Olsen, P. D. and Cockburn, A., 1991, 'Female-biased Sex Allocation in Peregrine Falcons and Other Raptors', *Behavioral Ecology and Sociobiology*, 28:417-23
Orgel, L. E. and Crick, F. H. C., 1980, 'Selfish DNA: The Ultimate Parasite', *Nature*, 284:604-7
Parker, G. A., Baker R. R. and Smith, V. G. F., 1972, 'The Origin and Evolution of Gamete Dimorphism and the Male-Female Phenomenon', *Journal of Theoretical Biology*, 36:529-33
Partridge, L., 1980, 'Mate Choice Increases a Component of Offspring Fitness in Fruit Flies', *Nature*, 283:290-91
Payne, R. B. and Payne, L. L., 1989, 'Heritability Estimates and Behaviour Observations: Extra-pair Mating in Indigo Buntings', *Animal Behaviour*, 38:457-67
Perrot, V., Richerd, S. and Valero, M., 1991, 'Transition from Haploidy to Diploidy', *Nature*, 351:315-17
Perusse, D., 1992, 'Cultural and Reproductive Success in Industrial Societies: Testing the Relationship at the Proximate and Ultimate Levels', *Behavioral and Brain Sciences*
Petrie, M., Halliday, T. and Sanders, C., 1991, 'Peahens Prefer Peacocks with Elaborate Trains', *Animal Behaviour*, 41:323-31
Pinker, S. and Bloom, P., 1992, 'Natural Language and Natural Selection', *The Adapted Mind*, ed. J. H. Barkow, L. Cosmides and J. Tooby, Oxford University Press, New York, pp.405-47
Pleszczynska, W. and Hansell, R. I. C., 1980, 'Polygyny and Decision Theory: Testing of a Model in Lark Buntings (*Calamospiza melanocorys*), *American Naturalist*, 116:821-30
Pomiankowski, A., 1987, 'The Costs of Choice in Sexual Selection', *Journal*

— 1990, 'Effects of a Haematophagous Mite on Secondary Sexual Tail Ornaments in the Barn Swallow (*Hirundo rustica*): A Test of the Hamilton and Zuk Hypothesis', *Evolution*, 44:771-84

— 1991, 'Sexual Selectionin the Monogamous Barn Swallow (*Hirundo rustica*). I. Deterninants of Tail Ornament Size', *Evolution*, 45:1823-36

— 1992, 'Female Preference for Symmetrical Male Sexual Ornaments', *Nature*, 357:238-40

— and Birkhead, T. R., 1989, 'Copulation Behaviour in Mammals: Evidence that Sperm Competition is Widespread', *Biological Journal of the Linnean Society*, 38:119-31

— and Pomiankowski, A., (inpress), 'Fluctuating Asymmetry and Sexual Selection', *Genetica*

Montagu, A., 1961, 'Neonatal and Infant Immaturity in Man', *Journal of the American Medical Association*, 178:56-7

Morris, D., 1967, *The Naked Ape*, Dell, New York（『裸のサル』日高敏隆訳、河出書房新社、1988 年）

Mosher, D. L. and Abramson, P. R., 1977, 'Subjective Sexual Arousal to Films of Masturbation', *Journal of Consulting and Clinical Psychology*, 45:796-807

Muller, H. J., 1932, 'Some Genetic Aspects of Sex', *American Naturalist*, 66:118-38

— 1964, 'The Relation of Recombination to Mutational Advance', *Mutation Research*, 1:2-9

Murdock, G. P. and White, D. R., 1969, 'Standard Cross-cultural Sample', *Ethnology*, 8:329-69

Nee, S. and Maynard Smith, J., 1990, 'The Evolutionary Biology of Molecular Parasites', *Prasitology*, 100:S5-S18

Nowak, M. A., 1992, 'Variability of HIV Infections', *Journal of Theoretical Biology*, 155:1-20

— and May, R. M., 1992, 'Coexistence and Competition in HIV Infections', *Journal of Theoretical Biology*, 159:329-42

O'Connell, R. L., 1989, *Of Arms and Men: A History of War, Weapons and Aggression*, Oxford University Press, Oxford

O'Donald, P., 1980, *Genetic Models of Sexual Selection*, Cambridge University

— 1978, *The Evolution of Sex*, Cambridge University Press, Cambridge
— 1986, 'Contemplating Life without Sex', *Nature*, 324:300-301
— 1988, 'The Evolution of Recombination', *The Evolution of Sex*, ed. R. E. Michod and B. R. Levin, Sinauer, Massachusetts, pp.106-25
— 1991, 'Theories of Sexual Selection', *Trends in Ecology and Evolution*, 6:146-51
— and Price, G. R., 1973, 'The Logic of Animal Conflict', *Nature*, 246:15-18
Mayr, E., 1983, 'How to Carry out the Adaptationist Program', *American Naturalist*, 121:324-34
Mead, M., 1928, *Coming of Age in Samoa*, William Morrow, New York（『サモアの思春期』畑中幸子、山本真鳥共訳、蒼樹書房　1976 年）
Mereschkovsky, C., 1905, *La Plante Considérée comme une Complex Symbiotique, Bulletin Société Science Naturelle*, Ouest, 6:17-98
Merzenberg, R. L., 1990, 'The Role of Similarity and Difference in Fungal Mating', *Genetics*, 125:457-62
Michod, R. E. and Levin, B. R., eds, 1988, *The Evolution of Sex*, Sinauer, Sunderland, Massachusetts
Miller, G. F., 1992, 'Sexual Selection for Protean Expressiveness: A New Model of Hominid Encephalization', paper delivered to the fourth annual meeting of the Human Behavior and Evolution Society, Albuquerque, New Mexico, July 22-6,1992
— and Todd, P. M., 1990, 'Exploring Adaptive Agency I: Theory and Methods for Simulating the Evolution of Learning', *Proceedings of the 1990 Connectionist Models Summer School*, ed. D. S. Touretzky, J. E. Elman, T. J. Sejnowski and G. E. Hinton, Morgan Kauffmann, San Mateo, California, pp. 65-80
Mitchison, N. A., 1990, 'The Evolution of Acquired Immunity to Parasites', *Parasitology*, 100:S27-S34
Moir, A. and Jessel, D., 1991, *Brain Sex: The Real Difference Between Men and Women*, Lyle Stuart, New York
Møller, A. P., 1987, 'Intruders and Defenders on Avian Breeding Territories: The Effect of Sperm Competition', *Oikos*, 48:47-54
— 1988, 'Female Choice Selects for Male Sexual Tail Ornaments in the Monogamous Swallow', *Nature*, 332:640-2

Duxbury, North Scituate, Massachusetts, pp.462-87
— 1990, 'Marriage Systems and Pathogen Stress in Human Societies', *American Zoologist*, 30:325-40
— Alexander, R. D. and Noonan, K. M., 1987, 'Human Hips, Breasts and Buttocks: Is Fat Deceptive?', *Ethology and Sociobiology*, 8:249-57
Maccoby, E. E. and Jacklin, C. N., 1974, *The Psychology of Sex Differences*, Stanford University Press, Palo Alto
McGuinness, D., 1979, 'How Schools Discriminate against Boys', *Human Nature*, February 1979:82-8
McNeill, W. H., 1976, *Plagues and Peoples*, Anchor Press/Doubleday, New York（『疫病と世界史』佐々木昭夫訳、中央公論新社　2007 年）
Malinowski, B., 1927, *Sex and Repression in Savage Society*, World Press, Cleveland（『未開社会における性と抑圧』阿部年晴、真崎義博訳、社会思想社　1972 年）
Marden, J. H., 1992, 'Newton's Second Law of Butterflies', *Natural History*, 1/92:54-61
Margulis, L., 1981, *Symbiosis in Cell Evolution*, W. H. Freeman, San Francisco（『細胞の共生進化——初期の地球上における生命とその環境』永井進監訳、学会出版センター　1985 年）
— and Sagan, D., 1986, *Origins of Sex: Three Billion Years of Genetic Recombination*, Yale University Press, New Haven（『性の起源——遺伝子と共生ゲームの 30 億年』長野敬、長野久美子、原しげ子訳、青土社　1995 年）
Marler, P. R. and Tamura, M., 1964, 'Culturally Transmitted Patterns of Vocal Behavior in Sparrows', *Science*, 146:1483-6
Marr, D., 1982, *Vision*, Freeman Cooper, San Francisco
Martin, R. D. and May, R. M., 1981, 'Outward Signs of Breeding', *Nature*, 293:7-9
May, R. M. and Anderson, R. M., 1990, 'Parasite-host Coevolution', *Parasitology*, 100:S89-S101
Maynard Smith, J., 1971, 'What Use Is Sex?', *Journal of Theoretical Biology*, 30:319-35
— 1977, 'Parental Investment - A Prospective Analysis', *Animal Behaviour*, 25:1-9

Makes Us Human, Little Brown, London（『オリジン――人はどこから来てどこへ行くか』岩本光雄訳、平凡社　1980 年）

Leigh, E. G., 1977, 'How Does Selection Reconcile Individual Advantage with the Good of the Group?', *Proceedings of the National Academy of Sciences of the USA*, 74:4542-6

— 1990, 'Fisher, Wright, Haldane and the Resurgence of Darwinism', Introduction to the Princeton Science Library edition of *The Causes of Evolution*, J. B. S. Haldane

Le Vay, S., 1992, *Born That Way? The Biologiocal Basis of Homosexuality*, Channel Four, London

— 1993, *The Sexual Brain*, MIT Press, Cambridge, Massachusetts（『脳が決める男と女――性の起源とジェンダー・アイデンティティ』新井康允訳、文光堂　2000 年）

Levin, B. R., 1988, 'The Evolution of Sex in Bacteria', *The Evolution of Sex*, ed. R. E. Michod and B. R. Levin, Sinauer, Sunderland, Massachusetts, pp.194-211

Levy, S., 1992, *Artificial Life: The Quest for a New Creation*, Jonathan Cape, London

Lewin, R., 1984, *Human Evolution: An Illustrated Introduction*, Blackwell Scientific Publications, Oxford（『ヒトの進化――新しい考え』三浦賢一訳、岩波書店　1988 年）

Lienhart, R. and Vermelin, H., 1946, Observation d'une famille humaine a descendance exclusivement féminine. Essai d'interprétation de ce phénomène. *Comptes rendus de science de la société de biologie de Nancy et de ses filiales de Paris*, 140:537-40

Ligon, J. D., Thornhill, R., Zuk, M. and Johnson, K., 1990, 'Male-male Competition: Ornamentation and the Role of Testosterone in Sexual Selection in Red Junglefowl', *Animal Behaviour*, 40:367-73

Lively, C. M., 1987, 'Evidence from a New Zealand Snail for the Maintenance of Sex by Parasitism', *Nature*, 328:519-21

— Craddock, C. and Vrijenhoek, R. C., 1990, 'Red Queen Hypothesis Supported by Parasitism in Sexual and Clonal Fish', *Nature*, 344:864-6

Low, B. S., 1979, 'Sexual Selection and Human Ornamentation', *Evolutionary Biology and Human Social Behavior*, ed. N. Chagnon and W. Irons,

Kirkpatrick, M., 1982, 'Sexual Selection and the Evolution of Female Choice', *Evolution*, 36:1-12

— 1989, 'Is Bigger Always Better?', *Nature*, 337:116-17

— and Jenkins, C., 1989, 'Genetic Segregation and the Maintenance of Sexual Reproduction', *Nature*, 339:300-01

— and Ryan, M. J., 1991, 'The Evolution of Mating Preferences and the Paradox of the Lek', 350:33-8

Kitcher, P., 1985, *Vaulting Ambition: Sociobiology and the Quest for Human Nature*, MIT Press, Cambridge, Massachusetts

Kodric-Brown, A. and Brown, J. H., 1984, 'Truth in Advertising: The Kind of Traits Favored by Sexual Selection', *American Naturalist*, 124:309-23

Kondrashov, A. S., 1982, 'Selection against Harmful Mutations in Large Sexual and Asexual Populations', *Genetic Research Cambridge*, 40:325-32

— 1988, 'Deleterious Mutations and the Evolution of Sexual Reproduction', *Nature*, 336:435-40

Kondrashov, A. S. and Crow, J. F., 1991, 'Haploidy or Diplody: Which is Better?', *Nature*, 351:314-15

Konner, M., 1982, *The Tangled Wing: Biological Constraints on the Human Spirit*, Holt, Rinehart & Winston, New York

Körpimaki, E., 1991, 'Poor Reproductive Success of Polygynously Mated Female Tengmalm's Owls: Are Better Options Available?', *Animal Behaviour*, 41:37-47

Kramer, B., 1990, 'Sexual Signals in Electric Fishes', *Trends in Ecology and Evolution*, 5:247-9

Krause, R. M., 1992, 'The Origin of Plagues: Old and New', *Science*, 257:1073-8

Kurland, J. A., 1979, 'Matrilines: The Primate Sisterhood and the Human Avunculate', *Evolutionary Biology and Human Social Behavior*, ed. N. Chagnon and W. Irons, Duxbury, North Scituate, Massachusetts, pp.145-80

Ladle, Richard J., 1992, 'Parasites and Sex: Catching the Red Queen', *Trends in Ecology and Evolution*, 7:405-8

Lande, R., 1981, 'Models of Speciation by Sexual Selection on Polygenic Traits', *Proceedings of the National Academy of Science of the USA*, 78:3721-5

Leakey, R. and Lewin, R., 1992, *Origins Reconsidered: In Search of What*

Jaenike, J., 1978, 'An Hypothesis to Account for the Maintenance of Sex within Populations', *Evolutionary Theory*, 3:191-4

James, W. H., 1986, 'Hormonal Control of the Sex Ratio', *Journal of Theoretical Biology*, 118:427-41

— 1989, 'Parental Hormone Levels and Mammalian Sex Ratios at Birth', *Journal of Theoretical Biology*, 139:59-67

Jarman, P. J., 1974, 'The Social Organization of Antelope in Relation to Their Ecology', *Behaviour*, 48:215-67

Jayakar, S., 1970, 'A Mathematical Model for Interaction of Gene Frequencies in a Parasite and Its Host', *Theoretical Population Biology*, 1:140-64

Johansen, D. C. and Edey, M., 1981, *Lucy: The Beginning of Mankind*, Simon & Schuster, New York（『ルーシー』渡辺毅訳、どうぶつ社、1986年）

Jones, I. L. and Hunter, F. M., 1993, 'Mutual Sexual Selection in a Monogamous Seabird', *Nature*, 362:238-9

Jones R. N., 1991, 'B-chromosome Drive', *American Naturalist*, 137:430-42

Judge, D. S. and Hrdy, S. B., 1988, 'Bias and Equality in American Legacies', paper presented at 87th annual meeting of American Anthropological Association, Phoenix, Arizona, November 1988

Kaplan, H. and Hill, K., 1985a, 'Hunting Ability and Reproductive Success among Male Ache Foragers', *Current Anthropology*, 26:131-3

— and Hill, K., 1985b, 'Food Sharing among Ache Foragers: Test of Explanatory Hypotheses', *Current Anthropology*, 26:223-45.

Kelley, S. E., 1985, 'The Mechanism of Sib Competition for the Maintenance of Sex in *Anthoxanthum odoratum*', Ph. D thesis (unpublished), Duke University, Durham, North Carolina

Kenrick, D. T. and Keefe, R. C., 1989, 'Time to Integrate Sociobiology and Social Psychology', *Behavioral and Brain Science*, 12:24-6

Kingdon, J., 1993, *Self-Made Man and His Undoing*, Simon & Schuster, New York（『自分をつくりだした生物——ヒトの進化と生態系』管啓次郎訳、青土社　1995年）

King-Hele, D., 1977, *Doctor of Revolution: The Life and Genius of Wrasmus Darwin*, Faber & Faber, London

— 1991a, 'The Evolution of Cytoplasmic Incompatibility or When Spite Can Be Successful', *Journal of Theoretical Biology*, 148:269-77
— 1991b, 'Sex, Smile and Selfish Genes', *Nature*, 354:23-4
— 1991c, 'The Incidences and Evolution of Cytoplasmic Male Killers', *Proceedings of the Royal Society of London*, B 244:91-9
— 1992a, 'Is Stellate a Relic Meiotic Driver?', *Genetics*, 130:229-30
— 1992b, 'Intragenomic Conflict as an Evolutionary Force', *Proceedings of the Royal Society of London*, B 248:135-48
— Godfray, H. C. J. and Harvey, P. H., 1990, 'Antibiotics Cure Asexuality', *Nature*, 346:510-11
— and Hamilton, W. D., 1992, 'Cytoplasmic Fusion and the Nature of Sexes', *Proceedings of the Royal Society of London*, B 247:189-207
— Hamilton, W. D. and Ladle, R. J., 1992, 'Covert Sex', *Trends in Ecology and Evolution*, 7:144-5
— and Pomiankowski, A., 1991, 'Causes of Sex Ratio Bias May Account for Unisexual Sterility in Hybrids: A New Explanation of Haldane's Rule and Related Phenomena', *Genetics*, 128:841-58

Huxley, J., 1942, *Evolution: The Modern Synthesis*, George Allen & Unwin, London

Hyde, L. M. and Elgar, M. A., 1992, 'Why Do Hopping Mice Have Such Tiny Testes?', *Trends in Ecology and Evolution*, 7:359-60

Imperato-McGinley, J., Peterson, R. E., Gautier, T. and Sturla, E., 1979, 'Androgens and the Evolution of Male Gender Identity among Male Pseudohermaphrodites with 5-alpha-reductase deficiency', *New England Journal of Medicine*, 300:1233-7

Irons, W., 1979, 'Natural Selection, Adaptation and Human Social Behavior', *Evolutionary Biology and Human Social Behavior*, ed. N. Chagnon and W. Irons, Duxbury, North Scituate, Massachusetts, pp.4-39

Iwasa, Y., Pomiankowski, A. and Nee, S., 1991, 'The Evolution of Costly Mate Preferences Ⅱ : The Handicap Principle', *Evolution*, 45:431-42

Jacobs, L. F., Gaulin, S. J. C., Sherry, D. and Hoffman, G. E., 1990, 'Evolution of Spatial Cognition: Sex-specific Patterns of Spatial Behavior Predict Hippocampal Size', *Proceedings of the National Academy of Sciences of the USA*, 87:6349-52

Preferences and Male Color Patterns in the Guppy *Poecilia reticulata*', *Science*, 248:1405-8

Hoyenga, K. B. and Hoyenga, K., 1980, *Sex Differences*, Little Brown, Boston

Hrdy, S. B., 1979, 'Infanticide among Animals: A Review, Classification and Examination of the Implications for the Reproductive Strategies of Females', *Ethology and Sociobiology*, 1:13-40

— 1981, *The Woman That Never Evolved*, Harvard University Press, Cambridge, Massachusetts（『女性の進化論』加藤泰建、松本亮三訳、思索社　1989 年）

— 1986, 'Empathy Polyandry, and the Myth of the Coy Female', *Femminist Approaches to Science*, ed. R. Bleier, Pergamon, New York

— 1987, 'Sex-biased Parental Investment among Primates and Other Mammals: A Critical Re-evaluation of the Trivers-Willard Hypothesis', *Child Abuse and Neglect: Bio-social Dimensions*, ed. R. Gelles and J. Lancaster, Aldine, Hawthorne, New York, pp. 97-147

— 1990, 'Sex Bias in Nature and in History: A Late 1980s Reexamination of the "Biological Origins" Argument', *Yearbook of Physical Anthropology*, 33:25-37

Huck, U. W., Labov, J. D. and Lisk, R. D., 1986, 'Food-restricting Young Hamsters (*Mesocricetus auratus*) Affects Sex Ratio and Growth of Subsequent Offspring', *Biology of Reproduction*, 35:592-8

Hudson, L. and Jacot, B., 1991, *The Way Men Think*, Yale University Press, New Haven

Humphrey, N. K., 1976, 'The Social Function of Intellect', *Growing Points in Ethology*, ed. P. P. G. Bateson and R. A. Hinde, Cambridge University Press, Cambridge, pp.303-18

— 1983, *Consciousness Regained: Chapters in the Development of Mind*, Oxford University Press, Oxford

Hunter, M. S., Nur, U. and Werren, J. H., 1993, 'Origin of Males by Genome Loss in an Autoparasitoid Wasp', *Heredity*, 70:162-71

Hurlbert, A. C. and Poggio, T., 1988, 'Making Machines (and Artifical Intelligence) See', *Daedalus*, 117:213-39

Hurst, L. D., 1990, 'Parasite Diversity and the Evolution of Diploidy, Multicellularity and Anisogamy', *Journal of Theoretical Biology*, 144:429-43

91
— and East, T. M., 1978, 'Effects of B-chromosomes on Development in Grasshopper Embryos', *Heredity*, 41:347-56
Hewlett, B. S., 1988, 'Sexual Selection and Paternal Investment among Aka Pygmies', *Human Reproductive Behavior*, ed. L. Betzig, M. Borgehoff Mulder and P. Turke, Cambridge University Press, Cambridge, pp.263-75
Hickey, D. A., 1982, 'Selfish DNA: A Sexually Transmitted Nuclear Parasite', *Genetics*, 101:519-31
— and Rose, M. R., 1988, 'The Role of Gene Transfer in the Evolution of Eukaryotic Sex', *The Evolution of Sex*, ed. R. E. Michod and B. R. Levin, Sinauer, Massachusetts, pp.161-75
Hill, A., Allsopp, C. E. M., Kwiatkowski, D., Anstey, N. M., Twumasi, P. T., Rowe, P. A., Bennett, S., Brewster, D., McMichael, A. J. and Greenwood, B. M., 1991, 'Common West African HLA Antigens Are Associated with Protection from Severe Malaria', *Nature*, 352:595-600
Hill, G, E., 1990, 'Plumage Coloration is a Sexually Selected Indicator of Male Quality', *Nature*, 350:337-9
Hill, K. and Kaplan, H., 1988, 'Tradeoffs in Male and Female Reproductive Strategies among the Ache', *Human Reproductive Behavior*, ed. L. Betzig, M. Borgehoff Mulder and P. Turke, Cambridge University Press, Cambridge, pp.277-305
Hillgarth, N., 1990, 'Parasites and Female Choice in the Ring-necked Pheasant', *American Zoologist*, 30:227-33
Hiraiwa-Hasegawa, M., 1988, 'Adaptive Significance of Infanticide in Primates', *Trends in Ecology and Evolution*, 3:102-5
Hoekstra, R. F., 1987, 'The Evolution of Sexes', *The Evolution of Sex and Its Consequences*, ed. S. C. Stearns, Birkhauser, Basel, pp.59-92
Höglund, J. and Robertson, J. G. M., 1990, 'Female Preferences, Male Decision Rules and the Evolution of Leks in the Great Snipe, *Gallinago media*', *Animal Behaviour*, 40:15-22
— Eriksson, M. and Lindell, L. E., 1990, 'Female of the Lek-breeding Great Snipe, *Gallinago media* Prefer Males with White Tails', *Animal Behaviour*, 40:23-32
Houde, A. E. and Endler, J. A., 1990, 'Correlated Evolution of Female Mating

31:295-311
— 1980, 'Sex versus Non-sex versus Parasite', *Oikos*, 35:282-90
— 1990a, 'Memes of Haldane and Jayakar in a Theory of Sex', *Journal of Genetics*, 69:17-32
— 1990b, 'Mate Choice Near and Far', *American Zoologist*, 30:341-51
— Axelrod, R. and Tanese, R., 1990, 'Sexual Reproduction as an Adaptation to Resist Parasites (a Review)', *Proceedings of the National Academy of Sciences of the USA*, 87:3566-73
— and Zuk, M., 1982, 'Heritable True Fitness and Bright Birds: A Role for Parasites?', *Science*, 218:384-7
Harcourt, A. H., Harvey, P. H., Larson, S. G. and Short, R. V., 1981, 'Testis Weight, Body Weight and Breeding System in Primates', *Nature*, 293:55-7
Hardin, G., 1968, 'The Tragedy of the Commons', *Science*, 162:1243-8
Hartung, J., 1982, 'Polygyny and the Inheritance of Wealth', *Current Anthropology*, 23:1-12
Harvey, H. T., 1978, *The Sequoias of Yosemite National Park*, Yosemite Natural History Association, Yosemite, California
Harvey, P. H. and May, R. M., 1989, 'Out for the Sperm Count', *Nature*, 337:508-9
Hasegawa, T. and Hiraiwa-Hasegawa, M., 1990, 'Sperm Competition and Mating Behavior', *The Chimpanzees of the Mahale Mountains: Sexual and Life-history Strategies*, ed. T. Nishida, University of Tokyo Press, Tokyo, pp.115-32
Hausfater, G. and Hrdy, S. B., 1984, *Infanticide: Comparative and Evolutionary Perspectives*, Aldine, Hawthorne, New York
Hawkes, K., 1992, 'Why Hunter-gatherers Work', Paper delivered to the fourth annual meeting of the Human Behavior and Evolution Society, Albuquerque, New Mexico, 22-6 July, 1992
Head, G., May, R. M. and Pendleton, L., 1987, 'Environmental Determination of Sex in Reptiles', *Nature*, 329:198-9
Hewitt, G. M., 1972, 'The Structure and Role of B-chromosomes in the Mottled Grasshopper', *Chromosomes Today*, 3:208-22
— 1976, 'Meiotic Drive for B-chromosomes in the Primary Oocytes of *Myrmeleotettix maculatus* (Orthoptera: Acrididae)', *Chromosome*, 56:381-

い――差別の科学史』鈴木善次、森脇靖子訳、河出書房新社 1989年)
— 1987, *An Urchin in the Storm: Essays about Books and Ideas*, Norton, New York (『嵐の中のハリネズミ』渡辺政隆訳、早川書房 1991年)
— and Lewontin, R. C., 1979, 'The Spandrels of San Marco and the Panglossian Paradigm: A Critique of the Adaptationist Program', *Proceedings of the Royal Society of London B*, 205:581-98
Gouyon, P-H. and Convet, D., 1987, 'A Conflict between Two Sexes, Females and Hermaphrodites', *The Evolution of Sex and Its Consequences*, ed. S. C. Stearns, Birkhauser, Basel, pp.243-61
Gowaty, P. and Lennartz, M. R., 1985, 'Sex Ratios of Nestling and Fledgling Red-cockaded Woodpeckers (*Picoides bor. ealis*)', *American Naturalist*, 126:347-53
Grafen, A., 1990, 'Biological Signals as Handicaps', *Journal of Theoretical Biology*, 144:517-46
Grant, V. J., 1990, 'Maternal Personality and Sex of Infant', *British Journal of Medical Psychology*, 63:261-6
Green, M., 1987, 'Scent Marking in the Himalayan Musk Deer (*Moschus chrysogaster*)', *Journal of Zoology*, 1987:721-37
Green, R., 1993, *Sexual Science and the Law*, Harvard University Press, Cambridge, Massachusetts
Gwynne, D. T., 1991, 'Sexual Competition among Females: What Causes Courtship-role Reversal?', *Trends in Ecology and Evolution*, 6:118-21
Haig, D. and Grafen, A., 1991, 'Genetic Scrambling as a Defence against Meiotic Drive', *Journal of Theoretical Biology*, 153:531-58
Haldane, J. B. S., 1932, *The Causes of Evolution*, Longman, London
— 1949, 'Disease and evolution', *Symposium sui fattori ecologi e genetici della speciazione negli animali, Supplemento a La Ricerca Scientifica Anno 19th*, pp.68-75
Halliday, T. R., 1983, 'The Study of Mate Choice', *Mate Choice*, ed. P. Bateson, Cambridge University Press, Cambridge
Hamilton, W. D., 1964, 'The Genetical Evolution of Social Behaviour', *Journal of Theoretical Biology*, 7:1-52
— 1967, 'Extraordinary Sex Ratios', *Science*, 156:477-88
— 1971, 'Geometry for the Selfish Herd', *Journal of Theoretical Biology*,

— and Schlegel, A., 1980, 'Paternal Confidence and Paternal Investment: A Cross-cultural Test of a Sociobiological Hypothesis', *Ethology and Sociobiology*, 1:301-9

Ghiselin, M. T., 1974, *The Economy of Nature and the Evolution of Sex*, University of California Press, Berkeley

— 1988, 'The Evolution of Sex: A History of Competing Points of View', *The Evolution of Sex*, ed. R. E. Michod and B. R. Levin, Sinauer, Sunderland, Massachusetts, pp.7-23

Gibson, R. M. and Höglund, J., 1992, 'Copying and Sexual Selection', *Trends in Ecology and Evolution*, 7:229-31

Gigerenzer, G. and Hug, K., (in press), *Reasoning about Social Contracts: Cheating and Perspective Change*, Institut für Psychologie, Universität Salzburg, Austria

Gillard, E. T., 1963, 'The Evolution of Bowerbirds', *Scientific American*, 209:38-46

Gllis, J. S. and Avis, W. E., 1980, 'The Male-taller Norm in Mate Selection', *Personality and Social Psychology Bulletin*, 6:396-401

Glesner, R. R. and Tilman, D., 1978, 'Sexuality and the Components of Environmental Uncertainty: Clues from Geographical Parthenogenesis in Terrestrial Animals', *American Naturalist*, 112:659-73

Goodall, J., 1986, *The Chimpanzees of Gombe*, Belknap, Cambridge, Massachusetts（『野生チンパンジーの世界』杉山幸丸、松沢哲郎監訳、ミネルヴァ書房　1990 年）

— 1990, *Through a Window*, Weidenfeld & Nicolson, London（『心の窓——チンパンジーとの 30 年』高橋和美、高崎浩幸、伊谷純三郎訳、どうぶつ社　1994 年）

Gotmark, F., 1992, 'Anti-predator Effect of Conspicuous Plumage in a Male Bird', *Animal Behaviour*, 44:51-5

Gould, J. L. and Gould, C. G., 1989, *Sexual Selection*, Scientific American Library, New York

Gould, S. J., 1978, *Ever Since Darwin: Reflections in Natural History*, André Deutsch, London（『ダーウィン以来——進化論への招待』浦本昌紀、寺田鴻訳、早川書房　1984 年）

— 1981, *The Mismeasure of Man*, Norton, New York（『人間の測りまちが

Foley, R. A., 1987, *Another Unique Species*, Longman, London
— and Lee, P. C., 1989, 'Finite Social Space, Evolutionary Pathways and Reconstructing Hominid Behaviour', *Science*, 243:901-5
Folstad, I. and Karter A. J., 1992, 'Parasites, Bright Males and the Immunocompetence Handicap', *American Naturalist*, 139:603-22
Ford, C. S. and Beach, F. A., 1951, *Patterns of Sexual Behavior*, Harper & Row, New York
Fox, R., 1991, 'Aggression Then and Now', *Man and Beast Revisited*, ed. M. H. Robinson and L. Tiger, Smithsonian, Washington, DC, pp.81-93
Frank, S. A., 1989, 'The Evolutionary Dynamics of Cytoplasmic Male Sterility', *American Naturalist*, 133:345-76
— 1990, 'Sex Allocation Theory for Birds and Mammals', *Annual Review of Ecology and Systematics*, 21:13-55
— 1991, 'Divergence of Meiotic Drive Suppression Systems as an Explanation for Sex-biased Hybrid Sterility and Inviability', *Evolution*, 45:262-7
— and Swingland, I. R., 1988, 'Sex-ratio under Conditional Sex Expression', *Journal of Theoretical Biology*, 135:415-18
Freud, S., 1913, *Totem and Taboo*, Vintage Books, New York（『フロイト全集〈12〉1912−13年——トーテムとタブー』須藤訓任、門脇健訳、岩波書店　2009年、他）
Fresch, R. E., 1988, 'Fatness and Fertility', *Scientific American*, 258:70-77
Galton, F., 1883, *Inquiries into the Human Faculty and Its Development*, Macmillan, London
Garson, P. J., Pleszczynska, W. K. and Holm, C. H., 1981, 'The "Ploygyny Threshold" Model: A Reassessment', *Canadian Journal of Zoology*, 59:902-10
Gaulin, S. J. C. and Fitzgerald, R. W., 1986, 'Sex Differences in Spatial Ability: An Evolutionary Hypothesis and Test', *American Naturalist*, 127:74-88
— and Hoffman, G. E., 1988, 'Evolution and Development of Sex Differences in Spatial Ability', *Human Reproductive Behavior*, ed. L. Betzig, M. Borgehoff Mulder and P. Turke, Cambridge University Press, Cambridge, pp.129-52

Ellis, B. J., 1992, 'The Evolution of Sexual Attraction: Evaluative Mechanisms in Women', *The Adapted Mind*, ed. J. H. Barkow, L. Cosmides and J. Tooby, Oxford University Press, New York, pp.267-88

— and Symons, D., 1990, 'Sex Differences in Sexual Fantasy: An Evolutionary Psychological Approach', *Journal of Sex Research*, 27:527-55

Ellis, H., 1905, *Studies in the Psychology of Sex*, F. A. Davis, New York

Emlen, S. T. and Oring, L. W., 1977, 'Ecology, Sexual Selection and the Evolution of Mating Systems', *Science*, 197:215-23

— Demong, N. J. and Emlen, D. J., 1989, 'Experimental Induction of Infanticide in Female Wattled Jacanas', *The Auk*, 106:1-7

Enquist, M. and Arak, A., 1993, 'Selection of Exaggerated Male Traits by Female Aesthetic Senses', *Nature*, 361:446-8

Erickson, C. J. and Zenone, P. G., 1976, 'Courtship Differences in Male Ring Doves: Avoidance of Cuckoldry?', *Science*, 192:1353-4

Evans, M. R. and Thomas, A. L. R., 1992, 'Aerodynamic and Mechanical Effects of Elongated Tails in the Scarlet-tufted Malachite Sunbird: Measuring the Cost of a Handicap', *Animal Behaviour*, 43:337-47

Fallon, A. E. and Rozin, P., 1985, 'Sex Differences in Perception of Desirable Body Shape', *Journal of Abnormal Psychology*, 94:102-5

Felsenstein, J., 1988, 'Sex and the Evolution of Recombination', *The Evolution of Sex*, ed. R. E. Michod and B. R. Levin, Sinauer, Sunderland, Massachusetts, pp.74-86

Fisher, H. E., 1992, *Anatomy of Love: The Natural History of Monogamy, Adultery and Divorce*, Norton, New York（『愛はなぜ終わるのか——結婚・不倫・離婚の自然史』吉田利子訳、草思社　1993 年）

Fisher R. A., 1930, *The Genetical Theory of Natural Selection*, Clarendon Press, Oxford

Flegg, P. B., Spencer, D. M. and Wood, D. A., 1985, *The Biology and Technology of the Cultivated Mushroom*, John Wiley, Chichester

Flinn, M. V., 1988, 'Mate Guarding in a Caribbean Village', *Ethology and Sociology*, 9:1-28

— 1992, 'Evolution and Function of the Human Stress Response', paper delivered to the fourth annual meeting of the Human Behavior and Evolution Society, Albuquerque, New Mexico, July 22-6, 1992

Stratified Human Societies', *Evolutionary Biology and Human Social Behavior*, ed. N. Chagnon and W. Irons, Duxbury, North Scituate, Massachusetts, pp. 321-67

— 1992, 'Phylogenetic Fallacies and Sexual Oppression', *Human Nature*, 3:71-87

Doolittle, W. E. and Sapienza, C., 1980, 'Selfish Genes, the Phenotype Paradigm and Genome Evolution', *Nature*, 284:601-3

Dörner, G., 1985, 'Sex-specific Gonadortrophin Secretion, Sexual Orientation and Gender Role Behaviour', *Endokrinologie*, 86:1-6

Dörner, G., 1989, 'Hormone-dependent Brain Development and Neuroendocrine Prophylaxis', *Experimental and Clinical Endocrinology* 94:4-22

Dugatkin, J., 1992, 'Sexual Selection and Imitation: Females Copy the Mate Choice of Others', *American Naturalist*, 139:1384-9

Dunbar, R. I. M., 1988, *Primate Social Systems*, Croom Helm, London

Dunn, A. M., Adams, J. and Smith, J. E., 1990, 'Intersexes in a Shrimp: A Possible Disadvantage of Environmental Sex Determination', *Evolution*, 44:1875-8

Durkheim, E., 1895/1962, *The Rules of the Sociological Method*, Free Press, Glencoe, Illinois

Eberhard, W. G., 1985, *Sexual Selection and Animal Genitalia*, Harvard University Press, Cambridge, Massachusetts

Edmunds, G. F. and Alstad, D. N., 1978, 'Coevolution in Insect Herbivores and Conifers', *Science*, 199:941-5

— and Alstad, D. N., 1981, 'Responses of Black Pine Leaf Scales to Host Plant Variability', *Insect Life-history Patterns: Habitat and Geographic Variation*, ed. R. F. Denno and H. Dingle, Springer Verlag, New York

Ehrhardt, A. A. and Meyer-Bathlburg, H. F. L., 1981, 'Effects of Parental Sex Hormones on Gender-related Behavior', *Science*, 211:1312-14

Elder, G. H., 1969, 'Appearance and Education in Marriage Mobility', *American Sociological Review*, 34:519-33

Eldredge, N. and Gould, S. J., 1972, 'Punctuated Equilibria: An Alternative to Phyletic Gradualism', *Models in Paleobiology*, ed. T. J. M. Schopf, Freeman Cooper, San Francisco, pp.82-115

Animal Behaviour, 31:1037-42

Dawkins, M. and Guilford, T., 1991, 'The Corruption of Honest Signalling', *Animal Behaviour*, 41:865-73

Dawkins, R., 1976, *The Selfish Gene*, Oxford University Press, Oxford（『利己的な遺伝子』日高敏隆、岸由二、羽田節子、垂水雄二訳、紀伊國屋書店　1992 年）

— 1982, *The Extended Phenotype*, Oxford University Press, Oxford（『延長された表現型——自然淘汰の単位としての遺伝子』日高敏隆、遠藤知二、遠藤彰訳、紀伊國屋書店　1987 年）

— 1986, *The Blind Watchmaker*, Longman, London（『盲目の時計職人』日高敏隆監修、中嶋康裕、遠藤彰、遠藤知二、疋田努訳、早川書房　2004 年）

— 1990, 'Parasites, Desiderata Lists and the Paradox of the Organism', *Parasitology*, 100: S63-S73

— 1991, 'Darwin Triumphant: Darwinism as Universal Truth', *Man and Beast Revisited*, ed. M. H. Robinson and L. Tiger, Smithsonian, Washington, DC, pp.23-39

— and Krebs, J. R., 1978, 'Animal Signals: Information or Manipulation?', *Behavioural Ecology*, ed, J.R.Krebs and N. B. Davies, Blackwell, Oxford, pp.282-309

— and Krebs, J. R., 1979, 'Arms Races between and within Species', *Proceedings of the Royal Society of London B*, 205:489-511

Degler, C. N., 1991, *In Search of Human Nature*, Oxford University Press, Oxford

de Vos, G. J., 1979, 'Adaptedness of Arena Behaviour in Black Grouse (*Tetrao tetrix*) and Other Grouse Species (*Tetraonidae*)', *Behaviour*, 68:277-314

de Waal, F., 1982, *Chimpanzee Politics*, Jonathan Cape, London（『政治をするサル』西田利貞訳、どうぶつ社　1984、1987 年）

Diamond, J. M., 1991a, 'Borrowed Sexual Ornaments', *Nature*, 349:105

— 1991b, *The Rise and Fall of the Third Chimpanzee*, Radius, London（『人間はどこまでチンパンジーか？——人類進化の栄光と翳り』長谷川真理子、長谷川寿一訳、新曜社　1993 年）

Dickemann, M., 1979, 'Female Infanticide and Reproductive Strategies of

Crook, J, H., 1991, 'Consciousness and the Ecology of Meaning: New Findings and Old Philosophies', *Man and Beast Revisited*, ed. M. H. Robinson and L. Tiger, Smithsonian, Washington, DC, pp.203-23

— and Crook, S. J., 1988, 'Tibetan Polyandry: Problems of Adaptation and Fitness', *Human Reproductive Behavior*, ed. L. Betzig, M. Borgehoff Mulder and P. Turke, Cambridge University Press, Cambridge, pp. 97-114

— and Gartlan, J. S., 1966, 'Evolution of Primate Societies', *Nature*, 210:1200-3

Cronin, H., 1992, *The Ant and the Peacock*, Cambridge University Press, Cambridge（『性選択と利他行動』長谷川真理子訳、工作舎　1994 年）

Cronk, L., 1989, 'Low Socioeconomic Status and Female-biased Parental Investment. The Mukogodo Example', *American Anthropologist*, 9:414-29

— 1991, 'Wealth, Status and Reproductive Success among the Mukogodo of Kenya', *American Anthropologist*, 93:345-60

Crow, J. F., 1988, 'The Importance of Recombination', *The Evolution of Sex*, ed. R. E. Michod and B. R. Levin, Sinauer, Sunderland, Massachusetts, pp.56-73

— and Kimura, M., 1965, 'Evolution in Sexual and Asexual Populations', *American Naturalist*, 99:439-50

Daly, M. and Wilson, M., 1983, *Sex, Evolution and Behavior* (second edition), Wadsworth, Belmont, California

— and Wilson, M., 1988, *Homicide*, Aldine, Hawthome, New York

Dart, R., 1954, 'The Predatory Transition from Ape to Man', *International Anthropological and Linguistic Review*, 1:201-13

Darwin, C., 1859, *The Origin of Species by Means of Natural Selection, or the Preservation of Favoured Races in the Struggle for Life*, John Murray, London（『種の起源』渡辺政隆訳、光文社　2009 年、他）

— 1871, *The Descent of Man and Selection in Relation to Sex*, John Murray, London（『人間の進化と性淘汰』長谷川眞理子訳、文一総合出版　1999 年、他）

Darwin, E., 1803, *The Temple of Nature, or, the Origin of Society*, J. Johnson, London

Davison, G. W. H., 1983, 'The Eyes Have It: Ocelli in a Rainforest Pheasant',

Charnov, E. L., 1982, *The Theory of Sex Allocation*, Princeton University Press, Princeton

Cherfas, J. and Gribbin, J., 1984, *The Redundant Male*, Pantheon, New York

Cherry, M. L., 1990, 'Tail Length and Female Choice', *Trends in Ecology and Evolution*, 5:349-50

Chomsky, N., 1957, *Syntactic Structures*, Mouton, The Hague（『文法の構造』勇康雄訳、研究社出版　1963年）

Clarke, B. C., 1979, 'The Evolution of Genetic Diversity', *Proceedings of the Royal Society of London B*, 205:453-74

Clay, K., 1991, 'Parasitic Castration of Plants by Fungi', *Trends in Ecology and Evolution*, 6:162-6

Clutton-Brock, T. H., 1991, *The Evolution of Parental Care*, Princeton University Press, Princeton

—Albon, S. D. and Guinness, F. E., 1984, 'Maternal Dominance, Breeding Success and Birth Sex Ratios in Red Deer', *Nature*, 308:358-60

—and Harvey, P. H., 1977, 'Primate Ecology and Social Organization', *Journal of Zoology*, 183:1-39

—and Iason, G. R., 1986, 'Sex Ratio Variation in Mammals', *Quarterly Review of Biology*, 61:339-74

— and Vincent, A. C. J., 1991, 'Sexual Selection and the Potential Reproductive Rates of Males and Females', *Nature*, 351:58-60

Connor, R. C., Smolker, R. A. and Richards, A. F., 1992, 'Two Levels of Alliance Formation among Male Bottlenose Dolphins (*Tursiops sp.*)', *Proceedings of the National Academy of Sciences USA*, 89:987-90

Conover, D. O. and Kynard, B. E., 1981, 'Environmental Sex Determination: Interaction of Temperature and Genotype in a Fish', *Science*, 213:577-9

Cosmides, L. M., 1989, 'The Logic of Social Exchange: Has Natural Selection Shaped How Humans Reason? Studies with the Wason Selection Task', *Cognition*, 31:187-276

—and Tooby, J., 1981, 'Cytoplasmic Inheritance and Intragenomic Conflict', *Journal of Theoretical Biology*, 89:83-129

Cosmides, L. M., and Tooby, J., 1992, 'Cognitive Adaptations for Social Exchange', *The Adapted Mind*, ed. J. H. Barkow, L. Cosmides and J. Tooby, Oxford University Press, New York, pp.163-228

Two Theories of Recombination', *Nature*, 326:803-5
Buss, D., 1989, 'Sex Differences in Human Mate Preferences: Evolutionary Hypotheses Tested in 37 Cultures', *Behavioral and Brain Science*, 12:1-49
— 1992, 'Mate Preference Mechanisms: Consequences for Partner Choice and Intrasexual Competition', *The Adapted Mind*, ed. J. H. Barkow, L. Cosmides and J. Tooby, Oxford University Press, New York, pp.249-66
Byrne, R. W. and Whiten, A., 1985, 'Tactical Deception of Familiar Individuals in Baboons', *Animal Behaviour*, 33:669-73
— and Whiten, A., eds, 1988, *Machiavellian Intelligence: Social Expertise and the Evolution of Intellect in Monkeys, Apes and Humans*, Clarendon Press, Oxford（『マキャベリ的知性と心の理論の進化論――ヒトはなぜ賢くなったか』藤田和生、山下博志、友永雅己監訳、ナカニシヤ出版、2004 年）
— and Whiten, A., 1992, 'Cognitive Evolution in Primates: Evidence from Tactical Deception', *Man*, 27:609-27
Carroll, L., 1871, *Through the Looking Glass and What Alice Found There*, Macmillan, London（『鏡の国のアリス』生野幸吉訳、福音館書店 1972 年、他）
Cashdan, E., 1980, 'Egalitarianism among Hunters and Gatherers', *American Anthropologist*, 82:116-20
Chagnon, N. A., 1968, *Yanomamö*: *The Fierce People*, Holt, Rinehart & Winston, New York
— 1988, 'Life Histories, Blood Revenge and Warface in a Tribal Population', *Science*, 239:935-92
— and Irons, W., eds, 1979, *Evolutionary Biology and Human Social Behavior: An Anthropological Perspective*, Duxbury, North Scituate, Massachusetts
Chao, L., 1992, 'Evolution of Sex in RNA Viruses', *Trends in Ecology and Evolution*, 7:147-51
— Tran, T., and Matthews, C., 1992, 'Müller's Ratchet and the Advantage of Sex in the Virus phi-6', *Evolution*, 46:289-99
Charlesworth, B. and Hartl, D. L., 1978, 'Population Dynamics of the Segregation Distorter Polymorphism of *Drosophila melanogaster*', *Genetics*, 89:171-92

Ratios of Sexually Dimorphic Birds', *American Naturalist*, 127:495-507

Boyce, M. S., 1990, 'The Red Queen Visits Sage Grouse Leks', *American Zoologist*, 30:263-70

Bradbury, J. W. and Andersson, M. B., eds, 1987, *Sexual Selection: Testing the Alternatives*', Dahlem Workshop Report, Life Sciences 39, John Wiley, Chichester

Bremermann, H. J., 1980, 'Sex and Polymorphism as Strategies in Host-pathogen Interactions', *Journal of Theoretical Biology*, 87:671-702

— 1987, 'The Adaptive Significance of Sexuality', *The Evolution of Sex and Its Consequences*, ed. S. C. Stearns, Birkhauser, Basel, pp.135-61

Bromwich, P., 1989, 'The Sex Ratio and Ways of Manipulating It', *Progress in Obstetrics and Gynaecology*, 7:217-31

Brooks, L., 1989, 'The Evolution of Recombination Rates', *The Evolution of Sex*, ed. R. E. Michod and B. R. Levin, Sinauer, Sunderland, Massachusetts, pp.87-105

Brown, D. E., 1991, *Human Universals*, MacGraw-Hill, New York

— and Hotra, D., 1988, 'Are Prescriptively Monogamous Societies Effectively Monogamous?', *Human Reproductive Behavior*, ed. L.Betzig, M. Borgehoff Mulder and P. Turke, Cambridge University Press, Cambridge, pp.153-60

Budiansky, S., 1992, *The Covenant of the Wild: Why Animals Chose Domestication*, William Morrow, New York

Bull, J.J., 1983, *The Evolution of Sex-determing Mechanisms*, Benjamin-Cummings, Menlo Park, California

— 1987, 'Sex-Determining Mechanisms: an Evolutionary Perspective', *The Evolution of Sex and Its Consequences*, ed. S. C. Stearns, Birkhauser, Basel, pp.93-115

Bull, J. J. and Bulmer, M. G., 1981, 'The Evolution of XY Females in Mammals', *Heredity*, 47:347-65

— and Charnov, E. L., 1985, 'On Irreversible Evolution', *Evolution*, 39:1149-55

Burley, N., 1981, 'Sex Ratio Manipulation and Selection for Attractiveness', *Science*, 211:721-2

Burt, A. and Bell, G., 1987, 'Mammalian Chiasma Frequencies as a Test of

Sunderland, Massachusetts, pp.139-60

Berscheid, E. and Walster, E., 1974, 'Physical Attractiveness', *Advances in Experimental Social Psychology, Vol. 7*, ed. L. Berkowitz, Academic Press, New York

Bertram, B. C. R., 1975, 'Social Factors Influencing Reproduction in Wild Lions', *Journal of Zoology*, 177:463-82

Betzig, L. L., 1986, *Depotism and Differential Reproduction: A Darwinian View of History*, Aldine, Hawthorne, New York

— 1992a, 'Medieval Monogamy', *Darwinian Approaches to the Past*, ed. S. Mithen and H. Maschner, Plenum, New York

— 1992b, 'Roman Polygyny', *Ethology and Sociobiology*, 13:309-49

— 1992c, 'Roman Monogamy', *Ethology and Sociobiology*, 13:351-83

— and Weber, S., 1992, 'Polygyny in American Politics', *Politics and Life Sciences*, 12:no. 1

Bierzychudek, P., 1987a, 'Resolving the Paradox of Sexual Reproduction:A Review of Experimental Tests', *The Evolution of Sex and Its Consequences*, ed. S. C. Stearns, Birkhauser, Basel, pp.163-74

— 1987b, 'Patterns in Plant Parthenogenesis', *The Evolution of Sex and Its Consequences*, ed. S. C. Stearns, Birkhauser, Basel, pp.197-217

Birkhead, T. R. and Møller, A. P., 1992, *Sperm Competition in Birds*, Academic Press, London

Bloom, P., 1992, 'Language as a Biological Adaptation', paper delivered to the fourth annual meeting of the Human Behavior and Evolution Society, Albuquerque, New Mexico, July 22-6, 1992

Boone, J., 1988, 'Parental Investment, Social Subordination and Population Processes among the 15th and 16th Century Portuguese Nobility', *Human Reproductive Behavior*, ed. L. Betzig, M. Borgehoff Mulder and P. Turke, Cambridge University Press, Cambridge, pp.201-19

Borgehoff Mulder, M., 1988, 'Is the Polygyny Threshold Model Relevant to Humans? Kipsigis Evidence', *Mating Patterns*, ed. C. G. N. Mascie-Taylor and A. J. Boyce, Cambridge University Press, Cambridge, pp.209-30

— 1992, 'Women's Strategies in Polygynous Marriage', *Human Nature*, 3:45-70

Bortolotti, G. R., 1986, 'Influence of Sibling Competition on Nestling Sex

— Cosmides, L. and Tooby, J., eds, 1992, *The Adapted Mind*, Oxford University Press, New York

Barlow, H., 1987, 'The Biological Role of Consciousness', *Mindwaves*, ed. C. Blakemore and S. Greenfield, Blackwell, Oxford, pp.361-74

— 1990, 'The Mechanical Mind', *Annual Review of Neuroscience*, 13:15-24

— (unpublished) 'The Inevitability of Consciousness' Chapter draft

Basolo, A. L., 1990, 'Female Preference Predates the Evolution of the Sword in Swordtail Fish', *Science*, 250:808-10

Bateman, A. J., 1948, 'Intrasexual Selection in *Drosophila*', *Heredity*, 2:349-68

Beeman, R. W., Friesen, K. S. and Denell, R. E., 1992, 'Maternal-effect Selfish Genes in Flour Beetles', *Science*, 256:89-92

Bell, G., 1982, *The Masterpiece of Nature*, Croom Helm, London

— 1987, 'Two Theories of Sex and Variation', *The Evolution of Sex and Its Consequences*, ed. S. C. Stearns, Birkhauser, Basel, pp.117-33

— 1988, *Sex and Death in Protozoa: The History of an Obsession*, Cambridge University Press, Cambridge

— and Burt, A., 1990, 'B-chromosomes: Gem-line Parasites Which Induce Changes in Host Recombination', *Parasitology*, 100:S19-S26

— and Maynard Smith, J., 1987, 'Short-term Selection for Recombination among Mutually Antagonistic Species', *Nature*, 328:66-8

Bell, Q., 1976, *On Human Finery* (second edition), Hogarth Press, London

Bellis, M. A., Baker, R. R. and Gage, M. J. G., 1990, 'Variation in Rat Ejaculates Consistent with the Kamikaze-sperm Hypothesis', *Journal of Mammalogy*, 71:479-80

Benshoof, L. and Thornhill, R., 1979, 'The Evolution of Monogamy and Concealed Ovulation in Humans', *Journal of Social and Biological Structures*, 2:95-106

Bernstein, H., 1983, 'Recombinational Repair May Be an Impotant Function of Sexual Reproduction', *Bioscience*, 33:326-31

— Byerly, H. C., Hopf, F. A. and Michod, R. E., 1985, 'Genetic Damage, Mutation and the Evolution of Sex', *Science*, 229:1277-81

— Hopf, F. A. and Michod, R. E., 1988, 'Is Meiotic Recombination an Adaptation for Repairing DNA, Producing Genetic Variation, or Both?', *The Evolution of Sex*, ed. R. E. Michod and B. R. Levin, Sinauer,

Adolescent Weight Control as a Mechanism for Reproductive Suppression', *Human Nature*, 3:299-334

Andersson, M., 1982, 'Female Choice Selects for Extreme Tail Length in a Widow Bird', *Nature*, 299:818-20

— 1986, 'Evolution of Condition-dependent Sex Ornaments and Mating Preferences: Sexual Selection Based on Viability Differences', *Evolution*, 40:804-16

Ardrey, R., 1966, *The Territorial Imperative*, Atheneum, New York

Arnols, S. J., 1983, 'Sexual Selection:the Interface of Theory and Empiricism', *Mate Choice*, ed. P. Bateson, Cambridge University Press, Cambridge, pp.67-107

Atmar, W., 1991, 'On the Role of Males', *Animal Behaviour*, 41:195-205

Austad, S. and Sunquist, M. E., 1986, 'Sex-ratio Manipulation in the Common Opossum', *Nature*, 324:58-60

Avery, M. I. and Ridley, M. W., 1988, 'Gamebird Mating Systems', *The Ecology and Management of Gamebirds*, ed. P. J. Hudson and M. R. W. Rands, Blackwell, Oxford

Badcock, C., 1991, *Evolution and Individual Behavior: An Introduction to Human Sociobiology*, Blackwell, Oxford

Baker, R. R., 1985, 'Bird Coloration: In Defence of Unprofitable Prey', *Animal Behavior*, 33:1387-8

— and Bellis, M. A., 1989, 'Number of Sperm in Human Ejaculates Varies in Accordance with Sperm Competition', *Animal Behaviour*, 37:867-9

— and Bellis, M. A. 1992, 'Human Sperm Competition: Infidelity, the Female Orgasm and Kamikaze Sperm', paper delivered to the fourth annual meeting of the Human Behavior and Evolution Society, Albuquerque, New Mexico, July 22-6, 1992

Balmford, A., 1991, 'Mate Choice on Leks', *Trends in Ecology and Evolution*, 6:87-92

— Thomas, A. L. R., and Jones, I. L., 1993, 'Aerodynamics and the Evolution of Tails in Birds', *Nature*, 361:628-31

Barkow, J. H., 1992, 'Beneath New Culture is Old Psychology: Gossip and Social Stratification', *The Adapted Mind*, ed. J. H. Barkow, L. Cosmides and J. Tooby, Oxford University Press, New York, pp.627-37

参考文献

Adams, J., Greenwood, P. and Naylor, P., 1987, 'Evolutionary Aspects of Environmental Sex Determination', *International Journal of Invertebrate Reproductive Development*. 11:123-36

Alatalo, R. V., Höglund, J. and Lundberg, A., 1991, 'Lekking in the Black Grouse - a Test of Male Viability', *Nature*, 352:155-6

— Lundberg, A. and Stahlbrandt, K., 1982, 'Why Do Pied Flycatcher Females Mate with Already Mated Males? '*Animal Behaviour*, 30:585-93

Alexander, R. D., 1974, 'The Evolution of Social Behavior', *Annual Review of Ecology and Systematics*, 5:325-83

— 1979, *Darwinism and Human Affairs*, University of Washington Press, Seattle(『ダーウィニズムと人間の諸問題』山根正気、牧野俊一訳、思索社 1988 年)

— 1988, 'Evolutionary Approaches to Human Behavior: What Does the Future Hold?', *Human Reproductive Behavior*, ed. L. Betzig, M. Borgehoff Mulder and P. Turke, Cambridge University Press, Cambridge, pp.317-41

— 1990, *'How Did Humans Evolve? Reflections on the Uniquely Unique Species'*, Museum of Zoology, The University of Michigan, Special Publication No.1

— and Nooman, K. M., 1979, 'Concealment of Ovulation, Parental Care and Human Social Evolution', *Evolutionary Biology and Human Social Behavior*, ed. N. Chagnon and W. Irons, Duxbury, North Scituate, Massachusetts, pp.436-53

Altmann, J., 1980, *Baboon Mother and Infants*, Harvard University Press, Cambridge, Massachusetts

Anderson, A., 1992, 'The Evolution of Sex', *Science*, 257:324-6

Anderson, J. L. and Crawford, C. B., 1992, 'Modeling Costs and Benefits of

30 Potts 1991
31 Humphrey 1976
32 Humphrey 1976, 1983
33 Barlow（未出版）
34 Crook 1991
35 Pinker and Bloom 1992
36 Tooby and Cosmides 1992
37 Barlow 1990; Barkow 1992
38 Konner 1982
39 Symons 1987
40 Barlow 1987
41 Byrne and Whiten 1985, 1988, 1992
42 Macaulay 全集第 6 巻 "Essay on the Athenian Orators"
43 Dawkins and Krebs 1978
44 Cosmides 1989; Cosmides and Tooby 1992; Gigerenzer and Hug（印刷中）
45 Byrne and Whiten 1985, 1988, 1992
46 Trivers 1991
47 Goodall 1986
48 Miller 1992
49 Connor, Smolker and Richards 1992
50 De Waal 1982
51 Miller 1992
52 Buss 1989
53 Symons 1979; G・ミラー、インタビュー
54 Leakey and Lewin 1992
55 G・ミラー、書簡より
56 Erickson and Zenone 1976
57 Miller 1992; Miller and Todd 1990 も参照のこと。
58 Webster 1992
59 Badcock 1991

41 B・エリス、インタビュー

第10章　知的チェスゲーム

1 コナー、スモーカー、リチャーズは、イルカ社会の複雑さは主に、脳の大きさに関連していると1992年に論じた。バンドウイルカは、イルカ種のなかで最も複雑な社会をもち、脳が最も大きい。
2 Johansen and Edey 1981
3 Tooby and Cosmides 1992
4 Bloom 1992; Pinker and Bloom 1992
5 Gould 1981
6 Fox 1991
7 Durkheim 1895
8 Brown 1991
9 Mead 1928
10 Wilson 1975
11 Gould 1978
12 Gould 1987
13 Pinker and Bloom 1992
14 Chomsky 1957
15 Marr 1982; Hurlbert and Poggio 1988
16 Tooby and Cosmides 1992
17 Leakey and Lewin 1992
18 Lewin 1984
19 Dart 1954; Ardrey 1966
20 Konner 1982
21 R・ランガム、インタビュー
22 Gould 1981
23 Badcock 1991
24 Montagu 1961
25 Leakey and Lewin 1992
26 Budiansky 1992
27 S・J・グールド（ピンカーとブルームのリポートから引用　1992年）
28 Pinker and Bloom 1992
29 Alexander 1974, 1990

14 Smuts 1993
15 Elder 1969; Buss 1992
16 Ellis 1992
17 Fisher 1930
18 D・シン、インタビュー
19 Low, Alexander and Noonan 1987; Leakey and Lewin 1992; D・シン、インタビュー
20 Ellis 1905
21 金髪は性淘汰の所産であるとする概念は、最近ジョナサン・キングドンによって推し進められた：Kingdon 1993 の論文参照のこと。
22 Kingdon 1993
23 これは夫婦の絆は、平均して4年ほどしか続かないとするヘレン・フィッシャーの理論（1992年）に私が賛成しかねるさらなる理由である。
24 R・ソーンヒル、インタビュー
25 Galton 1883
26 *Science* 誌 257 巻 328 ページ、M. Ridley: "No Better Than Average" を参照のこと
27 Dickemann 1979
28 Buss 1992; Gould and Gould 1989
29 Berscheid and Walster 1974; Gillis and Avis 1980; Ellis 1992; Shellberg 1992
30 Sadalla, Kenrick and Vershure 1987; Ellis 1992
31 Daly and Wilson 1983
32 Daly and Wilson 1983
33 Ellis 1992.
この節に挙げた他の事実は、Trivers 1985 の論文に基づく；Ford and Beach 1951; Pratto, Sidanius and Stallworth 1992; Buss 1989
34 Bell 1976
35 Symons 1992; R・アレクサンダー、インタビュー
36 Fallon and Rozin 1985
37 Ellis 1905
38 Low 1979
39 Bell 1976
40 Darwin 1871

29 Symons 1987
30 Thornhill 1989a
31 Buss 1989, 1992
32 Ellis 1992
33 Buss 1989, 1992
34 Kenrick and Keefe 1989
35 Ellis and Symons 1990
36 Ellis and Symons 1990
37 Symons 1987
38 Mosher and Abramson 1977
39 Ellis and Symons 1990
40 Alatalo, Höglund and Lundberg 1991
41 Fisher 1992
42 Symons 1989
43 Brown 1991
44 Wilson 1978
45 Tooby and Cosmides 1989
46 Moir and Jessel 1991

第9章　美の効用

1 M・ベイリー、インタビュー／F・ホワイタム、インタビュー／D・ハマー、インタビュー／Le Vay 1993
2 Freud 1913
3 Westermarck 1891
4 Wolf 1966, 1970; Degler 1991
5 Daly and Wilson 1983
6 Shepher 1983
7 Thornhill 1989b
8 Thorpe 1954, 1961
9 Marler and Tamura 1964
10 Slater 1983
11 Seid 1989
12 1992年7月28日付ワシントンポスト紙
13 Frisch 1988; Anderson and Crawford 1992

59 Kitcher 1985; Vining 1986
60 Perusse 1992
61 W・アイアンズ、インタビュー／M・ポリオダキス、インタビュー

第８章 心の性鑑別

1 Gaulin and Fitzgerald 1986; Jacobs, Gaulin, Sherry and Hoffman 1990
2 Konner 1982
3 Darwin 1871
4 Silverman and Eals 1992
5 Maccoby and Jacklin 1974; Daly and Wilson 1983; Moir and Jessel 1991
6 M・ベイリー、インタビュー
7 Gaulin and Hoffman 1988
8 Silverman and Eals 1992
9 Wilson 1975; Kingdon 1993
10 Daly and Wilson 1983
11 Symons 1979
12 Hudson and Jacot 1991
13 Tannen 1990
14 Gaulin and Hoffman 1988
15 Maccoby and Jacklin 1974; Ehrhardt and Meyer-Bahlburg 1981; Rossi 1985; Moir and Jessel 1991
16 Moir and Jessel 1991
17 McGuinness 1979
18 McGuinness 1979
19 Imperato-McGinley, Peterson, Gautier and Sturla 1979
20 Daly and Wilson 1983; Moir and Jessel 1991
21 Hoyenga and Hoyenga 1980
22 Tannen 1990
23 Tiger and Shepher 1977; Daly and Wilson 1983; Moir and Jessel 1991
24 Fisher 1992
25 1992年6月7日付サンデータイムズ（ロンドン）の紙上インタビュー
26 Dörner 1985, 1989; M・ベイリー、インタビュー；Le Vay 1992
27 M・ベイリー、インタビュー／D・ハマー、インタビュー
28 Dickemann 1992

32 Birkhead and Møller 1992
33 Alexander and Noonan 1979
34 このような見解を初めて示した著者は、チャーファスとグリビンである（1984年）。
35 Hrdy 1979; Symons 1979; Benshoof and Thornhill 1979; Diamond 1991b; Fisher 1992; Sillen-Tullberg and Møller 1993
36 Körpimaki 1991
37 Alatalo, Lundberg and Stahlbrandt 1982.
最近の研究によると、妻は少なくとも何が起きているかを知っているらしい。Veiga 1992 の論文と、Slagsvøld, Amundsen, Dale and Lampe 1992 の論文を参照。
38 Veiga 1992
39 Møller and Birkhead 1989
40 Darwin E. 1803
41 Wilson and Daly 1992
42 Wilson and Daly 1992
43 Thornhill and Thornhill 1983, 1989; Posner 1992
44 Gaulin and Schlegel 1980; Wilson and Daly 1992; Regalski and Gaulin 1992
45 フレイザー、個人的な交流から
46 Malinowski 1927
47 Wilson and Daly 1992
48 フランス革命時の法律。ウィルソンとデイリーの翻訳から引用。1992年。
49 Alexander 1974; Kurland 1979
50 Betzig 1992a
51 Voland 1988, 1992
52 Boone 1988
53 Darwin 1803
54 Betzig 1992a
55 Betzig 1992a
56 Betzig 1992a
57 Thornhill 1990
58 Thornhill 1990

の戦略であるという主張を、おおいに裏づけた。エムレンはあるなわばりからメスのレンカク（雌雄の役割が逆転した種）を移動させ、新しく獲得したなわばりでオスが抱いている卵をつぶすように仕向けた。

5　Dunbar 1988

6　Wrangham 1987; R・W・ランガム、インタビュー

7　Goodall 1986, 1990; Hiraiwa-Hasegawa 1988; Yamamura, Hasegawa and Ito 1990

8　Daly and Wilson 1988

9　Martin and May 1981

10 Hasegawa and Hiraiwa-Hasegawa 1990; Diamond 1991b

11 White 1992; Small 1992

12 Short 1979

13 Eberhard 1985; Hyde and Elgar 1992; Bellis, Baker and Gage 1990; Baker and Bellis 1992

14 Harcourt, Harvey, Larson and Short 1981; Hyde and Elgar 1992

15 Connor, Smolker and Richards 1992

16 Smith 1984; 冷たい睾丸は、貯えた精子の貯蔵寿命を延ばすようデザインされているという説は、精子が冷たい器官内で製造されなければ損なわれるという昔からの概念よりも事実にかなっている。

17 Harvey and May 1989

18 Payne and Payne 1989

19 Birkhead and Møller 1992

20 Hamilton 1990b

21 Westneat, Sherman and Morton 1990; Birkhead and Møller 1992

22 Potts, Manning and Wakeland 1991

23 Burley 1981

24 Møller 1987

25 Baker and Bellis 1989; Baker and Bellis 1992

26 Birkhead and Møller 1992

27 Hill and Kaplan 1988; K・ヒル、インタビュー

28 K・ヒル、インタビュー

29 Wilson and Daly 1992; R・W・ランガム、インタビュー

30 Cherfas and Gribbin 1984; Flinn 1988

31 Morris 1967

38 Hartung 1982
39 L・ベツィグ、インタビュー
40 Betzig 1986
41 Betzig 1986
42 ベツィグがフィンリーから引用（1992年b）／ギボンの言葉は *The Decline and Fall of the Roman Empire*（『ローマ帝国衰亡史』中野好夫、朱牟田夏雄、中野好之訳、筑摩書房、他）第1巻第2章より引用
43 Betzig 1992c
44 Betzig 1992a
45 おそらくこのために、初期の教会は性の規制にこだわったのだろう。殺人と暴力の主な原因は、性をめぐる争いであると認識していたからである。キリスト教社会で、性と罪がしだいに同じ意味で用いられたのは、性に罪深いものが根ざしているからではなく、しばしば性がもめ事の火種になったからだろう。1986年のスクラトンの論文を参照のこと。
46 Brown and Hotra 1988
47 D・E・ブラウン、インタビュー
48 Goodall 1986. ただし老いたメスは勝者に殺された。
49 N・シャニオン、インタビュー
50 Chagnon 1968; Chagnon 1988
51 この類似性を指摘してくれたのはアーチー・フレイザーである。
52 Chagnon 1968
53 Smith 1984
54 D・E・ブラウン、インタビュー

第7章　一夫一妻と女の本性

1 Møller 1987; Birkhead and Møller 1992
2 Murdock and White 1969; フィッシャーは1992年におもしろい主張をしている。「性差別、独裁政治、一夫多妻制、男性による妻の独占は、すべてスキの発明とともに生み出された。女性が食物を採集する仕事から解放されたせいである。ここ数十年のあいだに、女性が仕事に進出するにつれ、女性の発言力と地位は向上した」
3 Hrdy 1981; Hrdy 1986
4 Bertram 1975; Hrdy 1979; Hausfater and Hrdy 1984.
1989年のエムレン、デモングによる驚異的な実験は、子殺しが適応上

15 Trivers 1971; Maynard Smith 1977; Emlen and Oring 1977
16 Pleszczynska and Hansell 1980; Garson, Pleszczynska and Holm 1981. ところでポリガミー（polygamy）には、一夫多妻の意味と一妻多夫の意味がある。ポリジニー（polygyny）は、男性が複数の女性パートナーをもつことである。ポリジニーのほうがより意味が正確であるが、本書ではもっとポピュラーな言葉を用いた：男性にはポリガミー（polygamy：一夫多妻）を、女性にポリアンドリー（polyandry：一妻多夫）を。
17 L・ベツィグ、インタビュー
18 Borgehoff Mulder 1988, 1992; M・ボーガホフ・マルダー、インタビュー
19 1991年4月9日付ニューヨーク・タイムズ紙、A22ページ、Dirk Johnson: "Polygamists emerge from secrecy seeking not just peace but respect"
20 Green 1993
21 サイモンズは1979年に次のように記した。「異性愛者どうしの関係は、女性の本性と利害にかなり依存して成り立っている」
22 Crook and Gartlan 1966; Jarman 1974; Clutton-Brock and Harvey 1977
23 Avery and Ridley 1988; de Vos 1979
24 Smith 1984
25 Foley and Lee 1989
26 Foley 1987; Foley and Lee 1989; Leakey and Lewin 1992; Kingdon 1993
27 Symons 1987; K・ヒル、インタビュー
28 Alexander 1988; R・D・アレクサンダー、インタビュー
29 Kaplan and Hill 1985b; Hewlett 1988
30 Kaplan and Hill 1985b; Hill and Kaplan 1988; Hawkes 1992; Cosmides and Tooby 1992; K・ホークス、インタビュー
31 Cashdan 1980; Cosmides and Tooby 1992
32 N・シャニオン、インタビュー；Cronk 1991
33 Rosenberg and Birdzell 1986
34 Goodall 1990
35 Daly and Wilson 1983
36 1992年2月18日付ニューヨーク・タイムズ紙、C1ページ、N. Angier: "Dolphin courtship: brutal, cunning and complex"
37 Dickemann 1979

69 Green 1987
70 Eberhard 1985
71 Kramer 1990
72 Enquist and Arak 1993
73 Gilliard 1963
74 Houde and Endler 1990; J・エンドラー、インタビュー
75 Kirkpatrick 1989
76 Searcy 1992
77 Burley 1981
78 催眠状態というのは私の考えである：Ridley 1981 を参照のこと。その後のクジャクとキジ類の観察から、間接的に裏づけられている：Rands, Ridley and Lelliott 1984 を参照のこと；Davison 1983; Ridley, Rands and Lelliott 1984; Petrie, Halliday and Sanders 1991
79 Gould and Gould 1989
80 Pomiankowski and Guilford 1990
81 A・ポミアンコウスキー、インタビュー

第6章　一夫多妻と男の本性

1 Betzig 1986
2 Brown 1991; Barkow, Cosmides and Tooby 1992
3 Crook and Crook 1988
4 Betzig and Weber 1992
5 Trivers 1972
6 Bateman 1948
7 Alexander 1974, 1979; Irons 1979
8 Clutton-Brock and Vincent 1991; Gwynne 1991
9 子の世話の大きさが、求愛におけるメスの主導権に結びつくという概念とその証拠は、私と同姓の研究者による刊行物を参照のこと：Ridley (Mark) 1978
10 Symons 1979; D・サイモンズ、インタビュー
11 Symons 1979
12 Symons 1979
13 Tripp 1975; Symons 1979
14 Maynard Smith and Price 1973

39 Andersson 1986; Pomiankowski 1987; Grafen 1990; Iwasa, Pomiankowski and Nee 1991
40 Møller 1991
41 Hamilton and Zuk 1982
42 Ward 1988; Pruett-Jones, Pruett-Jones and Jones 1990; Zuk 1991; Zuk 1992
43 Low 1990
44 Cronin 1992
45 Møller 1990
46 Hillgarth 1990; N・ヒルガース、M・ズック、インタビュー
47 Kirkpatrick and Ryan 1991
48 Boyce 1990; Spurrier, Boyce and Manly 1991
49 Thornhill and Sauer 1992
50 Møller 1992
51 Møller and Pomiankowski（印刷中）; Balmford, Thomas and Jones 1993; ポミアンコウスキー、インタビュー
52 Maynard Smith 1991
53 Zuk 1992
54 Zuk（印刷中）
55 Zuk, Thornhill, Ligon and Johnson 1990; Ligon, Thornhill, Zuk and Johnson 1990
56 Flinn 1992
57 Daly and Wilson 1983
58 Folstad and Karter 1992; Zuk 1992
59 Zuk（印刷中）
60 Wederkind 1992
61 Hamilton 1990b
62 Kodric-Brown and Brown 1984
63 Dawkins and Krebs 1978
64 Dawkins and Guilford 1991
65 Low, Alexander and Noonan 1987
66 T・ギルフォード、インタビュー／B・ロウ、インタビュー
67 Ryan 1991; M・ライアン、インタビュー
68 Basolo 1990

8 Baker 1985; Gotmark 1992
9 Ridley, Rands and Lelliott 1984
10 Halliday 1983
11 Cronin 1992
12 Höglund and Robertson 1990
13 Møller 1988
14 Höglund, Eriksson and Lindell 1990
15 Andersson 1982
16 Cherry 1990
17 Houde and Endler 1990
18 Evans and Thomas 1992
19 Fisher 1930
20 Jones and Hunter 1993
21 Ridley and Hill 1987
22 Taylor and Williams 1982
23 Boyce 1990
24 Cronin 1992
25 二派の性淘汰に関する最良の著作は、Bradbury and Andersson 1987 と Cronin 1992 である。
26 O'Donald 1980; Lande 1981; Kirkpatrick 1982; Arnold 1983
27 Weatherhead and Robertson 1979
28 Pomiankowski, Iwasa and Nee 1991
29 Pomiankowski 1990
30 Dugatkin 1992; Gibson and Höglund 1992. ダマジカも模倣を行う：Balmford 1991
31 Pomiankowski 1990; カプチン（capuchinbird）や他のレックを行う種がなぜメスどうしで戦うかに関しては、Traill 1990 も参照のこと。
32 Partridge 1980
33 Balmford 1991
34 Alatalo, Höglund and Lundberg 1991
35 Hill 1990
36 Diamond 1991a
37 Zahavi 1975
38 Dawkins 1976; Cronin 1992

62 Bromwich 1989
63 1991年10月27日付インディペンデント紙（ロンドン）54～55ページ K. McWgirter: “The gender vendors.”
64 B・グレッドヒル、インタビュー
65 キンカチョウに関してはBurley 1981、赤いトサカのキツツキに関してはGowaty and Lennartz 1985、ハゲタカに関してはBortolotti 1986、ワシに関してはOlsen and Cockburn 1991の各論文を参照のこと。
66 1991年11月6日付インターナショナル・ヘラルドトリビユーン紙 1ページ N. D. Kristof: “Asia, Vanishing Point for as Many as 100 Million Women”
67 Rao 1986; Hrdy 1990
68 M・ノルボー、インタビュー
69 Bromwich 1989
70 James 1986; James 1989; W・H・ジェイムズ、インタビュー
71 Unterberger and Kirsch 1932
72 Dawkins 1982
73 A・C・ハールバート、個人的な会話より
74 Fisher 1930; R・L・トリヴァース、インタビュー
75 Betzig 1992a
76 Dickemann 1979; Boone 1988; Voland 1988; Judge and Hrdy 1988
77 Hrdy 1987; Cronk 1989; Hrdy 1990
78 Dickemann 1979
79 Dickemann 1979; Kitcher 1985; Alexander 1988; Hrdy 1990
80 S・B・ハーディ、インタビュー
81 Dickemann 1979

第5章 クジャク物語

1 Troy and Elgar 1991
2 Trivers 1972; Dawkins 1976も参照のこと。
3 Atmar 1991
4 Darwin 1871
5 Diamond 1991b
6 Cronin 1992
7 Marden 1992

35 Lienhart and Vermelin 1946
36 Hamilton 1967
37 Cosmides and Tooby 1981
38 Bull and Bulmer 1981; Frank 1990
39 Bull and Bulmer 1981; J・J・ブル、インタビュー
40 Frank and Swingland 1988; Charnov 1982; Bull 1983; J・J・ブル、インタビュー
41 Warner, Robertson and Leigh 1975
42 Bull 1983; Bull 1987; Conover and Kynard 1981
43 Dunn, Adams and Smith 1990; Adams, Greenwood and Naylor 1987
44 Head, May and Pendleton 1987
45 J・J・ブル、インタビュー
46 Bull 1983; Werren 199; Hunter, Nur and Werren 1993
47 Trivers and Willard 1973
48 Trivers and Willard 1973
49 大統領の子供の性比に初めて気づいたのは、ミシガン大学のローラ・ベツィグとサマンサ・ウェーバーである。
50 Trivers and Willard 1973
51 Austad and Sunquist 1986
52 Clutton-Brock and Iason 1986; Clutton-Brock 1991; Huck, Labov and Lisk 1986
53 T・H・クラットン＝ブロック、インタビュー
54 Clutton-Brock, Albon and Guinness 1984
55 Symington 1987
56 ヒヒに関してはAltmann 1980を参照。マカクに関しては、Silk 1983、Simpson and Simpson 1982、Small and Hrdy 1986の各論文を参照。概論は、Van Schaik and Hrdy 1991を参照のこと。ホエザルに関しては、L・グランダーのインタビューに基づく。本データに懐疑を示したのは長谷川氏である（書簡による）。
57 Hrdy 1987
58 Van Schaik and Hrdy 1991
59 Goodall 1986
60 Grant 1990; Betzig and Weber 1992
61 Grant 1990; V・J・グラント書簡

9 Nee and Maynard Smith 1990
10 Mereschkovsky 1905; Margulis 1981; Margulis and Sagan 1986
11 Beeman, Friesen and Denell 1992
12 Hewitt 1972; Hewitt 1976; Hewitt and East 1978; Shaw, Hewitt and Anderson 1985; Bell and Burt 1990; Jones 1991
13 D・ヘイグ、インタビュー
14 Haig and Grafen 1991
15 Charlesworth and Hartl 1978
16 減数分裂駆動を完全に理解するには、American Naturalist 誌、第137巻、281～456ページ "The Genetics and Evolutionary Biology of Meiotic Drive" を参照のこと。T. W. Lyttle, L. M. Sandler, T. Prout and D. D. Perkins 1991
17 Haig and Grafen 1991
18 D・ヘイグ、インタビュー／S. Spandrel の論文も参照のこと（未出版）。
19 Hamilton 1967; Dawkins 1982; Bull 1983; Hurst 1992a; L・ハースト、インタビュー
20 Leigh 1977
21 Cosmides and Tooby 1981
22 Margulis 1981
23 Cosmides and Tooby 1981; Hurst and Hamilton 1992
24 Anderson 1992; Hurst 1991b; Hurst 1992b
25 Werren, Skinner and Huger 1986; Werren 1987; Hurst 1990; Hurst 1991c
26 Mitchison 1990
27 L・ハースト、インタビュー／異型配偶と両性の進化に関する補足的な（対抗的ではない）特徴を知りたければ、Parker, Baker and Smith 1972; Hoekstra 1987 の２つの論文も参照のこと。
28 Frank 1989
29 Gouyon and Couvet 1987; Frank 1989; Frank 1991; Hurst and Pomiankowski 1991
30 Hurst 1991
31 Hurst and Hamilton 1992
32 Hurst, Godfray and Harvey 1990
33 Hurst, Godfray and Harvey 1990
34 Olsen and Marsden 1954; Olsen 1956; Olsen and Buss 1967

53 Glesner and Tilman 1978; Bierzychudek 1987
54 Daly and Wilson 1983
55 Edmunds and Alstad 1978, 1981; Seger and Hamilton 1988
56 Harvey 1978
57 Gould 1978
58 C・ライヴリー、インタビュー
59 Lively 1987
60 C・ライヴリー、インタビュー
61 Lively, Craddock and Vrijenhoek 1990
62 Tooby 1982
63 Bell 1987
64 Hamilton 1990
65 Hamilton 1990
66 Bell and Maynard Smith 1987
67 W・D・ハミルトン、インタビュー
68 M・メセルソン、インタビュー
69 R・ラドル、インタビュー
70 G・ベル、インタビュー／A・バート、インタビュー／Felsentein 1988／W・ハミルトン、インタビュー／J・メイナード＝スミス、インタビュー／G・ウィリアムズ、インタビュー
71 Metzenberg 1990

第４章　遺伝子の反乱と性

1 Hardin 1968
2 性（男性または女性）を表すときに、ジェンダー（gender）という言葉を用いたことを私は弁明しない。本来は文法用語であったが、言葉の意味は変わるのである。男女を表すのに「sex」以外の言葉を用いると、意味が明確になるのだ。
3 Cosmides and Tooby 1981
4 Leigh 1990
5 この事例を明確に知りたければ、Dawkins 1976, 1982 を参照のこと。
6 Hickey 1982; Hickey and Rose 1988
7 Doolittle and Sapienza 1980; Orgel and Crick 1980
8 Dawkins 1986

24 Krause 1992
25 Dawkins 1990
26 バクテリアの1世代を30分とすると、人間の70年の寿命はバクテリアの122万6400世代に相当する。チンパンジーと祖先を同じくした700万年前から現在に至るまでに、20万の人間世代が存在することになる（それぞれ30年の寿命と考えて）。
27 O'Connell 1989
28 Dawkins and Krebs 1979
29 Schall 1990; May and Anderson 1990
30 Levy 1992
31 Ray 1992
32 Ray 1992; T・レイ、インタビュー
33 L・ハースト、インタビュー
34 Burt and Bell 1987
35 Bell and Burt 1990
36 Kelley 1985; Schmitt and Antonovics 1986; Bierzychudek 1987a
37 Haldane 1949; Hamilton 1990
38 Hamilton, Axelrod and Tanese 1990; W・ハミルトン、インタビュー
39 Haldane 1949; Clarke 1979
40 Clay 1991
41 Bremermann 1987
42 Nowak 1992, Nowak and May 1992
43 Hill, Allsopp, Kwiatkowski, Anstey, Twumasi, Rowe, Bennett, Brewster, McMichael and Greenwood 1991
44 Potts, Manning and Wakeland 1991
45 Haldane 1949
46 Jayakar 1970; Hamilton 1980
47 Jaenike 1978; Bell 1982; Bremermann 1980; Tooby 1982; Hamilton 1980
48 Hamilton 1964; Hamilton 1967; Hamilton 1971
49 Hamilton, Axelrod and Tanese 1990
50 Hamilton, Axelrod and Tanese 1990
51 W・ハミルトン、インタビュー
52 W・ハミルトン、インタビュー；A・ポミアンコウスキー、インタビュー

37 Bell 1988
38「マラーのラチェット」がウイルス内で作用していることが最近確認された；Chao 1992; Tran and Matthews 1992
39 Crow 1988
40 Kondrashov 1982
41 M・メセルソン、インタビュー
42 Kondrashov 1988
43 Hamilton 1990a
44 C・ライヴリー、インタビュー

第３章　寄生者のパワー

1 Hurst, Hamilton and Ladle 1992
2 M・メセルソン、インタビュー
3 Maynard Smith 1986
4 Williams 1966; Williams 1975
5 Maynard Smith 1971
6 Williams and Mitton 1973
7 Williams 1975
8 Bell 1982
9 Bell 1982
10 Ghiselin 1974
11 Darwin 1859
12 Bell 1982
13 Schmitt and Antonovics 1986; Ladle 1992
14 Williams 1966
15 Bierzychudek 1987a
16 Harvey 1978
17 Burt and Bell 1987
18 Eldredge and Gould 1972
19 Williams 1975
20 Carroll 1871
21 Van Valen 1973; L・ヴァン・ヴェイレン、インタビュー
22 Zinsser 1934; McNeil 1976
23 1991年12月16日付ワシントンポスト紙

4 J・メイナード＝スミス、インタビュー
5 Levin 1988
6 Weismann 1889
7 Bell 1982
8 Fisher 1930
9 Muller 1932
10 Crow and Kimura 1965
11 Wynne Edwards 1962
12 Darwin 1859
13 Humphrey 1983
14 Williams 1966
15 Fisher 1930; Wright 1931; Haldane 1932
16 Huxley 1942
17 Hamilton 1964; Trivers 1971
18 Ghiselin 1974, 1988
19 Maynard Smith 1971
20 Stebbins 1950; Maynard Smith 1978
21 Jaenike 1978
22 Gould and Lewontin 1979
23 Williams 1975; Maynard Smith 1978
24 Maynard Smith 1971
25 Ghiselin 1988
26 Bernstein, Hopf and Michod 1988
27 Bernstein 1983; Bernstein, Byerly, Hopf and Michod 1985
28 Maynard Smith 1988
29 Tiersch, Beck and Douglas 1991
30 Bull and Charnov 1985; Bierzychudek 1987b; Kondrashov and Crow 1991; Perrot, Richerd and Valero 1991
31 Bernstein, Hopf and Michod 1988
32 Kondrashov 1988
33 Flegg, Spencer and Wood 1985
34 Stearns 1987; Michod and Levin 1988
35 Kirkpatrick and Jekins 1989; Wiener, Feldman and Otto 1992
36 Muller 1964

注　釈

第１章　人間の本性

1　Dawkins 1991
2　Weismann 1889
3　Weismann 1889
4　現代の中国人が、ホモエレクトスの一派北京原人の子孫であると論じる科学者もいるが、これを否定する証拠は山ほどある。
5　カール・マルクスは『ゴータ綱領批判』（1975年）のなかで、ミハイル・バクーニンの言葉を言いかえた。「各個人の才能に応じて取るよりも、必要に応じて取るべきだ」。バクーニンが、リヨンのアナーキスト蜂起事件の裁判で述べた言葉である。
6　現代人すべてが、10万年前までアフリカに生息していた種族の子孫であると、あらゆる人類学者が認めているわけではない。しかし大抵の人類学者はそう認識している。
7　Tooby and Cosmides 1990
8　Mayr 1983; Dawkins 1986
9　Hunter, Nur and Werren 1993
10 Dawkins 1991
11 Dawkins 1986
12 Tiger 1991
13 Harvard Magazine誌1991年3–4月号　Edward Tenner “Revenge Theory” を参照。
14 Wilson 1975

第２章　大いなる謎

1　Bell 1982
2　Weismann 1889
3　Brooks 1988

[ワ行]

[マ行]

[ヤ行]

[ラ行]

[ハ行]

［ナ行］

[タ行]

［サ行］

[カ行]

索　引